Michael Bies

Im Grunde ein Bild

Die Darstellung der Naturforschung
bei Kant, Goethe und
Alexander von Humboldt

Michael Bies

Im Grunde ein Bild

Die Darstellung der Naturforschung bei Kant, Goethe und Alexander von Humboldt

WALLSTEIN VERLAG

Publiziert mit Unterstützung des Schweizerischen Nationalfonds
zur Förderung der wissenschaftlichen Forschung.

Inhalt

I. Einleitung

Darstellung des Wissens vom Lebendigen

Am Nachmittag des 30. Juni 1809 ist der aus Danzig stammende Theologe und Schriftsteller Johannes Daniel Falk, inzwischen in Weimar ansässig, bei Goethe zu Besuch. Er findet den Dichter im Garten des Hauses mit seinen alltäglichen Naturbetrachtungen beschäftigt. So habe Goethe, wie Falk später notiert, unter anderem eine kleine Schlange gefüttert, die er in einem »langgehalste[n] Zuckerglas« aufzog, ihm außerdem »einige Kokons von eingesponnenen Raupen« gezeigt, deren »Durchbruch« er bald erwartete, und ihn auch einen blühenden Feigenbaum bewundern lassen (FA 33, 468). Weiterhin bemerkt Falk, dass Goethe an einer »phantastischen Landschaft« gezeichnet habe, »ohne sich dadurch beim Sprechen im geringsten irre machen zu lassen«, um ihm schließlich zu erklären:

> Wir sprechen überhaupt viel zu viel. Wir sollten weniger sprechen und mehr zeichnen. Ich meinerseits möchte mir das Reden ganz abgewöhnen und wie die bildende Natur in lauter Zeichnungen fortsprechen. Jener Feigenbaum, diese kleine Schlange, der Kokon, der dort vor dem Fenster liegt und seine Zukunft ruhig erwartet, alles das sind inhaltschwere Signaturen; ja, wer nur ihre Bedeutung recht zu entziffern vermöchte, der würde alles Geschriebenen und alles Gesprochenen bald zu entbehren im Stande sein! (FA 33, 470 f.)

Für die zeitgenössische Naturforschung ist die von Falk beschriebene Szene in mehrerlei Hinsicht charakteristisch. Ähnlich wie Goethe sich hier für lebendige Organismen und dabei vor allem für die »Übergänge der Natur« interessiert (FA 33, 469), war bereits die zweite Hälfte des 18. Jahrhunderts durch eine intensive Hinwendung zum Lebendigen gekennzeichnet.[1] Die damit einhergehende

1 Aus der Fülle an Literatur hierzu vgl. Jacob: Die Logik des Lebendigen, S. 40-144; Jahn (Hrsg.): Geschichte der Biologie, S. 231-273; Bierbrodt:

Faszination für das, was das Leben natürlicher Gegenstände ausmacht, hatte weitreichende Folgen. Offenkundig wurden diese zunächst in neuen Ansätzen zur experimentellen Erforschung und Erklärung des Lebendigen, wie etwa bei Albrecht von Haller und Johann Friedrich Blumenbach,[2] in philosophischen, sich deutlich von mechanistischen Vorstellungen absetzenden Konzeptionen des Organismus, wie insbesondere bei Kant,[3] oder aber in der Entwertung der vor allem seit Descartes genutzten Maschinenmetaphorik zugunsten von sich breit durchsetzenden ›organologischen‹ Beschreibungsmodellen.[4] Zudem war der damit skizzierte Schritt »vom ›Mechanismus‹ zum ›Organismus‹«[5] in tiefer liegende Umstrukturierungen eingebettet, die durch ihn zugleich maßgeblich mit vorangetrieben worden sind. Dies gilt ebenso im Blick auf die funktionale Differenzierung des Wissenschaftssystems, dessen Binnendifferenzierung sich in den Jahren um 1800 nicht zuletzt entlang der sich allmählich etablierenden Unterscheidung von Organischem und Anorganischem vollzog,[6] als auch in Anbetracht der epistemologischen

Naturwissenschaft und Ästhetik 1750-1810, S. 35-100; sowie Metzger: Die Konjektur des Organismus, S. 29-63.

2 Vgl. vor allem Haller: Von den empfindlichen und reizbaren Teilen des menschlichen Körpers; Blumenbach: Über den Bildungstrieb; und, insgesamt zu diesem Zusammenhang, Sarasin: Reizbare Maschinen.

3 In Zedlers *Universal-Lexicon* hieß es 1740 noch, dass der Organismus »wenig oder gar nicht von dem *Mechanismo* unterschieden« sei und den Spezialfall eines umfassenden, meist im Bild der Uhr veranschaulichten »*Mechanismi generalis*« vorstelle (Zedler: Art. »Organismus«, in: Universal-Lexicon, Bd. 25, Sp. 1858). Kant dagegen erklärt 1790 in der *Kritik der Urteilskraft:* »Ein organisiertes Wesen ist also nicht bloß Maschine: denn die hat lediglich *bewegende* Kraft; sondern es besitzt in sich *bildende* Kraft [...]: also eine sich fortpflanzende bildende Kraft, welche durch das Bewegungsvermögen allein (den Mechanism) nicht erklärt werden kann.« (KU B 292 f.). Zum Anschluss an Blumenbach, den Kant hier mit der Rede von der »bildenden Kraft« herstellt, vgl. Lenoir: Kant, Blumenbach, and Vital Materialism in German Biology, S. 77-96; und, in gekürzter Version, ders.: The Strategy of Life, S. 17-35.

4 Zur Verwendung ›organischer und mechanischer Hintergrundmetaphorik‹ vgl. Blumenberg: Paradigmen zu einer Metaphorologie, S. 91-110. Für prominente Beispiele von Maschinen- und besonders von Uhrenmetaphern vgl. Descartes: Discours de la méthode, S. 80 f., 90 und 96; und La Mettrie: L'homme machine, S. 345.

5 Cassirer: Die Philosophie der Aufklärung, S. 47.

6 Zur Differenzierung des Wissenschaftssystems vgl. vor allem Luhmann: Die Wissenschaft der Gesellschaft; und Stichweh: Zur Entstehung des modernen Systems wissenschaftlicher Disziplinen.

Umordnungen, die Michel Foucault und Wolf Lepenies in die bekannten Formeln von den ›Grenzen der Repräsentation‹ und dem ›Ende der Naturgeschichte‹ gefasst haben.[7]

Bereits angedeutet ist damit, dass die skizzierte Hinwendung zum Lebendigen sich nicht nur in inhaltlicher, sondern zugleich auch in formaler Hinsicht ausprägte, und zwar als Suche nach Repräsentationsformen, die sich offen, beweglich und gleichsam lebendig genug erweisen konnten, um die Komplexität einer als organisch und lebendig verstandenen Natur aufzufassen und wiederzugeben. Lässt man das Schweigen einmal beiseite, das Goethe in der von Falk beschriebenen Szene so wortreich ankündigt, dann zeigt sich dieses Streben nach einem der Natur angemessenen Medium dort zunächst daran, dass der Dichter erklärt, sich an der Natur orientieren, ja sich »wie die bildende Natur« äußern zu wollen. Dabei wird im Fortgang seiner Rede deutlich, dass er sich nicht nur über die Bedeutung, über die »inhaltschwere Signatur«, dieser Natur im Unklaren ist, sondern auch über die Form, in der sie sich ausdrückt: Gleitend von bildnerischer Plastik zu gezeichnetem Bild und schließlich zu mündlicher Rede bemerkt er deshalb, »wie die bildende Natur in lauter Zeichnungen fortsprechen« zu wollen.

Für die Jahre vor und um 1800 ist auch diese Suche nach einer scheinbar natürlichen, die Natur nachbildenden Darstellungsform kennzeichnend. Beschrieben wurde diese Suche oft als Absetzung von einer eher starren, aus arbiträren Zeichen bestehenden Begriffssprache, als einem disjunkten, diskursiven Notationssystem, und als Bewegung hin zu einer Vermittlung durch ›natürliche Zeichen‹, wie es in der Semiologie des 18. Jahrhunderts heißt, als Bewegung vor allem zum Bild als einem offeneren, scheinbar analogen und intuitiven Medium.[8] Dementsprechend erklärt etwa Gottfried Boehm, dass diese Zeit nicht nur durch eine Konjunktur visueller Repräsentationsformen, sondern vor allem durch eine »Wendung zum Bild als unvermeidlicher Figur philosophischer Selbstbegründung« bestimmt gewesen sei, eine Wendung, die vor allem anhand der aktiven, präsentierenden Rolle offenbar werde, »die Kant der Einbil-

7 Vgl. Foucault: Die Ordnung der Dinge, bes. S. 269-306; und Lepenies: Das Ende der Naturgeschichte.

8 Zur Unterscheidung einerseits von digitalen, disjunkten und differenzierten, andererseits von analogen, dichten Notationssystemen vgl. Goodman: Sprachen der Kunst, S. 154-157.

dungskraft zubilligt«.[9] Im Unterschied zu Martin Heidegger, der in ähnlicher Weise bereits die »Neuzeit« durch »die Eroberung der Welt als Bild« charakterisiert hatte,[10] zielt Boehm damit auf etwas Spezifischeres. So sieht er in der Aufwertung der produktiven Einbildungskraft, mit der Kant den Übergang zwischen Anschauungen und Begriffen konzipiert und damit auch seine gesamte Erkenntnistheorie scheinbar auf einem bildlichen Grunde entwirft, eine die Zeit seit 1800 kennzeichnende ›Bildwelt‹ begründet. An die Stelle des klassischen Repräsentationsmodells, das Foucault so prominent beschrieben hat,[11] trete demnach eine Ordnung der Bilder, die diskursiv aber nie in Gänze, nie in voller Komplexität erfasst werden könne.

Im Blick auf die sich um 1800 intensivierende Erforschung der organischen, lebendigen Natur ist diese oft ebenso vielschichtig wie vage konzipierte Wende zum Bild als einem Medium, das nicht nur ›natürlicher‹, sondern auch epistemisch dichter und reichhaltiger als jeder Text erscheint, jedoch keineswegs unproblematisch. Zwar konnte etwa Janina Wellmann im Vergleich der entwicklungsgeschichtlichen Werke von Haller und Caspar Friedrich Wolff aufzeigen, wie Bilder hier von einer den Text bloß unterstützenden »*Sehhilfe*«[12] zum eigentlichen Träger eines Wissens von der Epigenesis aufsteigen: Im Unterschied zu Haller, so erklärt Wellmann, habe Wolff »das Konzept der Formwerdung in das Bild selbst« verlegt; nicht der Text, sondern die Bilder »*sind* Wolffs Entwicklungstheorie«.[13] Doch versteht es sich nicht von selbst, was das heißt. Neben der Frage, welcher epistemologische Status solch einer visuell entfalteten Theorie im Verhältnis zu einem propositional verfassten Wissen zukommt, bleibt der Verdacht, dass das Problem der diskursiven Begründung dieser Theorie vom Lebendigen damit nur um eine Repräsentationsebene verschoben wird – schließlich

9 Boehm: Die Wiederkehr der Bilder, S. 14 f. Ähnlich beschreibt W. J. T. Mitchell die neue Rolle des Bildes um 1800, wenn er bemerkt, in diesen Jahren sei »die Bildlichkeit veredelt« und vor allem durch »Konzeptionen wie den Schematismus Kants [...] ins Abstrakte gewendet« worden (Mitchell: Was ist ein Bild?, S. 35 f.).

10 Heidegger: Die Zeit des Weltbildes, S. 94.

11 Vgl. Foucault: Die Ordnung der Dinge, bes. S. 78-113.

12 Wellmann: Wie das Formlose Formen schafft, S. 110.

13 Ebd., S. 111 und 113. Zur Durchsetzung epigenetischer Theorien vgl. Müller-Sievers: Über Zeugungskraft; Bierbrodt: Naturwissenschaft und Ästhetik 1750-1810, S. 184-201; Metzger: Die Konjektur des Organismus, S. 40-48.

kommt, so trivial das klingen mag, auch Wolffs Theorie nicht ohne erklärenden Text aus. Vor dem Hintergrund der zeitgenössischen Kunst- und Medientheorie ist darüber hinaus zu betonen, dass Bilder sich auch nur scheinbar besser zur Nachbildung einer beweglichen und lebendigen Natur eignen als Texte. Zumindest nach Lessings einflussreicher Unterscheidung zwischen dem Bild als einem Medium, das durch »neben einander geordnete Zeichen« auf Nebeneinandergeordnetes verweist, und dem Text als einem Medium, in dem Aufeinanderfolgendes durch »auf einander folgende Zeichen« bezeichnet wird,[14] liegt vielmehr das Gegenteil nahe – nämlich, dass eine lebendige, sich entwickelnde Natur besser im Text als im Bild dargestellt werden kann. In Anbetracht der »Eminenz des Lebens«, »welches über, ja oft gegen mechanische Gesetze wirkt« (FA 24, 372), schien auch Goethe sich dieser Problemstellung bewusst gewesen zu sein. Nicht umsonst erklärte er gegenüber Falk mit auffallender Unentschiedenheit, »wie die bildende Natur in lauter Zeichnungen fortsprechen« zu wollen. Damit gab er zunächst zwar vor, die ›Zeichnungen‹ einer lebendigen Natur nachbilden zu wollen, doch erscheint diese bildliche Präsentation hier sogleich wieder in ein ›Fortsprechen‹ eingebettet.

Das Spannungsfeld, in dem sich die vorliegende Arbeit bewegt, ist damit umrissen. Vor dem Hintergrund der sich um 1800 verdichtenden Erforschung der organischen, lebendigen Natur will sie betrachten, wie diese Natur nicht durch diskursive, begrifflich stabile Bezeichnungsweisen sogleich wieder ›getötet‹ werden sollte, sondern wie auch in wissenschaftlichen Werken versucht wurde, sie unter Nachbildung natürlicher Formen als eine lebendige Natur wiederzugeben.[15] Im Blick vor allem auf das aus der Botanik des

14 Lessing: Laokoon, in: Werke, Bd. 5/2, S. 116. Im Unterschied zu dieser nüchternen, auf einem semiotischen Bildbegriff aufruhenden Differenzierung hat Horst Bredekamp eindrücklich die »Denkkraft der Bilder« herauszuarbeiten gesucht und dabei ein »Missverhältnis der Erkenntnisfähigkeit von Bild und Wort, Auge und Handschrift« festgestellt: »Die Bilder laufen der Sprache und jenen Denkzonen, die sich sprachlich vermitteln, in der Regel voraus.« (Bredekamp: Antikensehnsucht und Maschinenglauben, S. 76). Besonders anschaulich zur damit implizierten Affinität von Bildern zu evolutionärem oder zumindest geschichtlichem Denken und von Texten zu eher statischen Auffassungen vgl. Bredekamp: Darwins Korallen.

15 Die am Lebendigen interessierten Forscher versuchten damit zu vermeiden, was Hegel der Chemie mit ihren »groben Händen« vorwarf: dass sie

18. Jahrhunderts hervorgehende Wissensfeld soll dabei *zum einen* dargelegt werden, dass diese Nachbildung als ›Darstellung‹ in dem Sinne begriffen werden kann, in dem Friedrich Gottlieb Klopstock den Begriff in den 1770er Jahren in die Dichtungstheorie eingeführt hat: als »Zeigung des Lebens, welches der Gegenstand hat«.[16] Neben der kritischen Philosophie Kants, in der dieser Darstellungsbegriff zur Beschreibung eines diskursiv und kausal Undarstellbaren etabliert wird, sollen hierfür besonders die zwischen 1790 und 1808 veröffentlichten Werke betrachtet werden, in denen Goethe und Alexander von Humboldt ihre Überlegungen zur Pflanzenmetamorphose, zur Pflanzengeographie sowie zur Natur überhaupt auf ›naturgemäße‹ und ›naturwahre‹ Weise darzustellen suchten – Werke von Autoren also, die der fortschreitenden Aus- und Binnendifferenzierung der Systeme der Wissenschaften und Künste immer wieder durch die Integration von Wissen in die Kunst sowie durch die Übertragung künstlerischer Verfahrensweisen in die Naturforschung entgegenzuwirken suchten. *Zum anderen* soll hierbei gezeigt werden, dass diese Darstellungen sich zwar häufig am Bild als einem »grundlegende[n] Prinzip der ›Ordnung der Dinge‹«[17] orientierten und ein als lebendig und bildlich verstandenes Wissen zu erzeugen suchten, dass sie dieses letztlich aber weniger in konkreten Bildern umsetzten, sondern eher in als bildlich entworfenen Texten – in Texten, die zunächst vor allem auf die Nachbildung der Visualität, Körperlichkeit und Lebendigkeit ihrer Gegenstände zielten und sich erst dann um die Darlegung diskursiver Zusammenhänge bemühten.

Angedeutet ist damit auch, dass das von diesen Texten präsentierte ›Wissen‹ nicht als ein exaktes, wissenschaftliches Wissen an-

»das Lebendige tötet und nur zu sehen bekommt, was das Tote ist, nicht das Lebendige« (Hegel: Jenaer Realphilosophie, S. 135). Vgl. hierzu auch Goethe: Die Absicht eingeleitet, FA 24, 391; ders.: Zur Farbenlehre, FA 23/1, 244 f.; Hegel: Enzyklopädie, § 227, in: Werke, Bd. 8, S. 380.

16 Klopstock: Von der Darstellung, in: Ausgewählte Werke, S. 1034. Allgemein zum damit inaugurierten Darstellungsparadigma vgl. Stahl: Darstellung; Hart-Nibbrig (Hrsg.): Was heißt »Darstellen«?; hieraus besonders Menninghaus: »Darstellung«; sodann Helfer: The Retreat of Representation; Mülder-Bach: Im Zeichen Pygmalions; Schlenstedt: Art. »Darstellung«, in: Barck (Hrsg.): Ästhetische Grundbegriffe, Bd. 1, S. 831-875; und die Sammelbände von Albes, Frey (Hrsg.): Darstellbarkeit; und von Avanessian, Mennighaus, Völker (Hrsg.): Vita aesthetica.

17 Mitchell: Was ist ein Bild?, S. 21.

zusehen ist, sondern eher als etwas, das aus Sicht der etablierten Wissenschaften im Gebiet des ›Nicht-Wissens‹ verortet werden muss:[18] als ein eher unscharfes und bewegliches, ein gleichsam ästhetisches, auf Evidenz basierendes Wissen, das meist nur intuitiv und nicht diskursiv, durch Begriffe, gewonnen werden kann; ein Wissen, das seine Referenten eher analog nachbildet, als dass es sie in ein disjunktes Zeichensystem fasst; ein Wissen schließlich, das weniger durch propositionale Aussagen als durch seine formale Verfasstheit bestimmt wird, und daher immer auch ein Wissen von den Möglichkeiten und Grenzen der Medien, in denen es seinen Gegenstand erfasst, voraussetzt und entfaltet. ›Darstellung‹ beinhaltet somit nicht nur ein bestimmtes Wissen von den Gegenständen, die dargestellt werden, sondern präsentiert zugleich auch ein Medien-Wissen, ein sich besonders in der zweiten Hälfte des 18. Jahrhunderts verdichtendes Wissen von den Medien, in denen dargestellt wird. Dass solch ein keineswegs exaktes, wissenschaftliches Wissen, sondern vielmehr nachbildendes und die eigenen Bedingungen reflektierendes Wissen vor allem erzeugt wird, wenn lebendige Gegenstände als lebendige erforscht werden sollen – und dies gilt ebenso für die Wissenschaften von natürlichen Gegenständen als auch in Anbetracht kultureller Praktiken –, ist von Seiten der Philosophie schon länger herausgearbeitet worden. So erklärte Heidegger, dass »alle Geisteswissenschaften, sogar alle Wissenschaften vom Lebendigen, gerade um streng zu bleiben, notwendig unexakt sein« müssten.[19]

18 In Absetzung von einem auf das ›personale Wissen‹ fixierten Wissensbegriff, wie Tilmann Köppe ihn in die literaturwissenschaftliche Diskussion eingebracht hat (vgl. Köppe: Vom Wissen *in* Literatur; ders.: Literatur und Erkenntnis), wird ›Wissen‹ hier im Anschluss an Foucault in einem eher weiten Sinne verstanden. Vgl. Foucault: Archäologie des Wissens, bes. S. 258-262. Zur inzwischen aufmerksam erforschten Problematik des ›Nicht-Wissens‹ als eines Phänomens, das besonders im Zuge der sich in der zweiten Hälfte des 18. Jahrhunderts massiv beschleunigenden Ausdifferenzierung der Künste und Wissenschaften vermehrt produziert und verhandelt wird und zugleich als Generator neuen Wissens und neuer Wissensformen dient, vgl. insbesondere Adler, Godel (Hrsg.): Formen des Nichtwissens der Aufklärung; Gamper: Nicht-Wissen und Literatur; sowie Bies, Gamper (Hrsg.): Literatur und Nicht-Wissen.

19 Heidegger: Zeit des Weltbildes, S. 79. Sehr einflussreich hat Hans-Jörg Rheinberger gezeigt, dass auch Experimentalwissenschaften auf eine gewisse Ungenauigkeit, auf ›gemäßigte Schlampigkeit‹ angewiesen sind. Vgl. Rheinberger: Experimentalsysteme und epistemische Dinge, bes. S. 88-101.

Ähnlich betonte auch Giorgio Agamben eine sämtliche Wissenschaften betreffende Unfassbarkeit des Lebens: »Es scheint«, so bemerkt er in *Das Offene*, »daß in unserer Kultur das Leben *dasjenige ist, was nicht definiert werden kann, aber gerade deswegen unablässig gegliedert und geteilt werden muß.*«[20]

Um diese Spezifik des Wissens vom Lebendigen zu erfassen – seine Ferne zu definitiv festlegenden, seine Nähe zu selbstreflexiven, analogen, die Natur nachbildenden Wissensformen –, folgt die vorliegende Arbeit einem wissensgeschichtlichen Ansatz, der mit Joseph Vogl als ›Poetologie des Wissens‹ bezeichnet werden kann. Ausgehend von »der These, daß jede Wissensordnung bestimmte Repräsentationsweisen ausbildet und privilegiert«, schreibe solch eine Poetologie, so Vogl, »keine Geschichte der wissenschaftlichen Gegenstände und Referenten, sondern führt Problematisierungsweisen dessen vor, was man Wahrheit oder Erkenntnis nennen könnte.«[21] Wird dieser Ansatz, wie in der vorliegenden Arbeit, zunächst auf Texte und die von ihnen entworfenen Bilder bezogen, gerät diese Wissensgeschichte weniger zu einem bild- als zu einem genuin literaturwissenschaftlichen Unterfangen. Auch in der Untersuchung wissenschaftlicher Texte richtet sie sich dann vor allem auf deren poetische Verfasstheit, »auf die narrativen, argumentativen und rhetorischen Figuren, wie sie wissenschaftlichen und literarischen Texten gemeinsam sind und die ein historisch und kulturell spezifisches Wissen hervorbringen, eine Poiesis von Wissen betreiben«.[22] In diesem Sinne befassen sich die folgenden Darlegungen zu einer Wissensgeschichte des vegetabilen Lebens um 1800 nur ausnahmsweise mit der Lektüre von literarischen im Sinne von fiktionalen Texten. Vielmehr adressieren sie – in Absetzung von Charles Percy

20 Agamben: Das Offene, S. 23. Zur Relation von ›Leben‹ und ›Wissen‹ vgl. auch Ette: ÜberLebenswissen; ders.: Literaturwissenschaft als Lebenswissenschaft.

21 Vogl: Einleitung, S. 13. Vgl. außerdem Vogl: Für eine Poetologie des Wissens; Borgards, Neumayer: Der Ort der Literatur in einer Geschichte des Wissens; Pethes: Poetik/Wissen. Einen Überblick zu diesem viel diskutierten Verhältnis von Literatur und Wissen gibt Klausnitzer: Literatur und Wissen.

22 Borgards, Neumayer: Der Ort der Literatur in einer Geschichte des Wissens, S. 213. Zur Diskussion der Darstellungsform wissenschaftlicher Texte vgl. auch Danneberg: Darstellungsformen und Geistes- und Naturwissenschaften; und ders., Niederhauser: »... daß die Papierersparnis gänzlich zurücktrete«.

Snows notorischer Unterscheidung der ›zwei Kulturen‹[23] und im Rückgriff auf Ansätze etwa von Gaston Bachelard, Ludwik Fleck und Hayden White[24] – die Poetik wissenschaftlicher Texte, die ihren Inhalt mitkonstituierende und prägende Machart. Nach Roland Borgards und Harald Neumayer praktizieren sie somit eine kulturwissenschaftlich und wissensgeschichtlich »entgrenzte Philologie«.[25]

Mit der Frage nach der Poetik wissenschaftlicher Repräsentationsweisen ist auch angedeutet, dass Repräsentationen hier nicht als durchsichtige Medien verstanden werden. Ohne ihnen eine Referenz absprechen zu wollen – selbst wenn diese Referenz manchmal nur als Verweis auf weitere Repräsentationen gefasst werden kann[26] –, ist doch zu beachten, dass das Repräsentierte gewissermaßen immer erst durch Repräsentation erzeugt wird, dass Repräsentation im Doppelsinn stets (Re-)Präsentation ist. Diese Dialektik, dieses Ineins von Mimesis und Poiesis, von Voraussetzung und Erzeugung des Repräsentierten wurde zuletzt in einer Fülle an wissenschaftstheoretischen und kulturwissenschaftlichen Bearbeitungen des Repräsentations- oder, wie es unter Akzentuierung des poietischen Moments oft heißt, des Darstellungsbegriffs herausgearbeitet. Verwiesen sei hier etwa, um nur einige Beispiele zu nennen, auf Ian Hackings Charakterisierung des Menschen als »Homo depictor«, der in seinen Darstellungen Realität erst erzeuge;[27] auf Gottfried Boehms Beschreibung des »Homo pictor«, der seine Gegenstände in der »Darstellung […] dauerhaft mit dem Status der

23 Vgl. Snow: The Two Cultures.

24 Ausgehend von der Wissenschaft als einer »*Ästhetik des Verstandes*« diskutiert Bachelard den »*literarische[n]* Charakter« zumindest »vorwissenschaftlicher Bücher« (Bachelard: Die Bildung des wissenschaftlichen Geistes, S. 43, 140 f.); Fleck erklärt Wissenschaften als »›objektivere Dichtungen‹« (Fleck: Entstehung und Entwicklung einer wissenschaftlichen Tatsache, S. 47) und beschreibt die Rolle von Metaphern in der wissenschaftlichen »Begriffsentwicklung« (Fleck: Das Problem einer Theorie des Erkennens, S. 101); und White untersucht den »wesentlich *poetischen* Akt«, der »das historische Feld *prä*figuriert« (White: Metahistory, S. 11). Vgl. hier S. 15-62.

25 Borgards, Neumayer: Der Ort der Literatur in einer Geschichte des Wissens, S. 222.

26 Vgl. Rheinberger: Experimentalsysteme und epistemische Dinge, bes. S. 127-130.

27 Hacking: Einführung in die Philosophie der Naturwissenschaften, S. 223. Vgl. hier bes. S. 219-246.

Lebendigkeit beleiht«;[28] verwiesen sei zudem auf Hans-Jörg Rheinbergers Erklärung der wissenschaftlichen Darstellung als einer unendlichen Verschiebung und Überlagerung anderer Darstellungen in einem Bereich, »der sich von einer Stellvertretung über eine Verkörperung bis hin zur Realisierung einer Sache erstreckt«;[29] oder auf Uwe Wirths Explikation der Darstellung als einer genuin zwischenräumlichen Tätigkeit, die am Übergang zwischen Kultur und Kulturwissenschaft angesiedelt ist, einer »Logik der Interferenz gehorcht« und »in einem ›kulturpoetischen‹ Sinne Verknüpfungen am Bedeutungsgewebe der Kultur *herstellen*« lässt.[30]

Im Anschluss an Arbeiten wie diese wird auch im Folgenden von ›Darstellung‹ anstelle von ›Repräsentation‹ gesprochen, und dies nicht nur, um die herstellenden, den eigenen medialen Status stets mitreflektierenden Momente dieser Praxis hervorzukehren und die scheinbar paradoxe Verklammerung von Mimesis und Poiesis, Faktischem und Artefaktischem zu vergegenwärtigen. Verwendet wird der Begriff hier auch, um der von Michael Hagner konstatierten »Unschärfe« entgegenzuwirken, die aus der jüngeren Konjunktur des »Repräsentationsbegriffs« entstanden ist,[31] vor allem dem auffälligen »Verlust der historischen Tiefenschärfe«.[32] Aus dieser Perspektive ist die ›Darstellung‹ zunächst vor dem Hintergrund der im 18. Jahrhundert geführten Diskussionen von ›Repräsentation‹ zu konturieren. Während dieser Begriff in den französischen und englischen Theorien vergleichsweise weit gefasst wurde,[33] mangelte es im deutschsprachigen Raum, in dem der Begriff der ›Repräsentation‹ außerhalb der lateinisch geführten philosophischen Diskussionen terminologisch nicht etabliert war, an einer äquivalenten Übersetzung. Wie Niels Werber erklärt, traten deshalb »Substitutbegriffe« wie »›Vorstellung‹, ›Darstellung‹, ›Abbild‹ oder ›Nachahmung‹«[34] an seine Stelle – Begriffe, deren Eigendynamik eine allmähliche Auf-

28 Boehm: Repräsentation – Präsentation – Präsenz, S. 5.
29 Rheinberger: Experimentalsysteme und epistemische Dinge, S. 128.
30 Wirth: Vorüberlegungen zu einer Logik der Kulturforschung, S. 65.
31 Hagner: Ansichten der Wissenschaftsgeschichte, S. 22.
32 Hagner: Zwei Anmerkungen zur Repräsentation in der Wissenschaftsgeschichte, S. 346.
33 Vgl. die Einträge zur ›Représentation‹ in: Diderot, d'Alembert: Encyclopédie, Bd. 14, S. 146 f.
34 Werber: Art. »Repräsentation/repräsentativ«, in: Barck (Hrsg.): Ästhetische Grundbegriffe, Bd. 5, S. 264-290, hier S. 272.

fächerung und Überschreitung des Repräsentationsdiskurses begünstigte. In diesem Zuge wurde die ›Darstellung‹, die Klopstock in der Kunst- und Dichtungstheorie der 1770er Jahre etablieren und die Kant daraufhin in seine Philosophie implementieren konnte, auch auf Kosten anderer Substitute, insbesondere der ›Nachahmung‹ und der ›Vorstellung‹, profiliert. Deutlich wird das, wenn Klopstock »*fastwirkliche* Dinge« in die Opposition von »wirkliche[n] Dinge[n]« und »Vorstellungen, die wir uns davon machen«, inseriert und diese ›fastwirklichen Dinge‹ sodann als ›Darstellungen‹ erklärt: als »Vorstellungen von gewissen Dingen«, die »so lebhaft werden, daß diese uns gegenwärtig, und beinah die Dinge selbst zu sein scheinen«.[35] »Darstellung«, so präzisiert er kurz darauf, sei eben die »Zeigung des Lebens, welches der Gegenstand hat«.[36] In ähnlicher Weise vermittelt dann auch Kant zwischen Anschauungen und Begriffen, indem er die ›Darstellung‹ von der ›Vorstellung‹ abgrenzt und als Ermöglichung einer »Vorzeigung« der den Begriffen korrespondierenden Gegenstände in der empirischen Anschauung erläutert (KU B 241).

Ohne dass die Nähe dieses Darstellungsbegriffs zu historisch ähnlich fundierbaren Begriffen wie ›Performanz‹, ›Präsenz‹ oder ›Evidenz‹ hier weiter beleuchtet werden muss,[37] sollte deutlich geworden sein, was ihn zum Schlüsselbegriff der vorliegenden Arbeit qualifiziert. Mit der so verstandenen ›Darstellung‹ ist ein historisch klar bestimmter Begriff gewonnen, der erst nach der Wende zum 19. Jahrhundert an Kontur verliert: Im Gefolge der frühen Romantik und des frühen Idealismus entdifferenzierte sich die ›Darstellung‹ wieder von anderen Substituten wie der ›Nachahmung‹ und der ›Vorstellung‹ und wurde, wie Winfried Menninghaus erklärt, in zunehmend unspezifischer Weise bloß »als Synonym und Übersetzung von ›représentation‹ verwendet«.[38] Im Gebiet der Naturforschung, so die Grundüberlegung der folgenden Ausführungen, wurde dieser Darstellungsbegriff in Zeiten einer noch wenig gefestigten Wissenschaft vom Lebendigen sowie einer zwar zunehmenden, aber noch nicht als unüberbrückbar erscheinenden Kluft zwi-

35 Klopstock: Von der Darstellung, in: Ausgewählte Werke, S. 1032.
36 Ebd., S. 1034.
37 Dass »mit dem Denken des Performativen immer auch ein Stück ›Gegenaufklärung‹ verbunden« ist, suggeriert etwa Sybille Krämer: Sprache – Stimme – Schrift, S. 346. Zur ›Präsenz‹ vgl. Gumbrecht: Diesseits der Hermeneutik, bes. S. 52-56.
38 Menninghaus: »Darstellung«, S. 210.

schen den Künsten und Wissenschaften darüber hinaus als Mittel erkannt, um der beschriebenen Unangemessenheit des diskursiven, propositional verfassten Wissens von der lebendigen Natur durch eine scheinbar evidente, unmittelbare Präsentation dieser Natur selbst entgegenzuwirken. Obgleich gerade bei Autoren wie Goethe und Humboldt kaum etwas näher liegt, als diese verschieden ausgestaltete Interferenz von Naturforschung und Dichtungstheorie vermittelst jenes Darstellungskonzepts zu untersuchen, das Kant kurz vorher mit großer Wirkung philosophisch aufgewertet hatte, wurde diese konzeptuell präzise Engführung von Kunst und Wissenschaft von der Forschung oft übersehen.

Im Unterschied zu diesem Darstellungsbegriff muss der hier verwendete Bildbegriff mehrdeutiger bleiben. Trotz Wolfgang Kaysers Warnung: »[D]as Wort ›Bild‹ erweist sich, wo es auf Sprachliches angewendet, als nicht ganz ungefährliche Metapher«,[39] wird es in den folgenden Ausführungen zum einen in einem übertragenen, offeneren Sinn verstanden, zum anderen aber in einem konkreten, materialen Sinn aufgefasst. Zwar mag diese grobe Unterscheidung in Anbetracht der jüngeren Forschungen zum Bildbegriff zunächst als unbefriedigend erscheinen.[40] Allerdings ist das nicht entscheidend für eine Arbeit, in der das ›Bild‹ zwar nicht ausschließlich, aber doch zunächst und vor allem als ›Horizontbegriff‹, als Reflexionsfigur für die Grenzen textueller Präsentationen und damit als textuell projektierte Fläche für das betrachtet werden soll, was im eigenen Medium vorgeblich nicht wiedergegeben werden kann und dennoch oft genug im Text darzustellen versucht worden ist. Vor dem Hintergrund des wissensgeschichtlich geprägten Zuschnitts der folgenden Untersuchungen ist daher wichtig, dass der jeweils verwendete Bildbegriff historisch verbürgt ist und dass er, gerade in seiner Fülle und Unschärfe, präzise bestimmt wird. Diese Unschärfe des Begriffs zeigt sich bereits, wenn Johann Christoph Adelung das ›Bild‹ zunächst als »klare Vorstellung eines sichtbaren oder als sichtbar gedachten Gegenstandes« definiert und diese in »der weitesten Bedeutung« als »jede klare oder sinnliche Vorstellung« er-

39 Kayser: Das sprachliche Kunstwerk, S. 122.

40 Eine erste Orientierung geben etwa die Sammelbände von Bohn (Hrsg.): Bildlichkeit; Boehm (Hrsg.): Was ist ein Bild?; und Maar, Burda (Hrsg.): Iconic Turn. Vgl. zudem Scholz: Art. »Bild«, in: Barck (Hrsg.): Ästhetische Grundbegriffe, Bd. 1, S. 618-669; und Bachmann-Medick: Cultural Turns, S. 329-380.

klärt; in »engerer Bedeutung« versteht Adelung das ›Bild‹ dagegen als »sichtbare Vorstellung eines Gegenstandes, und zwar so wohl die Vorstellung desselben durch Linien und Züge, als auf einer erhabenen Fläche«.[41] Auch bei den Autoren, die im Verlauf der vorliegenden Arbeit betrachtet werden sollen, sind diese Bildbegriffe vorzufinden. Vor allem der weiteren, auf jeweils verschiedene Phänomene übertragenen Bedeutung kommt dabei eine wichtige Rolle zu. Geläufig besonders durch die in der früheren Aufklärungspoetik aktualisierte Erklärung der Dichtung als ›poetische Malerei‹[42] hatte sich das Fundament dieser Übertragung bei den hier behandelten Autoren aber längst von einem als eher passiv aufgefassten ›Abmalen‹ zu einem als produktiv verstandenen und epistemisch reichhaltigeren, mithin ebenso versinnlichenden wie sinngebenden ›Bilden‹ verschoben. An Kants Begriff einer Darstellung, die im Bildvermögen der produktiven Einbildungskraft verortet ist und die Boehm als Paradebeispiel einer »Wiederkehr der Bilder« dient,[43] soll das ebenso aufgezeigt werden wie an Goethes Theorie und Praxis einer im Text schon grundlegend bildhaft strukturierten Wissenschaft sowie an Humboldts Poetik des ›Naturgemäldes‹.

Medien der Botanik im 18. Jahrhundert

Bevor sich die vorliegenden Betrachtungen jedoch auf Kant, Goethe und Humboldt konzentrieren, soll hier zunächst am Beispiel der Naturgeschichte und insbesondere der Botanik verfolgt werden, inwiefern der für das 18. Jahrhundert skizzierte Medienwandel als Bewegung vom Text zum Bild gedeutet werden kann. Von Interesse ist die Botanik für diesen Medienwandel und den mit ihm einhergehenden Zuwachs an Medien-Bewusstsein und Medien-Wissen dabei nicht nur, weil sie einen großen Teil der epistemischen Grundlagen bereitstellte, von denen Goethe und Humboldt in ihren Studien zur Pflanzenmetamorphose und Pflanzengeographie ausgin-

41 Adelung: Art. »Bild«, in: Grammatisch-kritisches Wörterbuch, Bd. 1, Sp. 1014.

42 Johann Jakob Breitinger etwa erklärt, »daß die gantze Poesie eine beständige und weitläuftige Mahlerey genennet werden kann«: »Die Poesie ist ein beständiges Gemählde« (Breitinger: Critische Dichtkunst, Bd. 1, S. 13 und 31).

43 Vgl. Boehm: Die Wiederkehr der Bilder, S. 14 f.

gen, sondern auch, weil sie das maßgebliche Wissensgebiet der klassischen Naturgeschichte bildete. Diese Stellung als »la grande science naturelle du XVIIIe siècle, la plus bouillonnante et la plus travaillée«,[44] sowie als »leading and officially encouraged science«[45] erhielt die sich im 18. Jahrhundert zur Wissenschaft formierende Botanik nicht nur wegen ihrer ›Nützlichkeit‹[46] und der repräsentativen Macht zugesprochen, die sich in den zahlreichen und populären botanischen Gärten manifestierte. Zudem wurde ihr auch »der erkenntnistheoretische Vorrang«[47] innerhalb der Naturgeschichte zuerkannt, und zwar sowohl in quantitativer Hinsicht, aufgrund der mit den großen Forschungsreisen sprunghaft anwachsenden Zahl bekannter Pflanzenformen,[48] als auch in qualitativer Hinsicht, aufgrund der avancierten Systematik, die die Ordnung und Verwaltung dieser Wissensbestände übernahm. Allerdings verlor die Botanik trotz dieser herausragenden Stellung gegen Ende des Jahrhunderts an Bedeutung. Nicht nur sah die Pflanzensystematik sich vor dem Hintergrund der allgemeinen »Desintegration der Naturgeschichte«[49] mit wachsenden Legitimationsproblemen konfrontiert, weil die »Nutzanwendung« im Zuge ihrer fortschreitenden wissenschaftlichen Ausarbeitung und Autonomisierung aus dem Blick geriet.[50]

44 Dagognet: Le catalogue de la vie, S. 30.

45 Morton: History of Botanical Science, S. 234.

46 Buffon etwa erklärt die Botanik als »cette belle partie de l'Histoire Naturelle, qui par son utilité a mérité de tout temps d'être la plus cultivée« (Buffon: Premier discours, in: Histoire naturelle, Bd. 1, S. 13); ähnlich bemerkt 1783 Franz von Paula Schrank, dass »die Botanik derjenige Theil der Naturgeschichte ist, welcher vielleicht die meisten Vortheile für das menschliche Geschlecht gewähret« (Schrank: Allgemeine Anleitung, die Naturgeschichte zu studiren, S. 11). Allgemein hierzu vgl. auch Dagognet: Le catalogue de la vie, S. 30-32.

47 Foucault: Die Ordnung der Dinge, S. 179.

48 Zu Forschungsreisen, auch als Anstoß evolutionistischer Theorien, vgl. Drouin: Von Linné zu Darwin.

49 Stichweh: Zur Entstehung des modernen Systems wissenschaftlicher Disziplinen, S. 45.

50 Nur bezeichnend ist es, wenn Carl Ludwig von Willdenow sich die von den professionellen Botanikern vernachlässigte »Nutzanwendung« deshalb »von den Liebhabers dieses Studiums« erhoffte (zitiert nach Polianski: Die Kunst, die Natur vorzustellen, S. 96, Anm.). Vgl. hierzu auch ebd., bes. S. 52-57 und 83-91. Alexander von Humboldt dagegen schrieb am 25. Februar 1789 an Wilhelm Gabriel Wegener: »Die meisten Menschen betrachten die Botanik als eine Wissenschaft, die für Nichtärzte nur zum Vergnügen oder allenfalls (ein Nutzen der selbst wenigen erst

Dazu etablierte sich nun die Zoologie auf Kosten der Botanik. Dies verdeutlichen vor allem die Marksteine der 1794 gegründeten Ménagerie du Jardin des Plantes in Paris und der 1809 veröffentlichten, stark auf botanisches Wissen bauenden *Philosophie zoologique* von Jean-Baptiste de Lamarck.

Allerdings werden die jeweils benutzten Medien und Präsentationsformen nicht erst in der wissenschaftlichen Botanik des 18. Jahrhunderts, sondern bereits von Anbeginn der Pflanzenforschung diskutiert. Plinius etwa bemerkt in einer berühmten Stelle seiner *Historia naturalis,* dass pflanzenkundliche und botanische Werke schon länger mit Bildern versehen seien.[51] Dabei hebt er hervor, dass die Repräsentationen dieser Bilder klarer als diejenigen von Texten erscheinen, dass sie sich besser einprägen würden und Pflanzen einfacher zu identifizieren erlauben als Begriffe und Beschreibungen. Zwar gibt er gleichfalls zu bedenken, dass insbesondere die Farbigkeit und die Entwicklung von Pflanzen nur schwer zu visualisieren seien, doch vermochte das sein Bilderlob nicht zu trüben; über Jahrhunderte hinweg wurde es weiter tradiert. So hält Leonhart Fuchs, der neben Otto Brunfels und Hieronymus Bock als einer der ›Väter der deutschen Pflanzenkunde‹ gilt, es 1542 in seiner *Historia stirpium* nicht nur für erwiesen, dass ein Bild »die Dinge viel klarer ausdrückt, als sie mit irgendwelchen Worten – auch der beredtsten [Leute] – skizziert werden können« (»res multò clarius exprimere, quàm uerbis ullis, etiam eloquentißimorũ, deliniari queant«). Die Dinge, so erklärt er weiter,

> sitzen umso tiefer in unserem Sinn, welche auf Tafeln oder auf Papier den Augen vorgestellt und abgebildet sind, als diejenigen, welche mit bloßen Worten beschrieben werden. (Von) daher steht es fest, daß es viele Pflanzen gibt, die mit keinen Worten so beschrieben werden können, daß man sie erkennt, durch das Bild jedoch werden sie so vor Augen gestellt, daß sie beim ersten An-

einleuchtet) zur subjektiven Bildung des Verstandes dient. Ich halte sie für eins von den Studien, von denen sich die menschliche Gesellschaft am meisten zu versprechen hat.« (Jahn, Lange (Hrsg.): Die Jugendbriefe Alexander von Humboldts, 1787-1799, S. 41).

51 Vgl. Plinius: Naturkunde XXV, 8. Zur Geschichte botanischer Abbildungen vgl. Blunt, Stearn: The Art of Botanical Illustration; Saunders: Picturing Plants; Lack: Ein Garten Eden. Grundlegend zum Verhältnis von Text, Bild und Pflanze vgl. Nickelsen: Wissenschaftliche Pflanzenzeichnungen, S. 27-64.

> blick sofort erkannt werden. ([…] altius animo insident quæ in tabulis aut charta oculis exposita sunt & depicta, quàm quæ nudis uerbis describuntur. Hinc multas esse stirpes constat, quæ cum nullis uerbis ita describi poßint ut cognoscantur, pictura tamen sic ob oculos ponuntur, ut primo statim aspectu deprehendantur.)[52]

In Anbetracht dieser positiven Bewertung von Bildern kann die »Vorherrschaft des Textes über die Abbildung«, die Wolf Lepenies als Kennzeichen der Naturgeschichte beschreibt,[53] nur für einen eingeschränkten, wenn auch sehr einflussreichen Zeitraum behauptet werden: Sie scheint sich erst nach dem ersten Drittel des 18. Jahrhunderts zu etablieren – und ab 1770 wieder ins Wanken zu geraten. Die maßgebliche Rolle in diesem Prozess spielt zunächst Carl von Linné, der sich vor dem Hintergrund einer physikotheologischen Naturanschauung und eines rationalistischen Schriftverständnisses skeptisch gegenüber den Vorzügen von Bildern zeigt und die Botanik stattdessen am Modell der Schrift auszurichten sucht. In den 1737 erstmals erschienenen *Genera plantarum* warnt er deshalb davor, Bilder zur Bestimmung von Pflanzengattungen zu verwenden: »Bilder empfehle ich nicht, um Gattungen zu bestimmen, sondern weise sie unbedingt zurück, obgleich ich zugebe, dass sie auf Laien Eindruck machen« (»*Icones* […] pro determinandis generibus non commendo, sed absolute rejicio, fatear has idiotis aliquid imponere«).[54] Wenn Linné hier zugesteht, dass Bilder zumindest »auf Laien Eindruck machen«, bewertet er sie damit zugleich als Medien, die einer sich als Wissenschaft verstehenden Botanik nicht genügen. Schließlich würde diese, so fügt er hinzu, seit der Erfindung der Buchstabenschrift auch über einen »kürzeren« (»compendiosiori«), »einfacheren und sichereren Weg« (»facilior certiorque […] via«) verfügen, um das Wissen von den Pflanzen auszudrücken – den Weg der 26 Lettern, den er den Lesern hiermit zu weisen sucht.[55]

Obgleich der leidenschaftliche Linné-Kritiker Friedrich Casimir Medicus später bemerkte, die *Genera plantarum* seien »der irrigste

52 Fuchs: Historia stirpium, o.S. Übersetzung nach Fuchs: Die Kräuterbuchhandschrift, S. 189. Hierzu vgl. auch Kusukawa: Leonhart Fuchs on the Importance of Pictures.

53 Lepenies: Das Ende der Naturgeschichte, S. 32.

54 Linné: Genera plantarum, § 13, S. vii (meine Übers.). Hierzu und zum Folgenden vgl. auch Bies: Vom Wettstreit der Medien am ›Ende der Naturgeschichte‹.

55 Vgl. Linné: Genera plantarum, § 13, S. vii f.

Wegweiser […], den ich kenne«,[56] war der dort eingeschlagene Pfad physikotheologisch gut begründet. So hatte Linné bereits in § 11 der ›Ratio operis‹ erklärt, dass den 26 Buchstaben des Alphabets 26 »literæ vegetabilium« korrespondieren, mit denen der Schöpfer die Pflanzenteile bezeichnet habe;[57] die göttlich verfügte Ordnung der Natur erscheint somit als geschrieben, nicht als gezeichnet. Vor diesem Hintergrund rechtfertigt Linné seine Ablehnung der Bilder im Fortgang von § 13 zudem mit ihrer vermeintlichen Umständlichkeit. In gleich dreifacher Weise versucht er hierfür zu zeigen, dass Bilder gerade dort Mühen verursachen, wo Geschriebenes einen ›sehr leichten‹ Umgang erlaubt. Mögliche Vorzüge von Abbildungen, wie die von Plinius und Fuchs gelobte Einprägsamkeit und Anschaulichkeit, geraten dabei nicht in den Blick; sie liegen außerhalb seines systematischen Forschungsinteresses. So kritisiert Linné zuerst, dass ein Bild nicht in Begriffe gefasst werden könne: »Denn wer kann aus einem Bild jemals irgendein festes Argument beziehen? Aus geschriebenen Worten hingegen geht dies sehr leicht.« (»Ab icone enim quis potest unquam aliquod argumentum firmum desumere, sed a verbis scriptis facillime«).[58] Sodann bemerkt er, dass ein Bild auch deshalb größere Mühen bereite, weil es nicht in standardisierte Einheiten zerlegbar sei – denn dadurch lasse es sich nicht so »bequem« wie eine Beschreibung »in Gebrauch nehmen«, zitieren und weiterverwenden:

> Wenn ich aus irgendeinem Werk das Merkmal einer bestimmten Gattung in Gebrauch nehmen und prüfen möchte, kann ich ein Bild nicht immer bequem abzeichnen, gravieren, drucken und veröffentlichen; eine Beschreibung jedoch sehr leicht. (Si generis cujusdam characterem in opere aliquo in usum traherem recen-

56 Medicus: Ueber einige künstliche Geschlechter, S. 147. Zu Medicus vgl. Knoll: Friedrich Casimir Medicus. Zu seiner Linné-Kritik vgl. ebd., S. 93-101; sowie Stafleu: Linnaeus and the Linnaeans, S. 260-265.

57 So heißt es zu den »literæ vegetabilium«: »[H]as inscripsit Conditor; has legere nostrum erit studium.« (Linné: Genera plantarum, § 11, S. vii). Zu dem auf dieser »appréciation floro-alphabétique« gründenden Versuch, die Botanik als »science de la parole« und als »dictionnaire« zu formieren, vgl. Dagognet: Le catalogue de la vie, S. 55-62, hier S. 55 und 61. Zum damit angesprochenen Topos vom ›Buch der Natur‹ vgl. insgesamt Blumenberg: Die Lesbarkeit der Welt.

58 Linné: Genera plantarum, § 13, S. viii (meine Übers.).

> seremque, non possum semper commode iconem depingere, incidere, imprimere, exprimereque, at descriptionem facillime.)[59]

Schließlich heißt es, dass Bilder sich auch deshalb nicht für eine wissenschaftliche Botanik eignen, weil sie allein es kaum vermögen, Hierarchien wie das für Linné entscheidende Verhältnis von Gattung und Art wiederzugeben; dafür müssten sie schon durch textuelle oder weitere graphische Elemente ergänzt werden. Dagegen sei es mithilfe von Beschreibungen nicht nur »eine weit leichtere Arbeit«, Gattungen und Arten zu erkennen und zu unterscheiden, sondern diese seien auch »auf das leichteste« verständlich, wie Linné erklärt: »[I]n descriptione differentes partes filere, convenientes describere facilior longe est labor, intellectuque facillimum«.[60] Die Beschreibung der Gattung habe dafür zu benennen, was den ihr zugehörigen Arten gemeinsam ist, so dass die Beschreibung der Arten lediglich die spezifische Differenz angeben müsse, durch die diese sich innerhalb der Gattung unterscheiden.

Dass diese umfassende Kritik der Bilder vor allem auf den Ausschluss der ›Laien‹ aus der Botanik zielt, um diese als strenge, systematische Wissenschaft zu begründen, zeigt sich in Linnés 1751 erschienener *Philosophia botanica,* einem der charakteristischsten und wichtigsten Werke des Jahrhunderts.[61] Von einer generellen Zurückweisung der Bilder ist hier nicht mehr die Rede; an diese Stelle tritt nun vielmehr eine Zurechtweisung. Deutlich wird das bereits in der systematisch geordneten Geschichte der Pflanzenforschung und ihrer Akteure, mit der Linné die in zwölf Kapitel und 365 Aphorismen gegliederte *Philosophia botanica* beginnt. In dieser zählt er die »Descriptores« und die als »Ichniographi« benannten Zeichner zu den »Botanici (veri)« und setzt ihnen die »Botanophili«, die Amateure, entgegen.[62] Allerdings nimmt er die Zeichner nicht bedingungslos in den Kreis ›echter Botaniker‹ auf. Nicht nur

59 Ebd. (meine Übers.).

60 Ebd.

61 So schreibt Rousseau am 21. September 1771 an Linné: »[J]e tire un profit plus réel de votre *Philosophie botanique* que de tous les livres de morale.« (Rousseau: Œuvres complètes, Bd. 25, S. 284). Herder dagegen begreift die *Philosophia botanica* als »klassisches Muster« und ersehnt »eine philosophia anthropologica dieser Art, mit der Kürze und vielseitigen Genauigkeit geschrieben« (Herder: Ideen, in: Werke, Bd. 6, S. 63).

62 Linné: Philosophia botanica, §§ 7, 11, 12 und 43, S. 4, 6 f. und 15. Vgl. Müller-Wille: Botanik und weltweiter Handel, S. 133-183.

betont Linné, dass ein gut angelegtes Herbarium, in dem das Gezeigte auch noch verkörpert wird, jedem Bild vorzuziehen sei: »*Herbarium* præstat omni icone«.[63] Um wissenschaftlich verwendbar zu sein, müssten Bilder zudem jene vier Variablen wiedergeben, die auch die Beobachtungen und Beschreibungen des ›echten Botanikers‹ strukturieren, die »certa & firma principia mechanica: *Numerum, Figuram, Situm & Proportionem*«.[64]

Diese einseitige, da allein auf das Beschreibbare bezogene Korrelation von Bild und Text verstärkt Linné in späteren Stellen der *Philosophia botanica.* Im Kapitel ›Adumbrationes‹ fordert er von der umfassend angelegten, nicht nur auf Unterscheidung zielenden ›natürlichen Beschreibung‹, dass sie die Pflanzenteile in einer durch Fachtermini regulierten Sprache vollständig im Blick auf Zahl, Gestalt, Lage und Verhältnis wiedergebe. Um übersichtlich zu bleiben und keine Langeweile zu erregen, solle sie jeden Pflanzenteil zudem in einem gesonderten, typographisch klar gegliederten Abschnitt behandeln und dabei der scheinbar natürlichen, vom Wuchs vorgegebenen Ordnung folgen. Solchermaßen in eine schmucklose, jede auf sich bezogene Aufmerksamkeit vermeidende und eben dadurch ganz künstliche »Sprache umgesetzt, dringt die Pflanze darin ein«, so erklärt Foucault, »und rekomponiert ihre reine Form unter den Augen des Lesers«.[65]

Verglichen mit derart fein geregelten Beschreibungen zeigt sich Linné hinsichtlich der Abbildungen eher anspruchslos – was auch daran liegen dürfte, dass er ihrer innerhalb der von ihm entworfenen Systematik kaum bedurfte: »[T]he sexual system depended on a few, easily observable features, coloured or engraved images were superfluous«, kann Lisbet Koerner deshalb bemerken.[66] Nachdem Linné angedeutet hat, dass Bilder perspektivischen Gesetzen genügen müssen, wiederholt er lediglich, dass sie die Pflanzen komplett, mit ihren kleinsten Teilen, und möglichst unter Berücksichtigung der natürlichen Größen- und Lageverhältnisse zeigen sollen.[67] Das aber sei, wie er anmerkt, nur garantiert, wenn neben dem Zeichner

63 Linné: Philosophia botanica, § 11, S. 6 f.

64 Vgl. Linné: Genera plantarum, § 19, S. x; ders.: Philosophia botanica, §§ 92 und 167, S. 59 und 116 f.

65 Foucault: Die Ordnung der Dinge, S. 177. Vgl. Linné: Philosophia botanica, §§ 326-331, S. 256-263.

66 Koerner: Carl Linnaeus in his Time and Place, S. 148.

67 Vgl. Linné: Philosophia botanica, §§ 11, 332 und 333, S. 6 f. und 263.

und dem Stecher auch ein Botaniker an ihrer Erstellung beteiligt ist; im besten Falle übernehme ein künstlerisch begabter und geschulter Botaniker deren Rollen gleich mit.[68]

Der Blick in die *Philosophia botanica* hat damit gezeigt, dass die in den *Genera plantarum* formulierte Zurückweisung der Bilder nicht gleich deren Verbannung bedeuten musste; Linné vermochte Abbildungen durchaus zu akzeptieren, solange sie einer diskursiven Logik gehorchten und den Vorrang des Texts nicht infrage stellten. Bemerkenswert dabei ist, dass er diesen Vorrang auch durch die dem Text eigenen visuellen Elemente zu befestigen suchte. Indem er die Übersichtlichkeit und Anschaulichkeit von Bildern gleichsam in die klare Gliederung und typographische Ordnung der Gattungsbeschreibungen übersetzte, verlieh er diesen »ein Moment der ›Piktorialität‹«[69] und gestaltete sie zu »botanischen Kalligrammen«.[70] Doch auch wenn er die scheinbare Linearität des Texts somit durchbrach, um eine der Ordnung der Natur gemäße tableauhafte Textur herauszuarbeiten,[71] stellte er die von Wolf Lepenies behauptete »Vorherrschaft des Textes über die Abbildung« nicht in Frage. Vielmehr etablierte er sie, indem er die visuellen Möglichkeiten des Texts ausschöpfte, um Abbildungen überflüssig zu machen.

In den Diskussionen um eine *méthode naturelle,* die seit der Mitte des 18. Jahrhunderts vor allem von französischen Botanikern geführt wurden,[72] erwies diese Zurückhaltung gegenüber Bildern sich als unhaltbar. So behauptet Michel Adanson, ein von den Zeitgenossen äußerst geschätzter, doch lang nur selten betrachteter Bo-

68 Vgl. ebd., § 332, S. 263. Ebenso dann auch Adanson: Familles des plantes, Bd. 1, S. cxlii.

69 Müller-Wille: Text, Bild und Diagramm in der klassischen Naturgeschichte, S. 7. Für eine philosophische Diskussion der Bildlichkeit von Schrift und Text vgl. Krämer: ›Schriftbildlichkeit‹.

70 Foucault: Die Ordnung der Dinge, S. 177.

71 Müller-Wille erklärt sogar, dass Linnés Publikationen sich »in aller Regel nicht linear lesen« lassen (Müller-Wille: Botanik und weltweiter Handel, S. 18).

72 Vgl. Morton: History of Botanical Science, S. 287-313; Polianski: Die Kunst, die Natur vorzustellen, S. 112-143; Bies: Naturwissen, natürlich. Zum Unterschied von ›System‹ und ›Methode‹ in den französischen Diskussionen – im Deutschen hingegen firmiert die *méthode naturelle* dann meist als ›natürliches System‹ – vgl. Adanson: Familles des plantes, Bd. 1, S. xciii-cii; Foucault: Die Ordnung der Dinge, S. 180-189.

taniker, nun wieder deren Nutzen und Notwendigkeit: »[L]es figures sont nécessaires«,[73] betont er 1763 in dem ausführlichen Vorwort seiner *Familles des plantes.* Linnés zitierte Zurückweisung der Bilder in § 13 der *Genera plantarum* erscheint ihm deshalb als »mépris singulier«: Nicht nur zähle er sich freiwillig zu den »idiots«, wenn diese der Bilder bedürfen; verständige Botaniker, bemerkt Adanson hintersinnig, hätten ihn zudem darauf aufmerksam gemacht, dass auch Linné noch keine Beschreibung einer unbekannten Pflanze veröffentlicht habe, ohne ihr eine Abbildung beizufügen.[74]

Die damit erklärte Notwendigkeit der Bilder hatte Methode. Während das meist als künstlich kritisierte System der *Genera plantarum* ausschließlich jene 26 in Buchstaben übertragbaren Teile der Blüte einbezogen hatte,[75] entdeckte Adanson während seines von 1749 bis 1754 andauernden Aufenthalts im Senegal, dass eine derart systematisch betriebene Botanik zu sehr auf die heimische Vegetation zugeschnitten war, um die Fülle afrikanischer Pflanzen erfassen zu können.[76] Um diese zu begreifen, genüge es nicht länger, mittels einzelner, willkürlich festgelegter Merkmale künstlich zu unterscheiden, so kritisiert Adanson. Auf den Spuren der Natur – nun aber einer wilden, fast undurchschaubaren und geradezu labyrinthisch erscheinenden, nicht einer systematisch geordneten, in Buchstaben gegossenen Natur – müssten Pflanzen daher auf eine »façon toute nouvele« betrachtet werden: Am Ariadnefaden der Methode sei die Annahme wesentlicher Charakteristika und fester Benennungssysteme aufzugeben und unter Einbeziehung aller Pflanzen-

73 Adanson: Familles des plantes, Bd. 1, S. clv.

74 Ebd., S. clii.

75 Bei der Kritik, dass sein System ›künstlich‹ aufgebaut sei, wird meist unterschlagen, dass Linné, ähnlich wie zuvor schon Tournefort, zumindest die Arten und Gattungen als ›natürlich‹ verstanden hat. Vgl. Linné: Genera plantarum, § 6, S. ii; ders.: Philosophia botanica, § 162, S. 101; sowie Leroy: Tournefort et la classification végétale; Polianski: Die Kunst, die Natur vorzustellen, S. 127-134.

76 »Inlassablement«, erklärt Dagognet, »Adanson s'attaque à l'européanocentrisme du plan linnéen.« (Dagognet: Le catalogue de la vie, S. 64). Diese Konzentration auf die wilde Natur erkläre auch Adansons »phonographie«, den »refus délibéré de respecter les usages et règles orthographiques. [...] Adanson rêve d'une certaine coïncidence entre des phonèmes complets, non déformés ou usés et une végétation sauvage, planturеuse, non abâtardie.« (Ebd., S. 66).

teile ein jeweils naturgemäßes Ensemble relevanter Merkmale, ein »ensemble des Principes mécaniques«[77] zu bilden.

Die auf diesem Wege erzeugte Komplexität des botanischen Wissens, die durch die Vielzahl der im 18. Jahrhundert entdeckten Pflanzen zusätzlich verstärkt wurde, konnten Begriffe allein kaum bewältigen. Doch beharrt Adanson nicht nur deshalb auf der Notwendigkeit, Bilder in der Naturgeschichte zu benutzen. Diese Notwendigkeit ergibt sich für ihn auch daraus, dass ihm Pflanzen als praktisch unbekannt, als gleichsam unentdeckt gelten, wenn es bloß ihre Benennungen oder Beschreibungen gibt, seien diese nun scheinbar konfus wie ältere oder so kurz und prägnant gefasst wie neuere Beschreibungen.[78] Indes gilt es auch hier bestimmte Regeln zu beachten, damit Bilder die ihr Objekt bestimmenden Merkmalsensembles in möglichst anschaulicher Weise präsentieren können. Da es, wie Adanson erklärt, schwierig und fast unmöglich sei, natürliche Farben oder auch die Entwicklung einer Form ins Bild zu bannen, und sich umgekehrt die Gestalt und Situierung einer Pflanze und ihrer Teile oft nicht genau genug in Worte fassen lassen, müssten Bilder mit Beschreibungen vereint und in ein Verhältnis wechselseitiger Hilfe, des »secours mutuel«, gesetzt werden; nur so könnten diese kurz und übersichtlich gehalten werden, ohne dass das Zusammenspiel bedeutender Merkmale vernachlässigt werde:

> [I]l faut nécessairemant allier les descriptions aux figures, & reciprokemant les figures aux descriptions, parce qu'eles se prètent un secours mutuel, & qu'eles ne peuvent marcher les unes sans les autres. Les descriptions doivent être courtes, & porter principalemant sur les circonstances que le dessen ne peut exprimer [...].[79]

Weiterhin, empfiehlt Adanson, sollten Bilder als unkolorierte Kupferstiche vorliegen, da diese vergleichsweise schnell in großer Zahl zu fertigen und zudem geeignet seien, auch kleinste Merkmale detailgetreu wiederzugeben. Um diese aber nicht gleich wieder zu

77 Adanson: Familles des plantes, Bd. 1, S. cliv. Vgl. ebd., S. clv-clviii.

78 Ebd., S. clxxxiv. Linné hingegen hatte gewarnt: »Nomina si nescis, perit & cognitio rerum.« (Linné: Philosophia botanica, § 210, S. 158). Zur Zurückweisung der Linné'schen Nomenklatur vgl. Adanson: Familles des plantes, Bd. 1, S. cxxiii-cxxxiv. Ähnlich ablehnend argumentiert 1752 auch Buffons Mitarbeiter Louis Jean-Marie Daubenton: Art. »Botanique«, in: Diderot, d'Alembert: Encyclopédie, Bd. 2, S. 340-345.

79 Adanson: Familles des plantes, Bd. 1, S. clxxxiv f.

verdecken, seien Pflanzen ohne Schattierungen zu zeigen, ferner mit allen Details, in mittlerer Größe und, anders als bei solchen Darstellungen üblich, in ihrer natürlichen Umgebung.[80] Damit und besonders im Plädoyer für die Vereinigung von Bildern und Beschreibungen lenkt Adanson den Blick wieder auf die Vorzüge und Eigenheiten dieser Präsentationsformen. Linné dagegen hatte Bilder bloß zugelassen, wenn sie eine Beschreibung illustrieren und nur zeigen, was ohnehin mit Begriffen gefasst werden kann.

Eine ähnliche, aber anders begründete Einsicht in den Nutzen und die Notwendigkeit von Bildern zeigt sich im Feld der Zoologie bei Buffon, der hier als letztes Beispiel noch kurz erwähnt sei. In seiner monumentalen *Histoire naturelle* vertraute Buffon, wie sein großer Antipode Linné, zunächst vor allem der Sprache – wenn auch in anderer Ausprägung. So gestaltete er seine Beschreibungen gerade nicht zu einem knappen, übersichtlichen Ausdruck eines Systems. Im Dienst einer Worten letztlich unerreichbaren, unendliche Mühen erfordernden »méthode parfaite«[81] versuchte er vielmehr, sie sowohl geschichtlich zu ergänzen als ihnen auch durch den ›Stil‹ eine bewegliche, der Natur angemessene Form zu verleihen, die möglichst farbig und lebendig repräsentieren, weder langweilen noch anstrengen sollte.[82] Doch nachdem Buffon die Vierfüßer auf diesem Wege so ausführlich wie vollständig behandelt hatte, geriet er in Anbetracht der ungleich zahlreicheren, schwieriger zu erfassenden Vögel ins Stocken. Im die *Histoire naturelle des oiseaux* eröffnenden ›Plan de l'ouvrage‹ erklärte er deshalb 1770:

> [D]ans les animaux quadrupèdes, un bon dessin rendu par une gravure noire, suffit pour la connoissance distincte de chacun, parce que les couleurs des quadrupèdes n'étant qu'en petit nombre & assez uniformes, on peut aisément les dénommer & les

80 Vgl. ebd., S. clxxxiii-clxxxvii.

81 Dass diese ›méthode parfaite‹ auf eine unmögliche, da unendliche und unendlich langweilige Repräsentation zielt, erkennt Buffon im ›Premier discours‹, dem Programm der *Histoire naturelle*: »[E]n effet se proposer de faire une méthode parfaite, c'est se proposer un travail impossible; il faudroit un ouvrage qui représentât exactement tous ceux de la Nature« (Buffon: Premier discours, in: Histoire naturelle, Bd. 1, S. 14).

82 Zum ›Stil‹ vgl. ebd., S. 31; ders.: Discours prononcé à l'académie françoise, ebd., Supplément, Bd. 4, S. 10; sowie Lepenies: Die Speicherung wissenschaftlicher Traditionen in der Literatur; Trabant: Le style est l'homme même; Vogl: Homogenese, S. 85-87.

> indiquer par le discours: mais cela seroit impossible, ou du moins supposeroit une immensité de paroles, & de paroles très-ennuyeuses pour la description des couleurs dans les oiseaux; il n'y a pas même de termes en aucune langue pour en exprimer les nuances, les teintes, les reflets & les mélanges; & néanmois les couleurs sont ici des caractères essentiels, & souvent les seuls par lesquels on puisse reconnoître un oiseaux & le distinguer de tous les autres.[83]

Dass Buffon sich hier in Anbetracht unsagbarer, zur Unterscheidung der Vögel aber notwendiger Farben zu möglichst ebenso farbigen Bildern genötigt sieht, ist vor dem Hintergrund der Geschichte wissenschaftlicher Abbildungen nicht selbstverständlich. So hatte bereits Plinius bemerkt, dass »die Malerei bei so vielen Farben trüge, gerade wenn die Natur nachgeahmt werden soll, und dazu die Fahrlässigkeit der Kopisten viel verderbe« (»verum et pictura fallax est coloribus tam numerosis, praesertim in aemulationem naturae, multumque degenerat transcribentium socordia«).[84] Plinius' Einwand galt noch im 18. Jahrhundert.[85] Abgesehen davon, dass Farben in wissenschaftlichen Kupferstichen nicht zwangsläufig auch die Natur imitieren sollten – gerade in botanischen Abbildungen dienten sie oft eher der Akzentuierung einzelner Organe und Strukturen der repräsentierten Pflanze oder aber der Gliederung der Zeichnung selbst –, war die naturgetreue Nachbildung von Farben weiterhin ein Problem. Dies lag zum einen daran, dass meist

83 Buffon: Plan de l'ouvrage, in: Histoire naturelle [des oiseaux], Bd. 16, S. iii f. Vgl. Lepenies: Das Ende der Naturgeschichte, S. 73.

84 Plinius: Naturkunde XXV, 8.

85 Zum Folgenden vgl. Nickelsen: Wissenschaftliche Pflanzenzeichnungen, S. 53-57; dies.: The Challenge of Colour. Zum generellen, der Illumination vorgängigen Problem des ›Zeichnens nach der Natur‹ im Regime der ›Naturwahrheit‹ vgl. Daston, Galison: Objektivität, S. 103-113. Vergessen werden soll in diesem Zusammenhang nicht, dass die Brauchbarkeit naturgeschichtlicher Abbildungen im 18. Jahrhundert auch ganz grundlegend bezweifelt wurde. So heißt es bei Schrank: »Aber auch die Abbildungen, selbst die besten, wie weit sind sie noch hinter der Natur zurück! wie unzureichend sind sie nicht oft! wie unmöglich ist es nicht selten, eine Naturerscheinung, eine Begebenheit mit einem natürlichen Körper gehörig durch Abbildungen auszudrucken! Es ist schlechterdings unmöglich, mit Hilfe des Pinsels mehr als einen unzertrennlichen Augenblick der Handlung auszudrucken!« (Schrank: Allgemeine Anleitung, die Naturgeschichte zu studiren, S. 16 f.).

das Geld für fähige Illuminatoren fehlte, weshalb oft Laien, vornehmlich Witwen oder Kinder, die Kolorierung ausführten.[86] Zum anderen verboten grundsätzliche Mängel große Hoffnungen auf die ›Natürlichkeit‹ der Farbgebung, so vor allem die fehlende Standardisierung in der Herstellung und das Fehlen »einer ganz genauen, und allgemein verständlichen Bestimmung und Benennung der Farben«,[87] wie Jacob Christian Schäffer, ein Regensburger Theologe und Naturforscher, 1769 beklagte; die Vergleichbarkeit der Farbgebung von Gemälden und von Kolorierungen verschiedener Ausgaben eines Werkes, die Schäffer übrigens durch Farbtafeln zu erreichen suchte,[88] konnte deshalb nie als gesichert gelten. In Anbetracht dieser Umstände verwundert es nicht, dass die Naturforscher des 18. Jahrhunderts sich oft skeptisch gegenüber farbigen Abbildungen zeigten. Hatte Adanson kolorierte Kupferstiche noch einfach abweisen können – denn es sei »très dificile & come impossible d'imiter par la peinture les couleurs natureles des Plantes«[89] –, so führte Buffons Nötigung zu farbigen Vogelbildern zu wissenschaftlich unbefriedigenden Resultaten. Aus Kostengründen konnten nur wenige Exemplare der *Histoire des oiseaux* mit farbigen Tafeln ausgestattet werden – und die erwiesen sich letztlich als keineswegs naturgetreu koloriert.

Jedoch sollte aufgrund dieser Schwierigkeiten nicht in den Hintergrund geraten, dass Buffons Einsicht in die Notwendigkeit farbiger Tafeln eine entscheidende Umstellung markiert, die mit Foucault als ein Überschreiten der ›Grenze der Repräsentation‹ gedeutet werden kann. Auch wenn es zu kurz greift, die klassische Naturgeschichte bloß als »Benennung des Sichtbaren«, und zwar eines systematisch »ins Grau in Grau« übertragenen Sichtbaren, zu verstehen,[90] ist damit doch bereits der Rahmen bezeichnet, den Buffon sprengt. Indem er sich genötigt sieht, eine sprachlich nicht fassbare

86 Dass solche Abhängigkeiten auch das Verhältnis der Naturforscher zu den im Vergleich mit den Illuminatoren stärker professionalisierten Illustratoren prägten, zeigen Daston, Galison: Objektivität, S. 88-103.
87 Schäffer: Entwurf einer allgemeinen Farbenverein, S. 6. Vgl. Nickelsen: The Challenge of Colour, S. 18-23.
88 Ähnlich Willdenow: Grundriss der Kräuterkunde, S. xiii, zudem § 192, S. 236-239 und Anhang, Tafel IX.
89 Adanson: Familles des plantes, Bd. 1, S. clxxxiv.
90 Foucault: Die Ordnung der Dinge, S. 173 f.

Farbigkeit wiederzugeben,[91] gibt er den Bildern, und nicht mehr dem Text, die primäre Funktion bei der Vermittlung des entscheidenden und unterscheidenden naturgeschichtlichen Wissens auf. Wenn er ihnen die Wiedergabe dessen zuschreibt, was wissenschaftlich notwendig ist und Worten trotzdem entzogen bleiben muss, kann er sie nicht länger als nützliche Merk- und Bestimmungshilfen oder als unterhaltende Illustrationen verstehen. Vielmehr erscheinen solche Bilder selbst bereits als Träger eines Wissens, das im Grunde als bildlich aufzufassen ist – auch wenn der Status dieser Bilder und das von ihnen präsentierte Wissen letztlich wieder nur im Text erläutert wird.

Vor dem Hintergrund der besonders in der zweiten Hälfte des 18. Jahrhunderts stark zunehmenden Dichte naturgeschichtlichen Wissens – eine Dichte, die quantitativ aus der großen Anzahl neuentdeckter Pflanzen und Tiere, qualitativ aus der Komplexität der stark auf das ›Natürliche‹ zielenden Methoden resultiert – konnte somit gezeigt werden, dass zumindest die hier betrachteten Forscher und Autoren dieses Wissen weniger durch die Verzeitlichung geordnet haben, die Wolf Lepenies ins Zentrum seiner einflussreichen Ausführungen über *Das Ende der Naturgeschichte* gestellt hat.[92] Angesichts einer allmählich als unsagbar, vor allem als unbeschreibbar empfundenen Naturfülle, die zunehmend auch als unübersehbar erkannt wurde, wichen sie vielmehr auf das scheinbar unmittelbarere, naturgemäßere Medium des Bildes aus, das jedoch nie als vom Text

91 Die damit einhergehende Aufwertung der Farbe zu einem wissenschaftlichen Bedeutungsträger korrespondiert mit dem sich um 1800 intensivierenden Interesse am Lebendigen. So etwa weigerte sich Linné, Farben aufgrund ihrer als verführerisch und irrational empfundenen Unbeständigkeit als wesentliche Merkmale anzuerkennen (vgl. Linné: Philosophia botanica, § 266, S. 210 f.; ebenso Willdenow: Grundriss der Kräuterkunde, § 176, S. 224); dem entsprach eine Philosophie, die Farben nur als sekundäre Eigenschaften von Objekten anerkannte (vgl. Locke: An Essay Concerning Human Understanding, Buch II, Kap. 8, S. 133-141; ähnlich Kant: KU B 39-43). Um 1800 dagegen erklärt August Wilhelm Schlegel: »Die Farben sind keine zufällige Eigenschaft, sondern sie gehen aus dem inneren Wesen der Körper hervor« (A. W. Schlegel: Die Kunstlehre, S. 172); ebenso versteht Goethe die Farbe aufgrund ihrer Wandelbarkeit als »Kriterion des beweglichen Lebens« (FA 23/1, 238) und als Offenbarung eines bewegten Inneren: »Am farbigen Abglanz haben wir das Leben«, heißt es daher in jenem berühmten Vers von *Faust II* (V. 4727, FA 7/1, 206). Vgl. auch Hegel: Jenaer Realphilosophie, S. 79-85.

92 Vgl. Lepenies: Das Ende der Naturgeschichte, S. 16-28.

unabhängig gedacht werden, nie als ›unbeschriebenes Blatt‹ fungieren konnte. Dieser Rückgriff auf Bilder empfahl sich im 18. Jahrhundert vor allem für Wissensgebiete, in denen »die Widerstände gegen die ›Verzeitlichung‹« auch dann noch »auffallend« wirkten, als »die herkömmlichen informationsverarbeitenden Techniken, die [...] auf einer räumlichen Anordnung des Wissensbestandes beruhen, [...] in ihrer Kapazität erschöpft« waren.[93] Dies gilt besonders für die Botanik, die schon länger zu einer tableauhaften Organisation des Wissens neigte; das zur linearen Ordnung des Tierreichs weithin verwendete und einfacher zu temporalisierende Modell der Stufenleiter blieb dort deshalb ohne durchgreifende Wirkung.[94] In einer berühmten Stelle seiner *Philosophia botanica* betont Linné daher zwar den Gedanken der natürlichen Kontinuität, den auch die Vorstellung einer *Scala naturae* voraussetzt, doch bemerkt er sogleich, dass »alle Pflanzen« ihre »Verwandtschaft« nicht in einer linearen Ordnung zeigen, sondern »wie ein Gebiet in einer geographischen Karte« (»Plantæ omnes utrinque affinitatem monstrant, uti Territorium in Mappa geographica«).[95]

An diesen Punkt wird an späterer Stelle der vorliegenden Arbeit, insbesondere im Rahmen der Ausführungen zu Humboldt, noch einmal angeschlossen werden. So erläutert 1792 auch Carl Ludwig Willdenow in seinem *Grundriss der Kräuterkunde,* dass die Natur »im Ganzen« als ein »verwickeltes, nach allen Seiten ausgebreitetes Netz« erscheine.[96] Ebenso bemerkt 1813 der Genfer Botaniker Augustin-Pyrame de Candolle in seiner *Théorie élémentaire de la botanique,* dass die Pflanzenwelt sich detailliert nicht mit der »métaphore de la chaîne des êtres«, sondern nur durch das Modell der

93 Ebd., S. 51 und 16 f.

94 Vgl. Wagenitz: Die *Scala naturae* in der Naturgeschichte des 18. Jahrhunderts, S. 182-184; Frigo: »Der stete und feste Gang der Natur zur Organisation«, S. 27-31; Polianski: Die Kunst, die Natur vorzustellen, S. 162-167. Grundlegend hierzu vgl. Lovejoy: The Great Chain of Being; und Wyder: Goethes Naturmodell.

95 Linné: Philosophia botanica, § 77, S. 27 (meine Übers.). Prominent wurde das Bild der Karte im gleichen Jahr auch im ›Discours préliminaire‹ der *Encyclopédie* verwendet. Vgl. Diderot, d'Alembert: Encyclopédie, Bd. 1, S. xiv f. Zu den seit 1750 vermehrt gebrauchten Karten- und Netzmodellen vgl. auch die Ausführungen bei Barsanti: La Scala, la mappa, l'albero; und Gießmann: Netze und Netzwerke, S. 33-56.

96 Willdenow: Grundriss der Kräuterkunde, § 113, S. 148.

»carte géographique« beschreiben lasse.[97] Im ersten Band seines *Kosmos* erklärt 1845 schließlich auch Humboldt, der von Willdenow in die Botanik eingeführt worden war und Candolle wiederum stark beeinflusst hatte, dass das Wissen von der Natur als eine »allgemeine Verkettung, nicht in einfacher linearer Richtung, sondern in netzartig verschlungenem Gewebe« aufgefasst werden müsse (K I, 33). Anders als bei Linné aber, der die Erforschung dieser tableauhaft geordneten Natur noch als bruchlose Übertragung von »literæ vegetabilium« in die Buchstaben des Alphabets modellieren konnte, lässt dieses Netz sich um 1800 nicht mehr problemlos im Text repräsentieren: Wie Candolle erklärt, fügt es sich nicht in die »forme habituelle de nos livres«.[98] Doch bevor gezeigt werden kann, wie Humboldt dieses Wissen von der Natur sowohl in Karten als auch in tableauhaft und bildlich organisierten Texten nachzubilden und damit ›darzustellen‹ sucht, soll zunächst der Begriff dieser Darstellung geschärft und seine Übertragung in das Gebiet des Pflanzenwissens verfolgt werden, eine Übertragung, die Goethe maßgeblich mit vorantreibt; in diesem Zusammenhang wird auch auf Linnés ebenso einflussreiche wie vielkritisierte Ausrichtung der Botanik am Modell der Schrift zurückzukommen sein.

97 Candolle: Théorie élémentaire de la botanique, §§ 197 und 199, S. 229 und 231.
98 Ebd., § 202, S. 234.

II. Mathematische Darstellung, ästhetische Darstellung: Kant

»Es ist wenigstens von Herrn Kant nicht freundschaftlich gegen seine Leser gehandelt«, so notiert Georg Christoph Lichtenberg um 1790 in einem seiner *Sudelbücher*,

> daß er sein Werk so geschrieben hat, daß man es studieren muß wie ein Werk der Natur. Bei Werken der Natur wird der Fleiß und der Eifer bei der Untersuchung durch die Überzeugung erhalten, daß das Ganze der Untersuchung wert ist und daß man etwas seines Fleißes Würdiges finden würde, wenn man etwas fände. Allein bei menschlichen Werken ist dieses nicht zu erwarten, denn da kann es sein daß der Verfasser sich geirrt hat und daß alles auf Jacob-Böhmismus hinausläuft. Herr Kant freilich hatte schon vielen Kredit in der Welt, dafür betraf aber auch sein Buch einen Gegenstand, der an sich nicht der interessanteste für die Welt [ist], und doch mußte man Begriffe, wie den von *Vorstellung,* selbst aus wiederholter Lesung des Buchs kennen lernen. Die Gegenstände von Herrn Kants Buch sind freilich sehr interessant, aber das konnte doch nicht jedermann gleich wissen.[1]

Auch wenn die Klage über die Schwierigkeit von Kants Schriften gegen Ende des 18. Jahrhunderts bereits als topisch gelten kann, ist diese Notiz bemerkenswert. So nimmt Lichtenberg hier zunächst einen Vergleich auf, den Kant zu dieser Zeit selbst häufig zur Rechtfertigung seiner Schriften nutzte – auch Kant setzte seine Schriften mit »Werken der Natur« gleich, indem er den Aufbau der *Kritik der reinen Vernunft* etwa mit »dem Gliederbau eines organisirten Körpers« verglich (AA 4, 263) –, um einschränkend jedoch zu ergänzen, dass das Studium dieser Schriften immer unter dem Vorbehalt der Enttäuschung stehen müsse, da die »Verfasser« von Büchern sich im Unterschied zur Natur ja auch »geirrt« haben könnten. Darüber

1 Lichtenberg: Sudelbücher, J I 270, in: Schriften und Briefe, Bd. 1, S. 693.

hinaus fällt auf, dass Lichtenberg hier gerade den Begriff der ›Vorstellung‹ heraushebt, den er sich angeblich nur durch »wiederholte Lesung« aneignen konnte. Damit verweist er auf einen Begriff, der seit der *Kritik der reinen Vernunft* von 1781 als ein zentraler Begriff der kantischen Erkenntnistheorie fungierte, den Kant in seinen kritischen Schriften jedoch zunehmend durch den Begriff der ›Darstellung‹ ergänzte, supplementierte und weiter profilierte, vor allem auch um die Möglichkeiten der Herstellung eines sicheren Wissens in den Wissenschaften philosophisch auszuloten.

Diesem Begriff der ›Darstellung‹ wollen sich die folgenden Ausführungen vor allem im Blick auf die Frage zuwenden, inwiefern eine auf die Erforschung der lebendigen Natur zielende Wissenschaft in den Jahren um 1800 auf diesen Begriff bezogen worden ist; da die entsprechenden Debatten maßgeblich von Kant geprägt worden sind, soll er zunächst im Mittelpunkt dieser Ausführungen stehen. Im Anschluss an die bislang skizzierten Überlegungen wird hierfür in einem ersten Kapitel verfolgt, wie Kant in den *Metaphysischen Anfangsgründen der Naturwissenschaft* eine Konzeption einer Naturwissenschaft entwickelt, die auf einer ›mathematischen Darstellung‹ gründet – einer ›Darstellung‹, die auf die Produktion eines anschaulichen, aber auch diskursiv und kausal begründeten Wissens zielt –, und wie er diese ›Darstellung‹ im zweiten Teil der *Kritik der Urteilskraft,* der ›Kritik der teleologischen Urteilskraft‹, sodann auf die Erforschung der organischen Natur anzuwenden sucht. Dabei erweist Kant, dass von dem, was das Leben dieser Natur ausmacht, kein sicheres, mathematisch begründbares Wissen erlangt und die lebendige Natur allein mithilfe der Fiktion verstanden werden kann, dass ein solches Wissen möglich sei.

Daraufhin wird im zweiten Kapitel gezeigt, wie in der Kunst- und Dichtungstheorie vor allem der 1770er Jahre bereits der Begriff einer ›ästhetischen Darstellung‹ etabliert wurde, der eben auf eine Präsentation dessen zielte, was begrifflich nicht repräsentiert werden konnte, auf die Nachbildung der Körperlichkeit, Beweglichkeit und Lebendigkeit der jeweils behandelten Gegenstände, und wie auch Kant eine solche ›Darstellung‹ in der *Kritik der Urteilskraft* diskutiert. So entfaltet er im ersten Teil des Werks, der ›Kritik der ästhetischen Urteilskraft‹, die Begriffe einer ›Darstellung‹ als *exhibitio,* die besonders auf die Erzeugung von Leben und Bewegung zielt, wie auch einer ›Darstellung‹ als Hypotypose, die eher die Veranschaulichung eines eigentlich Undarstellbaren ermöglichen soll.

Vor allem dieser Darstellungsbegriff der Hypotypose wird um 1800 dann in die klassischen und romantischen Dichtungs- und Symbolkonzeptionen aufgenommen, verliert in diesem Zuge allerdings auch wieder massiv an Kontur.

Der somit entwickelte Begriff einer ›ästhetischen Darstellung‹ wird im dritten Kapitel schließlich auf den Text der *Kritik der Urteilskraft* angewendet. Im Ausgang von Kants Charakterisierung seiner Werke als »organisirte Körper« sowie als Nachbildungen, mithin als ›Darstellungen‹ der von ihnen entfalteten Gedanken soll hierbei im Blick auf die in der dritten *Kritik* verwendeten Beispiele gezeigt werden, dass Kant mit ihrer Hilfe nicht nur einen anschaulichen und lebendigen Text zu verfassen sucht, sondern auch ein gleichsam bildliches, oft literarisch vorgeformtes Wissen produziert, das über das diskursive Wissen der eigentlichen Argumentation hinausreicht.

Kritik der Naturwissenschaft, Philosophie der Naturforschung

Mathematische Darstellung: *Metaphysische Anfangsgründe der Naturwissenschaft* (1786)

Die *Metaphysischen Anfangsgründe der Naturwissenschaft* erscheinen nicht erst aus heutiger Sicht als schwierig. Auch von den Zeitgenossen wurde der 1786 veröffentlichte Text als voraussetzungsreich aufgefasst und meist wenig begeistert aufgenommen: »Ob man den unendlichen Werth dieses Buchs nicht einsieht, oder ob man es zu schwierig findet, weiß ich nicht«, schreibt der Berliner Philosoph Johann Gottfried Carl Christian Kiesewetter am 8. Juni 1795 angesichts der spärlichen Rezeption an Kant, seinen ehemaligen Lehrer: »[M]ir hat es unter allen Ihren Schriften die meiste Mühe gemacht« (AA 12, 23 f.). Trotz dieser entmutigenden Bemerkung erscheint es im Rahmen der vorliegenden Arbeit angebracht, sich diesen Anstrengungen zu unterziehen. Hierfür soll insbesondere die Vorrede der *Metaphysischen Anfangsgründe* betrachtet werden, weil sie nicht nur die Umbrüche verdeutlicht, die das sich funktional ausdifferenzierende Wissenschaftssystem im 18. Jahrhundert erfährt,[2]

2 Vgl. vor allem Stichweh: Zur Entstehung des modernen Systems wissenschaftlicher Disziplinen.

sondern auch ein fundamental auf ›Darstellung‹ ausgerichtetes Konzept von Wissenschaft erarbeitet.

Kant beginnt die Vorrede der *Metaphysischen Anfangsgründe* mit der Unterscheidung zweier Naturbegriffe, eines ›formalen‹ und eines ›materialen‹ Naturbegriffs. So erklärt er, dass »das Wort Natur blos in *formaler* Bedeutung genommen« werde, wenn »es das erste, innere Princip alles dessen bedeutet, was zum Dasein eines Dinges gehört«. In einem weiteren Sinne könne es aber auch »in *materieller* Bedeutung« gebraucht werden: Die Natur werde dann »nicht als eine Beschaffenheit, sondern als der Inbegriff aller Dinge« aufgefasst, »so fern sie *Gegenstände unserer Sinne,* mithin auch der Erfahrung sein können« (AA 4, 467).[3] Ausgehend von diesen Naturbegriffen, dem Begriff einer einerseits durch innere Prinzipien und kausale Gesetzmäßigkeiten und andererseits durch sinnliche Erfahrungen konstituierten Natur, bestimmt Kant sodann die Naturforschung. Dabei setzt er voraus, dass diese systematisch vorgeht und versucht, »ein *System,* d. i. ein nach Principien geordnetes Ganze der Erkenntnis«, zu formen. Entscheidend für die philosophische Beurteilung dieses Erkenntnisganzen sei, so heißt es weiter, ob es durch »Grundsätze der *empirischen* oder der *rationalen* Verknüpfung« gebildet werde und demnach als »*historische* oder *rationale* Naturwissenschaft« aufzufassen sei, als – wie Kant in einer für ihn typischen Begriffsverschiebung präzisiert – »*historische Naturlehre*« oder »*Naturwissenschaft*« (AA 4, 467 f.). Die Naturforschung ist damit, so resümiert er,

> in *historische Naturlehre,* welche nichts als systematisch geordnete Facta der Naturdinge enthält (und wiederum aus *Naturbeschreibung,* als einem Classensystem derselben nach Ähnlichkeiten, und *Naturgeschichte,* als einer systematischen Darstellung derselben in verschiedenen Zeiten und Örtern, bestehen würde), und *Naturwissenschaft* eingetheilt […]. Die Naturwissenschaft würde nun wiederum entweder *eigentlich,* oder *uneigentlich* so genannte Naturwissenschaft sein, wovon die erstere ihren Ge-

3 Vgl. auch KrV A 418 f., Anm.; und Kant: Prolegomena, AA 4, 294-296. Zu Kants Theorie der Naturwissenschaft, vor allem im Blick auf die *Metaphysischen Anfangsgründe,* siehe Plaass: Kants Theorie der Naturwissenschaft; Gloy: Die Kantische Theorie der Naturwissenschaft; und Pollok: Kants *Metaphysische Anfangsgründe.*

genstand gänzlich nach Principien a priori, die zweite nach Erfahrungsgesetzen behandelt. (AA 4, 468)[4]

Vor dem Hintergrund der epistemologischen Umbrüche, die die zweite Hälfte des 18. Jahrhunderts kennzeichnen, ist dieser Versuch der Differenzierung, Homogenisierung und Hierarchisierung verschiedener Wissenschafts- und Erkenntnisbereiche charakteristisch, und zwar sowohl im Blick auf die Umwertung des Geschichtsbegriffs als auch auf die fortschreitende Aus- und Binnendifferenzierung des Wissenschaftssystems als zwei fundamentalen epistemologischen Umordnungsprozessen, die sich gleichermaßen in die Erklärungen dieser Passage eingetragen finden. Deutlich wird das bereits an der ungewöhnlichen Bestimmung des Begriffs der Naturgeschichte. Denn obgleich »Natur und Geschichte«, wie Reinhart Koselleck erklärt, mit der Herausbildung des modernen Geschichtsbegriffs »begrifflich auseinandertreten«, blieb die Naturgeschichte davon weitgehend unberührt. Im Unterschied zu den »historischen Wissenschaften«, aus deren »Gefüge« sie daher ausschied,[5] verharrte sie großenteils in der Tradition der *historia.* In nahezu ungebrochener Orientierung an Plinius' *Historia naturalis* galten somit noch am Ende des Jahrhunderts »das beschreibend vorgetragene Wissen von der Natur und die es organisierenden Disziplinen« sowie »die zu ihnen gehörige Praxis des Sammelns, Aufzeichnens und Systematisierens«[6] als Naturgeschichte: »*Die Naturgeschichte*«, so heißt es etwa bei Johann Christoph Adelung, ist »das Verzeichniß und die Beschreibung der natürlichen oder zu den drey Naturreichen gehörigen Körper«.[7]

In Anwendung des modernen, denaturalisierten Geschichtsbegriffs bricht Kant mit dieser statischen Bestimmung, wenn er in der zitierten Passage der *Metaphysischen Anfangsgründe* zwischen ›Naturgeschichte‹ und ›Naturbeschreibung‹ differenziert. Ausgearbeitet hatte er diese Unterscheidung bereits 1775 in einer Anmerkung

4 Ähnlich dann auch Krünitz: Art. »Naturlehre«, in: Oeconomische Encyclopädie, Bd. 101, S. 614-633.
5 Koselleck: Historia Magistra Vitae, S. 57.
6 Kambartel: Art. »Naturgeschichte«, in: Ritter, Gründer, Gabriel (Hrsg.): Historisches Wörterbuch der Philosophie, Bd. 6, Sp. 526 f., hier Sp. 526.
7 Adelung: Art. »Naturgeschichte«, in: Grammatisch-kritisches Wörterbuch, Bd. 3, Sp. 445. Ebenso dann Krünitz: Art. »Naturgeschichte«, in: Oeconomische Encyclopädie, Bd. 101, S. 601-611, hier S. 601.

der Schrift *Von den verschiedenen Racen der Menschen.*[8] Im Anschluss an die Beobachtung, dass »die Benennungen *Naturbeschreibung* und *Naturgeschichte* gemeiniglich in einerlei Sinne« verwendet werden (AA 2, 434),[9] hatte er dort gefordert, dass die ›Naturbeschreibung‹ allein »die Kenntniß der Naturdinge, wie sie *jetzt sind*«, bezeichnen solle. Was diese Naturdinge »ehedem *gewesen sind,* und durch welche Reihe von Veränderungen sie durchgegangen, um an jedem Orte in ihren gegenwärtigen Zustand zu gelangen«, habe dagegen die »*Naturgeschichte,* woran es uns fast noch gänzlich fehlt«, vorzustellen (AA 2, 434). Wohl auch unter dem Einfluss der bis dahin erschienenen Bände von Johann Gottfried Herders *Ideen zur Philosophie der Geschichte der Menschheit* erinnerte er 1788 in der Abhandlung *Über den Gebrauch teleologischer Principien in der Philosophie* erneut daran, dass die *historia naturalis* nicht Geschichten der Natur erzählen dürfe, da das die Naturbeschreibung, die »*Physiographie*«, leisten solle. Als »*Physiogonie*« habe sie vielmehr die singuläre Geschichte der Natur wiederzugeben (AA 8, 163, Anm.):

> [D]en Zusammenhang gewisser jetziger Beschaffenheiten der Naturdinge mit ihren Ursachen in der ältern Zeit nach Wirkungsgesetzen, die wir nicht erdichten, sondern aus den Kräften der Natur, wie sie sich uns jetzt darbietet, ableiten, nur blos so weit zurück verfolgen, als es die Analogie erlaubt, das wäre *Naturgeschichte.* (AA 8, 161 f.)[10]

Die damit erklärte Verzeitlichung der Naturgeschichte im Sinne einer auf ›Erdichtungen‹ verzichtenden und auf vernünftige Bahnen beschränkten, jedoch noch nicht in moderner Bedeutung evolutionistisch konzipierten »*Archäologie der Natur*« (KU A 381, Anm.)

8 Vgl. außerdem Kant: Reflexionen, Nr. 40, AA 14, 118; ders.: Physische Geographie, AA 9, 160-163; und ders.: Bestimmung des Begriffs einer Menschenrace, AA 8, 99-106.

9 Für ein Beispiel vgl. Buffon: Premier discours, in: Histoire naturelle, Bd. 1, S. 29 f. Dass in diese Unterscheidung bei Kant auch die Differenz zwischen Linnés künstlicher und Buffons natürlicher Klassifikation hereinspielt, zeigt Marcucci: Naturbeschreibung und Naturgeschichte bei Kant, S. 181 f.

10 Vgl. ebenso Krug: Art. »Naturbeschreibung«, in: Allgemeines Handwörterbuch, Bd. 3, S. 18. Zur ›Naturgeschichte‹ bei Kant vgl. G. Böhme: Geschichte der Natur, in: ders.: Philosophieren mit Kant, S. 34-41; Marcucci: Naturbeschreibung und Naturgeschichte bei Kant; Sloan: Kant on the History of Nature.

schlägt sich nun auch in der Bestimmung der ›historischen Naturlehre‹ nieder, die – wie Kant in der zitierten Passage der *Metaphysischen Anfangsgründe* ausführt – die ›Naturbeschreibung‹ und die ›Naturgeschichte‹ umfasst. Da diese historische Naturlehre, so erklärt er, »nichts als systematisch geordnete Facta der Naturdinge« enthalten und somit bloß Empirisches auf jeweils verschiedene Weise ordnen soll, erschließt sie die Natur allein in materieller Hinsicht – denn die inneren Gesetzmäßigkeiten der formal aufgefassten Natur sind nur a priori notwendig begründbar. Dass Kant die historische Naturlehre von der Naturwissenschaft differenziert, erscheint insofern konsequent, weil deren Erkenntnisse rational, im »Zusammenhang von Gründen und Folgen«(AA 4, 468), gewonnen sein sollen, ist in Anbetracht der noch am Ende des 18. Jahrhunderts üblichen Abgrenzungen aber trotzdem auffällig. Wie auch bei Adelung wurde als »*Naturlehre*« nämlich meist »der Inbegriff aller die Veränderungskräfte der Körper betreffenden Wahrheiten, die Lehre von den Ursachen der Veränderungen in der Körperwelt« bezeichnet.[11] Mithin wurde sie als ein Wissensgebiet verstanden, das gerade nicht auf historische oder empirische Grundsätze baut – und das nennt Kant, wie gesehen, ›Naturwissenschaft‹.

Neben der Naturgeschichte und Naturlehre erscheint endlich auch dieser Begriff der Naturwissenschaft als ungewöhnlich, den die *Metaphysischen Anfangsgründe* philosophisch zu begründen suchen. Waren die vor allem in der ersten Hälfte des 18. Jahrhunderts als ›Naturwissenschaft‹ ausgewiesenen Werke, als deren erstes Johann Jakob Scheuchzers 1701 erschienene *Physica, oder Natur-Wissenschafft* gilt, oft einer physikotheologisch geprägten Naturforschung verpflichtet, unterläuft Kant diese Tradition, indem er die Naturwissenschaft weniger auf die materiale als auf die formale Bedeutung von Natur bezieht. Um sie in einem Bereich vor aller Erfahrung begründen zu können, löst er die Naturwissenschaft somit weitgehend von unmittelbarer sinnlicher Erfahrung, versucht er eher ihre klassisch-mathematische als ihre physikalisch-experimentelle Tradition zu aktualisieren:[12] Wie Kant erklärt, verdiene

11 Adelung: Art. »Naturlehre«, in: Grammatisch-kritisches Wörterbuch, Bd. 3, Sp. 445. Ähnlich auch Zedler: Art. »Natur-Lehre«, in: Universal-Lexicon, Bd. 23, Sp. 1147-1167.

12 Diese Aktualisierung der klassisch-mathematischen Tradition der Naturwissenschaft, die Kant vor allem in Newton verkörpert sieht, kann insbesondere als Reaktion auf den prekären epistemologischen Status der von

die Naturwissenschaft ihren Namen nur, »wenn die Naturgesetze, die in ihr zum Grunde liegen, a priori erkannt werden und nicht bloße Erfahrungsgesetze sind« (AA 4, 468).[13] Diese Bestimmung betont Kant noch einmal, indem er im Begriff der ›uneigentlichen Naturwissenschaft‹ die ebenfalls auf innere Naturgesetze zielende, doch a priori unbegründbare Naturforschung von dieser ›eigentlichen Naturwissenschaft‹ absetzt. Dennoch versucht er damit nicht, diese von sämtlicher Empirie zu reinigen. Das sei nicht nötig, so erklärt er. Denn um »ihren Gegenstand gänzlich nach Principien a priori« zu erfassen, verlange die ›eigentliche Naturwissenschaft‹ bloß einen »reinen Theil«, der ihren empirischen Sätzen »die apodiktische Gewißheit, die die Vernunft in ihr sucht«, garantiere (AA 4, 469). Wie diese Gewissheit überhaupt garantiert werden kann, führt Kant jedoch nicht weiter aus.[14]

Im Ausgang von dieser Bestimmung der Naturwissenschaft erklärt Kant in der Vorrede der *Metaphysischen Anfangsgründe,* dass die apriorische Erkenntnis von Naturgesetzen, in der die ›eigentliche Naturwissenschaft‹ gründe, »zuerst Metaphysik der Natur« voraussetze, weil nur diese den Daseinsbezug der Naturgesetze, »der sich nicht construieren läßt«, aufzeigen könne (AA 4, 469). Zudem erfordere sie Mathematik, die dagegen bloß das »Wesen«, die »Möglichkeit eines Dinges« (AA 4, 467, Anm.), zu erkennen erlaube.[15] Diese Notwendigkeit der Mathematik erläutert Kant im Unterschied zu der von Newton geprägten Wissenschaftstradition aber nicht durch die von ihr ermöglichte Quantifizierung der Natur[16] und im Unterschied zur Wolff'schen Schulphilosophie auch nicht nur mit der Schlüssigkeit, mit der sie Gewissheit in der quantitativen Bestimmung der Natur verspreche.[17] In Absetzung von

Bacon inaugurierten physikalisch-experimentellen Tradition verstanden werden. Vgl. Th. Kuhn: Mathematische versus experimentelle Traditionen. Zur Sonderstellung Newtons vgl. ebd., S. 102.

13 Zu Kants Naturgesetzbegriff vgl. Hampe: Eine kleine Geschichte des Naturgesetzbegriffs, S. 76-79.

14 Vgl. Plaass: Kants Theorie der Naturwissenschaft, S. 43; Pollok: Kants *Metaphysische Anfangsgründe,* S. 69.

15 Die Identifikation von ›Möglichkeit‹ und ›Wesen‹ findet sich bereits bei Wolff: Vernünfftige Gedancken von Gott, § 35, in: Gesammelte Werke, Abt. I, Bd. 2, S. 19.

16 Vgl. Lind: Physik im Lehrbuch 1700-1850, S. 151.

17 Vgl. hierzu vor allem die Vorrede in Wolff: Anfangs-Gründe aller mathematischen Wissenschaften, in: Gesammelte Werke, Abt. I, Bd. 12, o.S.

der Philosophie erklärt er ihre Bedeutung vielmehr mit der möglichen Anschaulichkeit mathematischer Bestimmungen. So hatte er bereits in der *Kritik der reinen Vernunft* und den *Prolegomena zu einer jeden künftigen Metaphysik* bemerkt, dass die »Philosophie sich mit *discursiven* Urteilen, *aus bloßen Begriffen*«, begnügen müsse (AA 4, 281), aus denen die »Möglichkeit bestimmter Naturdinge«, von der die »reine Naturlehre über *bestimmte* Naturdinge (Körperlehre und Seelenlehre)« ausgehe, nicht einzusehen sei: »[A]us diesen kann zwar die Möglichkeit des Gedankens (daß er sich selbst nicht widerspreche), aber nicht des Objects als Naturdinges erkannt werden, welches außer dem Gedanken (als existirend) gegeben werden kann« (AA 4, 470). Da der Philosophie die Erkenntnis der Möglichkeit bestimmter Naturdinge und nicht bloß ihrer Gedanken somit versagt bleiben müsse, solle dies nun die Mathematik leisten. Gelingen könne ihr das, wie Kant darlegt, weil die mathematische Erkenntnis im Unterschied zur philosophischen Erkenntnis dadurch gekennzeichnet sei, »daß sie ihren Begriff vorher *in der Anschauung* und zwar a priori, mithin einer solchen, die nicht empirisch, sondern reine Anschauung ist, darstellen müsse«. Während also die Philosophie »ihre apodiktische Lehren wohl durch Anschauung erläutern, niemals aber daher ableiten« könne, bedürfe die Mathematik einer reinen Anschauung von Raum und Zeit, »in welcher sie alle ihre Begriffe in concreto und dennoch a priori darstellen oder, wie man es nennt, sie *construiren* kann.« In ihren Urteilen verfahre sie deshalb »jederzeit *intuitiv*« und a priori synthetisch (AA 4, 281), weil die vor aller Erfahrung gewonnene Anschaulichkeit, die die Möglichkeit bestimmter Naturdinge erkennen lasse, in den bloßen Begriffen nicht enthalten sei. Diese hänge ihnen »zwar nothwendig, aber nicht unmittelbar« an (AA 4, 269).[18]

Jedoch bemerkt Kant auch, dass die Mathematik sich nicht immer schon auf jenen verlässlichen Bahnen bewegt habe, auf denen Begriffe und Anschauungen sich ihr mit Notwendigkeit verbinden

18 Ausführlich vgl. KrV B 740-766; und Kant: An Schultz, 25. November 1788, AA 10, 554-558. Mit der umstrittenen These der Anschaulichkeit mathematischer Urteile bleibt Kant im Rahmen der euklidischen Geometrie. Hierzu und zur Rolle der ›Intuition‹ vgl. Hintikka: Kant on the Mathematical Method; Parsons: Kant's Philosophy of Arithmetic; und Friedman: Kant and the Exact Sciences, S. 55-135. Gegen Friedmans allzu logizistische Kant-Kritik wendet sich Lenhard: Kants Philosophie der Mathematik.

konnten. Wie er in der Vorrede zur zweiten Auflage der *Kritik der reinen Vernunft* erläutert, habe erst eine »Revolution der Denkart« sie auf den »sichern Weg einer Wissenschaft« geführt (KrV B x f.). Begründet sieht Kant diese Revolution in der Einsicht griechischer Mathematiker, dass die Eigenschaften geometrischer Figuren nicht erkannt werden, indem sie ihnen abgeschaut, sondern indem sie nach Maßgabe der im Subjekt liegenden Begriffe dieser Figuren im Raum hervorgebracht, das heißt: ›dargestellt‹ werden. Im Bereich der experimentellen Naturwissenschaft habe die entsprechende Revolution, die Kant nun im Feld der Metaphysik zu stiften sucht, sich später ereignet. Den sichere Kenntnisse versprechenden »Heeresweg der Wissenschaft« habe hier erst ein »Vorschlag des sinnreichen *Baco* von Verulam« gewiesen (KrV B xii),[19] der »allen Naturforschern ein Licht« aufgehen und sie erkennen lassen habe, »daß die Vernunft nur das einsieht, was sie selbst nach ihrem Entwurfe hervorbringt«. In ihren Experimenten, ihren Versuchen zur Erzeugung eines wissenschaftlichen Wissens von der Natur, hätten Forscher wie Galileo Galilei, Evangelista Torricelli und Georg Ernst Stahl daher gezeigt, dass der Natur »nicht in der Qualität eines Schülers« begegnet werden dürfe, »der sich alles vorsagen läßt, was der Lehrer will, sondern eines bestallten Richters, der die Zeugen nötigt, auf die Fragen zu antworten, die er ihnen vorlegt« (KrV B xiii).[20] Ebendas: dass der Proteus Natur durch wissenschaftliche Experimente irritiert und gequält werden müsse, damit er seine Geheimnisse preisgibt, hatte Bacon schon 1623 in der Schrift *De dignitate et augmentis scientiarum* behauptet, dem ersten Teil der *Instauratio magna,* der Kant das Motto für die zweite Auflage der *Kritik der reinen Vernunft* entlehnte: »[N]atura arte irritata et vexata se clarius prodit, quam cum sibi libera permittitur.«[21] Jedoch erinnert das

19 Kant bezieht sich hierauf noch einmal am Ende der *Kritik der reinen Vernunft,* wenn er die Leser zur Mitarbeit am »*kritische[n]* Weg« bittet, »um diesen Fußsteig zur Heeresstraße zu machen« (KrV B 884). »Dieser neue Fußsteig«, so spottet Hamann dann, »scheint ebenso unbequem zu einer Heeresstraße als eine Tänzerlinie zum gemeinen Fußsteige zu seyn« (Hamann: Kritik der reinen Vernunft von Immanuel Kant, S. 279).

20 Zu dieser Orientierung am Experimentalparadigma vgl. auch Gamper: Elektropoetologie, S. 107 f.

21 Bacon: De dignitate et augmentis scientiarum, S. 500. Vgl. Blumenberg: Paradigmen zu einer Metaphorologie, S. 34-45. Dass Bacon auch Ansätze spielerischen Naturumgangs verfolgt, betont Bredekamp: Antikensehnsucht und Maschinenglauben, S. 63-76, bes. S. 66 f.

berühmte Frontispiz der *Instauratio magna* auch an die Ambivalenz dieser Forderung. Es zeigt, dass die Forscher, bevor sie in den sicheren Hafen des Wissens zurückkehren können, sich zunächst den Fährnissen der Natur anvertrauen müssen – einer unbekannten Natur, die ebenso zu irritieren vermag, wie sie irritiert werden soll.[22]

Wenn Kant in der Vorrede der *Metaphysischen Anfangsgründe der Naturwissenschaft* also erklärt, dass die Metaphysik Begriffe auf sich selbst anwende, während die revolutionierte Mathematik Begriffe in der reinen Anschauung konstruiere und darstelle, dann dient sie der Naturwissenschaft nicht nur historisch, sondern auch grundlegend als Vorbild. Denn wenn allein die Mathematik als eine sinnliche, doch mit apriorischer Notwendigkeit schließende Wissenschaft es erlaubt, den Bezug von Begriffen auf Anschauungen vor aller Erfahrung zu fundieren, vermag auch nur sie der ›eigentlichen Naturwissenschaft‹ einen Bereich zur Verfügung zu stellen, innerhalb dessen diese a priori, mit strenger Allgemeinheit und Notwendigkeit, urteilen kann. Im Unterschied dazu seien die Urteile der ›uneigentlichen Naturwissenschaft‹, die gleichsam außerhalb dieses gesicherten Bereichs liegen, bloß empirisch. Wie Kant bemerkt, könne ihnen »nur angenommene und komparative *Allgemeinheit* (durch Induction)« zuerkannt werden, da Erfahrungen nicht ausschließen, dass nicht auch ihr Gegenteil erfahren werden könne; zwar lehren sie, »daß etwas so oder so beschaffen sei, aber nicht, daß es nicht anders sein könne« (KrV B 3).[23] Auf dem Grund dieses mathematisch vermessenen und metaphysisch gesicherten Feldes vermag Kant daher mit Blick auf die jeweils »besondere metaphysische Naturwissenschaft (Physik oder Psychologie)« »der körperlichen oder denkenden Natur« zu behaupten, »daß in jeder besonderen Naturlehre nur so viel *eigentliche* Wissenschaft angetroffen werden könne, als darin *Mathematik* anzutreffen ist« (AA 4, 470).

22 Zur Metaphorik der Seefahrt, die bezeichnenderweise eben meist als ›widernatürlich‹ aufgefasst wurde, und des Schiffbruchs vgl. Blumenberg: Schiffbruch mit Zuschauer.

23 Wie unterschiedlich Philosophen und Naturforscher diesen Umstand bewerteten, zeigt sich etwa bei Georg Forster. 1791 wendete er sich gegen die »grübelnde Hypothesensucht«, indem er sich auf die »empirische Weisheit« berief und erklärte, diese könne sich »vor Widerlegungen wenigstens so lange sicher stellen, als man nicht Erfahrung gegen Erfahrung aufzuweisen« habe (Forster: Ansichten vom Niederrhein, in Werke, Bd. 9, S. 3).

Dass dieser Begriff von Naturwissenschaft, den die *Metaphysischen Anfangsgründe* ausarbeiten, keinen neuen wissenschaftlichen Praktiken den Boden bereiten sollte, ist offenkundig. Die am Ende des 18. Jahrhunderts aktuellen Wissenschaften wie die Chemie, Psychologie und Biologie lässt Kant denn auch nur als ›uneigentliche Naturwissenschaften‹ gelten, die auf empirischen, mathematisch nicht darstellbaren Forschungen beruhen. Die zeitgenössische Chemie, in der als ›Darstellung‹ die aus der Lösung bestehender Bindungen folgende Herstellung neuer Verbindungen bezeichnet wurde,[24] beschreibt er somit nur »als systematische Kunst oder Experimentallehre«, solange »für die chemischen Wirkungen der Materien auf einander kein Begriff ausgefunden wird, der sich construiren läßt« – »eine Forderung«, so fügt er hinzu, »die schwerlich jemals erfüllt werden wird« (AA 4, 470 f.).[25] Jeremias Benjamin Richter, der Begründer der Stöchiometrie und ein Schüler Kants, sieht diese Aufgabe dennoch bald gelöst: »Die Sätze der Stöchyometrie«, erklärt er 1798, »begreifen eine Nothwendigkeit in sich, sie können konstruiert werden und haben den Werth von Principia a priori.«[26]

Aussichtsloser als um die Chemie sieht Kant es um die »empirische Seelenlehre« bestellt. Da »Seelen-Erscheinungen«, wie er erklärt, nicht im Raum, sondern nur in der Anschauungsform der Zeit »construirt werden« können, sei die stets räumlich operierende »Mathematik auf die Phänomene des inneren Sinnes und ihre Gesetze nicht anwendbar« (AA 4, 471). Die empirische Seelenlehre, die er zuvor als besondere metaphysische Naturwissenschaft der denkenden Natur entworfen hatte, müsse daher hypothetisch blei-

24 Vgl. Grimm: Art. »Darstellen«, bes. Sp. 329. Zu Parallelen von chemischen und philosophisch-ästhetischen Darstellungsverfahren am Beispiel von Novalis vgl. Thums: Die »Stimmung des Krystallisirens«, S. 79-85.

25 Obgleich die »Chemie jetzt die Modewissenschaft ist«, wie Johann Benjamin Jachmann am 9. Oktober 1789 an Kant schrieb (AA 11, 96), schätzte dieser sie: Sein »Experiment der reinen Vernunft«, erklärt er, habe »mit dem der *Chemiker* [...] viel Ähnliches« (KrV B xxi, Anm.). Vgl. auch Kant: Prolegomena, AA 4, 366; Pollok: Kants *Metaphysische Anfangsgründe,* S. 63-65, 88-93. Zur Konstruktion von Nahkräften, dem ›newtonschen Traum der Chemie im 18. Jahrhundert‹, vgl. Stengers: Die doppelsinnige Affinität; sowie zur oben zitierten Passage auch Gamper: Elektropoetologie, S. 106 f.

26 Richter: Über die neueren Gegenstände der Chemie, zitiert bei Löw: Philosophie des Lebendigen, S. 235, Anm.

ben.[27] Aufgrund ihrer bloßen Innerlichkeit tauge sie aber auch nicht zur ›uneigentlichen Wissenschaft‹. Weil sie auf keinen vom Forscher getrennten Objektbereich zugreifen könne und in ihr somit »selbst die Beobachtung an sich schon den Zustand des beobachteten Gegenstandes alterirt und verstellt«, mag sie vielleicht »eine Naturbeschreibung der Seele, aber nicht Seelenwissenschaft, ja nicht einmal psychologische Experimentallehre werden« (AA 4, 471).

Nachdem Kant die Chemie und Psychologie in den *Metaphysischen Anfangsgründen* als mathematisch nicht konstruierbar und somit nicht ›darstellbar‹ erwiesen hatte, erklärte er in der *Kritik der Urteilskraft* auch die sich um 1800 formierende Biologie als eine Wissenschaft, der kein sicheres und fundiertes Wissen zugesprochen werden könne. Somit blieb ihm allein die Physik, die im 18. Jahrhundert ohnehin oft synonym für ›philosophia naturalis‹, ›Naturlehre‹ und ›Naturwissenschaft‹ stand,[28] als eine ›eigentliche‹, der metaphysischen und mathematischen Begründung fähige Naturwissenschaft. Das verdeutlicht auch noch einmal, wie fern der in den *Metaphysischen Anfangsgründen* erarbeitete Naturwissenschaftsbegriff sowohl den zeitgenössischen Wissenschaftspraktiken als auch den romantischen und idealistischen Naturphilosophien stand, die bald große Popularität erlangen sollten. Obgleich diese sich häufig an den *Metaphysischen Anfangsgründen* abarbeiteten, bezogen sie sich dabei doch weniger auf das in der Vorrede begründete mathematische Wissenschaftskonzept als vielmehr auf den in den vier anschließenden Hauptstücken entwickelten dynamischen Materiebegriff.[29]

Diese Ferne gegenüber dem Großteil der populären zeitgenössischen Wissenschaften lag nicht zuletzt in der anderen und ganz anders begriffenen wissenschaftsphilosophischen Tradition begründet, in die Kant sich stellte: Statt die um 1800 so populären pantheisti-

27 Die Unmöglichkeit einer rationalen Seelenlehre hat Kant im Paralogismuskapitel der *Kritik der reinen Vernunft* aufgezeigt. Vgl. besonders KrV B 405 f.; Pollok: Kants *Metaphysische Anfangsgründe,* S. 93-110.

28 Vgl. Stichweh: Zur Entstehung des modernen Systems wissenschaftlicher Disziplinen, bes. S. 94-172.

29 Vgl. kurz G. Böhme: Kants Begriff der Materie, in: ders.: Philosophieren mit Kant, S. 173-196; und die kritische Einschätzung von Kielmeyer: ›Über Kant und die deutsche Naturphilosophie 1807‹, S. 244 f. und 249 f. Zur kritischen Rezeption von Schelling und Novalis vgl. Gamper: Elektropoetologie, S. 110-122.

schen Naturdeutungen zu aktualisieren, erkundete er vielmehr »*Newton's* Fußtapfen«[30] – und das nicht ohne Ironie und Polemik. Auch wenn sich erst im Hauptteil der *Metaphysischen Anfangsgründe,* besonders in den Hauptstücken zur Dynamik und Mechanik, in ganzer Tragweite zeigt, wie sehr er Newtons einflussreiche, gegen Ende des Jahrhunderts aber in Erklärungsnot geratene mathematische Naturtheorie kritisch aufzunehmen sucht, so verweist Kant doch bereits am Ende der Vorrede auf die klassischen, der Royal Society 1686 vorgelegten *Philosophiae naturalis principia mathematica,* indem er erklärt, dass er deren »mathematische Methode, wenn nicht gleich mit aller Strenge befolgt (wozu mehr Zeit erforderlich gewesen wäre, als ich darauf zu verwenden hätte), dennoch nachgeahmt habe« (AA 4, 478).[31] Zusätzlich zu diesen formalen Bezügen, die sich nicht zuletzt an der Struktur und den Überschriften der *Metaphysischen Anfangsgründe* aufzeigen lassen, rekurriert Kant am Ende der Vorrede auch inhaltlich auf Newton. Ironisch nimmt er hierfür eine Passage aus der Vorrede der *Principia mathematica* auf und zeigt sich »*bestürzt*« darüber, dass die Metaphysik »*mit so vielem, als ihr die reine Mathematik darbietet, doch nur so wenig ausrichten kann*« (AA 4, 479).[32] Diese Bestürzung mildert er aber sogleich durch die Erkenntnis, dass die ›principia mathematica‹ nichts ohne ›principia metaphysica‹, nichts ohne ›metaphysische Anfangsgründe‹ sind. Schließlich könne allein die Metaphysik die der Anwendung der Mathematik auf die Physik zugrundeliegenden »Principien der *Construction* der Begriffe« bereitstellen, dank

30 Krug: Art. »Naturwissenschaft«, in: Allgemeines Handwörterbuch, Bd. 3, S. 34-37, hier S. 36. Zur Anknüpfung an Newton vgl. Friedman: Kant and the Exact Sciences, S. 136-210. Zur Newton-Rezeption im 18. Jahrhundert vgl. auch Waschkies: Physik und Physikotheologie des jungen Kant, S. 348-398; Lind: Physik im Lehrbuch 1700-1850, S. 146-250.

31 In der *Kritik der reinen Vernunft* hatte Kant noch erklärt, »daß Meßkunst und Philosophie zwei ganz verschiedene Dinge sein, ob sie sich zwar in der Naturwissenschaft einander die Hand bieten, mithin das Verfahren des einen niemals von dem andern nachgeahmt werden könne« (KrV B 754). Vor der »Nachahmung des Mathematikers« wird auch gewarnt in Kant: Der einzig mögliche Beweisgrund, AA 2, 71.

32 »Gloriatur Geometria, quod tam paucis principiis aliunde petitis tam multa praestet«, so zitiert Kant Newton: »*Die Geometrie ist stolz darauf, daß sie mit so wenigem, was sie anderwärts hernimmt, so viel zu leisten vermag*« (AA 4, 478 f.).

derer diese erst eine ›eigentliche Naturwissenschaft‹ zu sein vermag (AA 4, 469). So erklärt Kant am Ende der Vorrede:

> Indessen ist doch dieses Wenige etwas, das selbst die Mathematik in ihrer Anwendung auf Naturwissenschaft unumgänglich braucht, die sich also, da sie hier von der Metaphysik notwendig borgen muß, auch nicht schämen darf, sich mit ihr in Gemeinschaft sehen zu lassen. (AA 4, 479)

In Anbetracht dieser schwierigen Theorie, die auch die zunehmende Autonomisierung wissenschaftlicher Praxis von theoretischen Grundlegungen erahnen lässt, verwundert es kaum, dass Zeitgenossen die *Metaphysischen Anfangsgründe* vergleichsweise selten ausführlich behandelten.[33] Erst Jakob Friedrich Fries knüpft hieran in ähnlich gelagerter Weise an, indem er der inzwischen des »leeren Formelspiels« verdächtigen »*dynamischen Naturlehre* oder *Naturphilosophie*« von Schelling und seinen Schülern 1822 seine *Mathematische Naturphilosophie* entgegensetzt.[34] In stetem Rekurs auf die *Metaphysischen Anfangsgründe* versucht er damit sowohl eine »*Philosophie der reinen Mathematik*« vorzulegen, »in welcher die Natur der mathematischen Abstractionen erörtert wird und ihr Anspruch an Gültigkeit im Ganzen der menschlichen Erkenntnis bestimmt werden muß«, als auch »die *philosophische Untersuchung der reinen Bewegungslehre, Newtons* mathematische Naturphilosophie«, zu rekapitulieren: »Es ist nemlich diese Wissenschaft«, so behauptet Fries mit Kant, »eigentlich die Rüstkammer aller derjenigen Hypothesen, aus welchen nachher in der Erfahrung die Erklärungen gelingen.«[35]

Die voranstehenden Ausführungen haben somit gezeigt, dass Kant die Naturwissenschaft in den *Metaphysischen Anfangsgründen* durch das Verfahren der ›Konstruktion‹ oder, wie es synonym bei ihm heißt, der ›Darstellung‹ philosophisch zu begründen sucht. Hierfür bindet er die Naturwissenschaft an die Mathematik zurück, da diese allein es erlaube, metaphysisch gegründete Begriffe in der

33 Eine Liste mit zeitgenössischen Repliken gibt Pollok: Kants *Metaphysische Anfangsgründe*, S. 519 f.

34 Fries: Die mathematische Naturphilosophie, S. v. Im weiteren Verlauf des 19. Jahrhunderts greift auch Hermann von Helmholtz diese Konzeption von Naturwissenschaft auf. Vgl. etwa Helmholtz: Von den Tatsachen der Wahrnehmung, bes. S. 49 f.

35 Fries: Die mathematische Naturphilosophie, § 4, S. 9 f.

Anschauung zu realisieren und ihren Bezug auf die Existenz möglicher Naturdinge herzustellen. Analog zur Bacon zugeschriebenen Erkenntnis, dass die Naturwissenschaft nur indirekt der Natur folge, indem sie direkt eine durch allgemeine Gesetze bestimmte Natur modelliere und experimentell zu bestätigen suche, geht es ihm dabei zum einen um die mit revolutionärem Pathos vorgetragene Einsicht, »daß die Vernunft nur das einsieht, was sie selbst nach ihrem Entwurfe hervorbringt« (KrV B xiii). Damit begründet Kant eine Wissenschaft, deren Wahrheit nicht mehr von der Übereinstimmung mit einer Natur abhängt, die an sich ohnehin verschlossen ist, sondern sich durch eine innere, der Vernunft abgemessene Schlüssigkeit bestimmt, die den Erfahrungen nur nicht entgegenstehen darf. In den *Philosophischen Briefen* nimmt auch Schiller diese Erkenntnis auf: »Unser ganzes Wissen«, so lässt er Julius hier schreiben, »läuft endlich, wie alle Weltweisen übereinkommen, auf eine konventionelle Täuschung hinaus, mit welcher jedoch die strengste Wahrheit bestehen kann.«[36]

Damit erweist Kant die ›Darstellung‹ zum anderen als ein Wissen produzierendes, als ein zugleich versinnlichendes und sinngebendes Verfahren. Wie gesehen, fundiert er die ›eigentliche Naturwissenschaft‹ in der Mathematik, weil diese allein einen Bezug von ›bloßen Begriffen‹ auf ›Naturdinge‹ ermögliche, indem sie diese in der reinen Anschauung ›konstruiere‹ oder eben ›darstelle‹. Zwar entspricht diese Herausstellung des konstruierenden Aspekts nicht dem Verständnis, das die führenden Mathematiker der Zeit von ihrer Wissenschaft hatten,[37] doch ist das hier nicht weiter von Be-

36 Schiller: Philosophische Briefe, in: Sämtliche Werke, Bd. 5, S. 355. »Wahrheit«, heißt es weiter, ist »nicht die Ähnlichkeit des Zeichens mit dem Bezeichneten, des Begriffs mit dem Gegenstand, sondern die Übereinstimmung dieses Begriffs mit den Gesetzen der Denkkraft« (ebd., S. 356). Diese Einsicht führt Kleist dann in die sogenannte Kant-Krise: »Wir können nicht entscheiden«, schreibt er am 22. März 1801 an Wilhelmine von Zenge, »ob das, was wir Wahrheit nennen, wahrhaft Wahrheit ist, oder ob es uns nur so scheint. Ist das letzte, so *ist* die Wahrheit, die wir hier sammeln, nach dem Tode nicht mehr – und alles Bestreben, ein Eigentum sich hier zu erwerben, das uns auch in das Grab folgt, ist vergeblich« (Kleist: Sämtliche Werke und Briefe, Bd. 2, S. 634).

37 Joseph-Louis Lagrange betont 1788 in der *Méchanique analitique,* dass er nicht länger konstruiere: »On ne trouvera point de Figures dans cet Ouvrage. Les méthodes que j'y expose ne demandent ni constructions, ni raisonnemens géométriques ou méchaniques, mais seulement des opéra-

lang. Wichtig ist vielmehr, dass die von Kant als darstellend begriffene Mathematik es verhindern sollte,

> daß die allgemeine Metaphysik in allen Fällen, wo sie Beispiele (Anschauungen) bedarf, um ihren reinen Verstandesbegriffen Bedeutung zu verschaffen [...], unter lauter sinnleeren Begriffen unstät und schwankend herumtappe. (AA 4, 478)

Die ›Darstellung‹, die »die Begriffe und Leitsätze« der allgemeinen Metaphysik in der Anschauung »zu realisiren, d. i. einer bloßen Gedankenform Sinn und Bedeutung zu unterlegen« ermöglicht (AA 4, 478), bezeichnet keine illustrierende Zugabe, auf die auch verzichtet werden könnte, sondern fungiert als ein unerlässliches, bedeutungsstiftendes, allen synthetischen Urteilen zugrundeliegendes Verfahren. Obgleich Kant diese ›Darstellung‹ in den *Metaphysischen Anfangsgründen* auf die Physik als ›eigentliche Naturwissenschaft‹ begrenzt, heißt das nicht, dass sie für ›uneigentliche Naturwissenschaften‹ und ›historische Naturlehren‹ nicht relevant wäre. Zwar mag sich zuletzt erweisen, dass diese nicht mathematisch konstruiert werden und aus Sicht der Philosophie deshalb keine sichere Erkenntnis, kein sicheres Wissen produzieren können, doch macht das hier gerade ihren Reiz aus. Am Beispiel von Kants Auseinandersetzung mit der Erforschung des Organischen und Lebendigen, jenem Wissensgebiet also, das sich um 1800 zur ›Biologie‹ verdichtet, soll nun deshalb dargelegt werden, wie er über die Grenze einer mathematischen Darstellung und damit auch über eine ›Grenze der Repräsentation‹ hinauszudenken sucht.

tions algébriques« (Lagrange: Méchanique analitique, S. vi). Trotzdem blieb Kants Philosophie der Mathematik zumindest im damals noch als mathematisch rückständig geltenden deutschen Sprachraum nicht folgenlos. Novalis' Exzerpten zufolge bestimmt Friedrich Murhard im *System der Elemente der allgemeinen Größenlehre* (1798), »daß d[er] Mathem[atiker] nicht discursiv, wie der Phil[osoph] – sondern *intuitiv* verfährt – nicht aus *Begr[iffen] schließt*, sondern seine Begr[iffe] construiert – *sinnlich* darstellt – aber activ sinnlich – oder reine Anschauung bildet« (Novalis: ›Aus den mathematischen Studien zu Murhard‹, in: Schriften, Bd. 2, S. 457). Vgl. Murhard: System der Elemente der allgemeinen Größenlehre, S. 17 f.

Undarstellbarkeit des Lebendigen: *Kritik der Urteilskraft* (1790)

Diese Grenze erkundet Kant vor allem in der 1790 publizierten *Kritik der Urteilskraft.* Während an späterer Stelle gezeigt wird, wie er im ersten Teil des Buchs, der ›Kritik der ästhetischen Urteilskraft‹, hierfür eine Darstellung des Undarstellbaren konzeptualisiert, soll nun zunächst die ›Kritik der teleologischen Urteilskraft‹ betrachtet werden, in der Kant erweist, dass die in den *Metaphysischen Anfangsgründen* ausgesparte Wissenschaft von der lebendigen Natur nicht als ›Naturwissenschaft‹ begründbar ist.[38] Interessant ist dabei vor allem, wie Kant beständig aufzeigt, dass die mechanistische Analyse des Organischen und Lebendigen unzureichend und doch unumgänglich ist, wie er gleichsam die Grenze der Aufklärung zieht, ohne zum Romantiker zu werden. »Es ist nämlich ganz gewiß«, so behauptet er,

> daß wir die organisierten Wesen und deren innere Möglichkeit nach bloß mechanischen Prinzipien der Natur nicht einmal zureichend kennen lernen, viel weniger uns erklären können; und zwar so gewiß, daß man dreist sagen kann: es ist für Menschen ungereimt, auch nur einen solchen Anschlag zu fassen, oder zu hoffen, daß noch etwa dereinst ein Newton aufstehen könne, der auch nur die Erzeugung eines Grashalms nach Naturgesetzen, die keine Absicht geordnet hat, begreiflich machen werde: sondern man muß diese Einsicht den Menschen schlechterdings absprechen. (KU B 337 f.)

Die zentrale Überlegung der ›Kritik der teleologischen Urteilskraft‹ ist damit bereits angedeutet: Dass es keinen Newton geben könne, der die Erzeugung auch nur eines Grashalms erklären kann, begründet Kant hier mit der komplexen, mechanisch nicht ausreichend bestimmbaren Struktur von Organismen. Da der menschliche Verstand diese allein nach mechanischen Prinzipien und damit allein

38 Aus der Fülle an Literatur zu Kants Organismusbegriff vgl. besonders Lieber: Kants Philosophie des Organischen; Löw: Philosophie des Lebendigen; McLaughlin: Kants Kritik der teleologischen Urteilskraft. Siehe auch die Kommentare von Manfred Frank und Véronique Zanetti in Kant: Schriften zur Ästhetik und Naturphilosophie, Bd. 3, S. 1270-1286; und die Ausführungen von Metzger: Die Konjektur des Organismus, S. 261-297; und Toepfer: Zweckbegriff und Organismus, S. 320-345.

durch eine »*bewegende* Kraft« konstruieren könne, bleibe ihm die »sich fortpflanzende bildende Kraft, welche durch das Bewegungsvermögen allein (den Mechanism) nicht erklärt werden kann«, unbegreifbar und undarstellbar (KU B 292 f.).[39]

Diese ›bildende Kraft‹, die von Johann Friedrich Blumenbach als ›Bildungskraft‹ in die wissenschaftliche Diskussion eingeführt worden war und in der Kant die »Vereinigung [...] der physisch-mechanischen und der blos teleologischen Erklärungsart der organisirten Natur« geleistet sah (AA 11, 185), offenbart sich nach § 64 der *Kritik der Urteilskraft* besonders in drei Phänomenen: darin, dass jeder Organismus »sich selbst der *Gattung* nach« fortpflanze, dass er »sich auch selbst als *Individuum*« im Wachstum hervorbringe und dass er sich endlich, gleichsam als ›Dividuum‹, auch in seinen Teilen als Ganzes zu reproduzieren und so zu erzeugen vermag, »daß die Erhaltung des einen von der Erhaltung des andern wechselsweise abhängt« (KU B 287 f.).[40] Die damit behauptete wechselseitige Abhängigkeit der Teile vom Ganzen belegt Kant hier aber nicht »nur im Vorbeigehen« durch die von Blumenbach erforschte Regeneration von »Geschöpfen bei ihrer Verletzung« und durch die »Selbsthülfe der Natur« bei »Mißgeburten oder Mißgestalten im Wachstum« (KU B 288). Viel mehr als in diesen »wundersamsten Eigenschaften der Geschöpfe«, die eigentlich eher zeigen, dass das Ganze eines Organismus auch dann noch ein Ganzes bleiben kann, wenn ihm ein Teil fehlt, sieht Kant sie in aufgepfropften Blättern oder Zweigen bestätigt. Insofern diese, so die überraschende Argumentation, »an einem fremdartigen Stocke ein Gewächs« der »eignen Art« hervorzubringen und ein Ganzes zu entwickeln vermögen, »kann man auch an demselben Baume jeden Zweig oder Blatt als

39 Wolff dagegen hatte – und das mag den Paradigmenwechsel, den Kant hier aufnimmt, abermals verdeutlichen – den Körper noch allein als »aus Materie zusammengesetztes Ding, das eine bewegende Kraft in sich hat«, erklärt (Wolff: Vernünfftige Gedancken von Gott, § 626, in: Gesammelte Werke, Abt. I, Bd. 2, S. 383).

40 Ähnlich sahen Buffon und Blumenbach den Organismus durch ›nutrition‹, ›développement‹ und ›génération‹, durch »Generation, Nutrition und Reproduction« bestimmt (Buffon: Histoire générale des animaux, in: Histoire naturelle, Bd. 2, S. 18-73; Blumenbach: Über den Bildungstrieb, S. 13). Vgl. auch McLaughlin: Kants Organismusbegriff in der *Kritik der Urteilskraft,* S. 104; und Toepfer: Zweckbegriff und Organismus, S. 331, Anm.

einen für sich selbst bestehenden Baum [...] ansehen« (KU B 288).[41] Bis hin zu Goethes berühmter Formel: »Alles ist Blatt« (FA 24, 84), ist es davon bloß ein Schritt – den Kant aber nicht geht. Er begnügt sich auch hier damit, die Grenze der Aufklärung zu ziehen.

Wie Kant resümiert, zeichnet ein Organismus sich also nicht nur dadurch aus, dass seine Teile wie in einer Maschine zu einem Ganzen zusammengefügt und »von einander wechselseitig Ursache und Wirkung ihrer Form sind« (KU B 291). Zudem formt das Ganze, das sich als Gattung, als Individuum und in seinen Teilen vorwegnimmt, jeden dieser Teile, indem es ihn organisiert und, »seiner Stelle und Funktion nach, bestimmt« (KU B 294, Anm.). Diese Eigenart des Organismus, dass er mehr als die Summe seiner Teile vorstellt, dass in ihm »*alles Zweck und wechselseitig auch Mittel ist*« (KU B 296), kann mechanisch nicht konstruiert werden. Kant begründet das damit, dass die »Kausalverbindung«, auf der die ›eigentliche Naturwissenschaft‹ basiert, nicht wechselseitig funktioniere, da sie »eine Verknüpfung« sei,

> die eine Reihe (von Ursachen und Wirkungen) ausmacht, welche immer abwärts geht; und die Dinge selbst, welche als Wirkungen andere als Ursache voraussetzen, können von diesen nicht gegenseitig zugleich Ursache sein. (KU B 289)

Aufgrund ihrer Einseitigkeit vermag diese Verknüpfung »der wirkenden Ursachen (nexus effectivus)« einen Organismus allein als bewegte Maschine, nicht aber als ein lebendiges, sich selbst organisierendes Gebilde zu bestimmen. Deswegen ist ihr, wie Kant weiter erläutert, eine für das Ziel der bildenden Kraft offene Verbindung beizugesellen,

> welche, wenn man sie als Reihe betrachtete, sowohl abwärts als aufwärts Abhängigkeit bei sich führen würde, in der das Ding, welches einmal als Wirkung bezeichnet ist, dennoch aufwärts den Namen einer Ursache desjenigen Dinges verdient, wovon es die Wirkung ist. (KU B 289)

Die damit umschriebene wechselseitige »Kausalverknüpfung [...] der Endursachen (nexus finalis)« (KU B 290), die Kant meist als

41 Vgl. hierzu auch Bies: Geburten aus dem Geist der Pfropfung?, S. 102–108; und allgemein Wirth: Aufpfropfung als Figur des Wissens in der Kultur- und Mediengeschichte; ders.: Kultur als Pfropfung.

die erwähnte Wechselwirkung zwischen Teilen und Ganzem versteht,[42] vermag die den Organismus bildenden Bedingungsverhältnisse fraglos angemessener zu beschreiben als die einseitige Verknüpfung der wirkenden Ursachen. Entscheidend ist hier aber, dass dieser Verknüpfung der Endursachen keine Notwendigkeit zugesprochen werden kann, weil die Beziehung des Ganzen eines Organismus auf seine Teile a priori nicht erkennbar ist. Vielmehr kann dieses Verhältnis immer nur empirisch untersucht und daher allein in empirische Gesetze gefasst werden. Anders als die von der Physik als ›eigentlicher Naturwissenschaft‹ erarbeiteten »allgemeinen Gesetze, ohne welche die Natur überhaupt (als Gegenstand der Sinne) nicht gedacht werden kann«, erscheinen diese »bloß empirischen Gesetze« nur als zufällig, und ebenfalls nur zufällig vermögen sie aus den erfahrenen Einzelfällen auf »die Möglichkeit der Einheit der Erfahrung (als Systems nach empirischen Gesetzen)« zu schließen (KU B xxxii f.).[43] Da diese Möglichkeit der Erfahrung eines sinnvollen Naturzusammenhangs, wie Kant fortfährt, nicht mit Notwendigkeit aus ihnen abgeleitet werden kann, trotzdem aber unverzichtbar ist, wenn überhaupt aus jeweils einzelnen Erfahrungen auf ein Ganzes der Natur geschlossen werden soll, muss »eine solche Einheit notwendig vorausgesetzt und angenommen werden« (KU B xxxiii). Diese Annahme, mit der nun auch die Fiktion einen Platz in der Ordnung der menschlichen Vermögen erhält,[44] obliegt der reflektierenden, das Besondere auf ein Allgemeines beziehenden Urteilskraft: Um die empirischen Naturgesetze zu verallgemeinern, betrachtet sie diese, »als ob gleichfalls ein Verstand (wenn gleich nicht der unsrige) sie zum Behuf unserer Erkenntnisvermögen, um ein System der Erfahrung nach besonderen Naturgesetzen möglich zu machen, gegeben hätte« (KU B xxvii).[45] Für die Erforschung

42 Vgl. McLaughlin: Kants Kritik der teleologischen Urteilskraft, S. 44-47.

43 Innerhalb der »Kategorie der Modalität« ist »der Begriff des Zufälligen« dem des Notwendigen entgegengesetzt und für »etwas, dessen Nichtsein *sich denken läßt*«, bestimmt (KrV B 290). Zu dieser Entgegensetzung vgl. auch die Ausführungen von Gloy: Die Kantische Theorie der Naturwissenschaft, S. 19-31.

44 Zur konstitutiven Rolle, die der Fiktion im 18. Jahrhundert für die Gewinnung von Wissen zuerkannt wurde, vgl. Weigel: Das Gedankenexperiment; und zuletzt, am Beispiel der Elektrizität, Gamper: Elektropoetologie.

45 Michael Hampe betont, dass die Urteilskraft damit »an die Stelle des göttlichen Verstandes getreten ist, der ehemals allein die Welt als ganze

organischer Wesen unterstellt oder fingiert die reflektierende Urteilskraft somit, dass die lebendige Natur auf eine sinnvolle, in empirische Gesetze fassbare Weise geordnet sei, um die gemachten Erfahrungen verallgemeinern und systematisch vereinheitlichen zu können. Kant bringt diese Unterstellung auf das Prinzip der »*Zweckmäßigkeit der Natur* in ihrer Mannigfaltigkeit«: »D. i. die Natur wird durch diesen Begriff so vorgestellt, als ob ein Verstand den Grund der Einheit des Mannigfaltigen ihrer empirischen Gesetze enthalte« (KU B xxviii). Damit wird auch deutlich, dass diese durch Zweckmäßigkeit erschlossene Natur eine ganz andere als die ist, die Kant in der *Kritik der reinen Vernunft* und in den *Metaphysischen Anfangsgründen der Naturwissenschaft* entweder formal durch a priori erkennbare innere Prinzipien oder material durch das sinnlich wahrnehmbare Ganze der Erscheinungen konstituiert sieht. So ist die Natur in der *Kritik der Urteilskraft* ebenso lebendig wie verschlossen: Zwar ist sie nicht a priori bestimmbar, mithin nicht mechanisch erklärbar, doch kann und muss ihr durch den Begriff der Zweckmäßigkeit eine »Gesetzlichkeit des Zufälligen« (KU B 344) unterlegt und sie als sinnvolles Ganzes betrachtet werden.[46]

Wie Kant diesen schwierigen Begriff der Zweckmäßigkeit herleitet, der zur philosophischen Beschreibung einzelner Organismen ebenso wie zur Erfassung einer Natureinheit insgesamt unterstellt werden muss, soll hier nur skizziert werden.[47] In der Einleitung der *Kritik der Urteilskraft* bemerkt Kant zunächst, dass die damit bezeichnete Zweckmäßigkeit keine subjektive Zweckmäßigkeit sei, also nicht mit der harmonischen Übereinstimmung der Form eines Gegenstandes mit den Erkenntnisvermögen des Subjekts verwechselt werden dürfe, die sich lustvoll im Erlebnis des Schönen äußere. Zwar könne ein Naturgegenstand als schön empfunden werden und »die entdeckte Vereinbarkeit zweier oder mehrerer empirischen heterogenen Naturgesetze unter einem sie beide befassenden Prinzip der Grund einer sehr merklichen Lust, oft sogar einer Bewunde-

erkannte, aber als solcher seit Kant nicht mehr, wie noch bei Newton, zur Naturforschung gehört« (Hampe: Eine kleine Geschichte des Naturgesetzbegriffs, S. 79).

46 Vgl. Löw: Philosophie des Lebendigen, S. 129-137.

47 Zum Begriff der Zweckmäßigkeit vgl. etwa Driesch: Kant und das Ganze, S. 370-372; Tonelli: Von den verschiedenen Bedeutungen des Wortes Zweckmäßigkeit; und die Ausführungen von Frank und Zanetti in Kant: Schriften zur Ästhetik und Naturphilosophie, Bd. 3, S. 1193-1204.

rung« sein, die die allgemeinen Naturgesetze der Physik nie auslösen können (KU B xl);[48] der Erforschung der Natur indes, so wendet Kant gegen die populären physikotheologischen Naturbetrachtungen ein, vermag die Lust am Schönen nicht zu dienen. Dazu bedürfe es einer realen, objektiven Zweckmäßigkeit, die im Naturgegenstand selbst verankert ist – einer Zweckmäßigkeit, die die »Übereinstimmung seiner Form mit der Möglichkeit des Dinges selbst, nach einem Begriffe von ihm«, bezeichnet (KU B xlviii).

Zu Beginn der ›Kritik der teleologischen Urteilskraft‹ nimmt Kant die Diskussion der objektiven Zweckmäßigkeit wieder auf. Hierfür erklärt er sie in § 62 als eine materiale, auf Empirisches bezogene Zweckmäßigkeit, die anders als die formale Zweckmäßigkeit geometrischer Figuren »einen außer meinem Begriffe und überhaupt meiner Vorstellung a priori liegenden besondern Grund« und damit einen Zweck fordere (KU B 276). In § 63 beschränkt er die objektive, materiale Zweckmäßigkeit zudem auf die innere Zweckmäßigkeit eines Naturgegenstandes. Damit setzt er sie von der äußeren oder relativen Zweckmäßigkeit ab, derer die physikotheologische Naturbetrachtung sich bediente, wenn sie Erklärungen nach jenem von Goethe verspotteten Muster fand, dass »der Korkbaum gewachsen ist, damit wir unsere Flaschen pfropfen können« (FA 24, 243). Insofern solch eine relative Zweckmäßigkeit, wie Kant erläutert, einem Naturgegenstand nicht notwendig innewohne, sondern ihm zufällig beigelegt sei, bezeichnet sie den Umstand, dass dieser als Mittel für anderes erkannt und seine »Nutzbarkeit (für Menschen) oder auch Zuträglichkeit (für jedes andere Geschöpf)« beschrieben wird (KU B 279 f.).[49] Sie sagt jedoch nicht, dass dieser Gegenstand als in sich zweckmäßig zu bestimmen ist. Hiervon könne nur die Rede sein, wenn er selbst mechanisch nicht ausreichend zu erklären und allein über die Annahme der inneren Zweck-

48 Bereits 1763 verstand Kant die ›Bewunderung‹ als das, was nach der mechanistischen Erklärung des Organismus übrig bleibt. Vgl. Kant: Der einzig mögliche Beweisgrund, AA 2, 152.

49 Auf die von der Physikotheologie popularisierte äußere Zweckmäßigkeit zielt Schiller, wenn er kritisiert: »Eine der vornehmsten Ursachen, warum unsre Naturwissenschaften so langsame Schritte machen, ist offenbar der allgemeine und kaum bezwingbare Hang zu teleologischen Urteilen, bei denen sich, sobald sie konstitutiv gebraucht werden, das bestimmende Vermögen dem empfangenden unterschiebt.« (Schiller: Über die ästhetische Erziehung des Menschen, 13. Brief, in: Sämtliche Werke, Bd. 5, S. 609, Anm.).

mäßigkeit zu beschreiben ist, durch die sich auch eine als autonom verstandene Kunst auszeichnet;[50] im Unterschied zur Kunst müsse im Fall der sich selbst organisierenden Natur aber kein »Künstler (ein vernünftiges Wesen) außer ihr« (KU B 293), und das heißt auch: kein Gott, gedacht werden. Damit ist Kant am Endpunkt dieser Diskussion angelangt. Genau die Naturgegenstände also, die mechanisch nicht dargestellt werden können und zur Annahme einer objektiven, materialen und inneren Zweckmäßigkeit nötigen, bezeichnet er als Naturzwecke. Er hat damit einen Begriff erarbeitet, auf den die reflektierende Urteilskraft die Organismen bringen, den sie zu ihrer Erforschung voraussetzen kann.

Zu beachten bleibt jedoch, dass der somit entwickelte Begriff des Naturzwecks allein ein als methodisches Konzept fungieren kann. Da er letztlich nur der Fiktion entspringt, dass die lebendige Natur erkennbar sei, dient er der reflektierenden Urteilskraft auch bloß, wie Kant immer wieder sagt, »um Organismen am Leitfaden der Erfahrung zu studieren« (KU B 353); was diese tatsächlich sind, muss verborgen bleiben. Im Zuge der ›revolutionären‹ Wendung, die seine kritische Philosophie kennzeichnet, begründet Kant diese unhintergehbare Unerkennbarkeit der lebendigen Natur aber nicht mit ihrer komplexen Struktur, sondern mit der Beschaffenheit der menschlichen Erkenntnisvermögen, die diese Struktur nicht ausreichend einsehen können. In der ›Dialektik der teleologischen Urteilskraft‹ erläutert er daher ausführlich, dass der menschliche Verstand allein nach mechanischen Prinzipien vorgehen und deshalb nur die »mechanische Erzeugungsart« eines Organismus erkennen könne, der sich zwar die Bedingtheit des Ganzen durch die Teile, nicht aber diejenige der Teile durch das Ganze erschließe: »[E]s kommt auf solche Art«, so erklärt Kant,

50 In § 15 der ›Analytik des Schönen‹ hatte Kant diese »auch von namhaften Philosophen« behauptete Gleichsetzung von Zweckmäßigkeit ohne Zweck und innerer objektiver Zweckmäßigkeit, von Schönheit und Vollkommenheit zurückgewiesen (KU B 44). Alexander Gottlieb Baumgarten ist heute der wohl namhafteste dieser von Schiller dann als »Vollkommenheitsmänner« bezeichneten Philosophen (Schiller: Kallias oder Über die Schönheit, 15. Januar 1793, in: Sämtliche Werke, Bd. 5, S. 394): Die Schönheit erklärt er als einen ›verworrenen‹ Begriff der Vollkommenheit. Vgl. Baumgarten: Ästhetik, §§ 1-27, S. 10-26. Zur Bestimmung der ›verworrenen Erkenntnis‹ (›cognitio confusa‹) vgl. schon Leibniz: Meditationes de cognitione, veritate et ideis, S. 32 f./33 f.

> kein Begriff von einem Ganzen als Zweck heraus, dessen innere Möglichkeit durchaus die Idee von einem Ganzen voraussetzt, von der selbst die Beschaffenheit und Wirkungsart der Teile abhängt, wie wir uns doch einen organisierten Körper vorstellen müssen. (KU B 351)[51]

Die voranstehenden Ausführungen zur *Kritik der Urteilskraft* haben damit erwiesen, dass der Verstand Organismen nicht als lebendige Wesen erkennen kann, die nach Maßgabe eines in der bildenden Kraft liegenden Ganzen geformt werden, sondern nur als mechanische Gebilde. Kompensiert wird diese Unterbestimmung durch das Prinzip der Zweckmäßigkeit, durch das die reflektierende Urteilskraft jenes Ganze vorwegnimmt, das dem Verstand unbegreiflich bleiben muss. In der Fiktion des Naturzwecks liegt somit auch die philosophische Basis einer Wissenschaft vom Leben, einer Biologie: Denn erst mithilfe dieses Begriffes ist es möglich, Organisches und Anorganisches theoretisch zu unterscheiden, Lebendiges nicht nur als Totes aufzufassen.[52] Allerdings vermag die teleologische Beurteilung des Organismus, die das Prinzip der Zweckmäßigkeit ermöglicht, den im Verstand gegründeten Mechanismus nicht durch eine ›organologische‹ Erkenntnisweise zu ersetzen. Da »ohne den Mechanism der Natur in ihren Erzeugungen [...] keine Einsicht in die Natur der Dinge erlangt werden kann«, muss die teleologische Beurteilung sich vielmehr darauf beschränken, ihn auf ein Ziel zu orientieren. Die als Naturzweck bezeichnete Vorstellung des Organismus dient daher allein als Regulativ der reflektierenden Urteilskraft, um »die Naturkunde nach einem andern Prinzip, nämlich dem der Endursachen, doch unbeschadet dem des Mechanisms ihrer Kausalität, zu erweitern« (KU B 301).

Mit diesen Ausführungen über die Möglichkeit einer Erforschung der lebendigen Natur gelangt Kant, wie schon erwähnt, an eine Grenze der Aufklärung, die er nicht überschreitet. Zwar eröffnet er der Vernunft durch den Begriff des Naturzwecks »eine ganz andere Ordnung der Dinge, als die eines bloßen Mechanisms der Natur« (KU B 297), doch versagt er es sich, diese »ganz andere Ordnung der Dinge« anders als mithilfe der »Gesetze der Kausalität nach dem bloßen Mechanism« zu ergründen (KU B 269). Damit führt er

51 Vgl. hierzu auch McLaughlin: Kants Kritik der teleologischen Urteilskraft, S. 138-141.

52 Vgl. Toepfer: Zweckbegriff und Organismus, S. 338.

seine Erkenntnistheorie hier zugleich an eine ›Grenze der Repräsentation‹, jenseits derer sich ein Bereich befindet, in dem nur noch ein empirisches, philosophisch nicht verallgemeinerbares Wissen gewonnen werden kann; ein sicheres, wissenschaftliches Wissen kann dort nicht mehr konstruiert, sondern bestenfalls fingiert werden. Auch wenn Kant sich in der ›Kritik der ästhetischen Urteilskraft‹ genau einen solchen Bereich erschließt, indem er eine Darstellung des Undarstellbaren konzipiert – dies wird später noch gezeigt werden –, verzichtet er in der ›Kritik der teleologischen Urteilskraft‹ doch auf den entsprechenden Entwurf einer Darstellung des Nicht-Wissens, des unsicheren, nur empirisch begründbaren Wissens: »[D]enn nur so viel sieht man vollständig ein, als man nach Begriffen selbst machen und zu Stande bringen kann«, so erklärt er hier mit Blick auf die Erforschung der lebendigen Natur:

> Organisation aber, als innerer Zweck der Natur, übersteigt unendlich alles Vermögen einer ähnlichen Darstellung durch Kunst: und was äußere für zweckmäßig gehaltene Natureinrichtungen betrifft (z. B. Winde, Regen u. d. gl.), so betrachtet die Physik wohl den Mechanism derselben; aber ihre Beziehung auf Zwecke, so fern diese eine zur Ursache notwendig gehörige Beziehung sein soll, kann sie gar nicht darstellen, weil diese Notwendigkeit der Verknüpfung gänzlich die Verbindung unserer Begriffe, und nicht die Beschaffenheit der Dinge, angeht. (KU B 309 f.)

Darstellung und Hypotypose

Nachahmung und Darstellung in der Poetik des 18. Jahrhunderts

Der Bereich, den Kant mit seiner Organismustheorie erschließt – ein Bereich, in dem »alles Vermögen einer ähnlichen Darstellung durch Kunst« (KU B 309 f.) nicht mehr greift und nur ein empirisches, unsicheres Wissen gewonnen werden kann –, soll nun genauer erkundet werden. Bevor hierfür aber die Begriffe behandelt werden, auf die Kant die ›Darstellung‹ in der ›Kritik der ästhetischen Urteilskraft‹ bringt, ist zunächst die Kunst- und Dichtungstheorie besonders der 1770er Jahre zu diskutieren. Denn parallel zu der in den Wissenschaften auftretenden Schwierigkeit, das ›Natürliche‹ und Lebendige in ausreichend differenzierter, vollständiger

Weise aufzufassen und zwischen dem, was erfahren, und dem, was in ein diskursives, wissenschaftliches Wissen gefasst werden kann, zu vermitteln, formulieren auch kunst- und dichtungstheoretische Schriften eine Absage an eine klare, vollständige Repräsentation. An deren statt etablieren sie, in jeweils verschiedener, doch immer auf eine ›Naturalisierung‹ des Zeichens zielender Weise, den Begriff der Darstellung.[53]

Wie in der Einleitung schon erwähnt, wurde dieser Darstellungsbegriff besonders im deutschsprachigen Raum diskutiert, wo es im Unterschied zu den französischen, englischen und auch zu den lateinisch geführten Debatten an einer festen, eingebürgerten Übersetzung von ›Repräsentation‹ fehlte. An ihre Stelle traten deshalb, so erklärt Niels Werber, »Substitutbegriffe« wie »›Vorstellung‹, ›Darstellung‹, ›Abbild‹ oder ›Nachahmung‹«,[54] deren Eigendynamik die zunehmende Auffächerung und Überschreitung des Repräsentationsdiskurses begünstigte. Hierbei konnte vor allem der in den 1770er Jahren etablierte Darstellungsbegriff auf Kosten von Konzepten wie der ›Nachahmung‹ und ›Vorstellung‹ profiliert werden, die durch eine längere Tradition gefestigt waren und auch dem klassischen Repräsentationsbegriff näher standen. Deutlich wird diese Absetzung der ›Darstellung‹ von der ›Nachahmung‹ etwa, wenn Gottfried August Bürger in der 1784 veröffentlichten Abhandlung *Von der Popularität der Poesie* erklärt, er wolle diese »an den Platz« setzen, »wo sonst das erbärmliche Wort *Nachahmung* in den Poetiken stand. Nachahmung ist ein Bild, kümmerlich zurückgeworfen von trüber Fläche; Darstellung aber leibt und lebt zurück vom blanken Spiegel.«[55]

Seine rasche Akzeptanz verdankt dieser Begriff einer ebenso leib- wie lebhaften Darstellung somit auch den Unzulänglichkeiten des

53 Siehe vor allem Menninghaus: »Darstellung«; Helfer: The Retreat of Representation; Mülder-Bach: Im Zeichen Pygmalions; darüber hinaus auch Stahl: Darstellung; Schlenstedt: Art. »Darstellung«, in: Barck (Hrsg.): Ästhetische Grundbegriffe, Bd. 1, S. 831-875; Werber: Art. »Repräsentation/repräsentativ«, ebd., Bd. 5, S. 264-290; und schließlich die Sammelbände von Hart-Nibbrig (Hrsg.): Was heißt »Darstellen«?; Albes, Frey (Hrsg.): Darstellbarkeit; und von Avanessian, Menninghaus, Völker (Hrsg.): Vita aesthetica. Veraltet ist dagegen die Heidegger verpflichtete Monographie von Hafner: Darstellung.

54 Werber: Art. »Repräsentation/repräsentativ«, in: Barck (Hrsg.): Ästhetische Grundbegriffe, Bd. 5, S. 264-290, hier S. 272.

55 Bürger: Von der Popularität der Poesie, S. 337.

Nachahmungsparadigmas, die im Verlauf des 18. Jahrhunderts verstärkt zutage traten. Besonders die »geschickte[] Verbindung des Wunderbaren mit dem Wahrscheinlichen«, die nach Johann Jacob Breitinger das »gantze[] Vermögen« des Dichters ausmacht,[56] erschien innerhalb dieses Rahmens zunehmend als *mésalliance:* »Je aufgeklärter die Zeiten wurden«, erklärte Johann Christoph Gottsched lakonisch, »desto schwerer ward es auch, das Wunderbare zu erfinden, und die Aufmerksamkeit dadurch zu gewinnen.«[57] Doch profitierte die Darstellungstheorie nicht nur von den Nöten, die die Aufklärung der Nachahmung bescherte. Im gleichen Zuge verschärfte sie diese, indem sie, wie Inka Mülder-Bach herausgearbeitet hat, im Rückgriff auf den antiken Mimesisbegriff »einen neuen Begriff des Zeichens und einen neuen Begriff imaginativer Präsenz aus[prägte], die das Ende des klassischen Modells der Repräsentation anzeigen«.[58]

In diesem klassischen Repräsentationsmodell, das Foucault so prominent beschrieben hat,[59] war ein Zeichen, sehr verkürzt gesagt, vor allem dadurch bestimmt, dass es gänzlich auf das von ihm Bezeichnete hin transparent sein, dass es sich im Akt des Bezeichnens erschöpfen sollte: »[L]e signe enferme deux idées, l'une de la chose qui represente, l'autre de la chose representée; & sa nature consiste à exciter la seconde par la premiere«,[60] heißt das in der vielleicht bekanntesten, 1683 in die *Logik von Port-Royal* aufgenommenen Definition dieses Modells. Christian Wolff, der diese klassische Bestimmung zunächst aufnahm,[61] spitzte die vom Zeichen umschlossene Anregung des Repräsentierten durch das Repräsentierende in der Folge noch zu, indem er es stärker auf die anzeigende Funktion zu begrenzen, es bloß als ein Mittel zu begreifen suchte. In der sogenannten *Deutschen Metaphysik* erklärte er 1720:

> Ein Zeichen ist ein Ding, daraus ich entweder die Gegenwart, oder die Ankunft eines andern Dinges erkennen kan, das ist, dar-

56 Breitinger: Critische Dichtkunst, Bd. 1, S. 298.
57 Gottsched: Versuch einer Critischen Dichtkunst, S. 170.
58 Mülder-Bach: Im Zeichen Pygmalions, S. 19. Ähnlich Menninghaus: »Darstellung«, S. 210.
59 Vgl. Foucault: Die Ordnung der Dinge, bes. S. 78-113. Siehe auch Schönrich: Zeichenhandeln, S. 29-68.
60 [Arnauld, Nicole:] L'art de penser, Bd. 3, S. 62.
61 Vgl. Wolff: Disquisitio philosophica de loquela, § 7, in: Gesammelte Werke, Abt. II, Bd. 35, S. 248.

> aus ich erkenne, daß entweder etwas würklich an einem Orte vorhanden ist, oder daselbst gewesen, oder auch etwas daselbst entstehen werde.[62]

An diesem verweisenden Zeichending, dessen die Verweisung ermöglichender, sie oft aber auch störender Zeichenkörper hier gar nicht mehr in den Blick gerät, setzt in der Poetik des 18. Jahrhunderts das Paradigma der Nachahmung an.[63] So erläutert Gottsched im 1730 erstmals publizierten *Versuch einer Critischen Dichtkunst,* philosophisch ganz auf Wolffs Linie, dass »das Hauptwerck der Poesie in der geschickten Nachahmung« bestehe, in einer nicht auf das Wirkliche, sondern auf das Wahrscheinliche beschränkten »Nachahmung der Natur«, die sich zuallererst als eine »bloße Beschreibung, oder sehr *lebhafte Schilderey* von einer natürlichen Sache« äußere, »die man nach allen ihren Eigenschaften [...] seinen Lesern klar und deutlich vor die Augen malet«.[64] Dieser vor allem auf Werke von Barthold Hinrich Brockes und Albrecht von Haller bezogene Entwurf der Dichtung als Malerei wird von Johann Jacob Bodmer und Johann Jacob Breitinger, den Schweizer Poetikern, auf die Gottsched hier zunächst rekurriert, weiter verstärkt. Während Gottsched neben der »Malerey eines Poeten« zwei weitere, von ihm höher bewertete »Gattungen der poetischen Nachahmung« erkennt,[65] erklärt Breitinger 1740 in seiner *Critischen Dichtkunst,* »daß die gantze Poesie eine beständige und weitläuftige Mahlerey genennet werden kan«[66] – wenn auch eine gleichsam bessere, auf sämtliche Sinne bezogene Malerei: »Der Poet«, so Breitinger, »mahlet nicht für das Auge allein, sondern auch für die übrigen Sinnen, und er kan auch das unsichtbare sichtbar machen, er giebt dem

62 Wolff: Vernünfftige Gedancken von Gott, § 292, ebd., Abt. I, Bd. 2, S. 160. Ebenso dann Zedler: Art. »Zeichen«, in: Universal-Lexicon, Bd. 61, Sp. 545-574, hier Sp. 545.

63 Siehe Preisendanz: Die Auseinandersetzung mit dem Nachahmungsprinzip in Deutschland; ders.: Mimesis und Poiesis; Herrmann: Naturnachahmung und Einbildungskraft; Koschorke: Körperströme und Schriftverkehr, S. 263-321. Allgemein auch Todorov: Théories du symbole, S. 141-178.

64 Gottsched: Versuch einer Critischen Dichtkunst, S. 92 und 142.

65 Ebd. Hierbei handelt es sich um die Nachahmung einer Person und um die Fabel. Vgl. ebd., S. 142-169.

66 Breitinger: Critische Dichtkunst, Bd. 1, S. 13. »Die Poesie ist ein beständiges Gemählde« (ebd., S. 31).

Menschen nicht nur die vollkommenste Bildung, sondern auch die Rede.«[67]

Wenn Breitinger im Verweis auf die Vielsinnigkeit und versinnlichende Kraft der Dichtung hier schon eine Lösung der ›Poesie‹ von der ›Mahlerey‹ andeutet, dann bezeichnet er damit bereits das nahende Ende einer langen Tradition. Wie Inka Mülder-Bach betont,[68] basierte die Verknüpfung von ›Beschreiben‹ und ›Malen‹ nicht nur auf dem in der Aufklärungspoetik viel diskutierten *ut pictura poiesis*-Diktum, das bei Horaz zunächst nicht mehr besagte, als dass das Vergnügen an Dichtung ebenso standpunktabhängig sei wie das an der Malerei.[69] Zudem gründete sie auf der in der Spätantike etablierten, dieses Diktum ganz anders füllenden Engführung von Ekphrasis und deskriptiv umgesetzter *enargeia:* von Bildbeschreibung und möglichst detailgenauer, vollständiger und, so die Annahme, gerade dadurch lebendiger Veranschaulichung.[70] Erst auf diesem Boden konnte Gottsched die ›bloße Beschreibung‹ oder ›Schilderey‹ als ›sehr lebhaft‹ begreifen.

Diese Verknüpfung von ›Beschreiben‹ und ›Malen‹, auf der auch die zitierten Bestimmungen der ›Poesie‹ als ›Mahlerey‹ beruhten, löste sich in der zweiten Hälfte des 18. Jahrhunderts. Zum einen geriet die detaillierte Beschreibung jetzt in Verdacht, ihren Gegenstand bloß zu zerstückeln und zu fragmentieren, ihn somit eher zu töten als ihn ›sehr lebhaft‹ vorzustellen. In diesem Sinne warf Karl Philipp Moritz Winckelmanns berühmter Beschreibung des Apoll von Belvedere vor, dass sie »das Ganze dieses Kunstwerks« zerreiße und »aus dem Apollo eine Komposition aus Bruchstücken« mache, »wodurch die Einheit der erhabnen Bildung entweihet, und ihr wohltätiger Eindruck zerstört wird«.[71] Zum anderen wurden Dichtung und Malerei nun stärker als zu Beginn der Aufklärung differenziert.

67 Ebd., S. 19. Ähnlich erklärte auch Gottsched, dass »der Poet [...] für alle Sinne Schildereyen machen« kann (Gottsched: Versuch einer Critischen Dichtkunst, S. 142).

68 Vgl. Mülder-Bach: Im Zeichen Pygmalions, S. 103-109.

69 Vgl. Horaz: Ars poetica, V. 361-365.

70 Vgl. Demetrius: Vom Stil 209; Quintilianus: Ausbildung des Redners VIII, 3, 61-72. Als »lebhaft« (»*vivida*«) verstand noch Baumgarten die »extensiv klarere Vorstellung« (»[e]xtensive clarior perceptio«), »die auf der Menge der Merkmale« (»multitudine notarum«) beruht (Baumgarten: Metaphysica, § 531, S. 14/15.). Zu *enargeia* und *energeia* als rhetorischen Verfahren der Evidenzerzeugung vgl. Kemmann: Art. »Evidentia, Evidenz«, Sp. 39 f.

71 Moritz: Die Signatur des Schönen, S. 588.

Zwar hatte Jean Baptiste Dubos bereits 1719 erklärt, dass die Dichtung künstliche, die Malerei hingegen natürliche Zeichen benutze,[72] und eine Abwertung der Malerei zugunsten der Dichtung damit zumindest insofern vorbereitet, als künstliche oder willkürliche Zeichen, wie die Schweizer Poetiker dann schließen, gewissermaßen auf eine intellektuellere, durchsichtigere, den Gegenstand restlos repräsentierende Weise arbeiten.[73] Eine bahnbrechende theoretische Unterscheidung beider Künste etablierte sich aber erst 1766 mit Lessings *Laokoon.* Infolge des dort vorgetragenen Angriffs auf die *ut pictura poiesis*-Doktrin musste die Dichtung nicht länger als Medium begriffen werden, das einer passiven menschlichen Phantasie sinnliche Wahrnehmungen einzeichnet, indem es einen Gegenstand möglichst erschöpfend beschreibt.[74] Vielmehr erwuchs der von solch repräsentativen Pflichten entbundenen Poesie nun die Aufgabe, eine Natur, die in der als zunehmend produktiv konzipierten Einbildungskraft erst geschaffen werden musste, zu präsentieren, und das heißt: sie ›darzustellen‹.[75] Das Paradigma der Nachahmung wurde mit dieser gleichsam kopernikanischen Wende nicht unbedingt offensichtlich, aber doch untergründig auf den Kopf gestellt.

72 Vgl. Dubos: Réflexions critiques, S. 413 f. Zur Unterscheidung von künstlichen und natürlichen Zeichen vgl. Mendelssohn: Ueber die Hauptgrundsätze der schönen Künste und Wissenschaften, S. 182.

73 Vgl. Breitinger: Critische Dichtkunst, S. 19-21; Wellbery: Das Gesetz der Schönheit, S. 189; und Koschorke: Körperströme und Schriftverkehr, S. 279-287 und 311-321.

74 Erkenntnistheoretisch entspricht diesem Einzeichnen Platons Modell der Seele als Wachstafel oder, ebenfalls charakteristisch für das 18. Jahrhundert, das seit Locke prominente Modell des Verstandes als Camera obscura. Eigenartigerweise scheint die Paradoxie des Letzteren ebenfalls konsequent ignoriert worden zu sein: Denn die Camera obscura erfordert einen Menschen, der das in sie fallende Bild aufzeichnet. Vgl. Platon: Theätet 191 c, in: Werke, Bd. 6, S. 155; und Locke: An Essay Concerning Human Understanding, Buch II, Kap. 11, § 17, S. 158. Im Blick auf die Metapher der Seelenschrift vgl. in diesem Zusammenhang erneut Koschorke: Körperströme und Schriftverkehr, hier bes. S. 347-391.

75 Die erst im 18. Jahrhundert auftretende Vorstellung einer produktiven Einbildungskraft wurde oft analog zur ›bildenden Kraft‹ verstanden. Vgl. Herder: Kalligone, in: Werke, Bd. 8, S. 752 f.; Jean Paul: Vorschule der Ästhetik, S. 47. Zur Einbildungskraft siehe Dürbeck: Einbildungskraft und Aufklärung; Schulte-Sasse: Art. »Einbildungskraft/Imagination«, in: Barck (Hrsg.): Ästhetische Grundbegriffe, Bd. 2, S. 88-120. Im Blick auf die zeitgenössische Wissenschaft siehe auch Daston: Angst und Abscheu vor der Einbildungskraft in der Wissenschaft.

Denn obwohl auch Dichtungen der zweiten Hälfte des 18. Jahrhunderts sich noch um Ähnlichkeit mit einer oft ganz verschieden verstandenen äußeren oder inneren Natur bemühen mochten, basierte diese Ähnlichkeit nun nicht mehr auf einer objektivierbaren, getreuen Abzeichnung, sondern auf einer jeweils subjektiven, in sich stimmigen Schöpfung, die von einer zu disziplinierenden Einbildungskraft an der Natur orientiert wurde. Die undisziplinierte, wilde, durch keinerlei sinnliche Erfahrung abgesicherte Einbildungskraft wurde dagegen erst in der Genieästhetik und der romantischen Dichtungstheorie, denen es kaum noch um Ähnlichkeit im repräsentativen Sinn ging, positiv bewertet.

Dieser kopernikanischen Wende, die mit der Orientierung an einer produktiven Einbildungskraft vollzogen wurde – sei sie nun als diszipliniert, sei sie als wild aufgefasst –, entsprach jedoch nicht nur in der dichterischen Produktion, sondern auch in einer zunehmend als produktiv verstandenen Rezeption ein ›Darstellen‹. Mittels eines hermeneutischen, den Stoff begeisternden Lesens sollten die Vorstellungen eines Textes nun in der Anschauung erzeugt, also ›dargestellt‹, und die Leser damit zu Koproduzenten des Gelesenen erhoben werden. In Absetzung von allem »mechanisch[en] Lesen« kann Johann Adam Bergk daher 1799 in seiner Abhandlung über *Die Kunst, Bücher zu lesen* erklären:

> Das Erste, was man beim Lesen thun muß, ist, das Feuer der Einbildungskraft anzufachen, um das Ganze sich anschaulich darstellen und es mit Reflexion überschauen zu können. [...] *Lesen* heißt daher nicht Begriffe, die uns von außen gegeben werden, auffassen, sondern den Stof dazu *in sich selbst* ins Leben rufen.[76]

Die im Feuer der Einbildungskraft entfachte, den Stoff belebende Lektüre, die Bergk hier fordert, lässt jenen Pygmalion-Mythos durchscheinen, den Inka Mülder-Bach als konstitutiv für die Dar-

76 Bergk: Die Kunst, Bücher zu lesen, S. 61 f. Zu dieser Ermächtigung des Lesers siehe Kittler: Aufschreibesysteme 1800/1900; und, ohne Diskussion Bergks, Bosse: Der Autor als abwesender Redner. Zur erwähnten Umkehrung und Verinnerlichung siehe auch Koschorke: Körperströme und Schriftverkehr, S. 169-262, 383-389. Erinnert sei aber auch an das Gegenprogramm, an den mechanischen Leser, wie ihn etwa Jean Paul in der Erzählung *Der Maschinen-Mann nebst seinen Eigenschaften* entwirft. Vgl. Jean Paul: Sämtliche Werke, Abt. II, Bd. 2, S. 446-453, hier S. 453.

stellungstheorie des 18. Jahrhunderts herausgestellt hat.[77] Nur ist es hier keine Göttin mehr, die sich eines ob seiner Liebe verzweifelten Bildhauers erbarmt. Bei Bergk ist es der Verliebte selbst, der als Leser dem Stoff seiner Träume Leben einhauchen kann, der ihn »ins Leben rufen« und damit ›darstellen‹ soll.

Bevor bei Herder aber ein weiterer, produzierend belebender Rezipient betrachtet werden kann, soll Lessing zunächst etwas ausführlicher behandelt werden. Denn obgleich er keine ausgesprochene Darstellungstheorie formuliert, bereitet er ihr im *Laokoon* doch den Boden. Das gelingt ihm zum einen, indem er im Rückgriff auf die antike Unterscheidung von Diegesis und Mimesis den im Bereich bildender Künste beheimateten Darstellungsbegriff auf das Gebiet der Dichtung ausdehnt;[78] die Darstellung wird so als Neuübersetzung von Mimesis an die Stelle der Nachahmung gesetzt. Zum anderen vermag er das, indem er das Verhältnis von Zeichen und Bezeichnetem in einer Weise bestimmt, die nicht zuerst auf Repräsentation zielt, sondern zunächst die Eigenheiten des ästhetischen Mediums berücksichtigt: »Das Medium«, so kommentiert Karlheinz Stierle diesen Zuwachs an Medien-Bewusstsein und Medien-Wissen, »das unsichtbare Dritte zwischen der Nachahmung und dem Nachgeahmten, wird nun zum Gegenstand der ästhetischen Reflexion.«[79] Damit korrigiert Lessing die Nachahmungslehren der frühen Aufklärung, für die entscheidend war, ob sich eine »*Aehnlichkeit*« zwischen »*Vorbild*« und »*Bild*« einer Sache,[80] zwischen Referent und Zeichen zeigt: »[J]e vollkommener diese Aehnlichkeit ist«, bemerkte Breitinger, »desto glücklicher ist auch die Nachahmung gerathen.«[81] Im *Laokoon* dagegen wird dieses Problem in die Ordnung der Zeichen selbst verschoben. Weniger an der Herstellung einer wie auch immer verstandenen, stets problematischen Ähnlich-

77 Vgl. Mülder-Bach: Im Zeichen Pygmalions.

78 Lessing charakterisiert den »Geschichtschreiber« durch ›Erzählung‹, den »Dichter« durch ›Darstellung‹ (Lessing: Laokoon, in: Werke, Bd. 5/2, S. 113). Vgl. Mülder-Bach: Im Zeichen Pygmalions, S. 112. Zu Diegesis und Mimesis vgl. Platon: Politeia 392c-394c, in: Werke, Bd. 4, S. 199-205; Aristoteles: Poetik, bes. 1448a-b.

79 Stierle: Das bequeme Verhältnis, S. 23.

80 J. E. Schlegel: Von der Nachahmung, in: Theoretische Texte, S. 29. Schlegel erklärt die Ähnlichkeit hier in Anlehnung an die »Meßkunst« als Verhältnismäßigkeit (ebd.). Die Grenze dessen erkundet er in der *Abhandlung von der Unähnlichkeit in der Nachahmung* (ebd., S. 84-93).

81 Breitinger: Critische Dichtkunst, Bd. 1, S. 63.

keit interessiert als an der Erzeugung von »Vergnügen«, das nun den »Endzweck der Künste« bilden soll,[82] erklärt Lessing, dass »unstreitig die Zeichen ein bequemes Verhältnis zu dem Bezeichneten haben müssen«:

> So können neben einander geordnete Zeichen, auch nur Gegenstände, die neben einander, oder deren Teile neben einander existieren, auf einander folgende Zeichen aber, auch nur Gegenstände ausdrücken, die auf einander, oder deren Teile auf einander folgen.[83]

Mit dieser Forderung nach einem ›bequemen Verhältnis‹ ersetzt Lessing die Ähnlichkeit durch eine am rhetorischen *aptum* orientierte innere Angemessenheit. Stärker als um die Übereinstimmung von Referent und Zeichen geht es ihm darum, Zeichen und bezeichnete Dinge in ein Verhältnis zu setzen, das die Ordnung und Verfasstheit beider berücksichtigt. Im Fall der bildenden Künste, die Nebeneinandergeordnetes durch »neben einander geordnete« natürliche Zeichen ausdrücken, äußere ein solches Verhältnis sich in der Schönheit, mit der die Gegenstände erscheinen. Deshalb sei, so erklärt Lessing, als Kunsttheoretiker durchaus ein *ancien,* »bei den Alten die Schönheit das höchste Gesetz der bildenden Künste gewesen«.[84] Anders verhalte es sich im Falle der Dichtung. Aufgrund der sie konstituierenden »auf einander folgenden Zeichen« könne Sprache das im Augenblick überschaubare Sichtbare, in dem das Schöne erscheint, nicht unmittelbar präsentieren. Vielmehr könne sie es nur vermittelt zeigen, indem sie es in ein ihr angemessenes Nacheinander wendet und es somit, wie Lessing bemerkt, »in Reiz verwandelt«: »Reiz ist Schönheit in Bewegung, [...] ein transitorisches Schönes, das wir wiederholt zu sehen wünschen.«[85] Anders als die bildenden Künste sei die Dichtung daher nicht dem Schönen verpflichtet, und anders als diese kann sie deshalb, so die scharfsinnige, erst seit der Romantik eingelöste Folgerung, Hässliches und

82 Lessing: Laokoon, in: Werke, Bd. 5/2, S. 25. Bekanntlich liegt sowohl die Nachahmung (*μίμησις*) als auch die Wirkung (*κάθαρσις*) im Rahmen der aristotelischen Poetik. Vgl. Aristoteles: Poetik 1449b.

83 Lessing: Laokoon, in: Werke, Bd. 5/2, S. 116. Zum ›bequemen Verhältnis‹ siehe hier vor allem Stierle: Das bequeme Verhältnis; Mülder-Bach: Im Zeichen Pygmalions, S. 118-125.

84 Lessing: Laokoon, in: Werke, Bd. 5/2, S. 26.

85 Ebd., S. 155.

manchmal sogar Ekelhaftes zur Anschauung bringen, ohne Missvergnügen zu erregen.[86]

Das der Dichtung eigene Gesetz ist damit aber noch nicht erfasst. Wie Lessing erklärt, obliege ihr statt des Schönen, das sich im Nebeneinander, im simultan Sichtbaren zeigt, die sich nur im Nacheinander äußernde Vorstellung von Lebendigkeit. »Der Poet«, so heißt es bei ihm,

> will die Ideen, die er in uns erwecket, so lebhaft machen, daß wir in der Geschwindigkeit die wahren sinnlichen Eindrücke ihrer Gegenstände zu empfinden glauben, und in diesem Augenblicke der Täuschung, uns der Mittel, die er dazu anwendet, seiner Worte bewußt zu sein aufhören.[87]

Doch könne dieser täuschende Eindruck von Lebendigkeit nur entstehen, wenn Aufeinanderfolgendes, genauer: wenn ›Handlung‹ in die ›auf einander folgenden Zeichen‹ der Sprache gebracht werde.[88] Denn allein diese Synchronisierung von Gegenstand und Medium erzeuge ein ›bequemes Verhältnis‹, in dem die willkürlichen Zeichen der Sprache sich als gleichsam ›naturalisiert‹ erzeigen: Sie erscheinen dann als motiviert, insofern sie zu einer in sich strukturierten Zeichenfolge gefügt sind, die eine in sich abgerundete Handlung präsentiert.[89]

Vom damit erreichten Standpunkt aus können die von Gottsched und den Schweizer Poetikern geforderten malerischen Beschreibun-

86 Vgl. ebd., bes. S. 169-182.

87 Ebd., S. 124. Anders als dann in der Poetik der Weimarer Klassik ist die ›Täuschung‹ hier noch positiv bewertet. Vgl. auch, ebenfalls mit der Abhängigkeit der ›Täuschung‹ von der ›Geschwindigkeit‹, Adelung: Art. »Täuschen«, in: Grammatisch-kritisches Wörterbuch, Bd. 4, Sp. 547 f.

88 Dass ›Aufeinanderfolge‹ gleich ›Handlung‹ sei, wird behauptet bei Lessing: Laokoon, in: Werke, Bd. 5/2, S. 116. Bereits Aristoteles hatte die Dichtung auf die Nachahmung von Handlung (*μύθος*) verpflichtet, diese aber durch Anfang, Mitte und Ende, durch *Aus-*, nicht *Auf*einanderfolge bestimmt. Vgl. Aristoteles: Poetik 1450b.

89 Wenn Lessing am 26. Mai 1769 an Friedrich Nicolai schreibt: »Die Poesie muß schlechterdings ihre willkührlichen Zeichen zu natürlichen zu erheben suchen« (Lessing: Werke, Bd. 11/1, S. 610), verwischt er die Differenz von künstlichen Zeichen und natürlicher Zeichenfolge. Dass die im ›bequemen Verhältnis‹ adressierte Ordnung der Zeichen nicht im Gegensatz von künstlichen und natürlichen Zeichen aufgeht, bemerkt Diderot in der *Lettre sur les sourds et muets.* Vgl. Stierle: Das bequeme Verhältnis, S. 30-34.

gen nicht als regelrechte Dichtungen, als Poesie anerkannt werden. Da sie den simultan gegebenen Gegenstand und das sukzessiv operierende Medium nicht ins ›bequeme Verhältnis‹ setzen, vermögen sie auch kein Ganzes vorzustellen, das die Illusion von Lebendigkeit vermitteln würde. Den Lesern bleibt damit die immer desillusionierende und »nicht selten unmöglich[e]« Aufgabe, die stückweise in Sprache gefassten malerischen Beschreibungen zu einem Ganzen zu fügen: »[D]as Täuschende«, erläutert Lessing, »worauf die Poesie vornehmlich gehet [...], muss ihnen darum gebrechen«.[90]

Während Lessing somit einen Begriff illusionärer Präsenz erarbeitet – keiner beschreibend zu erstellenden Re-Präsenz, die sich durch die Durchsichtigkeit der Zeichen auf das von ihnen Bezeichnete hin bestimmt,[91] sondern einer täuschenden Präsenz, die der Angemessenheit von Zeichen und Bezeichnetem entspringt –, entwickelt Herder einen Begriff körperlicher Präsenz. Nachdem er 1767 in seinen Fragmenten *Über die neuere deutsche Literatur* die »kommunikationsgeschichtliche Zäsur« markiert hat, »die den modernen Umgang mit Literatur vom rhetorischen Zeitraum [...] unwiderruflich trennt«,[92] gelangt er im *Vierten Kritischen Wäldchen* von 1769 und in den Versionen der *Plastik* von 1770 und 1778 zu einem leibhaften Begriff von Darstellung.

Diesen Darstellungsbegriff entwickelt Herder in einer Theorie der Bildhauerei, mit der er zwar an Lessings Unterscheidung von Dichtung und bildenden Künsten anschließt, sie aber auch durch eine Differenzierung der bildenden Künste in Bildhauerei und Malerei ergänzt. Dies gelingt ihm dank einer neuen Methode. Während Lessing aus den verschiedenen Zeichenordnungen, in denen Dichtung und bildende Künste arbeiten, verschiedene Vorstellungsregeln ableitete, versagt Herder sich zunächst alle Regeln: »Ich kann nicht Regeln geben; ich gebe eine Geschichte einzelner Erfahrungen.«[93] Analog zu dem im *Journal meiner Reise aus dem Jahre 1769* formulierten Programm, »jede Wissenschaft in allen Begriffen und jede Sprache in allen Worten auf die Sinne zurückzuführen, in denen

90 Lessing: Laokoon, in: Werke, Bd. 5/2, S. 127.

91 Schon Cicero und Quintilian hatten die *enargeia* durch große Durchsichtigkeit, durch *perspicuitas,* charakterisiert. Vgl. Cicero: Akademische Abhandlungen 17; Quintilianus: Ausbildung des Redners VIII, 3, 61.

92 Bosse: Der Autor als abwesender Redner, S. 281. Bosse bezieht sich auf Herder: Über die neuere deutsche Literatur, in: Werke, Bd. 1, S. 402-407.

93 Herder: Viertes Kritisches Wäldchen, in: Werke, Bd. 2, S. 360.

und für die sie entstanden sind«,[94] bezieht er die Künste vielmehr auf ihnen gemäße Sinne: die Malerei auf das Sehen, die Bildhauerei auf das Tasten, die Musik auf das Hören. Nur die Dichtung, die innerhalb dieser Ordnung ›sinnlos‹ bliebe, erhebt Herder zu einer Kunst der Künste, die »die Empfindungen des Schönen [...] aus allen schönen Künsten« beziehe: »[Ü]berall wird die Poesie Nachahmerin«, erklärt er im *Vierten Kritischen Wäldchen,* »und die Theorie derselben Schülerin der schönen Künste, oder sie ist Gewäsch, wie fast alle, die wir haben.«[95]

Die Theorie der Bildhauerei, mit der er seinen Darstellungsbegriff korreliert, entwickelt Herder vor allem in Absetzung von den Theorien der Malerei und des Sehens.[96] In Anknüpfung an die zeitgenössischen Sinneslehren erklärt er das Auge hierbei allein als eine Camera obscura, als eine »dunkle[] Kammer«, die nur »eine Fläche, ein *Nebeneinander* aller und der verschiedensten sichtbaren Gegenstände« wahrnehme.[97] Da die Malerei ihre Gegenstände dementsprechend bloß zweidimensional verkürzt abbilden könne, so schließt er hieraus, sei sie nicht »körperliche Darstellung, sondern nur Schilderung, *Phantasie, Repräsentation*«.[98] Genau diese »körperliche Darstellung«, die der Malerei versagt bleiben müsse, gelinge jedoch der Bildhauerei. Im Unterschied zum Sehen, erklärt Herder, könne das dem Auge ontogenetisch vorgängige »*tastende Gefühl*« nicht bloß »*Fläche*« und »*Gestalt*«, sondern auch Dreidimensionales, »*Form*« und »*Körper*«, erkennen.[99] Zudem sei dieses Gefühl untäuschbar. Während das Auge stets Gefahr laufe, Schein und Sein zu verwechseln, weil es sich als Fernsinn nie der Anwesenheit des Gesehenen versichern könne, bürge die Hand für Wahrheit. Aufgrund der reflexiven Struktur des Tastsinns, aufgrund des Umstandes, dass man im Berühren immer auch berührt wird, könne sie nichts Abwesendes, sondern nur Präsentes, Leibhaftes erspüren. Wenn die Bildhauerei damit stets »*dargestellte, tastbare Wahrheit*« ist,[100] die ein als ›Liebhaber‹ entworfener Rezipient im – allerdings nur scheinbaren – Be-

94 Herder: Journal meiner Reise im Jahre 1769, ebd., Bd. 9/2, S. 119.
95 Herder: Viertes Kritisches Wäldchen, ebd., Bd. 2, S. 408 f.
96 Anders als Lessing hält Herder die Dichtung zunächst für der ›Darstellung‹ unfähig. Vgl. ebd., S. 375 f.
97 Herder: Plastik, ebd., Bd. 4, S. 248.
98 Ebd., S. 266.
99 Ebd., S. 247. Zur Vorgängigkeit des Gefühls vgl. ebd., S. 249 f.
100 Ebd., S. 253.

fühlen belebt,[101] dann geht Herder einen Schritt weiter als Lessing. Bei ihm erfüllt sich die ›Darstellung‹ nicht in einer scheinbar natürlichen Ordnung der Zeichen, die zur Ordnung der bezeichneten Dinge im ›bequemen Verhältnis‹ steht. Vielmehr hebt die in der Plastik verkörperte ›Darstellung‹ die Differenz von Zeichen und Bezeichnetem ganz auf: »Endlich die Bildnerei ist *Wahrheit,* die Malerei *Traum:* jene ganz *Darstellung,* diese erzählender *Zauber,* welch ein Unterschied! und wie wenig stehen sie auf Einem Grunde!«, kann Herder daher mit dem ihm eigenen Pathos ausrufen – und Lessing nur als Unmenschen begreifen: »Ich kann mir keinen Theoristen, der ein Mensch ist, vorstellen, und sich die zwo Sachen auf *Einem Grunde* denket.«[102]

An diese Verbindung von Bildhauerei und Darstellung, die Herder hier betont, knüpft Klopstock, der zentrale Verfechter der Poetik der Darstellung, an. Doch interessiert er sich dabei nur mittelbar für die Darstellung bildender Kunst. Unmittelbar geht es ihm um eine an der Bildhauerei bloß metaphorisch exemplifizierte Darstellung der Dichtung, die er ebenfalls als energetisch belebend, nicht als enargetisch detaillierend versteht.[103] In dem Epigramm *Beschreibung und Darstellung* führt er 1771 aus:

In der Dichtkunst, gleicht Beschreibung der Schönheit
Pygmalions Bilde,
Da es nur noch Marmor war;
Darstellung der Schönheit gleicht dem verwandelten Bilde,
Da es lebend herab von den hohen Stufen stieg.[104]

101 Zur Belebung vgl. ebd., S. 254. Da das Gefühl längst in eine Sinnesordnung integriert sei, die das Sehen seiner Schnelligkeit wegen dominiere (vgl. ebd., S. 250), verlangt Herder letztlich nur, die Statuen anzusehen, »als ob man tastete und griffe« (Herder: Viertes Kritisches Wäldchen, ebd., Bd. 2, S. 310).

102 Herder: Plastik, ebd., Bd. 4, S. 259.

103 Im Anschluss an James Harris und in Absetzung von Lessing knüpfte schon Herder die ›poetische Täuschung‹ an »ununterbrochne Energie« (Herder: Erstes Kritisches Wäldchen, ebd., Bd. 2, S. 138). Lessing hatte dagegen trotz aller ›bequemen Verhältnisse‹ noch auf die »Enargie« rekurriert, um das »Täuschende« der »poetische[n] Gemälde« zu erfassen (Lessing: Laokoon, in: Werke, Bd. 5/2, S. 114, Anm.). Relativiert wird das aber dadurch, dass ›Energie‹ und ›Enargie‹ in ihrer Geschichte oft vermischt und verwechselt wurden. Vgl. Kemmann: Art. »Evidentia, Evidenz«, Sp. 40.

104 Klopstock: Beschreibung und Darstellung, in: Ausgewählte Werke,

Im Unterschied zu Herder, bei dem der fühlende Liebhaber die Statuen belebt, verlegt Klopstock die Lebendigkeit damit in das darstellende Kunstwerk hinein. Hier ist es nicht mehr der Rezipient, der das Kunstwerk beseelt, sondern umgekehrt die bewegend-darstellende Poesie, die den Leser animiert: »Die tiefsten Geheimnisse der Poesie«, erklärt er bereits 1759 in den *Gedanken über die Natur der Poesie,* »liegen in der *Aktion,* in welche sie unsre Seele setzt. Überhaupt ist uns Aktion zu unserm Vergnügen *wesentlich*«, wendet er gegen die traditionelle Nachahmungspoetik ein: »Gemeine Dichter wollen, daß wir mit ihnen ein Pflanzenleben führen sollen.«[105]

Diese vom aktionslosen, prosaischen Dahinvegetieren befreiende Darstellung der Poesie, die kraft ihrer Lebhaftigkeit belebt und kraft ihrer Leibhaftigkeit beleibt, entwickelt Klopstock aber nicht nur in Absetzung von der dichterischen ›Beschreibung‹. In der 1774 veröffentlichten *Deutschen Gelehrtenrepublik* grenzt er sie auch von der ›Abhandlung‹ der Naturforscher ab: »*Darstellung* und *Abhandlung* (dies möchte einigen vielleicht noch nicht recht bekannt sein,) sind nicht wenig von einander unterschieden«, so erklärt er dort:

> Abhandlung ist gewöhnlich nur *Theorie,* und wo sie es nicht ist, da ist sie doch von der Darstellung gleich weit entfernt. Die Art des Vortrags, die zum Exempel ein Naturforscher zu der Beschreibung einer gehabten Erfahrung wählt, grenzt wenigstens sehr nah an den Vortrag der Abhandlung; Darstellung *hat Theorie.* Sie beschäftigt bei der Hervorbringung die ganze Seele; Abhandlung nur das Urteil. Die Beschaffenheit dessen, was auf beiden Seiten hervorgebracht wird, lernt man am besten kennen, wenn man auf die Wirkung des einen oder des andern acht hat; und Wirkung zeigt sich vorzüglich durch ihre Dauer. Ein abhandelndes Werk geht unter, sobald ein besseres über eben diesen Inhalt erscheint. Ein Werk der Darstellung, (wenn es sonst zu

S. 182. Dass ›Darstellung‹ nicht von ›Schönheit‹ abhängt, zeigt das Epigramm *Darstellung ohne Schönheit.* Vgl. ebd., S. 183.

105 Klopstock: Gedanken über die Natur der Poesie, ebd., S. 993. »Statt auf einen nachträglichen Akt der Belebung angewiesen zu sein«, so Inka Mülder-Bach, »wird das Zeichen selbst zur animierenden Kraft, das seinen Lesern zurückerstattet, wonach sie am ›heißesten‹ verlangen: die affektive Bewegung, die sie aus dem lähmenden ennui der prosaischen Verhältnisse befreit und die eigene leibliche Lebendigkeit wieder spüren läßt.« (Mülder-Bach: Im Zeichen Pygmalions, S. 176).

> bleiben verdient,) bleibt auch nach Erscheinung eines bessern über eben den Inhalt.[106]

Diese Unterscheidung zwischen einer wissenschaftlichen Abhandlung, die »gewöhnlich nur *Theorie* ist« und mit deren Veralten veraltet, und einer poetischen Darstellung, die der »*Theorie*«, die sie »*hat*«, durch poetische Formung »Dauer« gibt, sieht Klopstock nun nicht nur durch das »*Zwitterwerk*« von Buffons monumentaler *Histoire naturelle* durchkreuzt, das in der zweiten Hälfte des 18. Jahrhunderts tatsächlich in »Mode« war.[107] Auch die der abhandelnden Zunft der Naturforscher zugeordneten »Chymiker«, seinerzeit ebenfalls enorm populär, fügen sich nicht in diese Unterscheidung: »Denn sie handeln nicht ab, beschreiben auch nicht nach Art der Abhandlung«, bemerkt Klopstock, »sondern sie bringen hervor, oder stellen dar. (Man sieht, daß hier Darstellung in einer andern Bedeutung genommen wird.)«[108]

Obwohl Klopstock hinzufügt, dass die Hervorbringungen der ›Chymiker‹ Darstellungen »in einer andern Bedeutung« sind, ist doch auch die dichterische Darstellung ein Hervorbringen: Sie ist *ποίησις*, Poesie. Deutlich zeigt das die 1783 publizierte Ode *Der Unterschied*, in der Klopstock den wissenschaftlichen Lehren »des Bemerkers« das »Werk des Erfinders« entgegenstellt: das Werk des erfindenden »Dichter[s]«, der »Abwesendes [...] zum Genuß' euch / Gegenwärtiget« – nicht ver-gegenwärtigt – und darin eine Einheit von »Wissen und Thun« hervorbringt.[109] Ohnehin scheinen die Naturforscher bei Klopstock unter Wert dargestellt, wenn sie mit Ausnahme der ›Chymiker‹ als ›Bemerker‹ bezeichnet und der abhandelnden Zunft zugeordnet werden. So hat Inka Mülder-Bach darauf verwiesen, dass

106 Klopstock: Die deutsche Gelehrtenrepublik, in: Ausgewählte Werke, S. 880.

107 Ebd. Zur damals bereits angelegten Wahrnehmung Buffons als ›Literat‹ vgl. Lepenies: Die Speicherung wissenschaftlicher Traditionen in der Literatur. Im *Discours sur le style* hatte Buffon den Nachruhm bereits mit ›Stil‹ relationiert: »Les ouvrages bien écrits seront les seuls qui passeront à la postérité: la quantité des connoissances, la singularité des faits, la nouveauté même des découvertes ne sont pas de sûrs garans de l'immortalité« (Buffon: Histoire naturelle, Supplément, Bd. 4, S. 10 f.).

108 Klopstock: Die deutsche Gelehrtenrepublik, in: Ausgewählte Werke, S. 882. Zu dem in der Chemie verwendeten Darstellungsbegriff vgl. auch Grimm: Art. »Darstellen«, bes. Sp. 329.

109 Klopstock: Der Unterschied, in: Oden, Bd. 1, S. 228 f.

Klopstock mit der Konjunktion von »Wissen und Thun« das »Leitmotiv der empirisch-experimentellen Naturwissenschaften« anstimmt, die sich seit Bacon weniger auf ein Abhandeln als vielmehr auf ein Handeln, den »Wechselbezug von Wissen und Machen«, gründen;[110] in seiner Rede von der kopernikanischen Wende hatte Kant darauf schon verwiesen. Die poetische Darstellung ›habe‹ insofern nicht in einem rein dichterischen, sondern in einem die Wissenschaften einbegreifenden Sinn ›Theorie‹: »Sie ›ist‹ also nicht Theorie, denn sie formuliert keine Hypothesen über vorgängige facta, sondern sie ›hat‹ Theorie, denn sie macht, was sie erkennt.«[111]

In dem Gespräch *Von der Darstellung*, das Klopstock 1779 in seinen Fragmenten *Über Sprache und Dichtkunst* publiziert, präzisiert er noch einmal diesen im Wortsinn poetischen Darstellungsbegriff, der sich gegenüber der dichterischen ›Beschreibung‹ durch ›Aktion‹ und ›Handlung‹ auszeichnet und sich von der wissenschaftlichen Abhandlung durch eine ihm ›Dauer‹ verleihende Formung abhebt. Im Anschluss an die Entgegensetzung der »wirkliche[n] Dinge« und der »Vorstellungen, die wir uns davon machen«, erklärt Selmer, der Wortführer dieses Gesprächs, dass die »Vorstellungen von gewissen Dingen« in der Darstellung »so lebhaft werden, daß diese uns gegenwärtig, und beinah die Dinge selbst zu sein scheinen. Diese Vorstellungen nenn ich *fastwirkliche* Dinge«.[112]

Erzeugt werden sollen diese Eindrücke ›fastwirklicher Dinge‹ durch die »Täuschung« der Leser, auf die Lessing bereits zielte und die Klopstock nun zum »Zweck der Darstellung« ernennt.[113] Um diese die affektzentrierte Ausdruckstheorie sprengende Täuschung hervorzubringen,[114] müsse zunächst der bedichtete Gegenstand glücklich gewählt sein. In *Von der Darstellung* heißt es, dass

110 Mülder-Bach: Im Zeichen Pygmalions, S. 190. Vgl. Vico: Prinzipien einer neuen Wissenschaft, §§ 331, 349, S. 142 f. und 155 f.; und schon Bacon: Neues Organon, bes. § 3, S. 80.

111 Mülder-Bach: Im Zeichen Pygmalions, S. 190. Nach Mülder-Bach rückt Klopstocks Darstellungstheorie damit »in eine überraschende Nähe zu Kant« und seiner mathematischen Naturwissenschaftstheorie (ebd.).

112 Klopstock: Von der Darstellung, in: Ausgewählte Werke, S. 1032.

113 Ebd., S. 1033. Die Darstellung, heißt es in der zweiten Ausgabe der *Gelehrtenrepublik*, »vergegenwärtiget, durch Hülfe der Sprache, das Abwesende in verschiednen Graden der Täuschung« (ebd., S. 880).

114 In Kürze lassen sich ›Ausdruck‹ und ›Darstellung‹ so unterscheiden: »Wird der ›Ausdruck‹ von einem ›Innen‹ her gedacht, das er nach außen trägt, so richtet sich die ›Darstellung‹ an ein Gegenüber, das sie im Ges-

er »vornehmlich alsdann darstellbar« sein werde, »wenn er erhaben ist, und wenn er viel Handlung und Leidenschaft in sich begreift«.[115] Bereits angedeutet ist hier, worin diese Theorie über Lessing hinausgeht, dem zur Täuschung ja schon das ›bequeme Verhältnis‹ zwischen der Ordnung der Dinge und der Ordnung der Zeichen genügte: Wichtiger noch als die Angemessenheit von Gegenstand und Medium ist Klopstock, dass der lebendige Gegenstand als lebendig gezeigt, die Handlung als Handlung präsentiert wird. Er erklärt daher: »Daß man den Gegenstand in seinem Leben zeigen müsse, ist der erste Grundsatz der Darstellung. Denn gezeigtes Leben bringt uns vornehmlich dahin, daß wir die Vorstellung ins Fastwirkliche verwandeln.«[116] Nach Winfried Menninghaus hört die Handlung damit auf, »bloßer Stoff der ›Darstellung‹ zu sein, und wandert in deren ›Innenausstattung‹ ein«.[117]

Diese der Darstellung aufgetragene »Zeigung des Lebens, welches der Gegenstand hat«,[118] so die schon mehrfach zitierte und wohl auch prägnanteste Umschreibung dieses Begriffs, gelinge vor allem der Dichtung. Wie Klopstock ausführt, sei diese gegenüber der Malerei schon deshalb im Vorteil, weil sie ihre Gegenstände nicht in einem Moment, sondern immer »in einer gewissen Zeit« zeige: »[E]ben dadurch, daß nicht alles gleich ganz da ist«, erwecke sie im Leser eine »Begierde zu entdecken«, und diese Erzeugung von Begierde erlaube es dem Dichter, »die Darstellung bis zur Täuschung lebhaft zu machen. Wer hat jemals bei einem Gemälde geweint?«, kann Klopstock daher fragen.[119] Zudem sei die »Darstellung des Dichters« auch deshalb »täuschender, als des zeichnen-

tus eines Zeigens und Präsentierens adressiert.« (Mülder-Bach: Im Zeichen Pygmalions, S. 193).

115 Klopstock: Von der Darstellung, in: Ausgewählte Werke, S. 1033. Präziser als Lessing erklärt Klopstock die »Handlung« als »Anwendung der Willenskraft zur Erreichung eines Zwecks« (ebd.). Zu Klopstocks Bindung der Darstellung an das ›Erhabene‹ vgl. Menninghaus: Dichtung als Tanz, S. 145-150.

116 Klopstock: Von der Darstellung, in: Ausgewählte Werke, S. 1034.

117 Menninghaus: »Darstellung«, S. 207.

118 Klopstock: Von der Darstellung, in: Ausgewählte Werke, S. 1034.

119 Klopstock: Die deutsche Gelehrtenrepublik, ebd., S. 916 f. Klopstock nutzt das Argument bereits 1758 in *Von dem Range der schönen Künste und Wissenschaften:* »[W]er hat jemals, bei einer Statue oder bei einem Gemälde, geweint?«, fragt hier, stellvertretend für die Poesie, die Philosophie (ebd., S. 985).

den Künstlers seine«, weil sie sich schneller vollziehe,[120] weil sie unmittelbar den denkenden Geist beanspruche, ohne den Umweg des sehenden Sinnes zu gehen: »Der Sinn«, so bemerkt Selmer im Gespräch *Von der Darstellung,* »untersucht das Gesehene, weil er länger daran haftet, genauer, als der Geist das Gedachte, und kann daher leichter entdecken, daß er getäuscht wird.«[121] Kennzeichnend für diese Zeit der massiven Durchsetzung der Schriftkultur gerät hierbei erneut aus dem Blick, dass solche Poesie gelesen sein will, bevor der ›Geist‹ sie bedenken – oder sie den ›Geist‹ hinreißen kann.

Der durchaus einzigartige Charakter dieser Poetik einer darstellenden Dichtung zeigt sich auch darin, dass Klopstock sie nicht, wie so oft vor ihm, an der Malerei ausrichtet und sie auch nicht, wie so oft nach ihm, vor allem in der romantischen Lyrik, an der Musik orientiert. Stattdessen betont er die Nähe der Poesie zum Tanz. So heißt es in *Die Kunst Tialfs,* einem seiner berühmten Eislaufgedichte: »Sie tanzten Strophen und Antistrophen, / Ruhten selten Epoden aus. / Sie tanzten den ganzen Pindar durch«.[122] Ähnlich erläutert Klopstock zu seiner Ode *Braga:* »Ihr Silbenmaß bildete ich auf dem Eise nach meinen Bewegungen.«[123] Am deutlichsten aber bedichtet er in *Der Bach* die allen Bildern und allem Wohlklang vorauseilende tänzerische Bewegung des Gedichts:

120 Klopstock: Von der Darstellung, ebd., S. 1033. Die Relation von ›Schnelligkeit‹ und ›Darstellung‹ hat Klopstock oft betont: Die »Schnelligkeit vergrößert den Eindruck des Dargestellten. Sie ist einer der wesentlichsten Punkte, worauf es ankömmt« (ebd., S. 1035). Vgl. ders.: Von der Wortfolge, ebd., S. 1027.

121 Klopstock: Von der Darstellung, ebd., S. 1033. Dass schöne Wissenschaften »unmittelbar«, schöne Künste dagegen nur »durch die Hülfe der Sinne« auf »die Einbildungskraft und das Herz« wirken, wird schon erklärt in ders.: Von dem Range der schönen Künste und der Wissenschaften, ebd., S. 985.

122 Klopstock: Die Kunst Tialfs, in: Oden, Bd. 1, S. 219. Dass es dabei nicht um klanglich-musikalische Elemente des Tanzes geht, zeigt *Der Kamin.* Über den Eistanz des ›Landmanns‹ und ›Städters‹ heißt es dort: »Unermüdet von dem flüchtigen Tanze, / Schweben sie Tage lang; / Und musiklos gefällt er« (ebd., S. 225). Zur metrischen Gestalt der Eislaufoden vgl. Hellmuth: Metrische Erfindung und metrische Theorie bei Klopstock, S. 180-188.

123 Klopstock: Anmerkungen zu ›Braga‹, in: Oden, Bd. 1, S. 237.

Inhalt, den volle Seel', im Erguß
der Erfindung, und der innersten Kraft,
Sich entwirft, strömet; allein lebend muß,
Will es ihm nahn, tönen das Wort.

Wohllaut gefällt, Bewegung noch mehr;
Zur Gespielin kohr das Herz sie sich aus.
Diesem säumt, eilet sie nach; Bildern folgt,
Leiseres Tritts, ferne sie nur.

So säumet, und so eilt sie nicht nur:
Auch empfindungsvolle Wendung beseelt
Ihr den Tanz, Tragung, die spricht, ihr den Tanz,
All ihr Gelenk schwebt in Verhalt.[124]

Wie deutlich wird, sieht Klopstock weniger im schließlich fast verschwebenden Inhalt, sondern vor allem in der – auch hier mal ›säumenden‹, mal ›eilenden‹ – rhythmischen Organisation der Poesie die Möglichkeit, die Handlung mehr als nur den Stoff der Worte sein zu lassen. In der metrischen Bewegung, im »bedeutende[n] Silbenmaß«, das »hier und da etwas mitausdrücken könne«,[125] erblickt er die Chance, die Handlung in einer viel täuschenderen, wortlos belebenden Weise in die ›Innenausstattung‹ der Darstellung zu versenken. In einer Schlüsselpassage der großen Abhandlung *Vom deutschen Hexameter* erklärt er das 1779 wie folgt:

> Wir bekommen die Vorstellungen, welche die Worte, ihrem Sinne nach, in uns hervorbringen, nicht völlig so schnell, als die, welche durch die Worte, ihrer Bewegung nach, entstehen. Dort verwandeln wir das Zeichen erst in das Bezeichnete; hier dünkt uns die Bewegung gerade zu das durch sie Ausgedrückte zu seyn. Diese Täuschung muß dem Dichter ebenso wichtig seyn, als sie ihm vortheilhaft ist.[126]

Besonders Winfried Menninghaus hat betont, dass Klopstock mit der metrischen Bewegung der Worte, die die Leser in ihrer Direktheit hinzureißen und deshalb »gerade zu das durch sie Ausge-

124 Klopstock: Der Bach, ebd., S. 183.
125 Klopstock: Von der Darstellung, in: Ausgewählte Werke, S. 1036.
126 Klopstock: Vom deutschen Hexameter, S. 149 f. Zu dieser ›Metaphysik der Metrik‹ vgl. mit Blick auf die Eislaufgedichte Menninghaus: Dichtung als Tanz; Mülder-Bach: Im Zeichen Pygmalions, S. 155-164.

drückte zu seyn« scheint, die traditionelle Rhetorik auf den Kopf stellt. Während diese die Bewegung – als *movere* neben dem *prodesse* und *delectare* eine der drei klassischen Wirkungsqualitäten – noch der Wirkungsabsicht der Überredung unterordnete, ist sie hier aus dieser Abhängigkeit befreit. Sie konnte somit, nun gleichsam als Innen- und Außenseite der Handlung, »aus einem begleitenden Mittel der Überredung (πίστις, persuasio) zu einem Zweck an sich selbst werden«.[127]

Diese überraschende Herausstellung metrischer Bewegung liegt vor allem darin begründet, dass allein ihr ›Tanz‹ den Worten das Leben zu schenken vermag, als dessen ›Zeigung‹ die Darstellung bestimmt ist und das die Schrift selbst nicht erfassen kann: »[A]llein lebend muß, / Will es ihm nahn, tönen das Wort«, hieß es vom »Inhalt« in *Der Bach.* Der Darstellung soll somit immer auch die Tendenz zur Überschreitung der Schrift eingeschrieben sein – eine Tendenz, die Klopstock noch stärker über die metrische Bewegung als über den klanglichen »Wohllaut« realisieren will. Ein »Gedicht ohne Darstellung«, erklärt er in der *Gelehrtenrepublik,* »ist ein Tänzer, der geht.«[128]

Die Entwicklung einer poetischen Darstellungstheorie besonders in den 1770er Jahren ist damit skizziert worden. Rekapituliert wurde dabei zunächst die rationalistische Nachahmungsästhetik der ersten Jahrhunderthälfte mit der von ihr vorgetragenen Forderung, dass nach Maßgabe von Ähnlichkeit gestaltete Zeichen einen illusionistischen Durchblick auf das von ihnen Bezeichnete eröffnen und sich damit gleichsam zum Verschwinden bringen sollen. In Absetzung davon, so hat sich gezeigt, strebt die Darstellungstheorie nach dem Umgekehrten. Sie zielt auf das Ideal eines Zeichens, das selbst schon zu sein scheint, was es bezeichnet, auf ein, wie man sagen könnte, selbstbewusstes Zeichen, das scheinbar ›leibt und lebt‹ und dadurch vergessen lässt, dass es eigentlich nicht präsen-

127 Menninghaus: Dichtung als Tanz, S. 133. Hierzu vgl. ebd., S. 130-137. Die Verpflichtung der Oden allein auf das *movere* betont auch schon Krummacher: Friedrich Gottlieb Klopstock, S. 201-205.

128 Klopstock: Die deutsche Gelehrtenrepublik, in: Ausgewählte Werke, S. 916. »Überhaupt wandelt das Wortlose in einem guten Gedicht umher, wie in Homers Schlachten die nur von wenigen gesehenen Götter«, heißt es in *Von der Darstellung* (ebd., S. 1036 f.). Zu Klopstocks »›Revitalisierung‹ der Sprache unter Textbedingungen« vgl. Weimar: Das Wandeln des Wortlosen in der Sprache des Gedichts, S. 45.

tiert, sondern re-präsentiert – dass es nicht ›gegenwärtigt‹, wie es bei Klopstock heißt,[129] sondern ›ver-gegenwärtigt‹.[130]

Im Anschluss an Klopstock fordert 1784 auch Bürger in seiner Abhandlung *Von der Popularität der Poesie* eine solche Darstellung. Im Rückblick auf den griechischen Begriff der Poesie erinnert er hierbei zunächst daran, dass diese nicht als »*Dichtkunst*«, sondern als »*Bildnerei* zu übersetzen« sei, weil an dieser »der Begriff von *Gestalt*, und an diesem wiederum der Begriff des *Sinnlichen* und *Körperlichen*« hänge und auch »die Poesie sich mit Bildung sinnlicher körperlicher Gegenstände befasse«.[131] Sodann erklärt Bürger, dass diese ›Bildnerei‹, die den fünf äußeren Sinnen wie auch dem ›inneren Sinn‹ der Einbildungskraft Körperliches präsentiere, statt es leblos nachzuahmen, als eine ›Darstellung‹ zu verstehen sei, der ›Dauer‹ eigne: »Alle Bildnerei, die einem oder allen dieser Sinne empfänglich, mit Leidenschaft belebt dargestellt wird, ist reine, echte Poesie, die vom Anbeginne der Welt galt und bis ans Ende gelten wird.«[132] Nachdem Bürger die pygmalionische Ästhetik Klopstocks noch einmal derart verdichtet hat, will er sich mit der Frage »Was ist *Darstellung?*« denn auch nicht länger befassen:

> Das Wort selbst sagt es deutlicher als jede Erklärung. Wer aber so sprach- und begriffarm ist, das Wort nicht zu verstehen, der wisse: Darstellung ist Spiegel und Spiegelbild des Urgegenstandes. – Überhaupt ehe ich's vergesse, sei hier ein für allemal bevorwortet, daß ich zu Männern, nicht Schülern, rede, mich auf Kauerei nicht einlassen kann und überall straffe, kurze, schnelle Schreibart liebe.[133]

129 Vgl. Klopstock: Der Unterschied, in: Oden, Bd. 1, S. 228.

130 Vgl. Menninghaus: »Darstellung«, bes. S. 219-222; Mülder-Bach: Im Zeichen Pygmalions, S. 231. Eine Ausnahme bildet 1780 Friedrich Leopold Stolberg, bei dem die Darstellung, trotz der Anknüpfungen an Klopstock, nur zu sein scheint, was in der Rhetorik traditionell die *elocutio* ist: Sie gibt den ›Erscheinungen‹ »Feiergewande«, ist aber nicht selbst ›Leib‹ (Stolberg: Vom Dichten und Darstellen, S. 376).

131 Bürger: Von der Popularität der Poesie, S. 335.

132 Ebd., S. 338.

133 Ebd., S. 337.

Darstellung als Hypotypose: *Kritik der Urteilskraft* (1790)

Im Vergleich mit dem in der Kunst- und Dichtungstheorie der 1770er Jahre etablierten Begriff von Darstellung erscheint der, dem Kant in den 1780er Jahren eine zentrale Rolle bei der philosophischen Begründung der ›eigentlichen Naturwissenschaft‹ einräumt, als eher blass. Zwar betont auch Kant aus erkenntnistheoretischer Perspektive den hervorbringenden und, mehr noch, ermöglichenden Charakter der Darstellung, wenn er sie als eine Konstruktion von Begriffen in der reinen Anschauung auffasst, mithin als eine Konstruktion von reinen Begriffen, die wiederum die Begründung empirischer Begriffe erlaubt. Darüber hinaus geht er in der *Kritik der reinen Vernunft* und den *Metaphysischen Anfangsgründen der Naturwissenschaft* aber kaum. Während Herder die Darstellung als eine in der Rezeption von Plastik zu erzeugende scheinbare Belebung beschreibt und Klopstock sie als ein in der Produktion von Dichtung herzustellendes, den Leser täuschend bewegendes Leben charakterisiert, da scheint sie bei Kant zunächst eine bloße Konstruktion im Reinraum des Notwendigen zu bleiben.

In der *Kritik der Urteilskraft*, die das Problem der Vermittlung von Begriffen und Anschauungen erneut in grundlegender Weise verhandelt, zeigt Kant sich indes bestimmter. Nicht nur rückt er die Darstellung nun weniger als Konstruktion von Begriffen in der reinen als vielmehr als Ermöglichung der »Vorzeigung« (KU B 241) der ihnen korrespondierenden Gegenstände in der empirischen Anschauung in den Vordergrund. Zudem erweitert er den Darstellungsbegriff auf eine denkbar paradoxe Weise, indem er ihn begrenzt und ihm die eigenen Grenzen einverleibt. Dieser Einbezug der künstlerischen und vor allem der von Kant favorisierten dichterischen Praxis lässt nun sowohl die »indirekten Darstellungen« des Sittlich-Guten denkbar werden, die sich im Schönen äußern (KU B 256), als auch die »seelenerhebende, bloß negative Darstellung« der Freiheit, die sich im Eindruck des Erhabenen manifestiert (KU B 125). Mittels dieser erweiternden Abgrenzungen und unter zusätzlicher Aufnahme der rhetorischen Tradition gelingt es Kant auch, den Darstellungsbegriff stärker zu konturieren. Dabei erstattet er ihm untergründig auch die von Klopstock herausgearbeitete Eigenschaft des Belebenden zurück. Das Moment des Leiblichen, das Herder so emphatisch betont hat, verliert dagegen weiter an Bedeutung: »Kant«, resümiert

Inka Mülder-Bach, »entfernt die Darstellung so weit vom Körper, wie es ihm ein Verfahren, das auf Versinnlichung zielt, überhaupt erlaubt.«[134]

Zunächst aber nimmt Kant die Darstellung auch in der *Kritik der Urteilskraft* in ihrer erzeugenden Funktion in den Blick, die er gleichfalls auf Kunst und Naturforschung oder, genauer, auf die Verfahren der ästhetischen und teleologischen Urteilskraft bezieht. In der Einleitung, in der er auch die Zweckmäßigkeit der Natur als das der reflektierenden Urteilskraft eigene Prinzip a priori herausarbeitet, erklärt er im Rahmen der bereits erläuterten Unterscheidung von subjektiver und objektiver Zweckmäßigkeit:

> Wenn der Begriff von einem Gegenstande gegeben ist, so besteht das Geschäft der Urteilskraft im Gebrauche desselben zum Erkenntnis in der *Darstellung* (exhibitio), d. i. darin, dem Begriffe eine korrespondierende Anschauung zur Seite zu stellen: es sei, daß dieses durch unsere eigene Einbildungskraft geschehe, wie in der Kunst, wenn wir einen vorhergefaßten Begriff von einem Gegenstande, der für uns Zweck ist, realisieren, oder durch die Natur, in der Technik derselben (wie bei organisierten Körpern), wenn wir ihr unseren Begriff vom Zweck zur Beurteilung ihres Produkts unterlegen; in welchem Falle nicht bloß *Zweckmäßigkeit* der Natur in der Form des Dinges, sondern dieses ihr Produkt als *Naturzweck* vorgestellt wird. (KU B xlix)

Das »Geschäft der Urteilskraft« in der als *exhibitio* verstandenen Darstellung besteht hiernach darin, dem Begriff eines Gegenstandes »eine korrespondierende Anschauung zur Seite zu stellen«. Zwar führt Kant im Rahmen dieser Passage nicht weiter aus, wie überhaupt einem Begriff eine Anschauung ›zur Seite gestellt‹ werden könne, doch benennt er zumindest die Aufgabe dieses Verfahrens, die Herstellung begrifflicher Erkenntnis. In der *Kritik der reinen Vernunft* hatte Kant diese Schlüsselfunktion der Darstellung bereits mit der berühmten Formel umschrieben: »Gedanken ohne Inhalt sind leer, Anschauungen ohne Begriffe sind blind« (KrV B 75). Damit Begriffe, so hatte er dort weiter ausgeführt, kein »bloßes Spiel« sind – ein Spiel entweder »der Einbildungskraft, oder des Verstandes, respective mit ihren Vorstellungen« –, sei es erforderlich, »einen abgesonderten Begriff *sinnlich zu machen,* d. i. das ihm korrespon-

134 Mülder-Bach: Im Zeichen Pygmalions, S. 233.

dierende Objekt in der Anschauung darzulegen, weil, ohne dieses, der Begriff (wie man sagt) ohne *Sinn*, d. i. ohne Bedeutung bleiben würde« (KrV B 298 f.).

Dieses Ineins von Versinnlichung und Sinngebung, das hier auch typographisch hervorgehoben wird, vermag die Darstellung auf zwei Wegen zu erreichen. Wie Kant in der zitierten Passage der *Kritik der Urteilskraft* erklärt, bringt im Bereich der Geschmacksurteile die Einbildungskraft als »Vermögen der Darstellung« (KU B 74) die *exhibitio* von Begriffen hervor. Als »produktives Erkenntnisvermögen«, so erläutert er später, schöpfe sie hierfür »aus dem Stoffe«, den die Natur ihr bietet, forme ihn aber »nach analogischen Gesetzen« und »nach Prinzipien, die höher hinauf in der Vernunft liegen«, zu »einer andern Natur« um (KU B 193). Indem das nicht mehr nur als reproduktiv, sondern vor allem als produktiv verstandene Medium der Einbildungskraft Dinge somit nach höheren, nach auswählenden und akzentuierenden Vernunftprinzipien um- und einbildet,[135] realisiert es in der Vorstellung zugleich den entsprechenden allgemeinen Begriff eines jeweils besonderen Gegenstandes, »der für uns Zweck ist«. Die die *Kritik der Urteilskraft* vor allem interessierende Grenze ästhetischer Urteile ist von diesem versinnlichenden und sinngebenden Verfahren zwischen Anschauungen und Begriffen aber noch nicht ausreichend erfasst. Markiert wird diese Grenze von der zwecklos gefallenden Vorstellung schöner Gegenstände, die den Begriff der formalen, subjektiven Zweckmäßigkeit, der berühmten Zweckmäßigkeit ohne Zweck, darstellt. Da eine solche Vorstellung, wie Kant bemerkt, von der Erkenntnis ihrer Gegenstände gerade absehe, enthalte sie nicht mehr den Inhalt, sondern »eigentlich nur die Form der Darstellung eines Begriffs [...], durch

135 Obwohl schon Christian Wolff produktive und reproduktive Funktionen der Einbildungskraft unterschieden hat (vgl. Wolff: Vernünfftige Gedancken von Gott, §§ 235-248, in: Gesammelte Werke, Abt. I, Bd. 2, S. 130-139), erarbeitet doch erst Kant ein philosophisches Konzept einer als positiv bewerteten produktiven Einbildungskraft. Vgl. KU B 68 f.; und, zur Unterscheidung von reproduktiver und produktiver Einbildungskraft, KrV B 151 f. Anders als Wolff und dann Kant bestimmte Baumgarten die Einbildungskraft hingegen als rein reproduktives Vermögen: »[P]hantasia perceptiones reproducuntur, et nihil est in phantasia, quod non ante fuerit in sensu« (Baumgarten: Metaphysica, § 559, S. 28). Zum Ort der Einbildungskraft in der *Kritik der Urteilskraft* vgl. auch die teils recht gewagten Ausführungen von Escoubas: Zur Archäologie des Bildes.

welche dieser allgemein mitgeteilt wird« (KU B 190). In den *Ästhetischen Briefen* kleidet Schiller diesen Formalismus des Schönen nur wenig später in »das eigentliche Kunstgeheimnis des Meisters, *daß er den Stoff durch die Form vertilgt*«.[136]

Anders als mit der ästhetischen verhält es sich mit der bereits bekannten teleologischen Beurteilung der Natur, die Kant als zweite Form der Erkenntnis durch die als *exhibitio* bestimmte Darstellung erklärt. Bei dieser Darstellungsform wird den organisierten Körpern, die im Unterschied zu als künstlich oder künstlerisch beurteilten Gegenständen nicht nur gebildet, sondern selbst bildend sind, der Begriff der realen, objektiven – und nicht mehr der formalen, subjektiven – Zweckmäßigkeit unterlegt. Nach seiner Maßgabe werden Naturgegenstände, die dem menschlichen Verstand in ihrer Lebendigkeit unerklärbar bleiben müssen, als Naturzwecke, als in sich sinnvoll strukturierte Einheiten ›vorgestellt‹. Diese ›Vorstellung‹ nun ist insofern eine ›Darstellung‹, als diese der Anschauung lebendiger Wesen einen anders nicht konstruierbaren Sinn verleiht, indem sie den Zweckmäßigkeitsbegriff versinnlicht, ihm eine »korrespondierende Anschauung« beigesellt. Kant bemerkt deshalb, dass »die *Naturzwecke* als Darstellung des Begriffs einer realen (objektiven) Zweckmäßigkeit an[ge]sehen« werden können (KU B l).

Ohne dies ausdrücklich zu reflektieren, verstärkt Kant die damit schon mehrfach verwendete Unterscheidung von ›Vorstellung‹ und ›Darstellung‹ in der ›Allgemeinen Anmerkung zur Exposition der ästhetischen reflektierenden Urteile‹, mit der er die ›Analytik des Erhabenen‹ eigentlich beschließt. Hatte er das Schöne zuvor als eine Vorstellung erklärt, die eine subjektive Zusammenstimmung von Sinnlichkeit und Verstand erzeugt, beschreibt er »das Erhabene« hier durch einen »Gegenstand (der Natur), *dessen Vorstellung das Gemüt bestimmt, sich die Unerreichbarkeit der Natur als Darstellung von Ideen zu denken*«. Wie schon bei der Vorstellung des Naturzwecks, die er als Darstellung des Begriffs der objektiven Zweckmäßigkeit angesehen hatte, denkt Kant hier auch die Vorstellung eines alle Verstandesbegriffe übersteigenden Naturgegenstandes als Darstellung eines Vernunftbegriffs, als Darstellung der Idee der Freiheit, die aufgrund ihrer Unerreichbarkeit durch die Einbil-

136 Schiller: Über die ästhetische Erziehung des Menschen, 22. Brief, in: Sämtliche Werke, Bd. 5, S. 639.

dungskraft »[b]uchstäblich genommen, und logisch betrachtet, [...] nicht dargestellt werden« kann (KU B 115). Nur im übertragenen oder, wie es später heißt, symbolischen Sinn sei diese Darstellung des eigentlich Undarstellbaren möglich. Sie wird dann »durch einen Gegenstand erweckt, dessen ästhetische Beurteilung die Einbildungskraft bis zu ihrer Grenze [...] anspannt« (KU B 116). Das nämlich nötige den Betrachter dazu, »subjektiv die Natur selbst in ihrer Totalität, als Darstellung von etwas Übersinnlichem, zu *denken,* ohne diese Darstellung *objektiv* zu Stande bringen zu können« (KU B 115).

Obgleich die Unterscheidung von ›Vorstellung‹ und ›Darstellung‹[137] damit deutlich geworden sein dürfte, soll ein kurzer Blick in die *Kritik der reinen Vernunft* sie weiter schärfen. Nach dem Modell einer, wie Kant schreibt, »Stufenleiter« der »Benennungen, die jeder Vorstellungsart gehörig angemessen sind«, hatte er die »*Vorstellung* überhaupt (repraesentatio)« dort als »Gattung« gefasst, ihr die »Vorstellung mit Bewußtsein (perceptio)« unterstellt und diese sodann in subjektive »*Empfindung* (sensatio)« und objektive »*Erkenntnis* (cognitio)« gegliedert; die ›Erkenntnis‹ wiederum, so führte er weiter aus, sei »entweder *Anschauung* oder *Begriff* (intuitus vel conceptus)« (KrV B 376 f.).[138]

In Absetzung von diesem allgemeinen, im 18. Jahrhundert durchaus üblichen Begriff der ›Vorstellung‹[139] steht die als *exhibitio* begriffene ›Darstellung‹ somit für etwas Spezifisches: Sie bezeichnet

137 Trotz »Kants notorisch nachlässigem Umgang mit der Terminologie« (Gasché: Überlegungen zum Begriff der Hypotypose bei Kant, S. 161) wird diese Unterscheidung in der *Kritik der Urteilskraft* gewahrt. Anders als Carsten Zelle behauptet, ist »Kants Terminologie« in diesem Punkt also nicht »präfixinstabil« (Zelle: Darstellung, S. 78).

138 Dass diese ›Stufenleiter‹ eigentlich einen ›Baum‹ vorstellt – die ›Begriffe‹ unterteilt Kant weiter in ›empirische‹ und ›reine Begriffe‹, diese endlich in ›Notionen‹ und ›Ideen‹ (vgl. KrV B 377) –, kann ebenso als Indiz für das Aufkommen von Baummodellen in der zweiten Jahrhunderthälfte wie auch als Beleg für die Wirkmächtigkeit des Stufenleitermodells gelesen werden. Vgl. die Charakterisierung der Modelle bei Barsanti: La Scala, la mappa, l'albero; Frigo: »Der stete und feste Gang der Natur zur Organisation«, S. 27-34.

139 Siehe nur den ähnlich weiten Vorstellungsbegriff von Wolff: Vernünfftige Gedancken von Gott, bes. §§ 747-753, in: Gesammelte Werke, Abt. I, Bd. 2, S. 465-468; hierzu Dürbeck: Einbildungskraft und Aufklärung, S. 36 f.; sowie Zedler: Art. »Vorstellen (sich)« und »Vorstellung«, in: Universal-Lexicon, Bd. 50, Sp. 1280-1284; und Adelung: Art.

das für alle Erkenntnis erforderliche produktive Verfahren, Begriffen durch Versinnlichung Sinn zu geben, ihnen eine »korrespondierende Anschauung zur Seite zu stellen« und sie dadurch bedeutsam zu gestalten. Verschiedene Grenzen dieses Verfahrens erkunden nun die Analytiken des Schönen und Erhabenen der *Kritik der Urteilskraft*. Sie entdecken das Schöne als eine indirekte Darstellung des Sittlich-Guten, in der zugunsten einer – ein Selbstgefühl erzeugenden – Harmonie von Sinnlichkeit und Verstand von aller Erkenntnis abgesehen wird; das Erhabene dagegen erklären sie als eine »bloß negative Darstellung« der Freiheit, »die aber doch die Seele erweitert« (KU B 124). Im Unterschied dazu überschreitet die in der ›Kritik der teleologischen Urteilskraft‹ entfaltete Darstellung des Begriffs der objektiven Zweckmäßigkeit die Grenzen des Erklärbaren, insofern der als Naturzweck vorgestellte Organismus nur beschrieben werden kann.

Mit diesen Ausführungen fügt Kant seiner Darstellungstheorie ein bislang unbeachtetes Moment hinzu. Die Formulierung der vom Erhabenen bewirkten ›Erweiterung der Seele‹ deutet bereits an, dass er die Darstellung nicht bloß als eine Konstruktion von Begriffen in der Anschauung versteht, sondern dass er ihr auch eine animierende Funktion zuschreibt. Während diese Belebung, wie er ausführt, sich angesichts der »bloß negativen Darstellung« des Erhabenen »nur indirecte« vollziehe – »so, daß sie durch das Gefühl einer augenblicklichen Hemmung der Lebenskräfte und darauf sogleich folgenden desto stärkern Ergießung derselben erzeugt wird« –, führe das Schöne »directe ein Gefühl der Beförderung des Lebens bei sich« (KU B 75). Diese von der Darstellung erregten Gefühle, die auf die »Ergießung« der »Lebenskräfte« und die »Beförderung des Lebens« zielen, versteht Kant nun aber nicht als Nebensachen, sondern als leibliche Offenbarungen des Erhabenen und Schönen. Angesichts der so wichtigen Frage, wie die vom Schönen erwirkte »wechselseitige Zusammenstimmung« von Verstand und Sinnlichkeit überhaupt bemerkbar werde, hatte er in den die Relation des Geschmacksurteils behandelnden Paragraphen deshalb erläutert, dass diese Harmonie sich in der »Belebung beider Vermögen [...] zu unbestimmter, aber doch, vermittelst des Anlasses der gegebenen Vorstellung, einhelliger Tätigkeit« äußere (KU B 31): »Wir weilen

»Vorstellen« und »Vorstellung«, in: Grammatisch-kritisches Wörterbuch, Bd. 4, Sp. 1303 f.

bei der Betrachtung des Schönen, weil diese Betrachtung sich selbst stärkt und reproduziert« (KU B 37).[140] An der Stelle des Körper bildenden Pygmalions scheint sich damit ein fast schon romantischer Narziss anzukündigen, der sich im Spiegel des Schönen als Einheit erkennt. Allerdings wird die belebende Gemütsharmonie, die diese Darstellung produziert, hier noch weilend und nicht schon so gefährlich selbst-süchtig betrachtet.

In § 49 der *Kritik der Urteilskraft*, dem für die zeitgenössische Genieästhetik zentralen Paragraphen, wird das damit angespielte Moment darstellerischer Gemütsbelebung erneut aufgegriffen. Hierfür bestimmt Kant den »*Geist*, in ästhetischer Bedeutung«, zunächst als »das belebende Prinzip im Gemüte«, das »die Gemütskräfte zweckmäßig in Schwung versetzt« und »nichts anders, als das Vermögen der Darstellung *ästhetischer Ideen*« sei (KU B 192). Die damit eingeführte ästhetische Idee, die die Einbildungskraft zur Animation des Gemüts produziere, erläutert er als anschauliches »Gegenstück (Pendant) von einer *Vernunftidee*«: Versteht er unter dieser ebenden undarstellbaren Begriff, »dem keine *Anschauung* (Vorstellung der Einbildungskraft) adäquat sein kann«, so erklärt er die ästhetische Idee als eine »Vorstellung der Einbildungskraft, die viel zu denken veranlaßt, ohne daß ihr doch irgend ein bestimmter Gedanke, d. i. *Begriff* adäquat sein kann, die folglich keine Sprache völlig erreicht und verständlich machen kann« (KU B 192 f.). In der ästhetischen Idee – dem »Archetypon, Urbild«, das seinen Ausdruck im Schönen als »Ektypon, Nachbild« findet (KU B 207) – formiert die Einbildungskraft damit einen, wie Winfried Menninghaus erläutert, »Exzeß der Anschauung über jeden sie erfassenden Begriff«, einen das moderne Dichtungsverständnis weithin prägenden »Überschuß des Signifikanten über das Signifikat«.[141] Wird diese sprachlich unerschöpfliche Vorstellung einem Begriff zu seiner Darstellung unterlegt, erzeugt das aber nicht nur die bereits erwähnte Belebung des Gemüts. Indem die produktiv tätige Einbil-

140 Im Unterschied dazu lässt der »Reiz«, der auch zur »Verweilung« einlädt und »die Aufmerksamkeit wiederholentlich erweckt, […] das Gemüt passiv« (KU B 37). Daher kann er einen Gegenstand »zwar für die Empfindung belebt«, aber nicht belebend, »nicht anschauungswürdig und schön machen« (KU B 42).

141 Menninghaus: »Darstellung«, S. 219. Die von hier aus deutlichen Parallelen zur frühromantischen ›Sehnsucht nach dem Unendlichen‹ zieht Frank: Einführung in die frühromantische Ästhetik, S. 79-81.

dungskraft »den Begriff selbst auf unbegrenzte Art ästhetisch erweitert«, bringt sie nach Kant außerdem »das Vermögen intellektueller Ideen (die Vernunft) in Bewegung« – in die ebenfalls schon benannte Bewegung, »mehr nämlich bei Veranlassung einer Vorstellung zu denken [...], als in ihr aufgefaßt und deutlich gemacht werden kann« (KU B 194 f.). Zusätzlich zu dem das Gemüt belebenden Moment enthält zumindest die Darstellung ästhetischer Ideen somit auch die von Klopstock herausgestellte Möglichkeit der Aktion, der Handlung und Bewegung. Allerdings bezieht Kant diese Bewegung neben dem Gemüt auch auf die Vernunft und nicht, wie Klopstock, allein auf die Seele. Zudem sieht er sie nicht in der rhythmisch-tänzerischen Fügung der Worte, sondern in der unabsehbaren, sprachlich unerschöpflichen ästhetischen Idee angelegt.

In § 59 der die ›Kritik der ästhetischen Urteilskraft‹ beschließenden Dialektik wird die bis dahin eher verstreut entfaltete Darstellungstheorie noch einmal gebündelt und neu akzentuiert. Deutlich wird das nicht nur an ihrer veränderten Einbettung – daran, dass Kant die Schönheit nun als ›Symbol der Sittlichkeit‹ erläutert, während er Geschmack und Sittlichkeit in der ›Analytik des Schönen‹ noch strikt getrennt hatte –, sondern vor allem an der begrifflichen Neubestimmung der Darstellung. Wiederum im Ausgang von der Feststellung, dass Begriffe versinnlicht werden müssen, um sinnvoll sein zu können, unterscheidet Kant neben den Verknüpfungen empirischer Begriffe mit Anschauungen, die er hier »*Beispiele*« nennt (KU B 254), noch zwei weitere Arten von »Darstellungen (*exhibitiones*)« (KU B 255). Als ›Hypotyposen‹ erklärt er diese wie folgt:

> Alle *Hypotypose* (Darstellung, subiectio sub adspectum), als Versinnlichung, ist zwiefach: entweder *schematisch,* da einem Begriffe, den der Verstand faßt, die korrespondierende Anschauung a priori gegeben wird; oder *symbolisch,* da einem Begriffe, den nur die Vernunft denken, und dem keine sinnliche Anschauung angemessen sein kann, eine solche untergelegt wird, mit welcher das Verfahren der Urteilskraft demjenigen, was sie im Schematisieren beobachtet, bloß analogisch, d. i. mit ihm bloß der Regel dieses Verfahrens, nicht der Anschauung selbst, mithin bloß der Form der Reflexion, nicht dem Inhalte nach, übereinkommt. (KU B 255)[142]

142 Zu § 59 und zur Figur der Hypotypose vgl. besonders den Aufsatz von Gasché: Überlegungen zum Begriff der Hypotypose bei Kant, dem die hier präsentierten Ausführungen viel verdanken; sowie Allison: Kant's

Der Begriff der Hypotypose, auf den Kant die Darstellung hier bringt, hat eine lange Tradition.[143] Ursprünglich im Sinn von ›Entwurf‹ oder ›Umriss‹ verwendet – *ὑπό* wäre mit ›unterhalb‹ oder ›unten‹, *τύπος* mit ›Gestalt‹, ›Gepräge‹ oder ›Umriss‹ zu übersetzen –, erlangte die Hypotypose in der aristotelischen *Metaphysik* eine spezifisch philosophische Bedeutung. Bezogen auf den Begriff des Wesens bezeichnete sie dort dessen Gestalt und Gepräge, »das, was das Wesen selbst formt, gestaltet und prägt«.[144] Allerdings legt die in Klammern beigefügte Übersetzung als »subiectio sub adspectum« nahe,[145] dass Kant sich hier weniger auf diese philosophische Tradition als auf die rhetorische Verwendung der Hypotypose bezieht. Prominent definierte vor allem Cicero sie in *De oratore* als Mittel, um »Dinge anschaulich auszumalen und fast so vor Augen zu führen, als trügen sie sich wirklich zu« (»inlustris explanatio rerumque, quasi gerantur, sub adspectum paene subiectio«).[146] Anknüpfend an dieses »*Unmittelbar-vor-Augen-Stellen*« (»sub oculos subiectio«) erklärte auch Quintilian, die – von ihm synonym mit *evidentia, enargeia, illustratio* und *demonstratio* gebrauchte – Hypotypose sei eine »in Worten so ausgeprägte Gestaltung von Vorgängen, daß man eher glaubt, sie zu sehen als zu hören« (»forma rerum ita expressa verbis, ut cerni potius videantur quam audiri«).[147] Dazu be-

Theory of Taste, S. 236-267; den Kommentar von Birgit Recki, in: Höffe (Hrsg.): Immanuel Kant: Kritik der Urteilskraft, S. 189-210. Siehe auch Lausberg: Handbuch der literarischen Rhetorik, §§ 810-819, S. 399-407 (zur *evidentia*); Frank: Einführung in die frühromantische Ästhetik, S. 98-103; Menninghaus: »Darstellung«, S. 216-219; Kemmann: Art. »Evidentia, Evidenz«; Campe: Vor Augen Stellen; Mülder-Bach: Im Zeichen Pygmalions, S. 232-236; Schaub: Das Singuläre und das Exemplarische, S. 101-110; Bies: Darstellung des Zwischenraums.

143 Vgl. Gasché: Überlegungen zum Begriff der Hypotypose bei Kant, S. 159.

144 Ebd., S. 158. Vgl. Aristoteles: Metaphysica 1028 b; ders.: Nikomachische Ethik 1098 a.

145 Rüdiger Campe hat darauf verwiesen, dass Kant schon in *De mundi sensibilis atque intelligibilis forma et principiis* das geometrische Beweisverfahren als ›oculis subicere per intuitum singularem‹ charakterisiert (AA 2, 403). Vgl. Campe: Vor Augen stellen, S. 210. Damit ließe sich von hier aus zeigen, dass auch der in der *Kritik der reinen Vernunft* und den *Metaphysischen Anfangsgründen* erarbeitete Begriff der Darstellung als Konstruktion in der Tradition der Hypotypose beschrieben werden kann.

146 Cicero: De oratore III, 202.

147 Quintilianus: Ausbildung des Redners IX, 2, 40.

tonte er, dass diese »Veranschaulichung oder, wie andere sagen, Vergegenwärtigung mehr ist als die Durchsichtigkeit, weil nämlich die Letztere nur den Durchblick gestattet, während die Erstere sich gewissermaßen selbst zur Schau stellt« (»plus est evidentia vel, ut alii dicunt, repraesentatio quam perspicuitas, et illud patet, hoc se quodam modo ostendit«).[148]

Vor dem bereits skizzierten Hintergrund der Schulphilosophie und der auf ›Nachahmung‹ ausgerichteten Dichtungstheorie der früheren Aufklärung erlangte diese Tradition des ›Unmittelbar-vor-Augen-Stellens‹ auch in der Rhetorik und Ästhetik des 18. Jahrhunderts eine zentrale Bedeutung, wenngleich diese nur selten in einen scharf konturierten Begriff der Hypotypose gefasst wurde. Deutlich wird das etwa bei Johann Andreas Fabricius, der den Begriff 1724 in seiner *Philosophischen Oratorie* nur kurz in einer Reihe mit anderen, verschieden gelagerten Figuren nennt: »*Diatyposis*, hypotyposis, delineatio, descriptio, praefiguratio, beschreibet etwas, als wann es mit Augen sähe«.[149] Ausführlicher erklärt Baumgarten im 1758 veröffentlichten zweiten Teil der *Ästhetik*, die Hypotypose sei eine »lebhafte Beschreibung von etwas«, die »nicht allein aufhellt, sondern auch etwas beweist« und aufgrund des somit von ihr produzierten Wissens »zu Recht zu den besseren malenden Argumenten gezählt« wird (»Quoniam *hypotyposis*, vivida aliquius descriptio, non illustrat solum [...], sed etiam probat [...], inter meliora pingentium argumenta merito refertur«).[150] Eine ähnliche Zuordnung trifft das 1760 von Gottsched herausgegebene *Handlexicon*.

148 Ebd., VIII, 3, 61.

149 Fabricius: Philosophische Oratorie, S. 197.

150 Baumgarten: Ästhetik, § 733, S. 728/729 f. »*Beweisende Argumente*« (»*argumenta probantia*«) vermögen nach Baumgarten »den zu denkenden Dingen eine schöne Wahrscheinlichkeit zu verschaffen und sie gleichsam damit zu umgeben« (»exhibere cogitandis et quasi circumdare pulcram verisimilitudinem«) (ebd., § 539, S. 514/515). Hierzu sollen sie »eine innere, bisweilen auch eine äußere Möglichkeit des Beschriebenen darbieten, indem sie ihm seine erste Einheit und einen Zusammenhang mit seinen ersten Gründen und Folgen« geben – und diese Möglichkeit werde »gemäß den Regeln der Kunst der Ästhetik leicht zu einer ästhetischen Wahrheit herauszuschmücken sein« (»praebibit internam, nonnunquam etiam externam, possibilitatem descripti, primam eius unitatem, nexum cum caussis et prima consectaria, facili negotio ex regulis artis aesthetices exornanda in veritatem aestheticam«) (ebd., § 550, S. 526/527). Zur Hypotypose vgl. außerdem ebd., §§ 332, 735 und 747, S. 308, 730 f. und 746 f.

Auch hier wird die »*Descriptio oder Hypotyposis*« als eine »Beschreibung« charakterisiert, als »eine Figur in ganzen Sprüchen, darinnen man eine lebhafte und ausführliche Abbildung von einer Sache giebt, und sie dem Zuhörer gleichsam vor Augen malet«.[151] Die besonders bei Fabricius und Gottsched behauptete Synonymität von *descriptio* und *hypotyposis* verschiebt Adelung zumindest, wenn er die Hypotypose zunächst dem Paradigma der ›Schilderung‹ zuordnet und die ›Beschreibung‹ dann in dieses überführt: »Ist es ein sinnlicher Gegenstand, dessen sinnliche Theile man durch die Beschreibung auf eine anschauliche Art darstellet, so entstehet daraus *die Schilderung* oder *mahlerische Beschreibung*«, so erläutert er 1785 in seinem Versuch *Ueber den Styl* und ergänzt:

> Die Alten nennen die *Beschreibung Descriptionem, die Schilderung* aber bald *Hypotyposin,* bald *Enargiam,* bald *Effictionem* und *Demonstrationem;* denn obgleich einige derselben diese Figuren noch unterscheiden, so laufen sie doch insgesamt auf die Schilderung hinaus.[152]

An diesem Hypotyposebegriff, mit dem Adelung noch die Nachahmungsästhetik der frühen Aufklärung fortschreibt, wenn er Medialitätsfragen als »außer dem Gebiethe des Styles« liegend oder als bereits behandelt begreift,[153] fällt zunächst die Begrenzung auf den Bereich des Sichtbaren auf, in das der Gegenstand eingezeichnet, in dem er veranschaulichend geprägt und gestaltet wird. Wenn Kant diesen Hypotyposebegriff aufnimmt, konzipiert er die Darstellung grundlegend anders als Herder und Klopstock. Wo diese das Fühlbar-Körperliche und Hörbar-Rhythmische betonten, verleiht er der Darstellung einen »spezifisch graphischen Akzent«, dem nach Inka Mülder-Bach »die Intellektualisierung ihrer Erfahrung« und die Lösung der Erfahrung vom Körper korrespondieren.[154] Dazu erscheint bemerkenswert, dass Kant diesen zentralen Begriff seiner Philosophie nicht der philosophischen, sondern der rhetorischen

151 Gottsched: Art. »Descriptio oder Hypotyposis«, in: Handlexicon, Sp. 519.

152 Adelung: Ueber den deutschen Styl, Bd. 1, S. 348 f. Vgl. Campe: Vor Augen Stellen, S. 210.

153 Adelung: Ueber den deutschen Styl, Bd. 1, S. 349. Adelung verweist hier auch auf Lessings *Laokoon.*

154 Mülder-Bach: Im Zeichen Pygmalions, S. 234.

Tradition entnommen zu haben scheint.[155] Der Grund dafür könnte in der Lebendigkeit der Darstellung liegen, die die Rhetorik zu befördern wünschte, während die Philosophie sie seit Platon bestenfalls skeptisch beäugte. So verwirft zwar auch Kant die auf Überredung zielende »Rednerkunst (ars oratoria)« und erklärt sie für »gar keiner *Achtung* würdig«. Gleichzeitig aber lobt er die allein der besprochenen Sache verpflichtete »Beredtheit und Wohlredenheit«: Wer sich, wie er anmerkt, ihrer bedient und, »bei einer fruchtbaren zur Darstellung seiner Ideen tüchtigen Einbildungskraft, lebhaften Anteil am Guten nimmt, ist der vir bonus dicendi peritus, der Redner ohne Kunst, wie ihn *Cicero* haben will« (KU B 218, Anm.).[156]

Doch obwohl Kant auch auf das Moment lebhafter »Beredtheit und Wohlredenheit« gezielt haben mag, als er die Hypotypose dem Gebiet der Rhetorik entlehnte, fällt auf, dass diese Lebendigkeit in § 59 keinerlei Rolle mehr spielt. In Anbetracht der anderen zitierten Definitionen aus dem 18. Jahrhundert muss das zwar nicht weiter verwundern; nur Gottsched und Baumgarten charakterisierten die Hypotypose noch durch das Moment des ›Lebhaften‹ und nicht bloß als ›ausführliche Veranschaulichung‹.[157] Im Vergleich mit der vorherigen, bereits dargelegten Diskussion der Darstellung in der *Kritik der Urteilskraft* ist das jedoch überraschend. Rüdiger Campe erklärt deshalb,

> dass im Text der *Urteilskraft* zwar die Hypotypose die Stelle des Darstellungsbegriffs einnimmt oder erst modelliert – in dieser Begriffsarbeit sich aber das rhetorisch tradierte Hypotypose-Vokabular auflöst und auf die textuelle Umgebung seiner Begriffsaufstellung verteilt.[158]

Diese These einer semantischen Zerstreuung der Hypotypose kann letztlich nur auf Kosten einer starken Aufweichung der rhetori-

155 Sensibel erörtert das Gasché: Überlegungen zum Begriff der Hypotypose bei Kant.

156 Diese doppelte Strategie, die Verurteilung der Rhetorik der Überredung bei gleichzeitiger Auszeichnung der Dialektik der Beredung, verfolgte schon Platon: Gorgias, bes. 463 d-465 e und 471 d-e, in: Werke, Bd. 2, S. 319-323 und 343.

157 Ausschließlich auf Veranschaulichung zielt Baumgarten in seiner Deutung der Evidenz, die er anhand der zitierten Passagen von Cicero und Quintilian entwickelt. Vgl. Baumgarten: Ästhetik, § 852, S. 872 f.

158 Campe: Vor Augen Stellen, S. 211.

schen Begriffstradition behauptet werden. Naheliegender erscheint mir deshalb die Annahme, dass die Hypotypose in § 59 allein im engeren Sinn eines enargischen, auf »ausmalende Beschreibung, plastische Ausprägung und Modellierung«[159] gerichteten Verfahrens verstanden wird, wogegen die allgemein als *exhibitio* übersetzte ›Darstellung‹ eher an eine energische, auf ›Belebung‹ und ›Bewegung‹ gerichtete Tradition anknüpft.[160] Ohne dies weiter zu reflektieren, operiert Kant in der *Kritik der Urteilskraft* demnach mit zwei verschiedenen Begriffsfeldern von ›Darstellung‹. Insbesondere zur Charakterisierung von eher modernen ästhetischen Phänomenen wie dem Schönen und Erhabenen, der ästhetischen Idee und dem Genie arbeitet er zunächst mit einer auf Belebung zielenden Darstellung. In § 59 pfropft er dieser dann aber die graphische, einzeichnende Momente profilierende Hypotypose auf, die es nicht nur erlaubt, »die realitätsbildende Funktion der Darstellung« zu betonen,[161] sondern auch ihre realitätsermöglichende Rolle präzis herauszuarbeiten.

Diese Modellierung lässt sich auch an der Unterscheidung der Hypotypose in ›Schema‹ und ›Symbol‹ beobachten, die ebenfalls graphisch akzentuiert werden. Wie gesehen, erklärt Kant das Schema – nach Zedler bedeutet ›Schema‹ »Gestalt, Figur, Vorriss und Entwurff eines Dinges«[162] – in § 59 als »Versinnlichung«, bei der »einem Begriffe, den der Verstand faßt, die korrespondierende Anschauung a priori gegeben wird« (KU B 255). Im Hintergrund dieser Erläuterung stehen die Ausführungen des Schematismuskapitels der *Kritik der reinen Vernunft.* Im Ausgang von der Feststellung, »daß Begriffe ganz unmöglich sind, noch irgend einige Bedeutung haben können, wo nicht [...] ein Gegenstand gegeben ist« (KrV B 178), hatte Kant das Schema dort als zwischen reinen Verstandesbegriffen und Anschauungen vermittelndes Drittes erklärt, als »Vorstellung [...] von einem allgemeinen Verfahren der Einbildungskraft, einem Begriff sein Bild zu verschaffen« (KrV B 179 f.). Im Unter-

159 Kemmann: Art. »Evidentia, Evidenz«, Sp. 40.
160 Zur Unterscheidung von *enargeia* und *energeia* vgl. ebd., Sp. 39 f.
161 Gasché: Überlegungen zum Begriff der Hypotypose bei Kant, S. 161.
162 Zedler: Art. »Schema«, in: Universal-Lexicon, Bd. 34, Sp. 1215. »*Schema*, ist in der Rhetorick so viel, als was sonst Figura heisset« (ebd.). Bei Baumgarten ist das bereits ins Erkenntnistheoretische gewendet: »Pars cognitionis, in qua peculiaris detegitur elegantia, est *figura* (schema).« (Baumgarten: Ästhetik, § 26, S. 26).

schied zum jeweils einzelnen, hier recht weit gefassten Bild als »Produkt des empirischen Vermögens der produktiven Einbildungskraft« (KrV B 181) ist das verallgemeinernde Schema somit das Medium, das es überhaupt erst ermöglicht, einem Begriff, wie es in der Einleitung der *Kritik der Urteilskraft* heißt, »eine korrespondierende Anschauung zur Seite zu stellen« und ihm so Bild und Bedeutung zu geben (KU B xlix). Nach der berühmten Formulierung des Schematismuskapitels ist es deshalb »ein Produkt und gleichsam ein Monogramm der reinen Einbildungskraft a priori, wodurch und wornach die Bilder allererst möglich werden« (KrV B 181).[163] Im Fortgang der *Kritik der reinen Vernunft* nimmt Kant diese Metapher noch einmal auf. Abermals unter Betonung des Graphischen und Einzeichnenden erklärt er dann aber nicht die Schemata, als Produkte der reinen Einbildungskraft, sondern die »Geschöpfe[ ]« der empirischen Einbildungskraft zu »*Monogrammen*«,

> die nur einzelne, obzwar nach keiner angeblichen Regel bestimmte Züge sind, welche mehr eine im Mittel verschiedener Erfahrungen gleichsam schwebende Zeichnung, als ein bestimmtes Bild ausmachen, dergleichen Maler und Physiognomen in ihrem Kopfe zu haben vorgeben, und die ein nicht mitzuteilendes Schattenbild ihrer Produkte oder auch Beurteilungen sein sollen. (KrV B 598)

Analog zu seiner Charakterisierung der Schemata als ›Monogramme‹ der reinen Einbildungskraft, als »gewissermaßen reine Bilder, welche die Vermittlung von Sinnesempfindungen (Bildern) und Begriffen ermöglichen«,[164] versucht Kant in § 59 der *Kritik der Urteilskraft* auch die symbolische Hypotypose zu verstehen: Während er Schemata einführte, um eine Beziehung zwischen Verstand und Sinnlichkeit zu ermöglichen, sollen Symbole die Kluft zwischen Vernunft und Sinnlichkeit überbrücken. Allerdings ist diese Verbindung auf einen Umweg angewiesen. Denn im Unterschied zu den reinen Verstandesbegriffen, die durch Schemata »demonstrativ« eine

163 Dies aufgreifend erklärt Hartmut Böhme den Schematismus, »das Verfahren des Verstandes mit diesen Schematen« (KrV B 179), als »Effekt der historische[n] Experimentalsysteme«, bei dem Kant allerdings unterschlage, »daß wir nicht durch das transzendentale Schema, sondern erst durch die mediale Aufrüstung zum Souverän der Erscheinungen werden« (H. Böhme: Die Metaphysik der Erscheinungen, S. 369).

164 Gasché: Überlegungen zum Begriff der Hypotypose bei Kant, S. 167.

»direkte« Darstellung erhalten, sind Vernunftbegriffe buchstäblich undarstellbar; ihnen können deshalb nur »indirekte Darstellungen« entsprechen, die »vermittelst einer Analogie (zu welcher man sich auch empirischer Anschauungen bedient)« operieren (KU B 256).[165] Da eine solche Analogie, die ebendas Undarstellbare darstellbar werden lässt, nicht auf direkten Ähnlichkeiten zwischen Begriff und Anschauung gründen kann, gibt sie nurmehr die Regel, durch die über die Verbindung beider reflektiert wird. So arbeitet die symbolische Hypotypose, wie Kant am Beispiel des einmal »durch einen beseelten Körper«, einmal »durch eine bloße Maschine« vorgestellten monarchischen Staates zeigt, mit einer gleichsam metaphorischen »Übertragung der Reflexion über einen Gegenstand der Anschauung auf einen ganz andern Begriff« (KU B 256 f.) – und diese Übertragung, die sich vor allem an der Uninteressiertheit am Stoff des Geschmacksurteils entzündet, qualifiziert das Schöne zum Symbol des Sittlichen.[166] Dass es dabei, wie auch beim Schema, um einzeichnende und prägende Momente geht, belegt die Wiederaufnahme der Erläuterungen zum Symbol in der *Anthropologie in pragmatischer Hinsicht.* Unter erneuter Setzung des graphischen Akzents erklärt Kant hier, »*Symbole*« seien »Gestalten der Dinge (Anschauungen), so fern sie nur zu Mitteln der Vorstellung durch Begriffe dienen [...], und das Erkenntniß durch dieselbe heißt symbolisch oder *figürlich* (speciosa)« (AA 7, 191).[167]

165 Eine Analogie, so erklärt Kant in den *Prolegomena,* sei »nicht etwa, wie man das Wort gemeiniglich nimmt, eine unvollkommene Ähnlichkeit zweier Dinge, sondern eine vollkommne Ähnlichkeit zweier Verhältnisse zwischen ganz unähnlichen Dingen« (AA 4, 357). In eine ähnliche Richtung ging schon die Symbolbestimmung von Fabricius: »*Symbole,* collatio; *Dissimilitudo;* sind gegen einanderhaltungen gewisser dinge.« (Fabricius: Philosophische Oratorie, S. 197). Wie Rüdiger Campe gezeigt hat, steht im Hintergrund dieser Bestimmungen jeweils »die Analogmetapher der aristotelischen *Rhetorik.*« (Campe: Vor Augen Stellen, S. 211).

166 Zum Symbol als (absolute) Metapher in § 59 vgl. kurz Blumenberg: Paradigmen zu einer Metaphorologie, S. 11 f. Carsten Zelle betont noch einmal, dass die Symbolisierung nur für das Schöne gilt: »Dem Erhabenen liegt [...] Allegorese zugrunde«. Die »indirekt-symbolische[] Darstellung von Sittlichkeit im Schönen« sei deshalb streng von der »negativallegorischen Darstellung der Freiheit im Erhabenen« zu unterscheiden (Zelle: Darstellung, S. 80 f.).

167 Zur Unterscheidung der figürlichen und intellektuellen Synthesis vgl. KrV B 151 f.

Damit zeigt sich beim Schema und auch beim Symbol, dass Kant die als Hypotypose erläuterte Darstellung zwar der Rhetorik und Poetik entlehnt, sie aber auf eine grundlegend andere, philosophische Weise verwendet. So begreift er sie gerade nicht als detailliert-veranschaulichende oder lebhaft-belebende Präsentation eines Gegenstandes, sondern als ihre von der Einbildungskraft geleistete Ermöglichung, durch die ein Begriff geprägt und bedeutend werden kann. Konsequent verfolgt er damit einen Weg, auf den lediglich Baumgarten noch verwiesen hatte, indem er die Hypotypose als nicht bloß ›aufhellendes‹, sondern auch ›beweisendes Argument‹ und damit als eine Wissen produzierende Figur erklärte.[168] Diese bedeutungsstiftende Rolle der Hypotypose, die als *τύπος* besonders »das Gestaltetsein jeder besonderen und bestimmten Darstellung, die Dargestelltheit aller Darstellungen«[169] herauszustellen vermag, betont Kant in § 59 auch dadurch, dass er den intuitiven Vorstellungsarten von Schema und Symbol die »*Charakterismen*« als Medien diskursiver Erkenntnis entgegensetzt: »[D]ergleichen sind entweder Worte, oder sichtbare (algebraische, selbst mimische) Zeichen, als bloße *Ausdrücke* für Begriffe« (KU B 255 f.). Der Charakter ist somit ein willkürliches Zeichen, das »den Begriff«, wie Kant in der *Anthropologie* schreibt, »nur als Wächter (custos) begleitet, um ihn gelegentlich zu reproduciren« (AA 7, 191). Die hypotypotische Darstellung hingegen produziert den Begriff mittels des Schemas oder Symbols, indem sie ihn demonstriert oder analogisiert, und obgleich Kant diesen Terminus vermeidet, nähert der derart realisierte Begriff sich dem ebenfalls demonstrierenden, nachbildenden natürlichen Zeichen.[170] Wenn die als »*dichtend* (productiv)« verstandene Einbildungskraft, die diese Darstellung vollbringt, in der *Anthropologie* schließlich als »Vermögen der ursprünglichen Darstellung« erklärt wird, »welche also vor der Erfahrung vorhergeht« (AA 7, 167), kann sie kaum wörtlicher erfasst werden: Nicht als Imagination, sondern als Ein-Bildung eines Bildvermögens, als Gestaltung einer lebendigen Einheit der Gemütskräfte rückt Kant sie

168 Vgl. erneut Baumgarten: Ästhetik, § 733, S. 728 f.
169 Gasché: Überlegungen zum Begriff der Hypotypose bei Kant, S. 168.
170 Vgl. Menninghaus: »Darstellung«, S. 216. Natürliche Zeichen, so unterscheidet Kant in der *Anthropologie,* können »entweder *demonstrativ,* oder *rememorativ,* oder *prognostisch*« sein (AA 7, 193).

in den Mittelpunkt.[171] Nach Gottfried Boehm hat die »Wendung zum Bild als unvermeidlicher Figur der philosophischen Selbstbegründung« genau hier »ihren historischen Ort innerhalb der neuzeitlichen Philosophie«.[172]

Konjunktur und Konturverlust: Darstellung um 1800

Insbesondere Manfred Frank konnte zeigen, dass Kants philosophische Ein-Bildung des dichtend-produktiven Bildvermögens als zentraler Anstoß vor allem der frühen romantischen Ästhetik diente.[173] Doch bevor die Konjunktur, die der Darstellungsbegriff in diesem Kontext erfährt, angedeutet – und dieses Kapitel beendet – werden kann, soll kurz die von Schiller erarbeitete Darstellungstheorie umrissen werden, der an dieser Stelle eine wichtige Vermittlerrolle zukommt. Im Ausgang nämlich von der Frage nach der Verbindung des Schönen und Sittlichen, die Kant, wie Gadamer bemerkt, mit einem »der glänzendsten Resultate« seines Denkens, dem »Begriff der symbolischen Darstellung«, beantwortet hat,[174] bringt der von den Romantikern so oft verspottete Schiller die philosophischen Ausführungen der *Kritik der Urteilskraft* wieder in den kunst- und dichtungstheoretischen Diskurs der 1790er Jahre ein.

Seine Darstellungstheorie entwickelt Schiller vor allem in den Anfang 1793 verfassten *Kallias*-Briefen, in denen er in kritischer Anknüpfung an Kant auf eine Objektivierung der Schönheit, auf ihre Begründung als »Freiheit in der Erscheinung« zielt.[175] Um schließlich zu erläutern, wie genau die Freiheit als Schönheit zur Anschauung gebracht werden könne, greift er im letzten *Kallias*-Brief die Entgegensetzung von ›Darstellung‹ und ›Beschreibung‹ auf, die Klopstock zur Klärung verschiedener Arten dichterischer Produk-

171 Vgl. Gasché: Überlegungen zum Begriff der Hypotypose bei Kant, S. 170-172.

172 Boehm: Die Wiederkehr der Bilder, S. 14 f. Ähnlich Escoubas: Zur Archäologie des Bildes, S. 521.

173 Vgl. vor allem Frank: Einführung in die frühromantische Ästhetik.

174 Gadamer: Wahrheit und Methode, S. 81.

175 Schiller: Kallias oder Über die Schönheit, 8. Februar 1793, in: Sämtliche Werke, Bd. 5, S. 400. Von hier ist es bloß noch ein Schritt zu Hegels Erklärung, der »Zweck« der Kunst sei »die sinnliche Darstellung des Absoluten selber« (Hegel: Vorlesungen über die Ästhetik, in: Werke, Bd. 13, S. 100). Zu Schillers Darstellungsbegriff vgl. Zelle: Darstellung.

tion profiliert hatte. Unter Aufnahme bereits bekannter Argumente erklärt Schiller:

> Man *beschreibt* einen Gegenstand, wenn man die Merkmale, die ihn kenntlich machen, in Begriffe verwandelt und zur Einheit der Erkenntnis verbindet.
> Man *stellt ihn dar*, wenn man die verbundenen Merkmale unmittelbar in der Anschauung vorlegt.
> Das Vermögen der Anschauungen ist die Einbildungskraft. Ein Gegenstand heißt also dargestellt, wenn die Verbindung desselben unmittelbar vor die Einbildungskraft gebracht wird.[176]

Schiller gibt sogleich zu, dass diese künstlerische Darstellung, das ›Vorlegen‹ einer anschaulichen Verbindung der Merkmale eines Gegenstands, nur scheinbar unmittelbar erfolgen könne, da sie stets an eine Vermittlung durch das darstellende Medium und den die Darstellung verfertigenden Künstler gebunden bleibe – und in diesen Vermittlungen lege der »darzustellende Gegenstand [...] seine Lebendigkeit ab, er ist nicht selbst gegenwärtig«.[177] Dieser gleichsam medial verursachte Tod des Präsentierten müsse, so Schiller, dadurch kompensiert werden, dass das verlorene Eigenleben des Dargestellten in einer belebenden Vermittlung ersetzt wird. Vom Stoff der vermittelnden Instanzen sei hierbei vollkommen abzusehen: In einem Akt der Selbstverleugnung müssten der darstellende Künstler wie auch das darstellende Medium ganz dem Gegenstand gewidmet sein, um ihn in seiner Form wieder zu individualisieren und zu verlebendigen. Für den Dichter heißt das, dass er die »Natur der Sprache«, die Eigenart seines Mediums, »in der gegebenen Form völlig untergehen« lassen müsse:

> [D]er Körper muß sich in der Idee, das Zeichen in dem Bezeichneten, die Wirklichkeit in der Erscheinung verlieren. Frei und siegend muß das Darzustellende aus dem Darstellenden hervorscheinen und trotz allen Fesseln der Sprache in seiner ganzen Wahrheit, Lebendigkeit und Persönlichkeit vor der Einbildungskraft dastehen.[178]

176 Schiller: Kallias oder Über die Schönheit, 28. Februar 1793, in: Sämtliche Werke, Bd. 5, S. 427.
177 Ebd., S. 428.
178 Ebd., S. 433.

Ganz deutlich erklärt Schiller hier die schon bei Lessing, Herder und Klopstock beobachtete und bei Goethe und Humboldt noch zu beobachtende Bewegung, die alles auf Natürlichkeit und Lebendigkeit zielende ›Darstellen‹ motiviert: die Ersetzung der Lebendigkeit, die das Darzustellende in der Übersetzung in ein anderes Medium verliert, durch eine die Form des neuen Mediums individualisierende, doch ganz dem dargestellten Gegenstand ergebene Lebendigkeit. Während die frühe Aufklärungspoetik, die solch ein produktives Bewusstsein für das verwendete Medium und seine Grenzen kaum zeigte, noch die möglichst präzise Repräsentation, die möglichst vollständige Übersetzung eines Gegenstandes in ein anderes Medium forderte, zielt diese Theorie der Darstellung zunehmend auf die Kompensation unvermeidlicher Übertragungsverluste: Sie zielt auf lebendige Präsentationen, die die unumgänglichen Generalisierungen ihrer Verfertiger und Träger ausgleicht. Ein Dichter, so erläutert Schiller, müsse für die »poetische Darstellung« daher sowohl die eigenen Abstraktionen beleben als auch »*die Tendenz der Sprache zum Allgemeinen durch die Größe seiner Kunst überwinden und den Stoff* (Worte und ihre Flexions- und Konstruktionsgesetze) *durch die Form* (nämlich die Anwendung derselben) *besiegen*«.[179] Diese Überwindung des Stoffs durch die Form, in der die Freiheit symbolisch zur Erscheinung gelangen soll, sieht Schiller gerade bei Klopstock misslungen: »Man möchte sagen, er ziehe allem, was er behandelt, den Körper aus, um es zu Geist zu machen«, heißt es 1795 in der Abhandlung *Über naive und sentimentalische Dichtung:* »Kein Dichter [...] dürfte sich weniger zum Liebling und zum Begleiter durchs Leben schicken als gerade Klopstock, der uns immer nur aus dem Leben herausführt«.[180]

Entscheidend ist damit auch für Schiller das der Darstellung zuerkannte animierende Moment. Sieht man jedoch von dieser produktiv belebenden Kraft – mit Blumenbach wäre zu sagen: der Lebenskraft – der Darstellung ab, dann zeigt sich, dass ihr Begriff gegenüber

179 Ebd., S. 432 f. »Es geht also darum«, so erklärt Albrecht Koschorke diese Bewegung, »das vom Akt der schriftlichen Aufzeichnung ausgeschlossene ›Leben‹ sprachlich zu substituieren«: »In dem Maß, in dem die Kommunikation als solche unsinnlich wird, kann und muß eine *der Sprache selbst entspringende Sinnlichkeit* den Prozeß der Rezeption stimulieren.« (Koschorke: Körperströme und Schriftverkehr, S. 307 f.).

180 Schiller: Über naive und sentimentalische Dichtung, in: Sämtliche Werke, Bd. 5, S. 736.

der kantischen Hypotypose weiter an Kontur verloren hat. Begründet liegt das nicht in der veränderten Perspektive – daran, dass Schiller vor allem auf dichterische Produktionen zielt, wo Kant die Ermöglichung von Bedeutung überhaupt zu erklären suchte. Vielmehr fehlt dem Darstellungsbegriff nun nicht mehr nur das Leibhafte, das Herder so emphatisch betonte. Er scheint zudem das von Kant unterstrichene Moment des Graphischen zu entbehren.

Für die Jahre um 1800 ist das typisch. In der Doppelbewegung einer äußerst produktiven Verengung und einer weitreichenden Entdifferenzierung des Darstellungsbegriffs finden sich nun vielfache Anknüpfungen an die in der *Kritik der Urteilskraft* entworfene indirekte Darstellung des Undarstellbaren, die symbolisch geleistete Aufhebung des Gegensatzes von ästhetischer Idee und Vernunftidee;[181] hierbei gerät die schon von Schiller nicht länger behandelte bedeutungsstiftende Rolle der Darstellung, von der die kantische Erkenntnistheorie noch ausgegangen war, weiter aus dem Blick. In deutlichem Anschluss an die symbolische Hypotypose erklärt Goethe 1797 in dem Aufsatz *Über die Gegenstände der bildenden Kunst*, unter Akzentuierung der im Symbol erzeugten Doppelbedeutung des Einzelnen und Allgemeinen:

> Die auf diese Weise dargestellten Gegenstände scheinen bloß für sich zu stehen und sind doch wieder im Tiefsten bedeutend, und das wegen des Idealen, das immer eine Allgemeinheit mit sich führt. Wenn das Symbolische außer der Darstellung noch etwas bezeugt, so wird es immer auf indirekte Weise geschehen. (FA 18, 443)[182]

Nicht anders begreift Schiller das Symbol, wenn er sich beeindruckt zeigt, wie Shakespeare »dem unbehülflichen Stoffe immer die poetische Ausbeute abzugewinnen wußte, und wie geschickt er das repraesentiert was sich nicht praesentieren läßt, ich meine die Kunst Symbole zu gebrauchen, wo die Natur nicht kann dargestellt werden.«[183] In ähnlicher Weise verwenden auch die Frühromantiker den kantischen Symbolbegriff. Novalis fasst ihn als »individuel-

181 Vgl. Hegel: Glauben und Wissen, in: Werke, Bd. 2, S. 323.

182 Hieraus entwickelt Goethe dann die klassische Entgegensetzung von Allegorie und Symbol, und das heißt auch: von Schiller und Goethe. Vgl. Goethe: ›Allgemeines und Besonderes‹, FA 13, 368.

183 Schiller: An Goethe, 28. November 1797, in: Werke, Bd. 29, S. 162.

les *tropisches* Schema« auf,[184] das Ideen durch »Mystific[a]tionen«[185] darstellbar werden lässt, sie somit verschleiernd offenbart. August Wilhelm Schlegel erklärt, erst durch die symbolisch dargestellte »figürliche Unerschöpflichkeit« würde »alles für uns lebendig«: »Dichten (im weitesten Sinne für das Poetische allen Künsten zum Grunde liegende genommen) ist nichts andres als ein ewiges Symbolisieren.«[186] In diesem Sinne beschreibt auch Friedrich Schlegel die Allegorie als Be-Deutung eines Absoluten: »[A]lle Schönheit«, so bestimmt er, »ist Allegorie. Das höchste kann man eben weil es unaussprechlich ist, nur allegorisch sagen.«[187]

Doch obwohl die ›Darstellung‹ somit auf den Begriff des Symbols – oder den von Friedrich Schlegel so eigen gebrauchten Allegoriebegriff – verengt wird und als Darstellung des Undarstellbaren vielfältige Fortschreibungen findet,[188] ist gleichzeitig auch eine geradezu inflationäre Erweiterung des Begriffs zu beobachten. So etabliert er sich um 1800 nicht mehr bloß als die von Herder und Schleiermacher befestigte Neuübersetzung von Mimesis[189] oder, wie in Schillers Abhandlung *Über die notwendigen Grenzen beim Gebrauch schöner Formen,* auf der Stilebene als weitere Bezeichnung für »die Zauberkraft der schönen Diktion«.[190] Wie Winfried

184 Novalis: Das allgemeine Brouillon, Nr. 850, in: Schriften, Bd. 2, S. 675.

185 Novalis: ›Vorarbeiten 1798‹, Nr. 161, ebd., S. 349.

186 A. W. Schlegel: Die Kunstlehre, S. 81 f.

187 F. Schlegel: Gespräch über die Poesie, in: Kritische Friedrich-Schlegel-Ausgabe, Bd. 2, S. 324. Vgl. auch Frank: Einführung in die frühromantische Ästhetik, S. 287-306; und Götze: Friedrich Schlegels »Apologie des Buchstabens«, S. 45-51, wo der Darstellungsbegriff als »Bindeglied zwischen frühromantischer Philosophie einerseits und frühromantischer Ästhetik andererseits« beschrieben wird (ebd., S. 45).

188 Zuletzt haben vor allem postmoderne Theoretiker versucht, Kants Begriff der symbolischen Hypotypose gemeinsam mit der Kategorie des Erhabenen zu aktualisieren; als Schlüsselfigur fungierte hier Jean-François Lyotard. Einen kleinen Einblick bietet Lyotard: Vorstellung, Darstellung, Undarstellbarkeit.

189 In der *Kalligone,* seiner Replik auf die *Kritik der Urteilskraft,* übersetzt Herder 1800 den »Begriff der lebendigen *Darstellung*« als »μίμησις«: als Darstellung, »die alle Seelenkräfte in uns beschäftigt, indem sie das Geschehene vor uns entstehen läßt, und es uns mit innerer Wahrheit zeiget« (Herder: Kalligone, in: Werke, Bd. 8, S. 781). Für Schleiermachers Übersetzung vgl. Platon: Politeia 392c-394c, in: Werke, Bd. 4, S. 199-205.

190 Schiller: Über die notwendigen Grenzen beim Gebrauch schöner Formen, in: Sämtliche Werke, Bd. 5, S. 676.

Menninghaus feststellt, wird er zudem »zu einer Art Markenzeichen jedes bedeutenden theoretischen Projekts« überhaupt.[191] In diesem Sinne behauptet Fichte 1794, »daß es ein System des menschlichen Wissens gebe«, dessen »Darstellung« die *Wissenschaftslehre* sei.[192] Daran anknüpfend gibt sich Novalis schon bald eine »Theorie der Darstellung oder des Nichtseyns im Seyn« auf, »um das Seyn für sich *auf gewisse Weise da*seyn zu lassen«.[193] In einer Potenzierung dessen bemerkt Friedrich Schlegel, die »Transzendentalpoesie« müsse »in jeder ihrer Darstellungen sich selbst mit darstellen«:[194] »Das poetische Werk soll *Darstellung* sein«, notiert er 1803, »soll es aber ein Buch werden, so muß es zugleich auch Mittheilung sein, damit es allgemein wirken kann.«[195] Geradezu konventionell hingegen erscheint es, wie Goethe den Darstellungsbegriff für die ›klassische‹ Gegenposition reklamiert. Der angeblichen Innerlichkeit der Romantiker entgegnet er in den *Maximen und Reflexionen:*

> Der Dichter ist angewiesen auf Darstellung. Das Höchste derselben ist, wenn sie mit der Wirklichkeit wetteifert, d. h. wenn ihre Schilderungen durch den Geist dergestalt lebendig sind, daß sie als gegenwärtig für jedermann gelten können. Auf ihrem höchsten Gipfel scheint die Poesie ganz äußerlich: je mehr sie sich in's Innere zurückzieht, ist sie auf dem Wege zu sinken. (FA 13, 139)

Bereits angedeutet wurde, dass die damit skizzierte Verbreitung des Darstellungsbegriffs zunehmend auf Kosten seiner Schärfe geht. Unter Bewahrung der zentralen Momente des Produktiven und Lebendigen, die ebenso zum lebendigen Hervorbringen wie auch zum Hervorbringen eines Lebendigen verknüpft werden können, lösen sich um 1800 daher zunehmend die Gegensätze zur ›Nachahmung‹ und ›Repräsentation‹, zur ›Abhandlung‹ und ›Beschreibung‹. Die ›Darstellung‹, deren Einführung noch das ›Ende der Repräsentation‹ einläuten sollte, wird im Gefolge der frühen Romantik und des frühen Idealismus somit nicht nur wieder »als Synonym und Über-

191 Menninghaus: »Darstellung«, S. 205.

192 Fichte: Ueber den Begriff der Wissenschaftslehre, S. 47.

193 Novalis: Fichte-Studien, in: Schriften, Bd. 2, S. 10. Zu den sich hier zeigenden Korrespondenzen zwischen Naturphilosophie und Poetik vgl. Thums: Die »Stimmung des Krystallisirens«.

194 F. Schlegel: Die Athenäums-Fragmente, Nr. 238, in: Kritische Friedrich-Schlegel-Ausgabe, Bd. 2, S. 204.

195 F. Schlegel: Zur Poesie. 1803. II. Julius, Nr. 152, ebd., Bd. 16, S. 516.

setzung von ›représentation‹ verwendet«,[196] sondern scheint zudem zum Terminus aller künstlerischen Tätigkeit zu werden.

Diese Entdifferenzierung des Darstellungsbegriffs, die sich im Verlauf des 19. Jahrhunderts weiter fortsetzt, bezeugt auch das von Wilhelm Traugott Krug ab 1827 herausgegebene *Allgemeine Handwörterbuch der philosophischen Wissenschaften.* So hat das Produktive der Darstellung hier nicht nur längst auf die »*Nachahmung* (imitatio)« abgefärbt, wenn diese als »Hervorbringung des Einen nach einem Andern« definiert wird.[197] Auch die ›Darstellung‹ selbst, verstanden als »die Thätigkeit, durch welche der schöne Künstler sein Inneres in ein äußerlich Wahrnehmbares verwandelt«, wird nun so weit wie möglich gefasst: Von ihr wird bloß das Maß an »Lebendigkeit, Anschaulichkeit und Wohlgefälligkeit« erfordert, »als zur Hervorbringung eines schönen Kunstwerks gehört«.[198]

Vestigium cordis video: Lebendige Philosophie

In den vorangegangenen Ausführungen wurde die Etablierung und Profilierung des Darstellungsbegriffs vor allem in zweierlei Hinsicht verfolgt: So konnte zum einen gezeigt werden, wie Kant eine auf einer mathematischen Darstellung basierende Wissenschaftskonzeption begründet und auf die Erforschung einer lebendigen Natur anzuwenden sucht, die in diesem Sinne als undarstellbar erscheint; zum anderen wurde rekapituliert, wie in der Kunst- und Dichtungstheorie der 1770er Jahre ein Begriff einer ästhetischen Darstellung entwickelt wird, der über die *Kritik der Urteilskraft* in die auf Darstellung eines Undarstellbaren zielenden Dichtungskonzeptionen der Jahre um 1800 mündet und sich dabei allmählich entdifferenziert. Bevor diese Überlegungen auf die Naturforschungen von Goethe und Humboldt angewendet werden können, soll zunächst noch kurz die Präsentation von Kants eigenen Schriften in den Blick ge-

196 Menninghaus: »Darstellung«, S. 210.

197 Krug: Art. »Nachahmung«, in: Allgemeines Handwörterbuch, Bd. 3, S. 1 f., hier S. 1.

198 Krug: Art. »Darstellung«, ebd., Bd. 1, S. 562. Für die angedeutete Entdifferenzierung spricht auch, dass Krug ›darstellende‹ und ›repräsentierende Künste‹ als synonym begreift. Vgl. Krug: Art. »Darstellende oder repräsentirende Künste«, ebd., S. 562.

nommen werden. Im Anschluss an die von den Zeitgenossen geäußerte Klage, dass diese aufgrund ihres Inhalts, aber auch aufgrund ihrer Form und ihres Stils schwer verständlich seien, sollen dafür die darstellende Schreibweise der *Kritik der Urteilskraft* und vor allem die dort verwendeten Beispiele betrachtet werden. Gezeigt wird dabei nicht nur, dass Kant mit ihrer Hilfe einen ebenso anschaulichen wie lebendigen Text zu verfassen sucht, sondern auch, dass diese Beispiele häufig einen Eigensinn entwickeln, der über die philosophische Argumentation hinausschießt – dass sie mithin kein diskursives, sondern ein gleichsam bildliches, oft literarisch vorgeformtes Wissen präsentieren, das mit Ottmar Ette als ›Lebenswissen‹ bezeichnet werden kann.[199]

»*Philosof[ische] Schreibart*«, so erklärt Wilhelm Traugott Krug im gleichnamigen Artikel seines bereits erwähnten *Allgemeinen Handwörterbuchs der philosophischen Wissenschaften,*

> sollte eigentlich – abgesehn von dem Gebrauche der *philos. Kunstsprache* […] – in wissenschaftlichen Werken keine andre sein, als die gute prosaische Schreibart überhaupt – also sprachrichtig, bestimmt, verständlich, wohlgebildet, wo möglich auch wohlklingend, wenn das Geschriebne gesprochen wird. Aber leider haben viele philosophische Schriftsteller diese Regeln der guten Schreibart dermaßen vernachlässigt, daß ihre Schriften im Lesen höchst peinliche Gefühle erregen müssen. Sprachwidrigkeiten, Unbestimmtheiten, Dunkelheiten und Ungelenkigkeiten haben sich selbst die größten Denker (z. B. ein *Kant*) zu Schulden kommen lassen.[200]

Mit dem Verweis darauf, dass Kant, sein Vorgänger in Königsberg, die »Regeln der guten Schreibart« durch »Sprachwidrigkeiten, Unbestimmtheiten, Dunkelheiten und Ungelenkigkeiten« vernachläs-

199 Vgl. Ette: ÜberLebenswissen; ders.: Literaturwissenschaft als Lebenswissenschaft. Den programmatischen Äußerungen Ettes könnte hinzugefügt werden, dass der Begriff des Lebenswissens bereits 1769 von Herder geprägt wurde. Vgl. Herder: Der Genius der Zukunft, in: Werke, Bd. 3, S. 793-795, hier S. 793; und hierzu Willer: Vom Nicht-Wissen der Zukunft.

200 Krug: Art. »Philosof. Schreibart«, in: Allgemeines Handwörterbuch, Bd. 3, S. 223 f., hier S. 223.

sigt habe, stand Krug zu seiner Zeit nicht allein.[201] In ähnlicher Weise erklärte auch Arthur Schopenhauer, dass »Kants Stil« zwar »eine *glänzende Trockenheit*« zeige und »durchweg das Gepräge eines überlegenen Geistes, ächter, fester Eigenthümlichkeit und ganz ungewöhnlicher Denkkraft« trage, doch auch »oft undeutlich, unbestimmt, ungenügend und bisweilen dunkel« sei.[202] Schopenhauer überführt diese Beobachtung, wenig überraschend, in eine vernichtende Kritik:

> [W]er sich selber bis auf den Grund klar ist und ganz deutlich weiß, was er denkt und will, der wird nie undeutlich schreiben, wird nie schwankende, unbestimmte Begriffe aufstellen und zur Bezeichnung derselben aus fremden Sprachen höchst schwierige komplicirte Ausdrücke zusammensuchen, um solche nachher fortwährend zu gebrauchen, wie Kant aus der ältern, sogar scholastischen Philosophie Worte und Formeln nahm, die er zu seinen Zwecken miteinander verband […].[203]

Vorwürfe wie diese waren im ersten Drittel des 19. Jahrhunderts nicht neu, sondern fast so alt wie ihr Gegenstand, Kants kritische Philosophie. Bereits nach der Veröffentlichung der *Kritik der reinen Vernunft* verdichteten sich die Klagen über den mit Fachtermini gespickten, dazu äußerst »verwundene[n] Stil« ihres Autors,[204] der viele der philosophisch interessierten Leser schlicht überforderte. Dies galt auch für die Fachkollegen, insbesondere die vermeintlich leichter und eleganter schreibenden Popularphilosophen, auf deren produktive und popularisierende Rezeption Kant gesetzt hatte. Kaum konnten diese sich zum erhofften Verständnis der *Kritik der reinen Vernunft* durchringen, dem Verständnis, es mit einer längst überfälligen Grundlegung der Philosophie zu tun zu haben. Häufiger begnügten sie sich damit, das von Kant selbst als

201 Krug dehnt den Vorwurf sogleich auf »neuere Naturphilosophen« wie Schelling und ihre »der philosophirenden Vernunft nicht zusagende poetisch-prosaische Darstellungsweise« aus (ebd.).

202 Schopenhauer: Die Welt als Wille und Vorstellung, Bd. 1, S. 672.

203 Ebd., S. 548. Schopenhauer verlängert diese Kritik über Fichte und Schelling bis hin zu Hegel. In ihm nun sei »die größte Frechheit im Auftischen baaren Unsinns, im Zusammenschmieren sinnleerer, rasender Wortgeflechte, wie man sie bis dahin nur in Tollhäusern vernommen hatte«, aufgetreten (ebd.).

204 Frank: Einführung in die frühromantische Ästhetik, S. 115.

»Sandwüste« charakterisierte Werk im Verweis auf ihre Gesundheit ruhen zu lassen und seine Dunkelheit und Unverständlichkeit zu beklagen.[205] So entschuldigte Moses Mendelssohn das ständige Stocken seiner Lektüre im Brief vom 10. April 1783 an Kant damit, dass dieses »Nervensaftverzehrende Werk« für ihn »auch ein Kriterium der Gesundheit« sei (AA 10, 308). Ähnlich erklärte sich der kränkliche Christian Garve. Nachdem er eine Kant verärgernde Rezension der *Kritik der reinen Vernunft* verfasst hatte, schrieb er ihm am 13. Juli 1783, »daß diese Lecture [...] für mich zu schwer sey. Ich gestehe ihnen, ich weiß kein Buch in der Welt, daß zu lesen mir soviel Anstrengung gekostet hatte« (AA 10, 329).[206] Am schärfsten urteilte aber Johann Georg Hamann, Kants Königsberger Antipode. Im »Gemächte der scholastischen Kunstform«, so höhnte er, erlange die *Kritik der reinen Vernunft* »das *Maximum* von ächter Autorschaft und Kritik«: »von *blutwenigen* gefaßt zu werden«.[207]

Kant war bewusst, dass diese Klagen nicht nur dem Neid der Fachgenossen geschuldet waren. Schon früh hat er erkannt, dass die unbefriedigende Rezeption der ersten *Kritik* auch ihrer Anlage geschuldet war, die tatsächlich eher an der Wolff'schen Schulphilosophie als an der zeitgenössischen Popularphilosophie orientiert war. So schrieb er bereits am 8. Juni 1781 an Johann Erich Biester, den späteren Herausgeber der *Berlinischen Monatsschrift*, das Werk sei zwar jahrelang durchdacht, »aber nur in kurtzer Zeit in der gegenwärtigen Form zu Papier gebracht worden; weswegen auch theils einige Nachläßigkeiten, oder Uebereilungen der Schreib-

205 Kant hatte vor allem gehofft, dass »Garve, Mendelssohn u. Tetens« die erste *Kritik* urbar machen würden – und wurde enttäuscht: »[D]iese vortrefliche Männer scheuen die Bearbeitung einer Sandwüste, die, bey aller auf sie verwandten Mühe, doch immer so undankbar geblieben ist« (Kant: An Garve, 7. August 1783, AA 10, 341).

206 In seiner Antwort versucht Kant ihn noch erfolglos zu ermuntern: »Die erste Betäubung, die eine Menge ganz ungewohnter Begriffe und einer noch ungewöhnlichern, obzwar dazu nothwendig gehorigen neuen Sprache, hervorbringen musste, wird sich verlieren« (an Garve, 7. August 1783, AA 10, 338). Als einer von wenigen lobte Bergk die belebende, wohltuende, »das *Herz* erquickende« Wirkung von Kants Schriften (Bergk: Die Kunst, Bücher zu lesen, S. 353). Zur Kant-Lektüre vgl. hier S. 345-355. Zu körperlichen Reaktionen auf die *Kritik der reinen Kritik* siehe auch Jean Paul: Epilog oder was ich auf dem Stuhle des Santorius etwann sage, in: Sämtliche Werke, Abt. II, Bd. 2, S. 454-467, hier S. 454 f.

207 Hamann: Kritik der reinen Vernunft von Immanuel Kant, S. 278 und 280.

art, theils auch einige Dunkelheiten übrig geblieben seyn werden« (AA 10, 272).[208]

Diese »Dunkelheiten« versucht Kant mit den 1783 publizierten *Prolegomena zu einer jeden künftigen Metaphysik* zumindest nachträglich aufzuklären. Zwar zeigt er sich im Vorwort hier zunächst verwundert, gerade von »Philosophen Klagen wegen Mangels an Popularität, Unterhaltung und Gemächlichkeit zu hören, wenn es um die Existenz einer gepriesenen und der Menschheit unentbehrlichen Erkenntnis selbst zu thun ist, die nicht anders als nach den strengsten Regeln einer schulgerechten Pünktlichkeit ausgemacht werden kann«, doch gesteht er zu, dass »die Beschwerde« über »eine gewisse Dunkelheit« seiner ersten *Kritik,* »die zum Theil von der Weitläuftigkeit des Plans herrührt«, berechtigt sei (AA 4, 261). Allerdings weiß Kant sich zu verteidigen. So erklärt er den von der »Weitläuftigkeit des Plans« herrührenden Teil dieser »Dunkelheit« über einen Vergleich der reinen Vernunft mit »dem Gliederbau eines organisirten Körpers«, dessen Teile ebenfalls nie isoliert und verkürzt, sondern bloß unter steter Beachtung des Ganzen verstanden und beschrieben werden können (AA 4, 263).[209] Darüber hinaus wendet er die Anforderungen, die die *Kritik der reinen Vernunft* an ihre Leser stellt, ins Positive. Schließlich habe »die so

208 Vgl. die Briefe an Garve vom 7. August 1783 (AA 10, 338) und Mendelssohn vom 16. August 1783 (AA 10, 344), in denen Kant die schnelle Abfassung des Werks nun seinerseits mit hohem Alter entschuldigt.

209 Tückisch ist der Vergleich, weil ein Organismus, zumindest aus Sicht der *Kritik der Urteilskraft,* gerade nicht erklärt, sondern nur als Naturzweck verstanden werden kann; Kant versucht hier somit, ein *explanandum* durch etwas Unerklärbares zu erklären. Im Blick auf die von der *Kritik der reinen Vernunft* erhoffte Beförderung von Erkenntnis ist ihre Charakterisierung als eine zu ölende Maschine, die Kant am 7. August 1783 in dem Brief an Garve vorschlägt, daher sicherlich treffender (vgl. AA 10, 339). Trotzdem ist der Vergleich von *Kritik* und Organismus aufschlussreich, da er verdeutlicht, wie nahe Kants Organismustheorie einer Hermeneutik der Natur kommt. Hierfür spricht auch die Rede in § 42 der *Kritik der Urteilskraft* von der »wahre[n] Auslegung der Chiffreschrift [...], wodurch die Natur in ihren schönen Formen figürlich zu uns spricht« (KU B 170). Vgl. hierzu G. Böhme: »... wodurch die Natur in ihren schönen Formen figürlich zu uns spricht«, in: ders.: Kants *Kritik der Urteilskraft* in neuer Sicht, S. 44-63, bes. S. 44-53; und H. Böhme: Denn nichts ist ohne Zeichen, in: ders.: Natur und Subjekt, S. 38-66, bes. S. 49-52. Zum ›Organismus‹ des kantischen Systems siehe auch Metzger: Die Konjektur des Organismus, S. 261-297.

beschrieene Dunkelheit (eine gewohnte Bemäntelung seiner [des Lesers] eigenen Gemächlichkeit oder Blödsichtigkeit) auch ihren Nutzen« (AA 4, 264), insofern sie diejenigen von der Metaphysik fernhalte, die zwar von ihr reden, sich aber nicht grundlegend mit ihr befassen wollen oder können. Die *Kritik der reinen Vernunft* fungiere insofern auch als ein »sicheres Maß und Gewicht [...], um Gründlichkeit von seichtem Geschwätze zu unterscheiden« (AA 4, 256).[210] Obgleich es sich hierbei um eine nachträgliche Rechtfertigung handelt, deren Schärfe nur durch die zuvor erfahrene Ablehnung erklärt werden kann, wird doch deutlich, dass Kant sich durchaus um seine Leser bemüht. Wenn er die *Prolegomena* nun »der Popularität zu Gefallen« verfasst (AA 4, 276), verwendet er deshalb auch ein anderes Darstellungsmodell als in der *Kritik der reinen Vernunft.* Während diese, so erklärt er, dem Modell der Epigenesis gefolgt sei und »die Erkenntniß aus ihren ursprünglichen Keimen zu entwickeln« gesucht habe, sollen jene »mehr anzeigen, was man zu thun habe, um eine Wissenschaft wo möglich zur Wirklichkeit zu bringen, als sie selbst vorzutragen« (AA 4, 274).

Auch wenn Kant in der *Kritik der Urteilskraft* dann wieder eher auf die ›organologische‹, die präsentierten Erkenntnisse nachbildende und ›darstellende‹ Schreibweise zurückgreift, die er bereits in der *Kritik der reinen Vernunft* entwickelt hat, erfährt er von den Zeitgenossen nun doch eine weit größere Zustimmung.[211] Allerdings scheint diese stärkere Resonanz nicht in der Form der Schrift begründet zu liegen – sie zeigt sie noch immer in die von der *Kritik der*

210 In ähnlicher Weise befand Ernst Bloch den »übliche[n] Vorwurf«, dass Kant schlecht schreibe, für »Unsinn«: »Diesem Vorwurf wurde ein verdächtiger Teil der Aufmerksamkeit gewidmet; er ist ein Mittel sich große Denker vom Hals zu halten.« (Bloch: Subjekt – Objekt, S. 18). »Kants Sprache«, entgegnet er solcher Kritik, »ist von berauschender Genauigkeit; der Leser merkt ihren Wert, sobald er sie nicht in Philosophie, sondern in Dichtung wahrnimmt, so bei Kleist, dessen Prosa an der Kantischen gebildet ist.« (Ebd., S. 19).

211 Interpreten wie Eva Schaper erschien die dritte *Kritik* dennoch oft als »the darkest of Kant's published works and the most inaccessible to the philosophical reader« (Schaper: Taste, Sublimity, and Genius, S. 367). Otfried Höffe erklärt sie als »die philosophisch anspruchvollste« *Kritik* und begründet ihre Schwierigkeit auch stilistisch: »Kant schreibt gedrechselte, aber auch verwinkelte Sätze, gelegentlich sogar Satzungetüme. Sein barockes Cicero-Deutsch läßt sich nicht gerade immer leicht lesen.« (Höffe (Hrsg.): Immanuel Kant: Kritik der Urteilskraft, S. 6).

reinen Vernunft verwendete Gliederung gezwängt[212] und in einem durch »ermüdende[] Weitschweifigkeit und Wiederholung« charakterisierten Stil verfasst[213] –, sondern vor allem ihrer eingängigeren Thematik geschuldet zu sein. Zudem aber mag der minder dunkle, die Leser überzeugendere Charakter der *Kritik der Urteilskraft* mit der großen Fülle an Lebenswissen zu erklären sein, das Kant in diesen Text integriert. Als Spuren der zeitgenössischen Lebenswelt sind dafür besonders die hier in auffallender Vielzahl verwendeten Beispiele zu lesen, wie der als angenehm erklärte »Kanariensekt« (KU B 19), die als ›freie Schönheit‹ geschätzten, mit »Laubwerk« versehenen »Papiertapeten«, die als ›anhängende Schönheit‹ beurteilten »Neuseeländer mit ihrem Tätowieren« (KU B 49 f.), die »öfter aus alten Grabhügeln gezogenen, mit einem Loche, als zu einem Hefte versehenen steinernen Geräte« (KU B 61, Anm.) und endlich das in einem »unbewohnt scheinenden Lande« in den Sandstrand gezeichnete Sechseck (KU B 285). Die Herkunft und auch die Funktion dieser vermeintlich nebensächlichen und doch überraschenden Beispiele sind bislang kaum untersucht worden. So hat Derrida im Ausgang von dem, was Kant »*Zieraten* (parerga)« (KU B 43) nennt, den Aufweis der zentralen Stellung dieser Beispiele unternommen;[214] in ähnlicher Absicht, doch vor einem anderen Hintergrund hat auch Gernot Böhme sich um ihr »Ernstnehmen« bemüht, und zwar sowohl im Blick auf ihre intertextuellen Bezüge als auch auf ihren Eigensinn.[215]

212 Mit Anspielungen auf die Rechtfertigungen der *Prolegomena* kritisiert das A. W. Schlegel: Die Kunstlehre, S. 60. Auch Schopenhauer erkennt in der dritten *Kritik* wieder eine »Liebhaberei« für »mancherlei symmetrisch-architektonische Belustigungen« (Schopenhauer: Die Welt als Wille und Vorstellung, Bd. 1, S. 672).

213 Ebd., S. 674.

214 Vgl. Derrida: Die Wahrheit in der Malerei, bes. S. 56-176.

215 G. Böhme: Kants *Kritik der Urteilkraft* in neuer Sicht, S. 8. Den hier versammelten Aufsätzen verdanken die folgenden Ausführungen viel. – Derridas Lektüre der *Kritik der Urteilskraft* als Kunstwerk kann auf dieses »Ernstnehmen« insofern bauen, als Kant auch von »*Kunst*« redet, wenn die »Kritik des Geschmacks [...] das wechselseitige Verhältnis des Verstandes und der Einbildungskraft zu einander in der gegebenen Vorstellung [...] nur an Beispielen zeigt« (KU B 144). Allgemein zu Kants Theorie des Beispiels siehe Schaub: Das Singuläre und das Exemplarische, S. 101-157.

Im Anschluss hieran versuchen die folgenden Bemerkungen zu umreißen, inwiefern die *Kritik der Urteilskraft* selbst als eine Darstellung aufgefasst werden kann, die durch die von Kant hier eingebrachten Beispiele an Bedeutung und Lebendigkeit gewinnt.[216] Damit werden die Beispiele, die Kant in der *Kritik der reinen Vernunft* noch als »Gängelwagen der Urteilskraft« (KrV B 173) erläutert hatte, hier nicht als die »bloße[n] *Charakterismen*« verstanden, als die sie in § 59 der *Kritik der Urteilskraft* erklärt werden: als »Bezeichnungen der Begriffe durch begleitende sinnliche Zeichen, die [...] jenen, nach dem Gesetze der Assoziation der Einbildungskraft, mithin in subjektiver Absicht, zum Mittel der Reproduktion dienen« . In ihrer veranschaulichenden, das Diskursive übersteigenden Kraft sollen sie vielmehr, obgleich im schwächeren Sinn, als »Hypotyposen, d. i. Darstellungen (exhibitiones)« betrachtet werden (KU B 255): als produktive Mittel, die die Bedeutsamkeit der Begriffe und Ausführungen, denen sie zugeordnet sind, veranschaulichen und steigern, aber auch hinterfragen können.

Dass diese »sinnlichen Zeichen« die Argumentation, die sie begleiten, somit nicht bloß reproduzieren, sondern stets auch ein eigenes Wissen erzeugen, belegen bereits Kants Darlegungen zum Schönen. So stehen die in der *Kritik der Urteilskraft* präsentierten Beispiele des Schönen dem erklärten »Vorzug der Naturschönheit vor der Kunstschönheit« (KU B 167)[217] nicht nur insofern entgegen, als sie häufiger dem Bereich der Kunst als dem der Natur entnommen sind. Bei genauer Lektüre zeigt sich zudem, dass die als naturschön bezeichneten Phänomene oft selbst von künstlicher Form sind. Zwar mögen »die schöne Gestalt einer wilden Blume, eines Vogels, eines Insekts« (KU B 166), der »Gesang der Vögel« (KU B 72) und auch die »schönfarbigen Vogelfeder[n]« (KU B 163) als Erscheinungen einer Natur gelten können, die noch nicht kulturell überformt ist. Der im Wald vorgefundene »Rasenplatz [...], um

216 Als eine die Einbildungskraft ansprechende, den ›Styl‹ oder die ›Schreibart‹ belebende Figur wird das »*Beispiel* oder *Exempel*« erklärt bei Adelung: Ueber den deutschen Styl, Bd. 1, S. 361.

217 Diesen Vorzug begründet Kant rousseauistisch dadurch, »daß das Interesse am *Schönen der Kunst* [...] gar keinen Beweis einer dem Moralischguten anhänglichen, oder auch nur dazu geneigten Denkungsart abgebe«, wogegen »ein *unmittelbares Interesse* an der Schönheit der *Natur* zu nehmen [...] jederzeit ein Kennzeichen einer guten Seele sei« (KU B 166). Vgl. Gadamer: Wahrheit und Methode, S. 55-57.

welchen die Bäume im Zirkel stehen« (KU B 46), und die englischen »Lustgärten« (KU B 71) referieren dagegen deutlich auf eine künstlich gestaltete Natur, die – wie Kant am Beispiel des »Pfeffergarten[s]« auf Sumatra erklärt (KU B 72) – jedoch nicht als solche erscheinen darf, um als schön beurteilt werden zu können. Im Unterschied dazu erinnern »der Papagei, der Kolibrit, der Paradiesvogel« und die für die zeitgenössischen Diskussionen über das Alter der Erde wichtigen »Schaltiere des Meeres« (KU B 49) vorrangig an eine exotische, zoologisch erschlossene Natur, deren wissenschaftliche Entdecktheit in der ästhetischen Beurteilung ebenfalls unterschlagen werden muss.[218]

Als ähnlich künstlich wie viele Phänomene des Naturschönen erweisen sich die überwiegenden Beispiele des Kunstschönen. Kaum referieren sie, wie vom Standpunkt späterer romantisch-idealistischer Ästhetiken zu erwarten wäre, auf jene autonome Kunst, die Kant angeblich kaum bekannt gewesen ist. In Form der bereits erwähnten, mit Laubwerk verzierten Tapeten, der »schönen Ameublements« (KU B 55), »Stubenverzierungen« (KU B 71), der – gleichwohl nur als angenehm beurteilten – »Art, wie der Tisch zum Genusse ausgerüstet ist«, und der das Gespräch befördernden »Tafelmusik« (KU B 178) beziehen sie sich eher auf »Alltagspraktiken«,[219] wie Michel de Certeau feststellt: auf das Feld alltäglicher Kultivierung, in dem Kant sich bekanntermaßen zu bewegen wusste und in dem er einen Begriff von Geselligkeit gewinnen konnte. Die vermeintliche Ignoranz, die Kant gegenüber autonomer Kunst zeigt, kann philosophisch somit auch über »die Kultur der Gemütskräfte zur geselligen Mitteilung« begründet werden (KU B 179), die diese schönen Alltags-

218 Diesen Beispielen, wie auch den botanisch klassifizierten Blumen, spricht August Wilhelm Schlegel den Status ›freier Schönheiten‹ daher ab: »Vielleicht könnte man eher Luftphänomene von höchst veränderlichen Farben und Gestalten z. B. Abendroth, Morgenrot, Wolken, Nordscheine usw., ferner die Bewegungen der Meereswellen, die wunderbar anschließenden Frostblumen und dergleichen als freie Naturschönheiten angeben, weil hier kein Gattungsbegriff vorhanden ist, wie bei den organischen Gestalten. Allein wir finden diese Erscheinungen nur darum schön, weil sie uns da Leben hinzaubern, wo eigentlich keines ist, also durch Anspielung auf etwas Höheres.« (A. W. Schlegel: Die Kunstlehre, S. 67). Eben aufgrund ihrer Veränderlichkeit wären das für Kant ebensowenig Beispiele für Schönes wie der »Anblick der veränderlichen Gestalten […] eines rieselnden Baches« (KU B 73).

219 Certeau: Kunst des Handelns, S. 149.

praktiken befördern sollten. Denn im Unterschied zur »Tafelmusik« vermochte die voraussetzungsreichere und schwieriger zu erlangende Erfahrung von »*Polyklets* berühmte[m] *Doryphoros*« oder »*Myrons* Kuh« eine solche Kultur nicht gleichermaßen herzustellen (KU B 59).

In Anbetracht ihrer Beispiele erlangt diese Theorie des Schönen mit ihrer ausdrücklichen Bevorzugung des Naturschönen vor dem Kunstschönen somit einen ihrer Zeit und auch Kants sozialer Stellung angemessenen Hintergrund. Interessiert scheint sie aus dieser Perspektive weder an der Naturfaszination, die die Romantiker nur wenig später kultivierten, noch an den außerordentlichen und vereinzelnden Erfahrungen autonomer Kunst. Zu erkennen gibt sie stattdessen Spuren eines Bereichs, in dem die gesellige Kultiviertheit noch als zweite Natur angesehen werden mochte. Gernot Böhme erinnert hieran, indem er betont, dass Kants Ausführungen zum Schönen vor allem dem »lebensweltlichen Bereich« entlehnt sind, »in dem man durch Dekor, Verzierungen, Arrangements, ›Putz‹ Verschönerung betreibt«.[220]

Während die Ausführungen zum Schönen somit eine harmonische Zusammenstimmung von Natur und Kunst beschwören, bezieht sich die ›Analytik des Erhabenen‹ auf Gewaltigeres: In ihren Beispielen benennt sie etwa den »Krieg« und die »Krieger«, »Gott« (KU B 106 f.), das »Gute« (KU B 120) und »das Gebot: Du sollst Dir kein Bildnis machen noch irgendein Gleichnis« (KU B 124), als Gegenstände erhabener Empfindungen. Jedoch bilden solche Verweise eher die Ausnahme. So zielt Kants Ästhetik des Erhabenen in der Mehrzahl ihrer Beispiele nicht auf religiöse oder weltliche Mächte – die säkularisierte und subjektivierte moralische Macht sei hier ausgeklammert –, sondern auf eine Natur, die als Gegenstand des Dynamisch-Erhabenen gedeutet werden kann. Damit zitiert sie nicht länger die vergleichsweise kleinräumigen, scheinbar natürlichen Phänomene, die die Einbildungskraft und den Verstand ins freie Spiel versetzen und ihnen als Anstoß geselliger Kultivierung dienen sollen. Vielmehr referiert sie auf die als bedrohlich empfundene Erfahrung einer scheinbar freien, undisziplinierten, kaum zu beherrschenden Natur,[221] einer Natur »in ihrem Chaos oder in

220 G. Böhme: Die Gegenwart des Schönen, in: ders.: Kants *Kritik der Urteilskraft* in neuer Sicht, S. 12-40, hier S. 22.

221 In der Unbeherrschtheit dieser Natur sieht Hartmut Böhme die Relevanz des Erhabenen begründet: In der Aufklärung rücke dieses »ins

ihrer wildesten regellosesten Unordnung und Verwüstung« (KU B 78), »deren Anschauung die Idee ihrer Unendlichkeit bei sich führt« (KU B 93).[222] Zur Veranschaulichung dieser Unendlichkeit erinnert Kant etwa an den berühmten »Anblick des bestirnten Himmels« (KU B 188), an »ungestalte Gebirgsmassen, in wilder Unordnung übereinandergetürmt, mit ihren Eispyramiden, oder die düstere tobende See« (KU B 95). Des Weiteren bemerkt er:

> Kühne überhangende gleichsam drohende Felsen, am Himmel sich auftürmende Donnerwolken, mit Blitzen und Krachen einherziehend, Vulkane in ihrer ganzen zerstörenden Gewalt, Orkane mit ihrer zurückgelassenen Verwüstung, der grenzenlose Ozean, in Empörung gesetzt, ein hoher Wasserfall eines mächtigen Flusses u. d. gl. machen unser Vermögen zu widerstehen, in Vergleichung mit ihrer Macht, zur unbedeutenden Kleinigkeit. (KU B 104)

Doch obgleich diese Beispiele, die Kant noch durch »Anblicke himmelansteigender Gebirgsmassen, tiefer Schlünde und darin tobender Gewässer, tiefbeschatteter, zum schwermütigen Nachdenken einladender Einöden« ergänzt (KU B 117), direkte Natureindrücke beschwören, sind sie nicht auf solche zurückzuführen. Vielmehr handelt es sich hierbei um Allgemeinplätze, die zum einen den zeitgenössischen Schriften zum Erhabenen entlehnt scheinen, in denen die Faszination des Überwältigenden meist vor dem Hintergrund einer physikotheologischen Naturanschauung erläutert wurde.[223]

Zentrum des ästhetischen Diskurses«, weil es »die im Projekt der bürgerlichen Naturbeherrschung noch umkämpften Zonen des Naturreichs« verhandle (H. Böhme: Das Steinerne, S. 123). Dieser imaginär betriebenen Ausweitung der »Empfindlichkeitszone des 18. Jahrhunderts« (ebd.), einer Ausweitung, die von der wissenschaftlich-technisch vorangetriebenen Eroberung der wilden Natur flankiert wird, entspricht die kaum abgesicherte Stellung der ›Analytik des Erhabenen‹: Innerhalb der *Kritik der Urteilskraft* beschreitet sie offenkundig neues Terrain, bleibt dabei aber merkwürdig uneingebunden.

222 Aufgrund der deutlichen Beziehung der wilden Natur auf das Unendliche wurde die ›Analytik des Erhabenen‹ in der von der Romantik ausgehenden Rezeption zumeist der ›Analytik des Schönen‹ vorgezogen. Vgl. A. W. Schlegel: Die Kunstlehre, S. 65; Schopenhauer: Die Welt als Wille und Vorstellung, Bd. 1, S. 672.

223 Hinweise auf Kants Bezüge gibt G. Böhme: Pyramiden und Berge, in: ders.: Kants *Kritik der Urteilskraft* in neuer Sicht, S. 83-107, hier S. 87-94. Maßgeblich geprägt ist Kants Theorie des Erhabenen zudem von

Zum anderen sind sie der zeitgenössischen Reiseliteratur entnommen. So verweist Kant in seinen Ausführungen auch auf das, »was *Savary* in seinen Nachrichten von Ägypten anmerkt« (KU B 87), was der »eben so geistreiche als gründliche *Saussure* [...] in der Beschreibung seiner Alpenreisen« sagt (KU B 127) und was »*Marsden* in seiner Beschreibung von Sumatra« eben über die Pfeffergärten berichtet (KU B 72); er bezieht sich damit auf die *Lettres sur l'Égypte* des französischen Orientalisten Claude-Étienne Savary, 1785 und 1786 im Original und 1788 in deutscher Übersetzung erschienen, dessen Erfahrung der Pyramiden ihm möglicherweise »Anlaß gegeben hat zur Bildung seines Begriffs des mathematisch Erhabenen«;[224] auf die ab 1779 in vier Bänden publizierte *Voyage dans les Alpes* des Schweizer Naturforschers und Alpinisten Horace-Bénédict de Saussure, auf den Kant, vertraut mit der zwischen 1781 und 1788 erschienenen Übersetzung der *Voyage*, aber nur allgemein zu rekurrieren scheint;[225] und auf die 1783 im Original und schon zwei Jahre später auf Deutsch veröffentlichte *History of Sumatra* des englischen Orientalisten William Marsden, deren Erwähnung gleichwohl noch der ›Analytik des Schönen‹ zugehört.

Die zahlreichen Topoi, mit denen Kant seine Ausführungen zum Erhabenen in den ästhetischen und reiseliterarischen Diskur-

Burke: A Philosophical Enquiry into the Origin of our Ideas of the Sublime and Beautiful.

224 G. Böhme: Pyramiden und Berge, in: ders.: Kants *Kritik der Urteilskraft* in neuer Sicht, S. 83-107, hier S. 95. Allerdings nennt Kant schon 1764 in den *Beobachtungen über das Gefühl des Schönen und Erhabenen* den »Anblick einer ägyptischen Pyramiden« als Beispiel des edlen Erhabenen (AA 2, 210). Dabei bezieht er sich auf die 1762 auf Deutsch publizierte *Reise nach Palästina* des ›Linné-Apostels‹ Fredrik Hasselquist, der angesichts der Pyramiden erfahren haben will, »wie groß der Unterschied zwischen einer lebendigen und todten Idee sey, wenn man eine Sache mit eignen oder anderer Augen sieht« (ebd., S. 85). Kant sieht solche Sachen eben stets »mit anderer Augen«.

225 Von den beiden Erwähnungen Saussures in der *Kritik der Urteilskraft* (KU B 111 und 127) kann Gernot Böhme nur eine auf die *Voyage dans les Alpes* zurückführen (vgl. G. Böhme: Pyramiden und Berge, in: ders.: Kants *Kritik der Urteilskraft* in neuer Sicht, S. 83-107, hier S. 100-106). Auffällig erscheint ihm hierbei, »daß Saussure offenbar einen Begriff von Erhabenheit hat, der dem kantischen mathematisch Erhabenen, nicht dem dynamisch Erhabenen entspricht« (ebd., S. 105). Angesichts der in einer Fußnote der ›Analytik des Schönen‹ erwähnten »Tulpe« (KU B 61, Anm.) versucht Derrida einen weiteren, etwas forcierten Bezug zu Saussure zu knüpfen. Vgl. Derrida: Die Wahrheit in der Malerei, S. 105-145.

sen des 18. Jahrhunderts verankert, zeichnen somit ein anderes Bild als die ›Analytik des Schönen‹. Während diese vor allem die geselligen Erfahrungen einer Lebenswelt bezeugt, in der Natur und Kultur scheinbar zwanglos zusammenstimmen und sich wechselseitig bestärken konnten, zeigen die Erklärungen des Erhabenen sich von einem Lebenswissen geprägt, das hier vor allem als ein Lektürewissen spezifiziert werden kann; dabei orientieren sie sich fast ausschließlich an Bildern einer »rohen Natur (und an dieser sogar nur, sofern sie für sich keinen Reiz, oder Rührung aus wirklicher Gefahr, bei sich führt)« (KU B 89). Allerdings muss dieser Bezug auf literarisch vermittelte Naturphänomene nicht biographisch, im Verweis auf einen aus Kants Sesshaftigkeit resultierenden Mangel an Naturerfahrungen, begründet werden. Besser erklärt schon der im eingeklammerten Zusatz des Zitats vorgenommene Ausschluss »wirklicher Gefahr«, warum die Konfrontation mit dem Zwecklos-Chaotischen tatsächlich eher Leser als direkte Betrachter zu erheben vermochte. Denn während Reisende sich angesichts der »rohen Natur« fast nie in vollkommener Sicherheit wiegen konnten, eignet Lesern fast immer die sichere Distanz zum Beschriebenen, ohne die der als überwältigend empfundene Gegenstand kein Objekt des Erhabenen werden kann. Der einschränkende Nachsatz darf daher nicht überlesen werden: Wie Kant hier erklärt, werde der Anblick wilder Natur »um desto anziehender, je furchtbarer er ist, wenn wir uns nur in Sicherheit befinden« (KU B 104).

Ein nochmals anderes Bild von Natur, das Bild nicht einer harmonischen oder chaotischen, sondern einer vom Menschen zu verstehenden Natur, zeichnet endlich die ›Kritik der teleologischen Urteilskraft‹. Neben den Beispielen, die den Begriff der Zweckmäßigkeit veranschaulichen sollen – Kant spricht von natürlichen »Landeserweiterungen« (KU B 280), »unvernünftiger Ausrottung« der »Fichtenwälder« (KU B 281) oder der Verwendung von Naturdingen zu des Menschen »oft törichten Absichten (die bunten Vogelfedern zum Putzwerk seiner Bekleidung, farbige Erden oder Pflanzensäfte zur Schminke)« (KU B 282) –, enthält insbesondere der § 64, der den ›eigentümlichen Charakter der Dinge als Naturzwecke‹ behandelt, eine auffällige Erläuterung. Nachdem Kant hier erklärt hat, dass von einem Naturzweck nur dann geredet werden könne, wenn ein betrachteter Gegenstand in seiner »Form nicht nach bloßen Naturgesetzen möglich sei« und deshalb zur Annahme einer »Ursache« nötige, »deren Vermögen zu wirken durch Begriffe bestimmt wird« (KU B 284), veranschaulicht er diese Ausführung durch ein ausführliches Beispiel, das sein Ziel jedoch auf charakteristische Weise verfehlt:

> Wenn jemand in einem ihm unbewohnt scheinenden Lande eine geometrische Figur, allenfalls ein reguläres Sechseck, im Sande gezeichnet wahrnähme: so würde seine Reflexion, indem sie an einem Begriffe derselben arbeitet, der Einheit des Prinzips der Erzeugung desselben, wenn gleich dunkel, vermittelst der Vernunft inne werden, und so, dieser gemäß, den Sand, das benachbarte Meer, die Winde, oder auch Tiere mit ihren Fußtritten, die er kennt, oder jede andere vernunftlose Ursache nicht als einen Grund der Möglichkeit einer solchen Gestalt beurteilen: weil ihm die Zufälligkeit, mit einem solchen Begriffe, der nur in der Vernunft möglich ist, zusammen zu treffen, so unendlich groß scheinen würde, daß es eben so gut wäre, als ob es dazu gar kein Naturgesetz gebe, daß folglich auch keine Ursache in der bloß mechanisch wirkenden Natur, sondern nur der Begriff von einem solchen Objekt, als Begriff, den nur Vernunft geben und mit demselben den Gegenstand vergleichen kann, auch die Kausalität zu einer solchen Wirkung enthalten, folglich diese durchaus als Zweck, aber nicht Naturzweck, d. i. als *Produkt der Kunst,* angesehen werden könne (vestigium hominis video). (KU B 285 f.)

»Ich sehe die Spur des Menschen«, so erklärt Kant am Ende dieser Stelle, die mit Peirce als eine abduktive *passage* bezeichnet werden kann:[226] Weil dem Sand, dem Meer, den Winden und den Tieren, die die als unbewohnt erscheinende Landschaft auf ihre Weise geprägt haben, keine Vernunft zugesprochen werden kann und weil es undenkbar ist, dass das Sechseck dem Zufall, der Unvernunft, verdankt sein soll, muss es als Spur eines Menschen angesehen werden – das »unbewohnt scheinende Land« kann daher nicht unbewohnt sein.

Ist die zitierte Stelle bereits aufgrund ihrer gewundenen sprachlichen Struktur bemerkenswert, die sie geradezu als Nachbildung

226 Für eine Erklärung der Abduktion vgl. Peirce: Collected Papers, Bd. 5, Nr. 189, S. 119; sowie Wirth: Die Phantasie des Neuen als Abduktion; und zum Verhältnis von Spur und Abduktion, ebenfalls mit einer Spurendeutung am Strand, ders.: Vorüberlegungen zu einer Logik der Kulturforschung, S. 20-23. Zu ›Spur‹ und ›Spurenlese‹ im Allgemeinen siehe auch den Sammelband von Krämer, Kogge, Grube (Hrsg.): Spur.

und ›Darstellung‹ der beschriebenen Erkenntnisbewegung erscheinen lässt, so fällt im Kontext von § 64 außerdem auf, wie wenig sie sich zu den vorangegangenen Ausführungen fügt. So hatte Kant in diesem Paragraphen zunächst versucht, den Naturzweck von einem nach mechanischen Gesetzen erklärbaren Naturgegenstand abzugrenzen. Unter Anwendung der Begriffe der Möglichkeit, Zufälligkeit und Notwendigkeit argumentierte er hierfür, dass man die Möglichkeit von ›Dingen als Naturzwecke‹ nicht aus a priori konstruierbaren, notwendigen Naturgesetzen einsehen könne. Um sie zu verstehen, sei der Einbezug empirischer, also zufälliger Naturgesetze nötig, die unter dem Vernunftbegriff des Naturzwecks so betrachtet werden müssen, als seien sie notwendig. Diese Abgrenzung der teleologisch zu beurteilenden Naturzwecke von a priori erkennbaren Naturgegenständen, so zeigt sich bei genauerer Betrachtung, wiederholt Kant im zitierten Beispiel jedoch gerade nicht. Stattdessen profiliert er hier die ebenfalls durch den Gegensatz von Zufall und Notwendigkeit geleitete Unterscheidung der Naturprodukte von dem ›Produkt der Kunst‹, als das das ›reguläre Sechseck‹ angesehen werden müsse, weil der Zufall, dass unvernünftige Naturgegenstände solch eine vernünftige Form hervorbringen, undenkbar sei. Dass diese Differenzierung sodann als Ausgangspunkt der bereits bekannten Bestimmung dient: »[E]in Ding existiert als Naturzweck, *wenn es von sich selbst* [...] *Ursache und Wirkung ist*« (KU B 286), unterstreicht nur die Bedeutsamkeit dieses Beispiels. Indem es einen Übergang leistet, ohne den Kants Erklärung lückenhaft bliebe, erzeigt es sich eher als Produzent denn als Re-Produzent der philosophischen Argumentation.

Die mithilfe der zitierten Stelle vollbrachte Verschiebung der Differenz von mechanisch erklärbaren Naturgegenständen und organischen Naturzwecken auf die Unterscheidung von Kunst und Natur mag nicht zuletzt der Geschichte dieses Beispiels geschuldet sein. Auf deren Spuren verweist schon die abschließende Formulierung: »Vestigium hominis video«,[227] mit der Kant an eine Anekdote aus dem Leben des griechischen Philosophen Aristipp erinnert, die vor allem Cicero, Vitruv und Galen überliefert haben. Zu Beginn des sechsten Buchs der *De architectura libri decem* berichtet Vitruv:

227 Vgl. G. Böhme: Vestigium hominis video, in: ders.: Kants *Kritik der Urteilskraft* in neuer Sicht, S. 108-122.

> *Aristipp*, ein *Sokratischer* Philosoph, erzählt man, litt Schiffbruch und ward an die *Rhodische* Küste ans Land geworfen. Hier fand er geometrische Figuren – *schemata* – im Sande gezeichnet, und rief seinen Gefährten zu: Getrost, meine Freunde, ich sehe Menschenspuren! (Aristippus philosophus Socraticus, naufragio cum eiectus ad Rhodiensium litus animadvertisset geometrica schemata descripta, exclamavisse ad comites ita dicitur: »bene speremus! hominem enim vestigia video«.)[228]

Bemerkenswert an dieser Anekdote ist nicht so sehr, was Kant verändert – dass er Aristipp anonymisiert, ihm den Schiffbruch erspart und die Gefährten nimmt –, als das, was er hinzufügt. Denn dass ein reguläres Sechseck Aristipps hoffnungsfrohen Ausruf veranlasst, ist weder bei Vitruv noch in den anderen antiken Quellen verzeichnet, und auch die bildliche Überlieferung weiß davon nichts.[229] Vielmehr erscheint das Sechseck als Spur einer anderen Tradition, der im 18. Jahrhundert einflussreichen physikotheologischen Naturforschung.[230]

So etwa erläuterte William Derham in seiner 1713 erstmals erschienenen und in der Folge überaus populären *Physico-Theology*, die von Johann Albert Fabricius unter dem Titel *Physico-Theologie oder Natur-Leitung zu Gott* auf Deutsch herausgegeben wurde, dass das Sechseck eine der kunstvollsten und deshalb am meisten zu bewundernden Formen der Natur sei und man bereits in der Antike erkannt habe, dass die hexagonale Gestalt der Bienenwabe ein optimales Verhältnis von Wandmaterial und Volumen herstelle.[231] Kant

228 Vitruvius: De architectura VI, 1. Die Übersetzung entstammt der 1796 publizierten Ausgabe Vitruvius: Baukunst, Bd. 2, S. 1. Zum gestrandeten Aristipp vgl. auch Blumenberg: Schiffbruch mit Zuschauer, S. 15-18.

229 Vgl. G. Böhme: Vestigium hominis video, in: ders.: Kants *Kritik der Urteilskraft* in neuer Sicht, S. 108-122, hier S. 108-115.

230 Zu Kants physikotheologischen Wurzeln vgl. Waschkies: Physik und Physikotheologie des jungen Kant.

231 Vgl. Derham: Physiko-Theologie, S. 454 f., Anm., sowie G. Böhme: Vestigium hominis video, in: ders.: Kants *Kritik der Urteilskraft* in neuer Sicht, S. 108-122, hier S. 110, Anm. Im *Einzig möglichen Beweisgrund* erklärte Kant 1763 ebenfalls, »das regelmäßige Sechseck« sei »unter allen Figuren überhaupt diejenige, die mit dem kleinsten Umfange den größten Raum so einschließt, daß sie zugleich, äußerlich mit anderen gleichen Figuren zusammengesetzt, keine Zwischenräume übrig läßt« (AA 2, 133 f.).

nimmt diese Argumentation bereits in § 43 der *Kritik der Urteilskraft* auf. In Abgrenzung der durch »Handeln oder Wirken überhaupt (agere)« bestimmten Natur von der durch »Tun (facere)« charakterisierten Kunst erklärt er hier, dass »[v]on Rechtswegen [...] nur die Hervorbringung durch Freiheit, d. i. durch eine Willkür, die ihren Handlungen Vernunft zum Grunde legt, Kunst« genannt werden sollte:

> Denn, ob man gleich das Produkt der Bienen (die regelmäßig gebaueten Wachsscheiben) ein Kunstwerk zu nennen beliebt, so geschieht dieses doch nur wegen der Analogie mit der letzteren; sobald man sich nämlich besinnt, daß sie ihre Arbeit auf keine Vernunftüberlegung gründen, so sagt man alsbald, es ist ein Produkt ihrer Natur (des Instinkts), und als Kunst wird es nur ihrem Schöpfer zugeschrieben. (KU B 173 f.)

Anders als Derham, der die Bienenwaben als Beleg für die Kunstfertigkeit einer Natur verstand, die nur im physikotheologischen Schluss auf Gott begriffen werden konnte, verwendet Kant die Sechsecke nun, um Kunst und Natur zu unterscheiden – und das in doppelter Hinsicht. In § 43 der ›Kritik der ästhetischen Urteilskraft‹ begreift er die »regelmäßig gebaueten Wachsscheiben« als Zeugnisse der Natur, weil Bienen »keine Vernunftüberlegung« zuerkannt werden könne; würden die Waben als Kunst erklärt, dann schriebe man sie indirekt, da vermittelt über die Bienen, einem »Schöpfer« zu, auf dessen göttliche Vernunft wiederum nur innerhalb einer ›Physikotheologik‹, nicht aber einer kritischen Philosophie rechtmäßig geschlossen werden könne. In § 64 der ›Kritik der teleologischen Urteilskraft‹ argumentiert Kant nun genau umgekehrt. Unter Zurückweisung unfassbarer Zufälle erklärt er hier, dass das in den Sand gezeichnete Sechseck bloß als Darstellung eines Vernunftbegriffs und folglich als ›Produkt der Kunst‹ des Menschen begriffen werden könne – den Schluss auf eine vernunftbegabte göttliche Natur versagt er sich erneut.[232] In beiden Fällen formuliert er somit eine Zurückweisung der Physikotheologie mithilfe eines ihrer Tra-

232 Ein analoges Beispiel gibt Kant in § 43 der *Kritik der Urteilskraft:* »Wenn man bei der Durchsuchung eines Moorbruches [...] ein Stück behauenes Holz antrifft, so sagt man nicht, es ist ein Produkt der Natur, sondern der Kunst; die hervorbringende Ursache derselben hat sich einen Zweck gedacht, dem dieses seine Form zu danken hat.« (KU B 174).

dition entnommenen Beispiels: Die abduktive *passage,* die der einsame Philosoph in einem ihm als unbewohnt erscheinenden Land vollzieht, legt so den Grundstein einer kritischen Philosophie, die nicht länger auf göttlichen Beistand und göttliche Vernunft, sondern allein auf menschlichen Denken gründet.

Damit zeigt sich zumindest bei einer genaueren Betrachtung, dass das Beispiel des einsam reflektierenden Philosophen nicht nur als Nachbildung einer Erkenntnisbewegung zu verstehen ist, die die in § 64 vorgetragene Argumentation auf gleichsam bildliche Weise vervollständigt, sondern dass es auch als Gründungserzählung einer kritischen, sich von der Physikotheologie absetzenden Philosophie gelesen werden kann. Wie schon die anderen Beispiele, auf die hier verwiesen wurde, enthüllt es somit einen eigenen Sinn, der die Ausführungen der *Kritik der Urteilkraft* noch einmal vor einem anderen, einem anschaulicheren, lebendigeren, auch literarisch und lebensweltlich bestimmteren Hintergrund erscheinen lässt, als er dem Werk meist zuerkannt wird.

Mit einem letzten Beleg sollen diese Ausführungen über die *Kritik der Urteilskraft,* über den belebenden Eigensinn ihrer Beispiele und ihren gar nicht so dunklen Stil beendet werden. Um zu erläutern, dass etwas für Natur gehalten werden muss, damit es als schön beurteilt werden kann, greift Kant in der ›Kritik der ästhetischen Urteilskraft‹, am Ende von § 42, auf den häufig erwähnten »Gesang der Vögel« zurück und erklärt:

> Was wird von Dichtern höher gepriesen, als der bezaubernd schöne Schlag der Nachtigall, in einsamen Gebüschen, an einem stillen Sommerabende, bei dem sanften Lichte des Mondes? Indessen hat man Beispiele, daß, wo kein solcher Sänger angetroffen wird, irgendein lustiger Wirt seine zum Genuß der Landluft bei ihm eingekehrten Gäste dadurch zu ihrer größten Zufriedenheit hintergangen hatte, daß er einen mutwilligen Burschen, welcher diesen Schlag (mit Schilf oder Rohr im Munde) ganz der Natur ähnlich nachzumachen wußte, in einem Gebüsche verbarg. Sobald man aber inne wird, daß es Betrug sei, so wird niemand es lange aushalten, diesem vorher für so reizend gehaltenen Gesange zuzuhören; und so ist es mit jedem anderen Singvogel beschaffen. Es muß Natur sein, oder von uns dafür gehalten werden, damit wir an dem Schönen als einem solchen ein unmittelbares *Interesse* nehmen können; noch mehr aber, wenn wir gar

andern zumuten dürfen, daß sie es daran nehmen sollen [...]. (KU B 172 f.)[233]

In seiner Abhandlung *Über naive und sentimentalische Dichtung* zeigt Schiller sich besonders von dieser ausführlichen Erläuterung beeindruckt: »Wer den Verfasser nur als einen großen Denker bewundern gelernt hat«, so bemerkt er, »wird sich freuen, hier auf eine Spur seines Herzens zu treffen und sich durch diese Entdeckung von dem hohen philosophischen Beruf dieses Mannes (welcher schlechterdings beide Eigenschaften verbunden fordert) überzeugen.«[234] In Anbetracht der zitierten Passage erblickt Schiller somit nicht bloß den »großen Denker«, den Krug dann, wie zitiert, in Kant erkennen wird: einen der »größten Denker«, dessen »Schreibart« gleichwohl verbesserungsbedürftig sei.[235] Vielmehr erklärt Schiller sich eingedenk des »bezaubernd schönen Schlags der Nachtigall« für überzeugt von Kants »hohe[m] philosophischen Beruf«, der neben dem »großen Denker« auch »eine Spur seines Herzens« fordere. Wo Gadamer dann »Kants Eigenstes zur Sprache« kommen sieht,[236] heißt es bei Schiller noch empfindsam: *Vestigium cordis video.* Schöner ist die hintergründig belebende Bedeutung von Kants Beispielen nicht zu fassen.

233 Ähnlich erklärt Kant schon am Ende der ›Analytik des Schönen‹, dass »der Gesang der Vögel [...], wenn er vom Menschen (wie dies mit dem Schlagen der Nachtigall bisweilen geschieht) ganz genau nachgeahmet wird, unserm Ohre ganz geschmacklos zu sein dünkt.« (KU B 73 f.).

234 Schiller: Über naive und sentimentalische Dichtung, in: Sämtliche Werke, Bd. 5, S. 695, Anm.

235 Krug: Art. »Philosof. Schreibart«, in: Allgemeines Handwörterbuch, Bd. 3, S. 223 f., hier S. 223.

236 Gadamer: Wahrheit und Methode, S. 56.

III. Naturgemäße Darstellung, maßvolle Natur: Goethe

»Je tiefer ich in die Unreife von Schellings Weltseele eindringe«, so schreibt Novalis im September 1798 an Caroline Schlegel,

> desto interressanter wird mir sein Kopf – der das Höchste ahndet und dem nur die reine *Wiedergebungsgabe* fehlt – die Göthe zum merckwürdigsten Physiker unsrer Zeit macht. Schelling *faßt* gut – er *hält* schon um vieles schlechter und *nachzubilden* versteht er am Wenigsten.[1]

Wenn Novalis den Naturforscher Goethe hier durch seine »reine *Wiedergebungsgabe*« vom jungen Schelling abgrenzt, dann bezeugt er, wie souverän die Weise erscheinen konnte, in der dieser »merckwürdigste Physiker« der Jahre um 1800 sein Wissen von der Natur zu präsentieren verstand. Zugleich aber impliziert er, dass es sich dabei um ein besonderes Wissen gehandelt habe – um ein Wissen, das in einer nicht weiter bestimmten ›Nachbildung‹ wiedergegeben wird. Damit verweist Novalis hier auch auf Werke, wie sie im folgenden Teil der Arbeit betrachtet werden. Im Zentrum der Ausführungen stehen dabei die Darstellungen, in denen Goethe die Entwicklung und Veränderung von Pflanzen ›nachzubilden‹ sucht. Wie er dieses »ungeheure Geheimnis« (FA 24, 773) der Pflanzenmetamorphose zugleich wahren und wiedergeben möchte, wie er das Pflanzenleben dafür in kein diskursives und kausal begründetes, sondern in ein intuitives, ästhetisches Wissen zu überführen sucht, soll vor allem an zwei Texten aufgezeigt werden: an dem 1790 publizierten *Versuch die Metamorphose der Pflanzen zu erklären,* mit dem Goethe, wie er am 3. März desselben Jahres an Friedrich Heinrich Jacobi schreibt, nun »auch die Bahn der Naturgeschichte als Schriftsteller« betritt (FA 30, 515),[2] und an der Elegie *Die Metamorphose der Pflanzen,* die er 1798 – zu der Zeit, als Novalis seine »reine *Wiedergebungsgabe*«

1 Novalis: Schriften, Bd. 1, S. 671.
2 Vgl. auch die Briefe an Reichardt vom 28. Februar 1790 und an Knebel vom 9. Juli 1790, FA 30, 515 und 547.

bewundert – erstmals veröffentlicht. Allerdings können diese Texte kaum betrachtet werden, ohne eine weitere Schicht von Goethes Auseinandersetzung mit der Pflanzenmetamorphose zu berücksichtigen. Dokumentiert findet diese sich vor allem in den ab 1817 herausgegeben Heften *Zur Morphologie,* in denen Goethe die Abhandlung und die Elegie aus den 1790er Jahren erneut publiziert und in einer Weise mit biographischen Informationen und Selbstdeutungen sowie mit neueren wissenschaftlichen Abhandlungen und Lektüren umgibt und überschreibt, die eine klare Unterscheidung beider Textschichten oft nicht im gewünschten Maße ermöglicht.

Um Goethes ›Darstellung‹ der Pflanzenmetamorphose dennoch möglichst präzise herauszuarbeiten, wird in den beiden folgenden Kapiteln zunächst seine Beschäftigung mit Kant charakterisiert und dann verfolgt, wie er sich in den Pflanzenstudien aus den Jahren in Italien und kurz nach der Rückkehr nach Weimar das Konzept einer anschauenden Wissenschaft mitsamt jener »naturgemäßen Methode« (FA 24, 442) erarbeitet, die vor allem auf die Erfassung der lebendigen Natur zielt. Danach versucht ein drittes Kapitel darzulegen, wie Goethe diese ›naturgemäße Methode‹ im *Versuch die Metamorphose der Pflanzen zu erklären* und in der Elegie zur *Metamorphose der Pflanzen* als eine »naturgemäße Darstellung« entfaltet (FA 24, 448).[3] Herausgestellt werden sollen dabei nicht nur die Textstrategien, mit denen Goethe in beiden Werken ein intuitives, ästhetisches Wissen von der Pflanzenmetamorphose präsentiert; gezeigt werden soll auch, dass die ›naturgemäße Darstellung‹ sich mit dem Begriff des

3 Dass das Interesse an der lebendigen Natur, der Versuch einer ›naturgemäßen‹ Erfassung dieser Natur und auch die Absicht ihrer ›naturgemäßen‹ Präsentation im Sinne der pygmalionischen Darstellungsästhetik voneinander kaum isoliert werden können, verdeutlicht auch ein Artikel über *Modeworte und Moderedensarten der neuern Zeit,* der am 25. September 1837 in den von Heinrich Brockhaus in Leipzig herausgegebenen *Blättern für literarische Unterhaltung* erscheint. In den Jahren um 1800, so heißt es dort, seien »der *Organismus,* die *Organisation* und *Reorganisation* in der Schriftstellerwelt Modeartikel [geworden]. Nun sollte sich Alles *organisch* oder zu einem *organischen Ganzen gestalten.* Nach den Foderungen der Organe oder der Stimmführer des Organismus, sollte nicht nur jedes Werk der schönen Kunst, sondern selbst jeder Kraut- und Kohlgarten mit seinen Salat-, Kohl- und Runkelrübenbeeten ein schönes organisches Ganze bilden und als solches *plastisch hervortreten,* um als *naturgemäß* zu gelten. Ja, es schien durch das beliebte *Naturgemäß* eine Zeit lang selbst das Natürliche und Zweckmäßige verdrängt worden zu sein.« ([Anonym:] Modeworte und Moderedensarten der neuern Zeit, S. 1086).

Stils beschreiben lässt, den Goethe 1789 in der Abhandlung über *Einfache Nachahmung der Natur, Manier, Styl* entwickelt. Im Bezug auf einen der zentralen Begriffe seiner Kunsttheorie offenbart sich damit auch ein grundlegender Unterschied zu Schiller. So sucht dieser die Ausdifferenzierung der Künste und Wissenschaften voranzutreiben und vor allem die Autonomie von Kunst zu sichern, wenn er erklärt, dass die ästhetische Darstellung »ein *organisches* Produkt«, »die bloß wissenschaftliche Darstellung« aber nur »ein *mechanisches* Werk« sei.[4] Goethe hingegen scheint zumindest der Autonomisierung der Wissenschaften entgegenwirken zu wollen, indem er seinen Werken von der lebendigen, organischen Natur im Rückgriff auf künstlerische, vor allem literarische Gestaltungsmittel eine ›naturgemäße‹, organische Form zu verleihen und dadurch ein intuitives, ästhetisches Wissen von der Pflanzennatur zu erzeugen sucht.

Im Ausgang von seiner Epistemologie des Zeichnens behandelt ein viertes Kapitel noch einige Skizzen, Notizen und Abbildungen, die Goethe in Italien sowie kurz nach der Publikation des *Versuchs die Metamorphose der Pflanzen zu erklären* erstellt. Gezeigt werden soll dabei, dass diese verschiedenen Aufzeichnungsformen ein ganz anderes Pflanzenwissen figurieren als die Abhandlung, die die Lehre von der Metamorphose letztlich als eine Sprach- und Text-Lehre entwickelt. Die dadurch angestoßenen Überlegungen zur Darstellung des Wissens von der lebendigen Natur in Text und Bild werden schließlich im Blick auf Goethes Beschäftigung mit den naturgeschichtlichen Werken und Abbildungen von Eduard Joseph d'Alton und Carl Friedrich Philipp von Martius, die in der ersten Hälfte der 1820er Jahre vor allem in den Heften *Zur Morphologie* dokumentiert werden, vertieft und neu perspektiviert.

Wie Goethe sich den »Alten vom Königsberge« aneignet

In *Winckelmann und sein Jahrhundert* erklärt Goethe 1805, »daß kein Gelehrter ungestraft jene große philosophische Bewegung, die durch Kant begonnen, von sich abgewiesen, sich ihr widersetzt, sie verachtet habe« (FA 19, 202). Goethe wusste, wovon er redet. Schon

4 Schiller: Über die notwendigen Grenzen beim Gebrauch schöner Formen, in: Sämtliche Werke, Bd. 5, S. 675 f.

vor der Begegnung mit Schiller hatte er im Herbst 1790 begonnen, sich mit der *Kritik der reinen Vernunft* und der *Kritik der Urteilskraft* zu befassen,[5] eine Auseinandersetzung, die er bis an sein Lebensende fortsetzen und vor allem in den letzten fünfzehn Lebensjahren vermehrt thematisieren sollte. Zwar zählte er Kant nicht zu den Personen, die ihn aufgrund ihrer Außerordentlichkeit erschrecken ließen – diesen Rang sprach er nur Shakespeare, Spinoza und Linné zu –,[6] doch glaubte er zumindest eine analoge Denkart bei ihm zu erkennen. In einer, wie Ernst Cassirer schreibt, »merkwürdige[n] Äußerung, die, biographisch und geistesgeschichtlich, von größter Bedeutung ist«,[7] bemerkt Goethe am 11. April 1827 zu Eckermann:

> Kant hat nie von mir Notiz genommen, wiewohl ich aus eigener Natur einen ähnlichen Weg ging als er. Meine Metamorphose der Pflanzen habe ich geschrieben, ehe ich etwas von Kant wußte, und doch ist sie ganz im Sinne seiner Lehre. Die Unterscheidung des Subjekts vom Objekt, und ferner die Ansicht, daß jedes Geschöpf um sein selbst willen existiert und nicht etwa der Korkbaum gewachsen ist, damit wir unsere Flaschen pfropfen können, dieses hatte Kant mit mir gemein und ich freute mich ihm hierin zu begegnen. (FA 39, 243)

Ähnlich hatte Goethe sich schon 1820 im zweiten Heft *Zur Morphologie* geäußert. So erklärt er in dem kleinen Text zur *Einwirkung der neuern Philosophie,* der gemeinsam mit der hier ebenfalls publizierten Abhandlung zur *Anschauenden Urteilskraft* als Hintergrund der folgenden Ausführungen dienen soll, dass er der *Kritik der reinen Vernunft* zunächst verhalten begegnet sei: »Der Eingang

5 Die Spuren dieser Lektüren versammelt von Mólnar: Goethes Kantstudien. Aus der Fülle an Publikationen über Goethes Beziehung zu Kant siehe hier Cassirer: Goethe und die Kantische Philosophie, S. 63-99; Wachsmuth: »Natur und Kunst«, in: ders.: Geeinte Zwienatur, S. 267-289, bes. S. 283-287; Kleinschnieder: Goethes Naturstudien, S. 77-196; Rehbock: Goethe und die ›Rettung der Phänomene‹, S. 353-369; Schieren: Anschauende Urteilskraft, S. 29-80; Hofmann: Goethes Theologie, S. 113-137; Förster: Die Bedeutung von §§ 76, 77 der *Kritik der Urteilskraft*, S. 180-190; und, einführend, Dietzsch: Art. »Kant, Immanuel«, in: Witte u. a. (Hrsg.): Goethe-Handbuch, Bd. 4/1, S. 594-596.

6 Vgl. Goethe: An Zelter, 7. November 1816, FA 35, 58; und ders.: Geschichte meines botanischen Studiums, FA 24, 408.

7 Cassirer: Goethe und die Kantische Philosophie, S. 63.

war es der mir gefiel, ins Labyrinth selbst konnt ich mich nicht wagen« (FA 24, 443). Leichter habe er den Weg in die *Kritik der Urteilskraft* gefunden. Ihr sei er, so gesteht Goethe, »eine höchst frohe Lebensepoche schuldig«:

> Hier sah ich meine disparatesten Beschäftigungen neben einander gestellt, Kunst- und Naturerzeugnisse eins behandelt wie das andere, ästhetische und teleologische Urteilskraft erleuchteten sich wechselsweise.
> Wenn auch meiner Vorstellungsart nicht eben immer dem Verfasser sich zu fügen möglich werden konnte, wenn ich hie und da etwas zu vermissen schien, so waren doch die großen Hauptgedanken des Werks meinem bisherigen Schaffen, Tun und Denken ganz analog; das innere Wirken der Kunst so wie der Natur, ihr beiderseitiges Wirken von innen heraus war im Buche deutlich ausgesprochen. (FA 24, 444)

Diesen Befund wiederholt Goethe in der 1792 erlebten, doch erst 1822 nach gründlicher Bearbeitung publizierten *Campagne in Frankreich:*

> Wenn Kant in seiner Kritik der Urteilskraft der ästhetischen Urteilskraft die teleologische zur Seite stellt; so ergibt sich daraus daß er andeuten wolle: ein Kunstwerk solle wie ein Naturwerk, ein Naturwerk wie ein Kunstwerk behandelt und der Wert eines jeden aus sich selbst entwickelt, an sich selbst betrachtet werden. (FA 16, 491)

Wichtige Punkte, in denen Goethe Kant zu begegnen glaubt, sind in diesen Passagen benannt. »Leidenschaftlich angeregt« sah er sich durch die *Kritik der Urteilskraft* darin bestätigt, »daß Dichtkunst und vergleichende Naturkunde so nah miteinander verwandt seien« (FA 16, 491), dass sie mittels der gleichen, sie ›wechselsweise erleuchtenden‹ Methode behandelt werden können und sollen. Diese Methode, mit der Goethe auch auf die zu seiner Zeit massiv fortschreitende Ausdifferenzierung der Künste und Wissenschaften zu reagieren suchte, fand er hier »ganz analog« zu seiner eigenen Herangehensweise bestimmt. Ebenso wie Kant das Geschmacksurteil durch die formale, subjektive Zweckmäßigkeit ohne Zweck charakterisiert und den Naturzweck von der äußeren oder relativen Zweckmäßigkeit abgegrenzt hatte, so wollte auch Goethe Kunst und Natur durch ihr »inneres Wirken«, durch innere Bezüge, nicht äußere

Zwecke verstanden wissen. Dass es sich dabei um eine einseitige, ausgesuchte, keineswegs ›orthodoxe‹ Anknüpfung handelte – und damit weniger um eine ›Einwirkung‹ als um das, was mit Michel de Certeau als eine Taktik der Aneignung, der unsystematisch wildernden Aneignung bezeichnet werden kann[8] –, war Goethe bewusst. Als kaum verwunderlich erschien es ihm daher, dass Kantianer ihm »mit lächelnder Verwunderung« entgegneten, seine Auffassung sei »freilich ein Analogon Kantischer Vorstellungsart, aber ein seltsames«: »Denn ich sprach nur aus was in mir aufgeregt war, nicht aber was ich gelesen hatte«, so bemerkt er in der *Einwirkung der neueren Philosophie* (FA 24, 444 f.).

Diese Skepsis gegenüber Goethe war insofern berechtigt, als es ihm um keine systematische Auseinandersetzung mit den *Kritiken* ging; dieses Vorhaben weist er zu Beginn der *Einwirkung der neueren Philosophie* durch die vielzitierte Untertreibung zurück: »Für Philosophie im eigentlichen Sinne hatte ich kein Organ« (FA 24, 442). Stattdessen beschränkte er seine Beschäftigung mit Kant auf das, was ihn oder, genauer, was etwas in ihm ›aufregen‹ konnte. Neben der im Gespräch mit Eckermann erwähnten »Unterscheidung des Subjekts vom Objekt«, die Kant in der *Kritik der reinen Vernunft* ausgeführt und die Goethe sich im *Versuch als Vermittler von Objekt und Subjekt* produktiv angeeignet hatte,[9] war das die *Kritik der Urteilskraft,* besonders die ›Kritik der teleologischen Urteilskraft‹. Fremd hingegen blieb ihm der systematisch stärker eingebundene Teil der kantischen Naturtheorie, vor allem der formale, durch mathematisch darstellbare Gesetzmäßigkeiten bestimmte Naturbegriff, den die *Kritik der reinen Vernunft* und die *Metaphysischen Anfangsgründe der Naturwissenschaft* im Anschluss an Bacon und Newton entwickelt hatten, und das damit verbundene Projekt einer auf apriorische Konstruktionen beschränkten Physik als ›eigentlicher Naturwissenschaft‹. In den *Maximen und Reflexionen* grenzt Goethe sich von einer solchen Mathematisierung der Physik denn auch entschieden ab:

8 Vgl. Certeau: Kunst des Handelns, bes. S. 21-32, 85-92 und 293-311. Zu Certeaus Aneignungsbegriff vgl. aus geschichtswissenschaftlicher Perspektive Füssel: Die Kunst der Schwachen. Zum hochgespannteren Aneignungsbegriff des späten Goethe vgl. Schmitz: Goethes Altersdenken, S. 384-389.

9 Vgl. von Engelhardt: »Der Versuch als Vermittler von Objekt und Subjekt«; Hofmann: Goethes Theologie, S. 137-147.

> Als getrennt muß sich darstellen: Physik von Mathematik. Jene muß in einer entschiedenen Unabhängigkeit bestehen und mit allen liebenden, verehrenden, frommen Kräften in die Natur und das heilige Leben derselben einzudringen suchen, ganz unbekümmert, was die Mathematik von ihrer Seite leistet und thut. (FA 13, 48)

In dem kleinen Text zur *Anschauenden Urteilskraft,* der im zweiten Heft *Zur Morphologie* direkt auf die *Einwirkung der neueren Philosophie* folgt, verdeutlicht Goethe seinen Bezug auf die ›Kritik der teleologischen Urteilskraft‹ weiter. Den Eindruck, dass Kant »schalkhaft ironisch« verfahren sei, »indem er bald das Erkenntnisvermögen aufs engste einzuschränken bemüht schien, bald über die Grenzen, die er selbst gezogen hatte, mit einem Seitenwink hinausdeutete« (FA 24, 447), belegt er hier im Verweis auf § 77 der *Kritik der Urteilskraft.*[10] Kant hatte dort noch einmal die »Eigentümlichkeit unseres (menschlichen) Verstandes in Ansehung der Urteilskraft, in der Reflexion derselben über Dinge der Natur« herausgestellt, indem er ihn mit der »Idee von einem andern möglichen Verstande, als dem menschlichen« konfrontierte (KU B 345). Erneut hatte er hierzu ausgeführt, dass der menschliche Verstand »ein Ganzes der Materie, seiner Form nach«, immer »als ein Produkt der Teile und ihrer Kräfte und Vermögen, sich von sich selbst zu verbinden«, betrachte; da er ein Ganzes also stets von den Teilen her erfasse, nur als Summe seiner Teile erkenne, vermöge er allein dessen »mechanische Erzeugungsart« zu begreifen (KU B 351). Um Organismen, wie Kant hier weiter erklärt, aber nicht länger bloß als Maschinen, sondern als Naturzwecke vorzustellen, in denen ein Ganzes die Teile bestimme, müsse zudem die Möglichkeit eines Verstandes gedacht werden, »der, weil er nicht wie der unsrige diskursiv, sondern intuitiv ist, vom *Synthetisch-Allgemeinen* (der Anschauung eines Ganzen, als eines solchen) zum Besondern geht, d. i. vom Ganzen zu den Teilen« (KU B 349). Im Unterschied zum diskursiven, menschlichen Verstand, der stets »vom *Analytisch-Allgemeinen* (von Begriffen) zum Besondern (der gegebenen empirischen Anschauung)« (KU B 348) fortschreite und daher nur das begrifflich darstellbare

10 Zu den §§ 76 und 77 und ihrer Rezeption durch Goethe und Hegel vgl. Förster: Die Bedeutung von §§ 76, 77 der *Kritik der Urteilskraft.* Vgl. hierzu außerdem McLaughlin: Kants Kritik der teleologischen Urteilskraft, S. 146-161.

Verhältnis der Teile zum Ganzen erkenne,[11] beginne dieser intuitive Verstand bei der Anschauung des Ganzen. Diese erlaube es ihm, die Verbindung der Teile – das, was der begrifflich konstruierbaren Summe der Teile zum organischen Ganzen fehlt – nicht länger nur als ›zufällig‹ zu beurteilen. Vielmehr erscheinen die besonderen Naturgesetze, auf die der menschliche Verstand die für ihn bloß empirisch ersehbare Verbindung der Teile bringe, dem intuitiven Verstand als ›notwendig‹. Die »Zufälligkeit der Zusammenstimmung der Natur in ihren Produkten nach *besondern* Gesetzen zum Verstande«, so schreibt Kant, werde in ihm »nicht angetroffen« (KU B 347).

Im Anschluss an die Antinomie der teleologischen Urteilskraft entfaltet der § 77 somit die Idee eines intuitiven, urbildlichen, diese Antinomie aufhebenden Verstandes, der die »Zusammenstimmung der Naturgesetze mit unserer Urteilskraft, die für unsern Verstand nur durch das Verbindungsmittel der Zwecke denkbar ist«, als notwendig erscheinen lässt (KU B 348).[12] Gleichwohl darf dieser »intellectus archetypus«, den Kant aus »der Dagegenhaltung unseres diskursiven, der Bilder bedürftigen, Verstandes (intellectus ectypus)« gewinnt (KU B 350 f.), nur als ein anderer, gleichsam unmenschlicher Verstand vorgestellt werden. Keineswegs ist er als göttlicher Verstand anzusehen, der selbst auch als Ursache der von ihm beurteilten Natur zu gelten hätte. So müssen, wie Kant formuliert, »gewisse Naturprodukte« zwar »nach der besondern Beschaffenheit unseres Verstandes, *von uns,* ihrer Möglichkeit nach absicht-

11 Anders als oft behauptet wurde, betreibt Kant hierbei keine »Vermengung« von Ganzem und Allgemeinem, Teil und Besonderem (Driesch: Kant und das Ganze, S. 369; darauf deutet auch Förster: Die Bedeutung von §§ 76, 77 der *Kritik der Urteilskraft,* S. 179, Anm.). Wie Peter McLaughlin betont, besteht die Eigenart des menschlichen Verstandes vielmehr umgekehrt darin, »die Zurückführung des Besonderen auf das Allgemeine mit der Reduktion eines Ganzen auf seine Teile gleichzusetzen« (McLaughlin: Kants Kritik der teleologischen Urteilskraft, S. 148).

12 Die damit angedeutete Dynamik, die Goethe später, wie schon zitiert, als »schalkhaft ironisch« bezeichnen wird, hebt insbesondere Hegel hervor. Indem Kant, so erklärt er 1802 in *Glauben und Wissen,* »selbst einen intuitiven Verstand denkt, auf ihn als absolut notwendige Idee geführt wird, stellt er selbst die entgegengesetzte Erfahrung von dem Denken eines nicht diskursiven Verstandes auf und erweist, daß sein Erkenntnisvermögen erkennt, nicht nur die Erscheinung und die Trennung des Möglichen und Wirklichen in derselben, sondern die Vernunft und das Ansich« (Hegel: Glauben und Wissen, in: Werke, Bd. 2, S. 326).

lich und als Zwecke erzeugt, *betrachtet werden*«. Daraus aber zu schließen, »daß es wirklich eine besondere Ursache, welche die Vorstellung eines Zwecks zu ihrem Bestimmungsgrunde hat, gebe« (KU B 346), überschritte die Grenzen des menschlichen Erkenntnisvermögens: »[M]it einer solchen Behauptung«, bemerkt Kant lakonisch, »kommen wir nicht durch« (KU B 337).[13]

Genau diese Zurückhaltung nun galt Goethe, wie er mit einem seiner Lieblingsworte erklärt, als »höchst bedeutend«. »Zwar scheint der Verfasser hier auf einen göttlichen Verstand zu deuten« (FA 24, 447 f.), so bemerkt er in der *Anschauenden Urteilskraft* zur Unterscheidung von diskursivem und intuitivem Verstand. Tatsächlich aber werde in § 77 gerade nicht erklärt, dass die Natur von Gott geschaffen sein müsse. Nahegelegt sei lediglich, dass es sich mit ihr wie mit Gott verhalte. So wie die Menschen sich »im Sittlichen, im Glauben an Gott, Tugend und Unsterblichkeit [...] an das erste Wesen annähern sollen«, erläutert Goethe, »so dürft es wohl im Intellektuellen derselbe Fall sein, daß wir uns, durch das Anschauen einer immer schaffenden Natur, zur geistigen Teilnahme an ihren Produktionen würdig machten« (FA 24, 448). Analog zu den Forderungen, die den Menschen im Praktischen durch Gott als regulative Idee gestellt werden, seien somit die Ansprüche der »immer schaffenden Natur«, der *natura naturans,* im Theoretischen zu verstehen. Nur durch fortwährendes, unermüdliches Anschauen könne man der »geistigen Teilnahme an ihren Produktionen würdig« werden – denn nicht umsonst ist Theorie ihrem Wortsinn nach ebendas: ein »anschauende[s] Hinnehmen«[14] der *natura naturans* und nicht das experimentelle, technische Herstellen einer *natura naturata,* das die neuzeitliche Naturwissenschaft Bacons und mit Einschränkungen auch die Forschungen Newtons charakterisiert. Zu einer solchen Teilnahme an der Natur, einer Hinnahme der Natur,

13 Vgl. Plessner: Ein Newton des Grashalms?, S. 247-250.

14 G. Böhme: Naturwissenschaft als Technik, S. 190. Im Anschluss hieran erklärt Hartmut Böhme Goethes Naturverständnis als Aktualisierung einer aristotelisch konzipierten »Natur nichtmaschinaler Art« und damit als eine »Kritik der Moderne«, die »in Bildern der Vormoderne« gespiegelt wird (H. Böhme: Lebendige Natur, in: ders.: Natur und Subjekt, S. 145-178, hier S. 154 und 171). Zu Goethes Naturbegriff siehe auch D. Kuhn: Versuch über Modelle der Natur in der Goethezeit, in: dies.: Typus und Metamorphose, S. 159-176. Zu den jeweils verschiedenen Einordnungen seines Naturbegriffs vgl. Mandelkow: Goethes Naturauffassung im Urteil der Rezeptionsgeschichte.

glaubt Goethe sich mit dem 1790 veröffentlichten *Versuch die Metamorphose der Pflanzen zu erklären* qualifiziert zu haben. In der *Anschauenden Urteilskraft* erklärt er deshalb:

> Hatte ich doch erst unbewußt und aus innerem Trieb auf jenes Urbildliche, Typische rastlos gedrungen, war es mir sogar geglückt, eine naturgemäße Darstellung aufzubauen, so konnte mich nunmehr nichts weiter verhindern das *Abenteuer der Vernunft,* wie es der Alte vom Königsberge selbst nennt, mutig zu bestehen. (FA 24, 448)

Zwar mag diese Aussage, wie Cassirer feststellt, zunächst »eigenartig, ja einzigartig«[15] erscheinen, weil sie die grundlegenden erkenntnistheoretischen Probleme ignoriert, die Kant im Spannungsfeld von ›Zufälligkeit‹ und ›Notwendigkeit‹ verhandelt. Indes verschwindet dieser Eindruck bei genauerer Kenntnis des spinozistischen Denkens, das Goethe zeitlebens geprägt hat; die Anschauung eines Urbildlichen, Typischen ist innerhalb dieser Tradition nicht weiter erstaunlich. Doch zeigt sich die zitierte Passage in noch anderer Hinsicht als bezeichnend für Goethes ausgesucht ›wildernde‹ Aneignung der kantischen Philosophie. Denn obwohl er hier eine Formulierung aus § 80 der *Kritik der Urteilskraft* zitiert, geht es ihm dabei kaum um das dort benannte »Abenteuer der Vernunft«: Hatte der »Alte vom Königsberge« sich damit auf die Annahme einer »generatio heteronyma« bezogen und diese als ein »gewagtes Abenteuer der Vernunft« bezeichnet (KU B 370, Anm.),[16] sieht Goethe dieses Abenteuer nun im Erschauen des Urbildlichen und Typischen. Zwar hoffte auch Kant auf die Erforschung der »Analogie der Formen, sofern sie bei aller Verschiedenheit einem gemeinschaftlichen Urbilde gemäß erzeugt zu sein scheinen« (KU B 368), nur geht Goethe im Status, den er diesem Urbildlichen zuschreibt, über ihn hinaus – oder, je nach Blickpunkt, hinter ihn zurück.[17] Während Kant stets die Kluft zwischen Anschauung und Idee betonte – eine Kluft,

15 Cassirer: Goethe und die Kantische Philosophie, S. 98.

16 Von einer ›generatio heteronyma‹ wäre zu reden – wie dann in Jean-Baptiste de Lamarcks Transformationstheorie –, »z. B. wenn gewisse Wassertiere sich nach und nach zu Sumpftieren, und aus diesen, nach einigen Zeugungen, zu Landtieren ausbildeten« (KU B 370, Anm.).

17 Dass Goethe nicht hinter Kant zurückgeht, sondern vielmehr ›mit Kant über Kant hinaus‹, erklärt vor allem Rehbock: Goethe und die ›Rettung der Phänomene‹, S. 353-369.

die die indirekte, symbolische Darstellung überbrücken sollte –, sucht Goethe das Verbindende, die Einheit. So zielt er auf ein Anschauen, das zunächst stets auf ein Einzelnes gerichtet ist, von diesem aus aber einen Durchblick auf das die einzelne Erfahrung prägende Urbildliche, Typische eröffnet: »Das Höchste wäre, zu begreifen, daß alles Factische schon Theorie ist« (FA 13, 49), heißt es in einem zentralen Aphorismus der *Maximen und Reflexionen.* Zudem versucht er dieses Anschauen, durch das das Faktische bereits als Theorie begriffen werden soll, in einer ›naturgemäßen Darstellung‹ aufzuheben. Mit einem an Spinozas *Ethica* geschärften Blick ist in den folgenden Abschnitten auf beides zurückzukommen – auf das ›Anschauen‹ ebenso wie auf die ›naturgemäße Darstellung‹.

Einige charakteristische Motive von Goethes Kant-Aneignung konnten damit herausgestellt werden. Anschließend an die Natur- und nicht an die Freiheitsproblematik, die Schillers Aufnahme der kantischen Philosophie bestimmt hat,[18] ›übersieht‹ Goethe die moderne, mathematische Natur- und Naturwissenschaftstheorie der *Kritik der reinen Vernunft* und der *Metaphysischen Anfangsgründe* fast gänzlich.[19] In Absetzung von dem »Schneiden, Öffnen, Zertrennen, Zerlegen«,[20] also dem Analysieren der neuzeitlichen Naturwissenschaft findet er in der *Kritik der Urteilskraft* und besonders der ›Kritik der teleologischen Urteilskraft‹ die Anlage zu einer »andere[n] Weise« der Naturbehandlung, so bemerkt er 1817 im *Glücklichen Ereignis.* Philosophisch sieht er hier eine Methode begründet, »die Natur nicht gesondert und vereinzelt vorzunehmen, sondern sie wirkend und lebendig, aus dem Ganzen in die Teile strebend darzustellen« (FA 24, 436). An dieser »anderen Weise« hebt Goethe nicht nur hervor, dass sie eine Verwandtschaft von Kunst und Na-

18 Schiller »predigte das Evangelium der Freiheit, ich wollte die Rechte der Natur nicht verkürzt wissen«, erklärt Goethe in der *Einwirkung der neueren Philosophie* (FA 24, 445).

19 Eine Ausnahme hiervon bildet der in den *Metaphysischen Anfangsgründen* entwickelte dynamische Materiebegriff: »Ich hatte mir aus Kant's Naturwissenschaft nicht entgehen lassen daß Anziehungs- und Zurückstoßungskraft zum Wesen der Materie gehören«, schreibt Goethe in der *Campagne in Frankreich:* »[D]araus ging mir die Urpolarität aller Wesen hervor, welche die unendliche Mannigfalt der Erscheinungen durchdringt und belebt.« (FA 16, 520). Vgl. auch den Brief an Schweigger vom 25. April 1814, FA 34, 335; Schmidt: Goethes herrlich leuchtende Natur, S. 140-144; und H. Böhme, G. Böhme: Das Andere der Vernunft, S. 110-116.

20 G. Böhme: Naturwissenschaft als Technik, S. 194.

tur aufzeige, indem sie jeweils das innere Wirken und die inneren Bezüge an der Stelle äußerer Zwecke in den Blick nehme. Darüber hinaus findet er hier ein Bewusstsein für die Grenzen des Erkennbaren, das ihm als Respekt, vielleicht sogar als Ehrfurcht vor jenem menschlich unbegreifbaren, da mathematisch undarstellbaren Eigensinn erscheint, der das Leben der Naturdinge ausmachen soll. So wie er in den *Maximen und Reflexionen* erklärt, dass es das »schönste Glück des denkenden Menschen« sei, »das Erforschliche erforscht zu haben und das Unerforschliche ruhig zu verehren« (FA 13, 240), so versteht er Kant, der als die Eigentümlichkeit des menschlichen Verstandes herausgestellt hatte, dass dieser Lebendiges nie als Lebendiges erkennen und nicht einmal »die Erzeugung eines Grashalms nach Naturgesetzen, die keine Absicht geordnet hat, begreiflich machen« könne: »[M]an muß diese Einsicht den Menschen schlechterdings absprechen« (KU B 338).

Doch auch wenn Goethe beim ›Alten vom Königsberge‹ somit eine gewisse Bescheidung auf das ›Erforschliche‹ oder, nach einem zentralen Begriff seiner späten Poetik, eine gewisse ›Entsagung‹ am Werk sieht, darf der Einfluss von Kants Philosophie nicht zu hoch veranschlagt werden. So wird dieser Einfluss bei Goethe nicht nur durch die Wirkung Spinozas grundiert, dessen Lehre von der Glückseligkeit, der *acquiescentia in se ipso,* den vielleicht wichtigsten Bezug zur Lebenskunst der Entsagung bildet.[21] Auch die Chronologie muss hier berücksichtigt werden. Da der *Versuch die Metamorphose der Pflanzen zu erklären* zur Ostermesse 1790 erscheint, Goethe die Kant-Lektüre aber erst im Herbst desselben Jahres aufnimmt, kann von direkter Einwirkung keine Rede sein. Dennoch fällt auf, wie schnell Goethe die der *Kritik der Urteilskraft* entnommenen Anregungen in die Metamorphosenlehre integriert. Ende 1790, nur wenige Monate nach Erscheinen des Werks, hat er sich den Begriff des Naturzwecks bereits angeeignet, als er im letztlich unvollendeten *Zweiten Versuch* zur *Metamorphose der Pflanzen* erläutert,[22] es

21 Zur *acquiescentia in se ipso,* einer der Einsicht in das Notwendige und die eigenen Fähigkeiten verdankten Glückseligkeit, vgl. Spinoza: Ethik III, aff. def. 25, S. 352, IV, p. 52, S. 466 f. und IV, app. 32, S. 522 f. Im Bezug auf die Entsagung vgl. auch das 16. Buch von *Dichtung und Wahrheit* (FA 14, bes. 728-732) und Bell: Spinoza in Germany, S. 167 f.

22 Zur Datierung des *Zweiten Versuchs* vgl. den Brief an Knebel vom 9. Juli 1790: »Sollte ich irgendwo lange Stunden haben, so schreibe ich das zweyte Stück über die Metamorphose der Pflanzen, und den Versuch über die

sei der »Haupt-Begriff«, der »jeder Betrachtung eines lebendigen Wesens zum Grunde liegen« müsse,

> daß es mit sich selbst beständig daß seine Teile in ein notwendiges Verhältnis gegen sich selbst bestehn, daß nichts Mechanisches gleichsam von außen gebauet und hervorgebracht werde, obgleich Teile nach außen zu wirken, und von außen Bestimmung annehmen. (FA 24, 154)

Auch wenn Goethe sich hier zu scheuen scheint, diesen »Haupt-Begriff« bei seinem Namen zu nennen und ihn als ›Naturzweck‹ zu bezeichnen, ist die Berufung auf Kant unübersehbar. So fügt Goethe kurz darauf hinzu, dass die Naturforscher sich dieses Begriffs schon deshalb bedienen könnten, weil »die neuere philosophische Schule nach der von ihrem Lehrer vorgezeigten Anleitung (siehe Kants Kritik der teleologischen Urteilskraft besonders § [76, 77]) diese Vorstellungsart kurrenter zu machen sich zur Pflicht rechnen« werde (FA 24, 155).[23]

Natürlich ist diese Ausführung auch als Werbung zu verstehen, als Versuch, die eher verhalten aufgenommene Metamorphosenlehre durch den Anschluss an die ungleich populärere *Kritik der Urteilskraft* »kurrenter zu machen«. Doch reicht dies nicht aus, um die zunehmende Wirkung zu erklären, die Goethe Kant zugesteht. Diese Wirkung offenbart sich später dann deutlich in der erneuten Veröffentlichung der Metamorphoseschrift im Rahmen der ab 1817 publizierten Hefte *Zur Morphologie,* in denen Goethe – wie etwa in der *Einwirkung der neueren Philosophie* und der *Anschauenden Urteilskraft* – zunächst besonders auf die historische und biographische Einordnung seiner Naturstudien zielt,[24] oder in der Bemerkung,

Gestalt der Thiere: beydes möchte ich künftige Ostern herausgeben.« (FA 30, 547).

23 Da Goethe die Paragraphennummer ausgelassen hat, ist umstritten, auf welche Stelle der *Kritik der Urteilskraft* er sich hier bezieht. Während die Mehrzahl der Goethe-Ausgaben, darunter die ›Frankfurter Ausgabe‹, die zitierte Passage als Verweis auf § 64 versteht (vgl. FA 24, 955), folge ich Eckart Försters Deutung, der zufolge Goethe auf die §§ 76 und 77 referiert. Vgl. Förster: Die Bedeutung von §§ 76, 77 der *Kritik der Urteilskraft,* S. 169, Anm.

24 Zum Zusammenhang und Aufbau der Hefte *Zur Morphologie* vgl. D. Kuhn: Das Prinzip der autobiographischen Form, in: dies.: Typus und Metamorphose, S. 51-59; und Azzouni: Kunst als praktische Wissenschaft, S. 33-41, die die Hefte insgesamt aber weniger durch die autobio-

dass Kant vor allem auf sein Alter gewirkt habe: »Daß Lessing, Winckelmann und Kant älter waren als ich, und die beiden ersteren auf meine Jugend, der letztere auf mein Alter wirkte, war für mich von großer Bedeutung«, erklärt er Eckermann am 12. Mai 1825 (FA 39, 158). Zudem äußert die Aneignung Kants sich auch im veränderten Status der Metamorphosenlehre selbst. Während Goethe später bemerkt, dass er sie nach der Rückkehr aus Italien noch mit einem »hartnäckigen Realismus« (FA 24, 437) aufgefasst habe – woran sich später die zum *Glücklichen Ereignis* stilisierte Auseinandersetzung mit Schiller entzündet –, scheint er sie im Zuge der Neuausgabe des *Versuchs die Metamorphose der Pflanzen zu erklären* bloß noch symbolisch zu verstehen: »Wenn du das Werklein in ruhiger Zeit wieder liesest«, schreibt er am 14. Oktober 1816 an Carl Friedrich Zelter, »so nimm es nur symbolisch und denke dir immer dabey irgend ein anders Lebendige, was sich aus sich selbst fortschreitend entwickelt.« (WA IV/27, 199)[25]

Dass Goethe sich mit dieser Orientierung am Lebendigen, das er in den begrifflich nicht fassbaren inneren Bezügen von Kunstwerken und Organismen erkannte, im Verlauf seines Lebens zunehmend auf verlorenem Posten sah – und das sowohl in künstlerischer als auch in wissenschaftlicher Hinsicht –, zeigt sein Brief an Zelter vom 29. Januar 1830. Einstimmend in die vorangegangene Klage, dass die »neuen Theoristen« allein »die Wirkung lehren« wollen,[26] erklärt er in diesem charakteristischen Dokument seiner Kant-Rezeption: »*Wir* kämpfen für die Vollkommenheit eines Kunstwerkes, in und an sich selbst«, auch wenn »jene« sehr erfolgreich »an dessen Wirkung nach außen« denken würden, »um welche sich der wahre Künstler gar nicht bekümmert, so wenig als die Natur wenn sie einen Löwen oder einen Kolibri hervorbringt« (FA 38, 222). »Zum Scherz und Überfluß« nutzt Goethe diese Analogisierung des »wahren Künst-

graphische Form strukturiert sieht, die in den ersten Heften noch deutlich hervortritt, als vielmehr durch das »Problem des Kollektiven«: »Man kann sagen, daß das formale Problem des Kollektiven hier das Prinzip der Folge ablöst« (Ebd., S. 38).

25 Friedrich von Müller gegenüber erklärt er die Metamorphosenlehre am 2. Juli 1830 dann als Idee: »Man darf die Grundmaxime der Metamorphosenlehre nicht allzu breit erklären wollen; zu sagen: sie sei reich und produktiv wie eine Idee, ist das Beste. Man muß lieber sie in einzelnen Beispielen verfolgen und anschauen.« (Goethe: Gespräche, Bd. 3, S. 647). Vgl. Cassirer: Goethe und die Kantische Philosophie, S. 76-78.

26 Zelter: An Goethe, 5. Januar 1830, in: ders., Goethe: Briefwechsel, S. 378.

lers« mit der Natur zunächst, um auf die *Wahlverwandtschaften* zu verweisen, in denen er »die innige reine Katharsis so rein und vollkommen als möglich abzuschließen bemüht war« (FA 38, 222 f.). Sodann aber würdigt er erneut den ›Alten vom Königsberge‹, auf dessen Herausstellung der Zweckmäßigkeit ohne Zweck die Analogie zwischen Kunst und Natur – und nicht mehr zwischen Künstler und Natur – fußt, und stellt ihn in eine Reihe mit Spinoza, von dessen ›Gläubigung‹ im Folgenden gehandelt werde soll:

> [E]s ist ein grenzenloses Verdienst unsres alten Kant um die Welt, und ich darf auch sagen um mich, daß er, in seiner Kritik der Urteilskraft, Kunst und Natur nebeneinander stellt und beiden das Recht zugesteht: aus großen Prinzipien zwecklos zu handeln. So hatte mich Spinoza früher schon in dem Haß gegen die absurden Endursachen gegläubiget. Natur und Kunst sind zu groß um auf Zwecke auszugehen, und haben's auch nicht nötig, denn Bezüge gibt's überall und Bezüge sind das Leben. (FA 38, 223)[27]

Naturgemäße Methode: Zum Verständnis der Pflanzenbildung

Ein Gespenst wird Gestalt: Sizilien, Spinoza, *scientia intuitiva*

> Das Pflanzenreich rasst einmal wieder in meinem Gemüthe, ich kann es nicht einen Augenblick loswerden […].
>
> (Goethe an Charlotte von Stein, 9./10. Juli 1786, FA 29, 637)

Bereits während seiner Italienreise von 1786 bis 1788 hatte Goethe erfahren, dass die Analogie von Kunst und Natur, die er bald darauf in der Anlage der *Kritik der Urteilskraft* wiederfand, sich auch in Konkurrenz verkehren konnte. Nachdem die Kunsterlebnisse des ersten Romaufenthalts ihn bereits vermuten ließen, dass die griechischen Künstler »nach eben den Gesetzen verfuhren, nach welchen

27 Zum ›lebendigen Bezug‹ vgl. auch die kurzen, 1822 im vierten Heft *Zur Morphologie* veröffentlichten Ausführungen Goethes zur *Lebens- und Formgeschichte der Pflanzenwelt von Schelver,* in: FA 24, 563 f. Zum Selbstbezug als Grundlage von Goethes Naturtheorie vgl. H. Helbig: Der »Bezug auf sich selbst«.

die Natur verfährt und denen ich auf der Spur bin« (FA 15, 179), bedeuteten die Wochen auf Sizilien den Durchbruch für seine Forschungen; nicht zufällig markieren sie den Höhe- und Wendepunkt der ab 1816 veröffentlichten *Italienischen Reise*,[28] auf die die folgenden Ausführungen zur erkenntnistheoretischen Grundlegung von Goethes Naturforschung immer wieder zurückgreifen werden, auch wenn der Reisebericht aufgrund der redaktionellen Eingriffe und der großen zeitlichen Distanz zum beschriebenen Aufenthalt nur eingeschränkt als ein ›authentisches‹ Zeugnis der Reiseerfahrungen gelten kann. So erklärt Goethe hier, dass er in Sizilien nicht nur den »Schlüssel« zu Italien gefunden habe, wie er am 13. April 1787 notiert: »Italien ohne Sicilien macht gar kein Bild in der Seele« (FA 15, 271). Parallel zu den literarischen Beschäftigungen, vor allem der Homer-Lektüre und der Arbeit an der *Nausikaa*-Tragödie, habe er sich im Botanischen Garten zu Palermo auch dem schon lang gesuchten Schlüssel seiner botanischen Studien, der ›Urpflanze‹, genähert. »Es ist ein wahres Unglück wenn man von vielerlei Geistern verfolgt und versucht wird!«, so klagt er am 17. April 1787:

> Heute früh ging ich mit dem festen, ruhigen Vorsatz meine dichterischen Träume fortzusetzen nach dem öffentlichen Garten, allein, eh ich michs versah, erhaschte mich ein anderes Gespenst, das mir schon diese Tage nachgeschlichen. Die vielen Pflanzen, die ich sonst nur in Kübeln und Töpfen, ja die größte Zeit des Jahres nur hinter Glasfenstern zu sehen gewohnt war, stehen hier froh und frisch unter freiem Himmel und, indem sie ihre Bestimmung vollkommen erfüllen, werden sie uns deutlicher. Im Angesicht so vielerlei neuen und erneuten Gebildes fiel mir die alte Grille wieder ein: ob ich nicht unter dieser Schar die Urpflanze wieder entdecken könnte? Eine solche muß es denn doch geben! Woran würde ich sonst erkennen, daß dieses oder jenes Gebilde eine Pflanze sei, wenn sie nicht alle nach einem Muster gebildet wären?
>
> Ich bemühte mich zu untersuchen, worin denn die vielen abweichenden Gestalten voneinander unterschieden seien. Und ich fand sie immer mehr ähnlich als verschieden und wollte ich meine botanische Terminologie anbringen, so ging das wohl, aber es fruchtete nicht, es machte mich unruhig, ohne daß es mir weiterhalf.

28 Vgl. Barner: Altertum, Überlieferung, Natur, bes. S. 74-80.

> Gestört war mein guter poetischer Vorsatz, der Garten des Alcinous war verschwunden, ein Weltgarten hatte sich aufgetan. (FA 15, 286)[29]

Obgleich Goethe dieses gespenstisch beunruhigende Gebilde der Urpflanze an dieser Stelle noch nicht recht erkennen und erklären kann, scheint es die Konkurrenz von Kunst und Natur doch längst entschieden zu haben. An die Stelle Nausikaas, der Tochter des Königs Alkinoos, die den gestrandeten Odysseus liebevoll bei den Phaiaken empfängt, drängt sich in Palermo, im Garten der Villa Giulia, die Idee der Urpflanze, die einen paradiesischen, alle möglichen Pflanzen enthaltenden ›Weltgarten‹ eröffnet.[30] An die Stelle der *Nausikaa,* die Fragment geblieben ist, rücken die Überlegungen, die Goethe in Weimar 1790 im *Versuch die Metamorphose der Pflanzen zu erklären* entfaltet. An die Stelle von Mythos und Poesie scheint, gleichsam in einer Urszene der Moderne, die Naturforschung zu treten.

In Italien finden diese Gedanken zur Pflanzenbildung indes nur vorläufigen Ausdruck. Konnte Goethe die zentrale Rolle des Blatts für die Metamorphose auf Sizilien bloß andeuten[31] – in den Aufzeichnungen aus dieser Zeit bringt er sie bereits auf die berühmte, durch zwei ineinander verschlungene Figuren veranschaulichte »Hypothese«: »Alles ist Blatt« (FA 24, 84; Abb. 1) –, so schreibt er

29 Vgl. Sprengel: Die »Urpflanze«. Den großen Kontrast hierzu markiert einmal mehr Johann Gottfried Seume, der diesen Garten fünfzehn Jahre später besucht. Vgl. Seume: Spaziergang nach Syrakus, S. 258 f.

30 Deutlich expliziert der Marburger Botaniker Georg Wilhelm Franz Wenderoth diese Semantik des ›Weltgartens‹. Im Anschluss an Linnés Bestimmung des Paradieses als eines Gartens, der fast alle Bäume enthalte: »Paradisus Nobis est Hortus, qui omnes fere species Arborum, miro studio collectas & artificiose dispositas fovet« (Linné: Bibliotheca Botanica, S. 64, zitiert nach Polianski: Die Kunst, die Natur vorzustellen, S. 167), erklärt Wenderoth 1851, ein Weltgarten müsse »die gesammten Pflanzen der Erde – soweit das irgend menschenmöglich ist – in sich aufnehmen und in naturgemässer Anordnung enthalten« (Wenderoth: Die Pflanzen botanischer Gärten, S. 1, zitiert nach Polianski: Die Kunst, die Natur vorzustellen, S. 168). Den »Weltgarten, der sich Goethe in Palermo auftut«, bloß als »Ort der Beunruhigung« zu verstehen, greift daher zu kurz (Peters: Die Kunst der Natur, S. 166).

31 »An frischem Fenchel bemerkte ich den Unterschied der unteren und oberen Blätter und es ist doch nur immer dasselbe Organ das sich aus der Einfachheit zur Mannigfaltigkeit entwickelt«, heißt es am 20. April 1787 (FA 15, 290).

nach der Rückkehr nach Neapel, dass ihm unter sizilianischem Himmel nicht allein »die Odyssee ein lebendiges Wort« geworden sei (FA 15, 345).[32] Auch »dem Geheimnis der Pflanzenerzeugung und Organisation« sei er »ganz nahe« gekommen, »und nur noch einige Punkte müssen bestimmter werden«:

> Die Urpflanze wird das wunderlichste Geschöpf von der Welt, um welches mich die Natur selbst beneiden soll. Mit diesem Modell und dem Schlüssel dazu, kann man alsdann noch Pflanzen in's Unendliche erfinden, die konsequent sein müssen, das heißt: die, wenn sie auch nicht existieren, doch existieren könnten und nicht etwa malerische und dichterische Schatten und Scheine sind, sondern eine innerliche Wahrheit und Notwendigkeit haben. Dasselbe Gesetz wird sich auf alles übrige Lebendige anwenden lassen. (FA 15, 346)

Das hier beschriebene »Modell« oder »Gesetz«, das Erfindungen von »innerlicher Wahrheit und Notwendigkeit« an die Stelle von »malerischen und dichterischen Schatten und Scheinen« zu setzen und die Natur durch die Invention ›konsequenter‹ Pflanzen bis »in's Unendliche« zu überbieten erlaubt, scheint kein Produkt moderner Naturforschung zu sein – weder der von Bacon geprägten experimentellen Naturwissenschaft, deren Hypothesen gerade keine »Wahrheit und Notwendigkeit« zugesprochen werden konnte, noch der mit avancierten Ordnungsmodellen arbeitenden Pflanzenwissenschaft des 18. Jahrhunderts, die Goethe zuvor ja bereits mit dem Hinweis auf die beunruhigende Fruchtlosigkeit der botanischen Terminologie zurückgewiesen hatte. Statt seine Hypothesen zum Pflanzenwachstum experimentell überprüfen – oder aber auch mathematisch herleiten – zu wollen, dienen Goethe die ›Anschauung‹ und die *scientia intuitiva,* die der schon mehrfach erwähnte Spinoza propagiert hatte, als erkenntnistheoretische Grundlagen bei der Suche nach der Urpflanze, diesem »wunderlichsten Geschöpf«, und auch bei der weiteren Erforschung der Pflanzennatur.

In der 1677 postum erschienenen *Ethica ordine geometrico demonstrata,* die Goethe in den Jahren vor der Italienreise – und damit auch vor der Kant-Lektüre – gemeinsam mit Herder und Charlotte

32 Zu den Anspielungen der Sizilienerfahrungen auf die *Odyssee* vgl. Sprengel: Sizilien als Mythos.

von Stein intensiv studiert hat,[33] bestimmt Spinoza die *scientia intuitiva* als die höchste von drei Erkenntnisgattungen. Würden Erkenntnisse, so führt Spinoza aus, bei der »Meinung« (»opinio«) oder »Vorstellung« (»imaginatio«) als der ersten Gattung entweder nur aus der verstümmelten, verworrenen und ungeordneten Wahrnehmung einzelner Dinge gewonnen (»ex singularibus nobis per sensus mutilate, confuse et sine ordine ad intellectum repraesentatis«) oder aber allein »aus Zeichen« (»ex signis«) erlangt, so verfüge die »Vernunft« (»ratio«) als zweite Erkenntnisgattung über »Gemeinbegriffe und adäquate Ideen der Eigenschaften von Dingen« (»notiones communes rerumque proprietatum ideas adaequatas«). Im Unterschied dazu verbinde die »intuitive Erkenntnis« (»scientia intuitiva«), die dritte und höchste Gattung, das Allgemeine mit dem Besonderen, das Ganze mit den Teilen. Wie schon bei der Vernunfterkenntnis wird diese Verbindung auf eine ›adäquate‹ Weise geknüpft, was bei Spinoza heißt: auf eine wahre, vernunftgemäße, das Wesentliche und (individuell) Notwendige erkennende Weise, die nun aber stärker auf die Betrachtung der Dinge und ihrer inneren Verhältnisse abhebt. »Und diese Gattung des Erkennens«, so erläutert Spinoza,

> schreitet von der adäquaten Idee dessen, was die Essenz gewisser Attribute Gottes ausmacht, weiter bis zu der adäquaten Erkenntnis der Essenz von Dingen. (Atque hoc cognoscendi genus

33 Wie bei der Kant-Lektüre zielt Goethe mit diesem Studium nicht auf einen ›dogmatischen‹ Spinozismus, sondern auf eine – um erneut mit Certeau zu sprechen – ›wildernde‹ Aneignung. Neben dem Brief an Jacobi vom 9. Juni 1785 (FA 29, 583) spricht hierfür vor allem die Schilderung der *Ethica*-Lektüre im 14. Buch von *Dichtung und Wahrheit* (FA 14, 680 f.). Zur Spinoza-Lektüre siehe Staiger: Goethe, Bd. 1, bes. S. 522-525 (Staiger sei beispielhaft für die ältere Forschung und ihre Neigung genannt, Spinozas Rolle für Goethe abzuwerten); Bollacher: Der junge Goethe und Spinoza; Timm: Gott und die Freiheit, S. 275-281 und 307-320; Bell: Spinoza in Germany, S. 147-170; Schmidt: Goethes herrlich leuchtende Natur, bes. S. 79-101; den Aufsatz von Schings: Natalie und die Lehre des †††; Hofmann: Goethes Theologie, S. 92-111; und, einführend, Bollacher: Art. »Spinoza, Baruch de«, in: Witte u. a. (Hrsg.): Goethe-Handbuch, Bd. 4/2, S. 999-1003. Dass die *scientia intuitiva* nicht nur Goethes naturwissenschaftliche Interessen, sondern auch das klassische Kunst- und Schreibprogramm in *Einfache Nachahmung der Natur, Manier, Styl* fundiert, zeigt ausführlich Wolf: Streitbare Ästhetik, bes. S. 409-419 und 500-529.

> procedit ab adaequata idea essentiae formalis quorundam Dei attributorum ad adaequatam cognitionem essentiae rerum.)[34]

Diese Bestimmung der *scientia intuitiva* eignet Goethe sich nun im Anschluss an den sogenannten Pantheismus- oder Spinozismusstreit zwischen Friedrich Heinrich Jacobi und Moses Mendelssohn an, der sich zu Beginn der 1780er Jahre an Lessings Stellungnahme für Goethes *Prometheus* entzündete. Nachdem Jacobi in der Abhandlung *Über die Lehre des Spinoza in Briefen an den Herrn Moses Mendelssohn* behauptet hatte: »Spinozismus ist Atheismus«,[35] widersprach Goethe dem Jugendfreund. Am 9. Juni 1785 schreibt er, dass er den umstrittenen Philosophen gerade nicht »Atheum schelten«, sondern »theissimum ja christianissimum nennen und preisen« wolle. Weiterhin führt er aus, dass er ein göttliches Wesen allenfalls »in und aus den rebus singularibus erkenne, zu deren nähern und tiefern Betrachtung niemand mehr aufmuntern kann als Spinoza selbst«, und präzisiert schließlich, dass er dieses Göttliche vor allem »in herbis et lapidibus« suche (FA 29, 583 f.).[36] Noch deutlicher wird Goethe im Brief vom 5. Mai 1786, in dem er Spinozas Definition der *scientia intuitiva* nun direkt aufnimmt: »Ich halte mich fest und fester an die Gottesverehrung des Atheisten«, entgegnet er Jacobi:

> Wenn du sagst man könne an Gott nur *glauben* [...] so sage ich dir, ich halte viel aufs *schauen,* und wenn Spinoza von der Scientia intuitiva spricht, und sagt: Hoc cognoscendi genus procedit ab adaequata idea essentiae formalis quorumdam Dei attributorum ad adaequatam cognitionem essentiae rerum; so geben mir diese wenigen Worte Muth, mein ganzes Leben der Betrachtung der Dinge zu widmen die ich reichen und von deren essentia for-

34 Alle Zitate in Spinoza: Ethik II, p. 40, sch. 2, S. 180/181 f. Zum Konnex von adäquaten Ideen und vernunftgemäßem Handeln vgl. Ethik III, p. 3, S. 236 und IV, def. 8, S. 382 f.; sowie, auch zum Verhältnis von *ratio* und *scientia intuitiva,* Hampe: Eine kleine Geschichte des Naturgesetzbegriffs, S. 96-107.

35 Hier zitiert nach der Dokumentation von Scholz (Hrsg.): Die Hauptschriften zum Pantheismusstreit, S. 173. Einführend vgl. hierzu Bell: Spinoza in Germany, S. 71-96.

36 Goethe erinnert hier an den spinozistischen Lehrsatz: »Je mehr wir Einzeldinge einsehen, desto mehr sehen wir Gott ein.« (»Quo magis res singulares intelligimus, eo magis Deum intelligimus.«) (Spinoza: Ethik V, p. 24, S. 568/569).

mali ich mir eine adäquate Idee zu bilden hoffen kann [...]. (FA 29, 629)[37]

Indem Goethe hier das auf ein intuitives, ästhetisches Wissen zielende ›Schauen‹ an die Stelle des ›Glaubens‹ rückt und ein Göttliches allein aus »rebus singularibus«, vor allem »in herbis et lapidibus«, erkennen möchte, gibt er der *scientia intuitiva* eine entscheidende Wendung. Peter Hofmann erklärt, »Spinozas Denken« werde damit »vom ideellen Kopf auf die materiellen Füße« gestellt: Anders als in der zitierten Definition der *Ethica* gefordert, wolle Goethe nämlich keineswegs »von der Idee der Attribute Gottes zur Wesenserkenntnis der Dinge, sondern genau umgekehrt von der Wesensanschauung des ideal-realen Gegenstandes zur Erkenntnis der ›Gott-Natur‹ schreiten«.[38] Im Unterschied zu Spinoza begreift er die *scientia intuitiva* somit bloß mittelbar als Instrument zur Erkenntnis Gottes. Direkt verwendet er sie zur Erkenntnis einer als dynamisch und kraftvoll aufgefassten Natur. Mit dieser indirekten Stilisierung des Naturstudiums zu einem »pantheistische[n] Gottesdienst«, zumindest aber einer »quasireligiöse[n] Verpflichtung«[39] entfernt Goethe sich nun nicht nur von der zeitgenössischen Naturwissenschaft. Zudem distanziert er sich hiermit von der physikotheologischen Naturforschung des 18. Jahrhunderts. Denn während die Physikotheologen die geschaffene Natur, die *natura naturata,* auf Gott hin durchsahen und durchbuchstabierten, erschaut Goethe die schaffende Natur, die *natura naturans,* die er mit Spinoza bereits als Gott versteht. Der Spinozismus, so widerspricht er Jacobi lakonisch, »beweist nicht das Daseyn Gottes, das Daseyn ist Gott« (FA 29, 582 f.).

Diesen Blick auf die schaffende und werdende Natur bezeugt auch der zweite Romaufenthalt der *Italienischen Reise,* in dessen Verlauf Goethe sich mit einer spinozistisch inspirierten Aufarbei-

37 Schon im Zuge dieser Spinozastudien finden sich – wenn auch eher geisterhafte – Andeutungen der Idee einer Urpflanze: »Und es ist kein Traum keine Phantasie«, schreibt Goethe am 9./10. Juli 1786 an Charlotte von Stein über das »Pflanzenwesen«, »es ist ein Gewahrwerden der wesentlichen Form, mit der die Natur gleichsam nur immer spielt und spielend das manigfaltige Leben hervorbringt.« (FA 29, 638 f.).

38 Hofmann: Goethes Theologie, S. 108. Hieraus auf eine »bei aller Emphase eher beiläufige Adaption spinozistischer Ideen« durch Goethe zu schließen (ebd., S. 109), scheint mir dennoch nicht gerechtfertigt.

39 Wolf: Streitbare Ästhetik, S. 415.

tung der sizilianischen Naturerfahrungen und ihrer Übertragung in die Gebiete von Kunst und Gesellschaft beschäftigt. Durch die angekündigte Übersendung von Herders Gesprächen *Gott* und des dritten Bandes der *Ideen zur Philosophie der Geschichte der Menschheit* an die gemeinsame Spinoza-Lektüre erinnert,[40] dynamisiert er hier das in der Urpflanze erschaute Bildungsgesetz, indem er das Blatt noch stärker als werdende Natur, als den »wahre[n] Proteus« beschreibt, »der sich in allen Gestaltungen verstecken und offenbaren« kann: »Vorwärts und rückwärts ist die Pflanze immer nur Blatt, mit dem künftigen Keime so unzertrennlich vereint, daß man eins ohne das andere nicht denken darf« (FA 15, 402). Dass diese Dynamisierung, mit der die Metamorphosenlehre an die Stelle der so nah geglaubten Urpflanze rückt,[41] eng mit der Wiederaufnahme spinozistischer Philosophie zusammenhängt, bezeugen die Briefe aus dem Sommer 1787. Im Anschluss an die von der *Ethica* geforderte Wesenserkenntnis *sub specie aeternitatis* schreibt Goethe an Charlotte von Stein: »[I]ch möchte mich nur mit dem beschäftigen was bleibende Verhältnisse sind und so nach der Lehre des ††† meinem Geiste erst die Ewigkeit verschaffen« (FA 15, 414).[42] Während Herders *Gott* ihm bereits »die beste Gesellschaft« leistet, bringt er dazu auch seine Naturstudien auf den Stand der im Pantheismusstreit umgeprägten Begriffe. Am 6. September bemerkt er, dass er, »besonders in der Botanik, auf ein ἓν καὶ πᾶν gekommen« sei (FA 15, 423), auf das Blatt als das ›Ein und Alles‹ der Pflanzen-

40 Den Erhalt beider Bände vermeldet Goethe in der *Italienischen Reise* am 28. August und 5. Oktober 1787. Vgl. FA 15, 414 und 442. Besonders die in *Gott* enthaltenen Gespräche gewannen in diesem Zusammenhang an Bedeutung, nicht bloß weil Goethe sie an seinem 38. Geburtstag erhielt, sondern weil sie »eine Art Erinnerungsbuch waren, das noch einmal den Weimarer Dreibund im Zeichen Spinozas vergegenwärtigte« – den Dreibund zwischen Herder, Goethe und Charlotte von Stein (Schings: Natalie und die Lehre des †††, S. 56).

41 Dass Goethe die Urpflanze, anders als meist behauptet, nie tatsächlich gefunden zu haben glaubte, betont Wachsmuth: Goethes naturwissenschaftliche Lehre von der Gestalt, in: ders.: Geeinte Zwienatur, S. 57-85, bes. S. 77 f.

42 Hiermit referiert Goethe auf Spinozas Anmerkung, »daß der Geist ewig ist, insofern er Dinge unter einem Aspekt von Ewigkeit begreift« (»mentem aeternam esse, quatenus res sub aeternitatis specie concipit«). (Spinoza: Ethik V, p. 31, sch., S. 574/575). Zur durch die *scientia intuitiva* zu erlangenden Erkenntnis *sub specie aeternitatis* vgl. ebd., p. 29 und 31, S. 570 und 574. Vgl. auch Herder: Gott, in: Werke, Bd. 4, S. 726 f.

welt.[43] Nach einer Passage über die »hohen Kunstwerke«, die »zugleich als die höchsten Naturwerke von Menschen nach wahren und natürlichen Gesetzen hervorgebracht worden« seien, resümiert er: »Alles Willkürliche, Eingebildete fällt zusammen, da ist die Notwendigkeit, da ist Gott« (FA 15, 424). Mit dieser Herausstellung einer notwendigen inneren Gesetzmäßigkeit, die sich in den Bildungen von Kunst und Natur gleichermaßen offenbart, hat Goethe die trostreiche »Grundformel seines ›Spinozismus‹«[44] gefunden. Die somit begriffene »Consequenz der Natur«, so hatte er schon am 2. April 1785 an Karl Ludwig von Knebel geschrieben, »tröstet schön über die Inconsequenz der Menschen« (FA 29, 576).[45]

Doch berichtet der zweite Romaufenthalt nicht bloß von der im Zeichen Spinozas stehenden Auf- und Ausarbeitung der sizilianischen Naturerfahrungen. Auch die römischen Kunsterlebnisse, deren Höhepunkt die Sixtinische Kapelle mit den Teppichen nach Raffael sowie den Deckenfresken und dem *Jüngsten Gericht* Michelangelos bildet,[46] stellt Goethe unter diesen Stern. Immer wieder erklärt er, dass er in der Kunsterfahrung »den höchsten anschauenden Begriff« erlangt habe, dessen Erkenntnis die *scientia intuitiva* verspreche: »Ich will auch nicht mehr ruhen, bis mir nichts mehr Wort und Tradition, sondern lebendiger Begriff ist«, schreibt er am 27. Juni 1787 (FA 15, 378); »ohne die Sixtinische Kapelle gesehen zu haben kann man sich keinen anschauenden Begriff machen, was Ein Mensch vermag«, heißt es am 23. August zu Michelangelo (FA 15, 413); »[d]er Glanz der größten Kunstwerke blendet mich nicht mehr«, bemerkt er am 25. Dezember, dem Geburtstag Charlotte von Steins, »ich wandle nun im Anschauen, in der wahren unterscheidenden Erkenntnis« (FA 15, 478); und schließlich, am 5. Januar 1788: »Es ist mir erlaubt, Blicke in das Wesen der Dinge und ihre Verhältnisse zu werfen [...], nur das innig und ewig Wahre kann mich nun erfreuen« (FA 15, 509). Offensichtlich ist, dass Goethe sich mit alldem auf die *scientia intuitiva* bezieht, mit all dem, was er hier als

43 Im vierten Gespräch von *Gott* hatte Herder diese Formel Lessings zitiert. Vgl. ebd., S. 740.

44 Schings: Natalie und die Lehre des †††, S. 55.

45 Vgl. auch das Gespräch mit Eckermann am 13. Februar 1829, FA 39, 308.

46 Vgl. hierzu besonders FA 15, 387-390, 413, 417 f. und 562. Zu Goethes italienischer Kunsterfahrung, eingespannt zwischen Naturbetrachtung und konventioneller Kunstkritik, vgl. Busch: Die »große, simple Linie«; und Apel: Der lebendige Blick.

»höchsten anschauenden Begriff«, »lebendigen Begriff«, als »Anschauen« und »wahre unterscheidende Erkenntnis«, als »Blick in das Wesen der Dinge und ihre Verhältnisse«, als Einsicht in das »innig und ewig Wahre« umschreibt. Denn ebenso, wie Spinoza die intuitive Erkenntnis von der Erkenntnis aus Wahrnehmungen und Meinungen wie auch von der Erkenntnis aus bloßen Begriffen und Ideen abgesetzt hatte, bestimmt auch Goethe hier die ›Anschauung‹. Weder begreift er sie als bloße sinnliche Wahrnehmung oder Überlieferung, noch versteht er sie als Arbeit mit abstrakten Begriffen und Ideen. Wenn er sich am 27. Juni von »Wort und Tradition« lossagt, versucht er sich demgemäß auch von den *opiniones* und *notiones communes* der zweiten und ersten Erkenntnisgattung zu distanzieren. Statt die Unterscheidung von Wahrnehmung und Begriff also wie Kant zu überbrücken – und in dieser Überbrückung festzusetzen –, versucht er sie mit Spinoza in der Theorie der Anschauung zu umgehen und durch ein lebendiges Ganzes zu ersetzen. Deutlich wird das auch im Brief an Schiller vom 30. Juni 1798, in dem Goethe sich von »den Naturphilosophen, die von oben herunter«, und »den Naturforschern, die von unten hinauf leiten wollen«, abgrenzt und erklärt: »Ich wenigstens finde mein Heil nur in der Anschauung, die in der Mitte steht« (FA 31, 565).

Wie Goethe den theoretischen Schwierigkeiten dieser monistischen Heilslehre begegnet – dieses, wie er später erwähnt, »*gegenständlichen Denken[s]*«, in dem das »Anschauen selbst ein Denken« und »das Denken ein Anschauen« ist (FA 24, 595 f.)[47] –, wird in den folgenden Abschnitten behandelt. Neben der von Goethe stets betonten Randständigkeit dieser Methode wird dabei von Interesse sein, wie dieses ›gegenständliche Denken‹ wiedergegeben werden kann, ohne seine Bindung an das Konkrete zu lösen und es in einer abstrakten Form aufgehen zu lassen, wie also das gleichsam intuitive, diskursiv nicht begründbare Wissen, das die *scientia intuitiva* hervorbringt, ›dargestellt‹ werden kann. Angedeutet werden die Schwierigkeiten einer solchen Darstellung bereits im zweiten Romaufenthalt.

47 Wenn Hegel die von Goethe vertretene Anschauung als »Abweg« kritisiert: »[D]enn aus der Anschauung kann man nicht philosophieren«, und mit der Forderung: »Die Anschauung muß auch gedacht werden«, stattdessen den Königsweg begrifflicher Erkenntnis propagiert, dann verkennt er – wie viele nach ihm –, dass die an der *scientia intuitiva* orientierte Anschauung bei Goethe bereits ein Denken beinhaltet, wenn auch kein begrifflich-dialektisches (Hegel: Enzyklopädie, § 246, in: Werke, Bd. 9, S. 21).

Unruhig und »zu eigner Ausbildung« der Metamorphosenlehre »täglich und stündlich irgend einer Art von Mitteilung« bedürftig (FA 15, 434), findet Goethe im kränklichen Karl Philipp Moritz hier einen »neuen Schüler«, der nicht nur »große Freude« an seinen Überlegungen bekundet, sondern »immer selbst mit Schlüssen vorwärts« geht und produktiv eingreift, wenn der Freund ins Stocken gerät: »Wie faßlich aber das Abstrakteste von dieser Vorstellungsart wird, wenn es mit der rechten Methode vorgetragen wird, und eine vorbereitete Seele findet«, so wundert sich Goethe: »Doch auf alle Fälle ist's schwer zu schreiben, und unmöglich aus dem bloßen Lesen zu begreifen, wenn auch alles noch so eigentlich und scharf geschrieben wäre« (FA 15, 429).

Bevor die damit erwähnte Darstellungsform der Metamorphosenlehre nun aber genauer betrachtet wird – eine Darstellung, die trotz aller Bemühungen um ›Fasslichkeit‹ dem »bloßen Lesen« unzugänglich bleiben muss –, soll erneut auf Goethes Kant-Lektüre zurück- oder, gemäß der Chronologie, vorausgeblickt werden. Im vorangegangenen Kapitel wurde gezeigt, dass Goethe sich hier besonders zwei Dinge aneignet. Im Brief an Zelter vom 29. Januar 1830 benennt er diese, indem er als »grenzenloses Verdienst unsres alten Kant« hervorhebt, »daß er, in seiner Kritik der Urteilskraft, Kunst und Natur nebeneinander stellt und beiden das Recht zugesteht: aus großen Prinzipien zwecklos zu handeln«. Wenn Goethe daraufhin die Referenz dieser Lektüre offenbart und erklärt, Spinoza habe ihn »früher schon in dem Haß gegen die absurden Endursachen gegläubiget« (FA 38, 223), trifft er genau genommen aber nur den zweiten Punkt, die Ablehnung »absurder Endursachen« zugunsten der Betrachtung innerer, individueller Notwendigkeiten, mithin die Herausstellung des Kunst und Natur einenden Rechts, »aus großen Prinzipien zwecklos zu handeln«, das er dann in Kants Begriff der inneren Zweckmäßigkeit wiederfindet. Zudem hat die Betrachtung des zweiten Romaufenthalts erwiesen, dass auch Goethes erster Punkt, die Analogisierung von Kunst und Natur, von Spinoza inspiriert ist. Zwar arbeitet die *Ethica* vor allem an der in der *scientia intuitiva* ermöglichten Identifizierung von Gott und Natur, sprichwörtlich gefasst in die Formel *deus sive natura;* sie zeigt sich somit wenig bemüht, die intuitive Erkenntnis für das Studium der Natur und, noch weniger, der Kunst einzusetzen. Mit der beschriebenen Umwendung des spinozistischen Denkens geht Goethe nun aber genau diesen Schritt. Interessiert vor allem an der praktischen Anwendung der *scientia intuitiva* gelangt er in Italien zur Einsicht in die gleichen, wahren und notwendigen Bildungsgesetze von Kunst und Natur, durch die er dann deren Nebeneinanderstellung in der *Kritik der Urteilskraft* – eigentlich eine Nebeneinanderstellung ästhetischer und teleologischer Urteile – begründet sieht.

In Anbetracht dieser spinozistischen Vorprägung von Goethes Kant-Lektüre erhellen sich nun auch deren Eigenarten. Nicht länger verwunderlich erscheint es dann, dass Goethe sich vorrangig auf die *Kritik der Urteilskraft,* besonders die ›Kritik der teleologischen Urteilskraft‹ bezieht und die mathematisch inspirierte Grundlegung der Naturwissenschaft in den *Metaphysischen Anfangsgründen* vernachlässigt; dass er die Unterschiede zwischen ästhetischer und teleologischer Urteilskraft, zwischen der subjektiven Zweckmäßigkeit, die sich im Erlebnis des Schönen äußert, und der zum Begriff des Naturzwecks führenden objektiven Zweckmäßigkeit übersieht; und dass er schließlich den in § 77 der *Kritik der Urteilskraft* entworfenen intuitiven Verstand auf so eigene Weise als ›anschauende Urteilskraft‹ versteht. Denn während bei Kant erst das Scheitern der angemessenen Bestimmung von Organismen zur Idee jenes intuitiven Verstandes führt, der vom Ganzen auf die Teile zu schließen vermag, erscheinen Goethe ein intuitives, ästhetisches Wissen, die anschauliche Erkenntnis der lebendigen Bezüge der Teile und damit der Durchblick auf das Urbildliche und Typische der schaffenden Natur als unproblematisch. Wo Kant der organischen Struktur Zufälligkeit zuschreiben muss, erscheint sie Goethe als konsequent und notwendig; wo Kant Abgründe zwischen den menschlichen Vermögen erblickt und durch kritische Grenzziehungen markiert, erschaut Goethe mit Spinoza das große Ganze von Gott und Natur: »[A]llein wenn wir ja im Sittlichen [...] uns in eine obere Region erheben und an das erste Wesen annähern sollen«, folgert er deshalb, wie schon zitiert, in *Anschauende Urteilskraft,* »so dürfte es im Intellektuellen derselbe Fall sein, daß wir uns, durch das Anschauen einer immer schaffenden Natur, zur geistigen Teilnahme an ihren Produktionen würdig« machen (FA 24, 448).

Dennoch muss schließlich auch an die Unterschiede zwischen Goethe und Spinoza erinnert werden. Diese äußern sich nicht nur in der Umwendung der *scientia intuitiva,* in ihrer Anwendung auf das Studium von Natur und Kunst und der Erforschung ihres gemeinsamen Fundaments – einer Erforschung, mit der Goethe nicht zuletzt der fortschreitenden Ausdifferenzierung der Künste und

Wissenschaften entgegenzuwirken gedachte. Deutlich offenbaren die Unterschiede beider sich zudem in der Präsentation der jeweiligen Werke. Während Goethe erklärt, in der Metamorphoseschrift sei es ihm »geglückt, eine naturgemäße Darstellung aufzubauen« (FA 24, 448), da ist Spinozas *Ethica,* wie bereits ihr vollständiger Titel anzeigt, *ordine geometrico demonstrata.*[48] Auf die cartesische Methode bauend, ist sie »in geometrischer Ordnung dargestellt« und vor allem in Definitionen, Axiome, Lehrsätze und Beweise gegliedert. Gerade diese »mathematische Methode«, bemerkt Goethe im 14. Buch von *Dichtung und Wahrheit,* habe ihn für Spinoza eingenommen, weil sie ihm als anziehendes »Widerspiel« der eigenen »poetischen Sinnes- und Darstellungsweise« erschienen sei: »[U]nd eben jene geregelte Behandlungsart, die man sittlichen Gegenständen nicht angemessen finden wollte, machte mich zu seinem leidenschaftlichen Schüler, zu seinem entschiedensten Verehrer« (FA 14, 681).

Mit Linné im Widerstreit: Entwicklung der Metamorphosenlehre

> Kein Linné kann uns alle diese schönen Gewächse und Pflanzen im großen Garten des Lebens klassifizieren und verderben; und nur der eingeweihte Liebling der Götter versteht ihre wunderbare Botanik […].
>
> (F. Schlegel: Lucinde, in: Kritische Friedrich-Schlegel-Ausgabe, Bd. 5, S. 22)

Obgleich die Naturerfahrungen der *Italienischen Reise* also belegen, dass Goethe die aus der Urpflanze entwickelte Metamorphosenlehre auf klassischem Boden erschaut und entdeckt haben will,[49] muss sie letztlich doch anders verortet werden. Dies zeigt sich

48 Vor dem Hintergrund allgemeiner Ausführungen zu Analyse und Wandel wissenschaftlicher Darstellungsformen vgl. hier auch die Bemerkungen bei Danneberg, Niederhauser: »… daß die Papierersparnis gänzlich zurücktrete«, S. 36-38 und 66 f.

49 Zu Goethes Metamorphosenlehre siehe noch immer, wenn auch mit deutlichem Affekt gegen Linné, Hansen: Goethes Metamorphose der Pflanzen; ders.: Goethes Morphologie; sowie die Studien von Wachsmuth: Geeinte Zwienatur; D. Kuhn: Typus und Metamorphose; und, obgleich nicht mit wünschenswerter Klarheit, die Untersuchungen von Schieren: Anschauende Urteilskraft, S. 188-198; und Breidbach: Goethes Metamor-

schon daran, dass Goethe die vorläufige Summe der sizilianischen Pflanzenbeobachtungen, den 1790 veröffentlichten *Versuch die Metamorphose der Pflanzen zu erklären,* erst im, wie er fand, zum Verzweifeln ernüchternden Weimar ausarbeitete.[50] Wie er in dem kleinen Text zum *Schicksal der Handschrift* ausführt, den er 1817 im ersten Heft *Zur Morphologie* veröffentlichte, sei es ihm erst hier gelungen, die im Garten der Villa Giulia erschauten »mannigfaltigen, besondern Erscheinungen des herrlichen Weltgartens auf ein allgemeines, einfaches Prinzip zurückzuführen« (FA 24, 416). Interessanter aber ist, dass Goethe mit der Metamorphosenlehre auch in wissensgeschichtlicher Hinsicht ›klassischen Boden‹ verlässt – den Boden der klassischen Naturgeschichte. Deutlich wird das in seiner Positionierung gegenüber Carl von Linné, von der nun ausgegangen werden soll, um die Genese der auf die anschauende Wissenschaft aufruhenden ›naturgemäßen Methode‹ und vor allem der Metamorphosenlehre nachzuvollziehen. So erlangte Linné als vielleicht wichtigste Figur der Naturgeschichte des 18. Jahrhunderts solch eine Bedeutung für Goethe, dass dieser in der erneut 1817 erschienenen *Geschichte meines botanischen Studiums* behaupten konnte, »nach *Shakespeare* und *Spinoza*« sei auf ihn »die größte Wirkung von *Linné* ausgegangen«. Allerdings erklärte Goethe diese Wirkung »gerade durch den Widerstreit zu welchem er mich aufforderte« (FA 24, 408).[51] Trotz intensiven Studiums, trotz »Hochachtung« und »Ehrfurcht« für »Linné und seine Nachfolger« führte er ihr wissenschaftliches Projekt nicht fort. Dass seine Wertschätzung in etwas anderem gründete, belegt auch die Ausführung zum

phosenlehre. Einen ersten Überblick gibt Becker: Art. »Metamorphose«, in: Witte u. a. (Hrsg.): Goethe-Handbuch, Bd. 4/1, S. 700-702.

50 »Nach Deutschland endlich zurück getrieben, unwiederbringlich aus dem herrlichen Kunstelement gestoßen, der Verzweiflung übergeben, fühlte ich Wert und Würde des Naturelements desto lebhafter. Da suchte ich Heil und Behagen«, so erklärt Goethe 1817 im *Entstehen des Aufsatzes über Metamorphose der Pflanzen* (FA 24, 414). Ähnlich hatte er bereits 1790 in den *Tag- und Jahres-Heften* notiert, dass er die Metamorphoseschrift nach der Rückkehr nach Weimar als »Herzenserleichterung geschrieben« habe: »Indem ich sie abdrucken ließ, hoffte ich ein Specimen pro loco den Wissenden darzulegen.« (FA 17, 18).

51 Siehe Larson: Goethe and Linnaeus; Pörksen: Wissenschaftssprache und Sprachauffassung bei Linné und Goethe; und Polianski: Die Kunst, die Natur vorzustellen, S. 185-199.

Entstehen des Aufsatzes über Metamorphose der Pflanzen, die Goethe ebenfalls im ersten Heft *Zur Morphologie* publiziert:

> Ich glaubte [...] deutlich zu erkennen, daß Linné und seine Nachfolger sich wie Gesetzgeber betragen, die, weniger bekümmert um das was ist, als das was sein sollte, keineswegs die Natur und das Bedürfnis der Staatsbürger beachten, sondern vielmehr die schwere Aufgabe zu lösen bemüht sind: wie so viele unbändige, von hausaus grenzenlose Wesen zusammen einigermaßen bestehen könnten. Betrachtete ich nun, in diesem Sinne, das Unternehmen Linnés, [...] so fühlte ich immer mehr Ehrfurcht für diesen einzigen Mann, immer mehr Hochachtung für seine Nachfolger, welche die von ihm ergriffenen Zügel nicht aus den Händen gelassen, sondern auf seine Weise sich am Regimente zu erhalten gewusst. (FA 24, 413)[52]

Obgleich zur hier rein wissenschaftspolitisch begründeten Ehrfurcht noch der Respekt vor der Beobachtungsgabe und dem »großen Scharfsinn des außerordentlichen Mannes« (FA 24, 126) treten, bleibt davon unbeeinflusst, dass Goethe mit Linnés Nomenklatur, dem Herzstück der klassischen Botanik, Schwierigkeiten hatte: »Botanische Terminologie auf die Gegenstände anzuwenden, war mein gewissenhaftes Bemühen, dabei fand ich leider sehr oft große Störung«, erklärt er zum *Entstehen des Aufsatzes über Metamorphose der Pflanzen* (FA 24, 412).[53] Ebendas hatte er schon im Garten der Villa Giulia in Palermo erfahren: dass die von Linné reformierte »botanische Terminologie« nicht »fruchtete« (FA 15, 286).

Trotz der von Goethe beschriebenen Ehrfurcht vor Linné kann das Verhältnis der Metamorphosenlehre zur klassischen Botanik somit tatsächlich als Widerstreit verstanden werden. Die Unterschiede

52 Goethe knüpft hiermit zugleich an die Verwendung politisch-geographischer Metaphern bei Linné selbst an. Vgl. Linné: Philosophia botanica, bes. § 155, S. 98.

53 Weiter erläutert Goethe, dass es ihm vor allem drei Dinge verwehrt haben, »auf dem von Linné bezeichneten Wege fortzuschreiten«: Erstens habe er angesichts der die Form verändernden Blätter »den Mut« verloren, »irgendwo einen Pfahl einzuschlagen, oder wohl gar eine Grenzlinie zu ziehen«; als »schwerste Aufgabe« sei es ihm zweitens erschienen, »Genera mit Sicherheit zu bezeichnen, ihnen die Spezies unterzuordnen«; drittens habe ihn der »Konflikt in welchem die Varietäten und Spielarten mit den Hauptarten befangen sind, [...] bedenklich« gestimmt (FA 24, 412).

beider Methoden sind denn auch so offenkundig, dass sie hier nur kurz skizziert werden müssen. Linné sammelte Pflanzen und archivierte sie in Naturalienkabinetten, Herbarien und botanischen Gärten. Hierzu klassifizierte er sie anhand einzelner Organe – vor allem der Staubblätter und Stempel, der männlichen und weiblichen Fortpflanzungsorgane –, um sie dergestalt in einer fest geregelten Nomenklatur aufzuheben.[54] Im Anschluss an die naturgeschichtliche Tradition sammelt und archiviert Goethe zwar auch, doch mit einem anderen Blick und Interesse. Wo Linné Pflanzen auf ausgewählte Merkmale hin betrachtete, übt er sich darin, ihre Gesamtgestalt in möglichst neutraler und vollständiger Weise zu erschauen. Wo Linné Pflanzen buchstäblich in 24 Organe zerpflückte,[55] sucht er sie aus einem Organ zu entwickeln, dem Organ, das er in Italien als Blatt identifiziert und das er in den nachitalienischen Aufzeichnungen dann, kantisch gesprochen, als »Blatt in seinem transzendentellsten Sinne« (FA 24, 96) versteht. Wo Linné bestrebt war, die Natur in ihrer Vielfalt zu zerlegen und festzuhalten, indem er sie in die Klassen, Ordnungen, Gattungen und Arten seiner Systematik sortierte, schaut Goethe nach einer in der natürlichen Fülle verborgenen Einheit – die sich gleichwohl nur in dieser Fülle zu zeigen vermag. Den Widerstreit, zu dem er sich durch Linné aufgefordert sah, beschreibt er in der *Geschichte meines botanischen Studiums* denn auch genau so: »[W]as er mit Gewalt auseinander zu halten suchte, musste, nach dem innersten Bedürfnis meines Wesens, zur Vereinigung anstreben.« (FA 24, 409)

Wenn Goethe diese Vereinigung durch seine Metamorphosenlehre und die von ihr ermöglichte Beschreibung der »Gestalt der Bildung und Umbildung der organischen Körper« (FA 24, 365) zu leisten sucht, grenzt er sich aber nicht nur von Linnés Botanik und vor allem dem explizit künstlichen Sexualsystem als ihrer bekanntesten Ausformung ab. Er distanziert sich damit auch von den sogenannten natürlichen Systemen, die in der Botanik der zweiten Hälfte des 18. Jahrhunderts viel diskutiert worden sind, und von den Prak-

54 »Nomina si nescis, perit & cognitio rerum.« (Linné: Philosophia botanica, § 210, S. 158). Zum Ordnen und Benennen als Grundlagen der Botanik vgl. ebd., § 151, S. 97.

55 Dass die Anzahl der charakteristischen Merkmale 24 Buchstaben des Alphabets korrespondiert (»Numerus non excedit 24 literas alphabeti«), wird erklärt in Linné: Philosophia botanica, § 167, S. 116. Dagegen unterscheidet er 26 »literæ vegetabilium« in Linné: Genera plantarum, § 11, S. vii.

tiken anderer analysierender Wissenschaften. Den Versuchen, eine natürliche Pflanzenklassifikation zu etablieren, entgegnet er deshalb 1823 in *Problem und Erwiderung:*

> *Natürlich System,* ein widersprechender Ausdruck. Die Natur hat kein System, sie hat, sie ist Leben und Folge aus einem unbekannten Zentrum, zu einer nicht erkennbaren Grenze. Naturbetrachtung ist daher endlos, man mag ins Einzelste teilend verfahren, oder im Ganzen nach Breite und Höhe die Spur verfolgen. (FA 24, 582)

Für die Metamorphosenlehre ist hieran bemerkenswert, dass Goethe den »ins Einzelste teilend« verfahrenden Botanikern vorwirft, in der Beschäftigung mit der Ordnung der *natura naturata* die »Eminenz des Lebens« aus den Augen verloren zu haben, »welches über, ja oft gegen mechanische Gesetze wirkt« (FA 24, 372).[56] Dazu ist diese Ausführung interessant, weil Goethe hier auch die Ansprüche der eigenen, den Spuren des Ganzen folgenden Wissenschaft beschränkt. In einer für Naturforscher untypischen Geste erinnert er daran, dass dem Höchsten, als einem gleichsam handfesten, diskursiven Wissen vom Leben organischer Dinge, entsagt werden müsse. Aufgrund der unaufhebbaren »Disproportion unseres Verstandes zu der Natur der Dinge« (FA 25, 34), so argumentiert Goethe immer wieder, liege dieses Wissen jenseits der Grenze des menschlich Erkennbaren. Diesseits dieser Grenze zeige es sich nur in Spuren, in den Abdrücken der *natura naturans* in der *natura naturata.* Doch obgleich die lebendige Natur, nach der bekannten Wendung Goethes, deshalb allein als ›offenbares Geheimnis‹ begriffen werden könne,[57] gilt es sie dennoch so weit wie möglich zu verfolgen und zu enthüllen. Schließlich könne »der Mensch«, heißt es am 21. Januar 1832 in einem Brief an

56 So kritisiert Goethe 1794 im *Versuch einer allgemeinen Vergleichungslehre:* »Der Botanik als Wissenschaft, sind die buntesten und gefülltesten Blumen, die eßbarsten und schönsten Früchte nicht mehr, ja im gewissen Sinne nicht einmal so viel wert als ein verachtetes Unkraut im natürlichen Zustande, als eine trockne unbrauchbare Samenkapsel.« (FA 24, 211).

57 Zum ›offenbaren Geheimnis‹ siehe Goethe: Epirrhema, FA 2, 498; ders.: Verstäubung, Verdunstung, Vertropfung, FA 24, 510; ders.: Maximen und Reflexionen, FA 13, 24. Hier bemerkt Goethe auch, dass die ›geheimnislose Offenbarung‹ nur einem Gott zugänglich sei: »Das Wahre ist gottähnlich; es erscheint nicht unmittelbar, wir müssen es aus seinen Manifestationen errathen« (FA 13, 53). Vgl. auch ders.: Versuch einer Witterungslehre 1825, FA 25, 274.

den Chemiker Heinrich Wilhelm Ferdinand Wackenroder, »doch nicht von dem Versuche abstehen das Unerforschliche so in die Enge zu treiben, bis er sich dabei begnügen und sich willig überwunden geben mag« (FA 38, 510). Mit einer für Goethe typischen Bewegung wird das traditionelle Verhältnis von Forscher und Gegenstand damit geradezu umgewendet. Indem der Forscher an der Natur versucht, die Grenze menschlicher Erkenntnis ins Nicht-Wissen hinein zu verschieben, versucht er zugleich auch an sich selbst, wie weit er das Scheitern hinauszögern kann, das seiner Forschung unumgänglich zu eigen ist.

Allerdings positioniert Goethe seine Metamorphosenlehre nicht nur gegenüber der Botanik und, wie es ab Mitte der 1790er Jahre heißt, der Morphologie.[58] In ähnlicher Weise setzt er sie auch von der Anatomie und den experimentellen Disziplinen der Physik und Chemie ab. Lakonisch weist er daher in *Das Unternehmen wird entschuldigt* und *Die Absicht eingeleitet*, zwei um 1806 und 1807 entstandenen Texten, die 1817 die Neuveröffentlichung der Metamorphoseschrift im ersten Heft *Zur Morphologie* begleiten, darauf hin, dass die »trennenden Bemühungen« dieser Disziplinen »manchen Nachteil« mit sich brächten: »Das Lebendige ist zwar in Elemente zerlegt, aber man kann es aus diesen nicht wieder zusammenstellen und beleben« (FA 24, 391).[59] Aus dieser Bemerkung entwickelt er dort nun erneut das Programm einer den Spuren des Ganzen folgenden, das Ganze wahrenden Naturforschung. Statt das Leben unablässig zu zergliedern – um letztlich doch nur Totes begreifen zu können –,[60] müsse das Ziel dieser Naturforschung sein,

> die lebendigen Bildungen als solche zu erkennen, ihre äußern sichtbaren, greiflichen Teile im Zusammenhange zu erfassen, sie

58 Im Tagebucheintrag vom Sonntag, den 25. September 1796 scheint Goethe den Begriff der die Metamorphosenlehre umgreifenden Morphologie erstmals zu verwenden: »Gingen die Meinigen fort. Morphologie. Mineralien von Leipzig«, so schreibt er dort (FA 31, 241).

59 Vgl. Goethe: Vorträge, über die drei ersten Kapitel des Entwurfs einer allgemeinen Einleitung in die vergleichende Anatomie, FA 24, 264; ders.: ›Betrachtung über Morphologie‹, FA 24, 361-369.

60 Auch Hegel kritisiert 1805, dass die Chemie mit ihren »groben Händen […] das Lebendige tötet und nur zu sehen bekommt, was das Tote ist, nicht das Lebendige« (Hegel: Jenaer Realphilosophie, S. 135). Vgl. zudem Goethe: Zur Farbenlehre, § 752, FA 23/1, 244 f.; Hegel: Enzyklopädie, § 227, in: Werke, Bd. 8, S. 380.

> als Andeutungen des Innern aufzunehmen und so das Ganze in der Anschauung gewissermaßen zu beherrschen. Wie nah dieses wissenschaftliche Verlangen mit dem Kunst- und Nachahmungstriebe zusammenhänge, braucht wohl nicht umständlich ausgeführt werden. (FA 24, 391)

Dass dieses aus der Abgrenzung von den Naturwissenschaften entwickelte »wissenschaftliche Verlangen« dem »Kunst- und Nachahmungstriebe« nahekommt, wird tatsächlich umstandslos deutlich. Ebenso wie er die in Italien als »zweite Natur« (FA 15, 411) erkannten Kunstgegenstände nicht zerlegt, sondern verehrt und nachgebildet hat, fordert Goethe hier auch vom Naturforscher, dass er die »lebendigen Bildungen als solche« bestehen lasse, sie nachbilde und die sie formenden inneren Strukturen dadurch vom Äußeren her durchschaue,[61] um »das Ganze in der Anschauung gewissermaßen zu beherrschen«. Aus diesem möglichst zurückhaltenden, nichtintervenierenden Umgang mit Natur, der ein Wissen vor allem in der Nachbildung lebendiger Wesen herstellt, schließt Goethe in *Das Unternehmen wird entschuldigt* erneut auf das Verhältnis von Forscher und Gegenstand. Ähnlich wie im zitierten Brief an Wackenroder beschreibt er es auch hier nicht, wie seit Bacon üblich, durch Unterwerfung und Folter,[62] sondern charakterisiert es als »wechselseitigen Einfluß«. So gesteht er zu, dass der Wissenschaftler »zuerst einen ungeheuern Trieb« fühle, »die Gegenstände sich zu unterwerfen«. Bald aber, heißt es weiter, müsse der Forscher spüren, »wie sehr er Ursache hat auch ihre Macht anzuerkennen und auch ihre Einwirkung zu verehren«, um im damit eröffneten Spannungsfeld von Unterwerfung und Verehrung der Natur endlich »ein doppelt Unendliches« zu erkennen: »an den Gegenständen die

61 Die Feststellung, dass das Leben nur im Inneren bestehe, bringt Goethe in *Die Absicht eingeleitet* auf den »Grundsatz der Organisation: daß kein Leben auf einer Oberfläche wirken und daselbst seine hervorbringende Kraft äußern könne; […] alles was lebendig wirken soll, muß eingehüllt sein« (FA 24, 395).

62 Vgl. Bacon: De dignitate et augmentis scientiarum, S. 500. Hierauf antwortet Goethe: »Die Natur verstummt auf der Folter« (FA 13, 12). Hegel wieder offenbart den Unterschied seiner begriffszentrierten Naturkonzeption zu Goethes Naturbild, indem er entgegnet: »Erst wenn man dem Proteus Gewalt antut, d. h. sich an die sinnliche Erscheinung nicht kehrt, wird er gezwungen, die Wahrheit zu sagen.« (Hegel: Enzyklopädie, § 246, in: Werke, Bd. 9, S. 19).

Mannigfaltigkeit des Seins und Werdens und der sich lebendig durchkreuzenden Verhältnisse, an sich selbst aber die Möglichkeit einer unendlichen Ausbildung« (FA 24, 389). Indem der Naturforscher das Leben seiner Gegenstände dergestalt zu wahren und als Geheimnis zu enthüllen sucht, entschleiern sich ihm zugleich die eigenen unendlichen Möglichkeiten. Die Erforschung natürlicher Bildungen wird damit erneut auch als Versuch über das eigene Selbst und als Programm zur Bildung dieses Selbst erkannt.[63]

Dass dieses durch Kunst und Nachbildung, durch Anerkennung und Verehrung geprägte Verständnis von Natur nur schwer umzusetzen und mit den gängigen Anforderungen an ein diskursives, wissenschaftliches Wissen kaum in Einklang gebracht werden konnte, war Goethe bewusst. »Die größte Schwierigkeit«, erklärte er deshalb in einer Niederschrift aus dem Sommer 1788, »besteht darin daß man etwas als still und feststehend behandeln soll was in der Natur immer in Bewegung ist daß man dasjenige auf ein einfaches sichtbares und gleichsam greifbares Gesetz reduzieren soll was in der Natur sich ewig verändert« (FA 24, 97). Das Grundproblem von Goethes Naturforschungen ist damit prägnant erfasst. Nicht nur soll der Forscher der lebendigen, sich stets bewegenden und verändernden Natur respektvoll und ohne gewaltsame Interventionen, oft tötende Handgreiflichkeiten begegnen. Im Bestreben, ein allgemein gültiges, wissenschaftliches Wissen von ihr zu erlangen, darf er sie auch nicht allein auf abstrakte Gesetze oder Prinzipien reduzieren – da diese im übertragenen Sinne ebenfalls töten, indem sie die Lebendigkeit und (Selbst-)Beweglichkeit der Naturgegenstände aus dem Blick geraten lassen. Mithin soll er etwas über die Natur feststellen, doch ohne sie diskursiv festzustellen, über das Individuelle und Besondere hinausgehen, ohne von dessen Lebendigkeit zu abstrahieren. Er soll, mit anderen Worten, Empirismus und Idealismus vermitteln, sich allgemeine Begriffe und Ideen bilden, ohne aber die konkrete sinnliche Erfahrung zu verlieren.[64] Dass dieses Verständnis von Naturforschung als »begrifflich durchdrungene, offen gehal-

63 Ähnlich erklärt Goethe am 29. Dezember 1794 an Jacobi auch die »optischen Studien« als »Durcharbeitung seines armen Ichs« (FA 31, 51). Vgl. das Konzept des Briefs an die Fürstin Gallitzin vom 6. Februar 1797, FA 31, 294; und Wachsmuth: Bildung und Wirkung, in: ders.: Geeinte Zwienatur, S. 86-112.

64 Vgl. die Kritik der Empiristen und Idealisten in Goethe: Das Unternehmen wird entschuldigt, FA 24, 390.

tene Empirie«[65] nicht nur schwer durchzuhalten ist, sondern dem Forscher auch gefährlich werden kann, hat Goethe 1820 im zweiten Heft *Zur Morphologie,* im Rahmen der dort unternommenen Auseinandersetzung mit Kant, grundsätzlich betont. »Die Schwierigkeit Idee und Erfahrung mit einander zu verbinden«, heißt es dort in *Bedenken und Ergebung,*

> erscheint sehr hinderlich bei aller Naturforschung: die Idee ist unabhängig von Raum und Zeit, die Naturforschung ist in Raum und Zeit beschränkt, daher ist in der Idee Simultanes und Sukzessives innigst verbunden, auf dem Standpunkt der Erfahrung hingegen immer getrennt, und eine Naturwirkung die wir der Idee gemäß als simultan und sukzessiv zugleich denken sollen, scheint uns in eine Art Wahnsinn zu versetzen. (FA 24, 449)

Ohne dass hier schon auf die Darstellungsprobleme der Simultanes und Sukzessives verbindenden Ideen oder auf »die Sphäre der Dichtkunst« (FA 24, 450) eingegangen werden muss, die in *Bedenken und Ergebung* schließlich als Zuflucht vor dieser »Art Wahnsinn«[66] aufscheint, kann doch bereits festgestellt werden, wie Goethe den Abgrund zwischen Erfahrung und Idee, lebendigem Individuum und allgemeinem Gesetz zu entschärfen sucht: durch ein intuitives Wissen von der Natur, eine symbolische Naturerkenntnis, die von der konkreten Erfahrung ausgeht und in ihr das gesetzmäßige Allgemeine sucht, die sie also begrifflich durchdringt und dennoch stets in »sichtbarer und gleichsam greifbarer« Gegenwart erhält.

Auf solch eine symbolische Naturerkenntnis, die stets auch das Sinnliche und Konkrete mitführt, von dem jede Anschauung ausgeht, zielt nun die »naturgemäße Methode« (FA 24, 442).[67] Mit ihr betreibt Goethe gerade nicht die Ersetzung jeweils einzelner Erfahrungen durch ein abstraktes Allgemeines; vielmehr zeigt er sich bestrebt, das allgemein Gesetzmäßige im Besonderen und unter Beibehaltung des Besonderen aufzusuchen. Mittels der an der *scientia intuitiva* orientierten ›Anschauung‹ versucht er die Betrachtung hier-

65 Schmidt: Goethes herrlich leuchtende Natur, S. 29.
66 Vgl. auch die Wiederaufnahme dieser Formulierung in Goethe: Die Skelette der Nagetiere, FA 24, 633.
67 Wenig präzise hierzu ist Käfer: Methodenprobleme und ihre Behandlung in Goethes Schriften zur Naturwissenschaft, S. 125-180.

für in die jeweils einzelnen Gegenstände zu versenken und sich allein von ihrer Entwicklung leiten zu lassen. Wenn der Forscher dabei möglichst allen Eigenheiten entsage und sich um eine so genaue und strenge Nachbildung der Natur in der Methode bemühe, dass kein Raum für menschliche Irrtümer bleibe, dann könne das Allgemeine im Besonderen enthüllt werden, dann werde die Beobachtung Theorie: »Es gibt eine zarte Empirie«, heißt es in den *Maximen und Reflexionen,* »die sich mit dem Gegenstand innigst identisch macht und dadurch zur eigentlichen Theorie wird« (FA 13, 149).

Die damit umrissene ›naturgemäße Methode‹ mit ihrem charakteristischen Vorgehen von der »zarten Empirie« zur »eigentlichen Theorie« ist von dem vermeintlich »gefährliche[n] Weg« verschiedener »Vorstellungsarten« abzusetzen (FA 24, 98), den Goethe in den Notizen zur Pflanzenbildung der späten 1780er Jahre angedeutet und dann vor allem in den wissenschaftstheoretischen Schriften der 1790er Jahre, wie im *Versuch als Vermittler von Objekt und Subjekt,* ausgearbeitet hat – in Schriften also, die meist im Kontext seiner Forschungen zur Farbenlehre entstanden sind. Zwar eint beide Vorgehensweisen die Sorge vor vorschnellen Festschreibungen. Aufgrund ihrer unterschiedlichen Verwurzelungen in Naturgeschichte und Physik, in einem beobachtenden Paradigma einerseits und einem intervenierenden, experimentellen Paradigma andererseits sind sie jedoch auch auf charakteristische Weise voneinander verschieden. Fordert Goethe mit den verschiedenen ›Vorstellungsarten‹ eine durch Wiederholung und ›Vermannigfaltigung‹ vollbrachte Reinigung der Erfahrung, eine oft experimentell vermittelte Vervielfachung der Ansichten eines Gegenstandes oder Phänomens, deren Vergleich das jeweils Zufällige ausscheiden und das Notwendige und Gesetzmäßige erkennen lasse,[68] so orientiert er sich mit der ›naturgemäßen Methode‹ stärker an der Genese des Gegenstandes, um die Empirie zur Theorie zu steigern. Damit erzeugt hier weniger der Forscher durch verschiedene Vorstellungsarten verschiedene Ansichten seines Gegenstands. Dieser selbst ist es nun, der sich im Verlauf seiner Entwicklung in verschiedenen Gestalten zu sehen gibt. Dem aufmerksam folgenden und vergleichenden Forscher enthüllt er damit scheinbar von sich aus die seine Metamorphose beschreibenden Gesetze.

68 Vgl. Goethe: Der Versuch als Vermittler von Objekt und Subjekt, FA 25, 26-36; ders.: Das reine Phänomen, FA 25, 127.

In besonderer Weise lässt sich diese Geburt der Theorie aus der Metamorphose der Pflanze in einer kurz nach der Rückkehr aus Italien verfassten Aufzeichnung zur Pflanzenentwicklung nachvollziehen, in der Goethe die fortschreitende Enthüllung der »eigentlichen Theorie« aus der »zarten Empirie« vor allem am Begriff des Blatts inszeniert. In einer Vorwegnahme der in der Metamorphoseschrift ausgeführten Betrachtung des Pflanzenwachstums von der Ausbildung aus dem Samen bis zur Ausbildung neuer Samen erklärt Goethe hier, dass das Blatt sich zu Beginn der Pflanzenentwicklung »in einem Sinne« zeige, »der dem trivialen Begriff zunächst liegt« (FA 24, 94). Spätestens dann, wenn der Betrachter eine Pflanze bis hin zur Ausbildung der weiblichen Geschlechtsorgane verfolgt habe, müsse er diesen »Trivialbegriff« aber »beinah verloren« und einen »transzendentellen Begriff erreicht« haben, so notiert Goethe weiter (FA 24, 95). Nur einen kleinen Schritt weiter müsse die Natur ihn dann noch führen, bis er endlich das »Blatt in seinem transzendentellsten Sinne« erkenne (FA 24, 96) und damit den Standpunkt erreiche, von dem aus er Hypothesen zur Pflanzenentwicklung formulieren könne.

Um die pflanzlichen Umbildungen genauer und allgemeiner als während der Italienreise beschreiben zu können, versucht Goethe somit in den kurz nach der Rückkehr nach Weimar verfassten Aufzeichnungen zu einer der Pflanzenmetamorphose scheinbar notwendig entsprechenden Entwicklung der Theorie aus der Empirie zu gelangen, in deren Verlauf der ›triviale‹ Blattbegriff sich zum alle Organe umfassenden Begriff vom »Blatt in seinem transzendentellsten Sinne« ausbildet. Somit erscheint das später in *Bedenken und Ergebung* formulierte Problem der Vermittlung von Erfahrung und Idee hier bereits durch einen Begriff des Blattes entschärft, der sich scheinbar von selbst auf dem Weg von der Erfahrung zur Idee entwickelt und der die Pflanzenmetamorphose nicht nur als Sukzession aufbewahrt, sondern sie gleichzeitig auch synchron zusammenfasst. Diesen Begriff des Blattes ergänzt Goethe in seinen Aufzeichnungen aus der Zeit kurz nach der Rückkehr aus Italien um zwei Bildungsprinzipien. Zum einen erläutert er die Metamorphose hier durch »die Lehre vom Ausdehnen und Zusammenziehen«, nach der die »Veränderung der Pflanzenteile« durch eine Kraft oder, mit Blumenbach gesprochen, durch einen Bildungstrieb bewirkt wird (FA 24, 101), der sich in einem abwechselnden Ausdehnen und Zusammenziehen der Organe äußert. Zum anderen reguliert er diese Kraft durch eine den zeitgenössischen Forschungen zur Pflanzenphysiologie entlehnte Säftelehre. Dieser noch weitgehend mechanistischen Vorstellung zufolge nimmt eine Pflanze durch die Wurzeln ungefilterte Säfte auf, die zunächst die Bildung entsprechend grob organisierter Organe initiieren. Insofern diese Säfte im Durchgang durch die zunehmende Zahl gebildeter Organe und die steigende Einwirkung von Luft und Licht aber immer »feiner und filtrierter« (FA 24, 117) werden, geben sie im Fortgang des Pflanzenwachstums auch wieder Anlass zur Bildung entsprechend fein organisierter Organe.[69] Im Zusammenspiel beider Lehren beschreibt Goethe die Metamorphose somit nicht als eine geradlinige Fortentwicklung. Im abwechselnden Ausdehnen und Zusammenziehen entwirft er sie vielmehr als ein Oszillieren, das in Kombination mit der Säftelehre als spiralförmige Höherentwicklung gedacht werden muss.

Bemerkenswert erscheint diese Präzisierung der Metamorphosenlehre zunächst, weil sie bereits die Pflanzenbeobachtungen der späten 1780er Jahre von der »Anschauung der zwei großen Triebräder der Natur« geprägt zeigt, die Goethe im Verlauf seines Lebens immer wieder herausgearbeitet und bedichtet hat: von der Anschauung der Prinzipien »von *Polarität* und von *Steigerung*« (FA 24, 81).[70] Interessanter als die Aufstellung dieser Prinzipien ist hier aber, wie er die Lehre vom Ausdehnen und Zusammenziehen sogleich sprachkritisch hinterfragt und das Problem der Erkenntnis der Pflanzenentwicklung, des Wissens von der lebendigen Natur, als ein grundlegendes Sprach- und Darstellungsproblem expliziert. Denn genau

69 Siehe auch Goethe: Gesetze der Pflanzenbildung, FA 24, 105 f.; und 1792 dann Willdenow: Grundriss der Kräuterkunde, bes. §§ 257-264, S. 313-330. Eine ähnliche Säftelehre, die aber nicht auf individuelle Bildungen, sondern auf die zur ›Kette der Wesen‹ geordneten Organisationen von Pflanzen, Tieren und Menschen bezogen war, formulierte 1784 Herder: Ideen, in: Werke, Bd. 6, S. 78 und 82.

70 In dieser *Erläuterung zu dem aphoristischen Aufsatz »Die Natur«* erklärt Goethe zu Polarität und Steigerung weiter, dass »jene der Materie, insofern wir sie materiell, diese ihr dagegen, insofern wir sie geistig denken, angehörig [sei]; jene ist in immerwährendem Anziehen und Abstoßen, diese in immerstrebendem Aufsteigen« (FA 25, 81). Zur Polarität, die Goethe in der *Farbenlehre,* in den Begriffen von Systole und Diastole am weitesten gefasst hat (vgl. bes. § 739, FA 23/1, 239), siehe Schmitz: Goethes Altersdenken, S. 541-557; Wachsmuth: Bildung und Wirkung, in: ders.: Geeinte Zwienatur, S. 267-289; Zimmermann: Goethes Polaritätsdenken; und, unter Einbezug der Steigerung, Schmidt: Goethes herrlich leuchtende Natur, S. 139-147.

genommen, so erklärt Goethe, könne die zuvor beschriebene »Veränderung der Pflanzenteile [...] nur uneigentlich Ausdehnung und Zusammenziehung« genannt werden:

> Besser wäre es ihr ein x oder y nach algebraischer Weise zu geben, denn die Worte Ausdehnung und Zusammenziehung drücken diese Wirkung nicht in ihrem ganzen Umfange aus. Sie zieht zusammen, dehnt aus, bildet aus, bildet um, verbindet, sondert, färbt, entfärbt, verbreitet, verlängt, erweicht, verhärtet, teilt mit, entzieht und nur allein, wenn wir alle ihre verschiedenen Wirkungen in Einem sehen dann können wir das anschaulicher kennen was ich durch diese vielen Worte zu erklären und auseinander zu setzen gedacht habe. (FA 24, 101 f.)

In gleich doppelter Weise versucht Goethe hier, der ›tödlichen Abstraktheit‹ seiner Formulierungen entgegenzuwirken. Zunächst unterstreicht er ihre Uneigentlichkeit, wenn er überlegt, die mit einer gewissen, aber nicht ausreichend konkreten Anschaulichkeit verbundenen Begriffe der Ausdehnung und Zusammenziehung durch ein gänzlich unanschauliches, daher für viele Anschauungen offenes »x oder y nach algebraischer Weise« zu ersetzen.[71] Da er diese Ersetzung wohl auch aufgrund seiner Abneigung gegenüber entlehnten Terminologien letztlich nicht durchgeführt hat,[72] nimmt er sich des Problems sodann auf anderem Wege an. Nun erhöht und erweitert er die Anschaulichkeit der Begriffe der Ausdehnung und Zusammenziehung, indem er die Fülle der von ihnen bezeichneten Phänomene aufzuzählen sucht.[73] Dem entscheidenden Umstand, dass auch diese verschiedenen Auswirkungen nie anders als uneigentlich, mit einem Schlüsselwort Goethes: nie anders als ›gleichsam‹ benannt werden können, entkommt er dadurch aber nicht. »Man bedenkt niemals genug«, bemerkt er deshalb später in der *Farbenlehre*, »daß eine Sprache eigentlich nur symbolisch, nur bildlich sei und die Gegenstände niemals unmittelbar, sondern nur im Widerscheine aus-

71 Ebenso erinnert Goethe in der Metamorphoseschrift daran, »daß man mit jenen oben festgestellten Begriffen der Ausdehnung und Zusammenziehung, der Zusammendrängung und Anastomose, wie mit algebraischen Formeln bequem zu operieren« habe (FA 24, 142). Ähnlich erwägt er dann auch in § 756 der *Farbenlehre*, »die Formel der Polarität« auf ein »Plus und Minus« zu bringen (FA 23/1, 246).

72 Vgl. Goethe: Zur Farbenlehre, § 754, FA 23/1, 245.

73 Vgl. auch ebd., FA 23/1, 15.

drücke« (FA 23/1, 244). Der erkenntnistheoretische ›Wahnsinn‹, den die Kluft zwischen Erfahrung und Idee birgt, bedroht den Naturforscher somit immer auch in Gestalt eines Sprachproblems – des Problems, dass seine lebendigen Gegenstände »immerfort in Bewegung sind« und nach Maßgabe der ›naturgemäßen Methode‹ genauso beweglich und lebendig ausgedrückt werden sollen, seine Sprache gleichzeitig aber nie umhinkommt, das von ihr Bezeichnete als Widerschein festzuschreiben und es, letztlich, »durch das Wort zu töten« (FA 23/1, 244 f.).

Wie Goethe mit diesem Problem umgeht, soll nun die Betrachtung der Metamorphoseschrift von 1790 und der Metamorphoseelegie von 1798 erweisen. Welchen Weg er hierfür einschlägt, haben die Aufzeichnungen aus der Zeit nach der Rückkehr aus Italien bereits angedeutet: den Weg eines skeptischen und beständig reflektierenden Umgangs mit Sprache, der sich nicht auf Unsagbarkeitstopoi zurückzieht, sondern die Sprache durch die Herausstellung ihrer Beschränkungen über ihre Grenzen hinauszuführen sucht.[74] Diese sprachliche Selbstreflexion, die Goethe mehr noch als Naturforscher denn als Dichter anstellt,[75] ist in der Forschung schon länger als Kennzeichen seiner wissenschaftlichen Schriften hervorgehoben worden: »Unablässig«, so erklärt etwa Alfred Schmidt, würden diese die Frage behandeln, wie die »Einheit von Idee und Erfahrung, Dauer und Wechsel, Geist und Materie *begrifflich* angemessen zu formulieren sei.«[76] Ähnlich versteht Uwe Pörksen Goethes wissenschaftliche Schriften als beständige Problematisierung sprachlicher Festschreibungen. Um diesen Fixierungen entgegenzuwirken, würden sie den »Eindruck eines vagen, die Sache offenhaltenden Sprechens«[77] erwecken: »Immer wieder«, bemerkt auch Manfred Kleinschnieder, »gerät man bei der Lektüre in gespannte Erwartung eines

74 Im Blick auf Goethes Aphoristik erklärt Gerhard Neumann daher: »Sprachskepsis und Erweiterung der symbolischen Möglichkeiten der Sprache gehören unmittelbar zusammen.« (Neumann: Ideenparadiese, S. 730).

75 Vor allem Werner Keller hat betont, »daß der naturwissenschaftlich tätige Goethe dringlicher noch als der dichtende gehalten war, sich Leistung und Grenze der Sprache zu vergegenwärtigen. […] Der Umgang mit Naturphänomenen war es daher, der Goethe veranlaßte, über die Sprache gesammelt nachzudenken.« (Keller: Goethes dichterische Bildlichkeit, S. 35 f.).

76 Schmidt: Goethes herrlich leuchtende Natur, S. 38.

77 Pörksen: Wissenschaftssprache und Sprachauffassung bei Linné und Goethe, S. 83. Vgl. ders.: »Alles ist Blatt«; und, im Anschluss hieran, H. Helbig: Naturgemäße Ordnung, bes. S. 470 f.

endlich klärenden Wortes, das immer wieder ausbleibt.«[78] Weiter noch geht Roger Stephenson, der Goethes Wissenschaftssprache nicht nur durch die beständige Problematisierung ihrer selbst gekennzeichnet sieht. Wie er zu zeigen versucht, enthülle sie zudem »the unreal abstractions of conceptual thought as crude and imprecise, by means of the foil of perceptual vividness conjured up before the readers eye by aesthetic discourse.«[79] An den eher flüchtigen nachitalienischen Aufzeichnungen können die ästhetische, die Beweglichkeit und Lebendigkeit der Gegenstände nachbildende Qualität der Sprache und das von ihr hervorgebrachte Wissen, das als ›ästhetisch‹ oder ›intuitiv‹ bezeichnet werden kann, kaum aufgezeigt werden. Bei der Betrachtung der Metamorphoseschrift, im Zusammenhang einer die Natur entwickelnden und scheinbar von ihr selbst entwickelten Darstellung, ist deshalb darauf zurückzukommen.

Naturgemäße Darstellung

Die Schritte der Natur: *Versuch die Metamorphose der Pflanzen zu erklären* (1790)

In den schon mehrfach erwähnten Ausführungen zur *Anschauenden Urteilskraft*, die er 1820 im zweiten Heft *Zur Morphologie* veröffentlicht, bemerkt Goethe, im *Versuch die Metamorphose der Pflanzen zu erklären* sei es ihm »geglückt, eine naturgemäße Darstellung aufzubauen« (FA 24, 448). Was das heißt, hatte er wenige Seiten vorher, in der im gleichen Heft publizierten *Einwirkung der neueren Philosophie*, bereits wie folgt beschrieben:

> [B]ei Darstellung des Versuchs der Pflanzen-Metamorphose mußte sich eine naturgemäße Methode entwickeln; denn als die Vegetation mir Schritt für Schritt ihr Verfahren vorbildete, konnte ich nicht irren, sondern mußte, indem ich sie gewähren

78 Kleinschnieder: Goethes Naturstudien, S. 7. Ähnlich hatte schon Günther Müller Goethes wissenschaftliche Schriften durch eine »Unerbittlichkeit des Sagens« charakterisiert, »die sich von dem konventionellen Sprachgebrauch in einem fast erschreckenden Maß freigemacht hat und nur mehr auf die Zulänglichkeit der gegenständlichen Bestimmung durch das vielschichtige Wort ausgeht« (Müller: Kleine Goethebiographie, S. 217).

79 Stephenson: Goethe's Conception of Knowledge and Science, S. 80.

ließ, die Mittel und Wege anerkennen wie sie den eingehülltesten Zustand zur Vollendung nach und nach zu befördern weiß. (FA 24, 442)

Wichtige Merkmale der ›naturgemäßen Methode‹ sind hier noch einmal benannt. Wie Goethe erläutert, habe er die Vegetation zunächst »gewähren« und sich »Schritt für Schritt ihr Verfahren vorbilden« lassen, um es im *Versuch die Metamorphose der Pflanzen zu erklären* nachbilden, also ›darstellen‹ zu können, ohne dabei einen Raum für Irrtümer zu eröffnen. Bemerkenswert ist an der zitierten Passage jedoch vor allem, dass Goethe diese produktive Nachbildung von Natur nicht einfach als Ausdruck einer ›naturgemäß‹ aufgefassten Pflanzenentwicklung expliziert. Genau umgekehrt erklärt er hier stattdessen, dass die ›naturgemäße Methode‹ sich bei der ›Darstellung‹ der Metamorphoseschrift ›entwickelt‹ habe. Damit bestimmt er die ›naturgemäße Darstellung‹ nicht bloß als Wiedergabe eines bereits Formierten und Formulierten, sondern vielmehr als konstitutives Element der ›naturgemäßen Methode‹, die sich an ihr erst vollends ausgebildet habe, und damit auch der Lehre von der Pflanzenmetamorphose, die erst in der Abhandlung von 1790 ihre gültige Ausprägung fand – und zwar tatsächlich, wie nun gezeigt werden soll, als eine Sprach- und Text-Lehre, mit der Goethe die von Sprache und Text bereitgestellten Möglichkeiten der linearen, gegliederten und doch kontinuierlichen Organisation sowie der Symbolisierung aufnimmt, in das Gebiet der Naturanschauung überträgt und sie schließlich, um es zugespitzt zu formulieren, in der Lehre von der Pflanzenentwicklung konkretisiert.

Zu Beginn des kleinen, sehr schlicht gestalteten *Versuchs die Metamorphose der Pflanzen zu erklären,* der 1790 in Gotha im Verlag von Carl Wilhelm Ettinger erschien, bereitet Goethe diese ›Darstellung‹ noch vor. Im Motto der Abhandlung, dem Zitat aus einer Dissertation, die Hinricus Ullmark bei Linné geschrieben hat, betont er zunächst, dass »die Natur […] sich selbst immer ähnlich« sei, »wenn sie uns auch oft wegen des Mangels an notwendigen Beobachtungen mit sich selbst unstimmig zu sein scheint« (»natura enim sibi semper est similis licet nobis saepe ob necessarium defectum observationum a se dissentire videatur«) (FA 24, 109, 944). Nachdem er seine Abhandlung somit unter Linnés Autorität gestellt hat, nimmt Goethe in der Einleitung der Schrift die tradierte Verwendung des Metamorphosebegriffs für Umwandlungen von

Pflanzen und Tieren auf,[80] um sie durch die Unterscheidung in regelmäßige, unregelmäßige und zufällige Pflanzenmetamorphose sodann zu spezifizieren. Dabei erläutert er die »*regelmäßige* Metamorphose« als diejenige,

> welche sich von den ersten Samenblättern bis zur letzten Ausbildung der Frucht immer stufenweise wirksam bemerken läßt, und durch Umwandlung einer Gestalt in die andere, gleichsam auf einer geistigen Leiter, zu jenem Gipfel der Natur, der Fortpflanzung durch zwei Geschlechter hinauf steigt. Diese ist es welche ich mehrere Jahre aufmerksam beobachtet habe, und welche zu erklären ich gegenwärtigen Versuch unternehme. (FA 24, 110)[81]

Von dieser regelmäßigen Entfaltung grenzt Goethe nun einerseits die »*unregelmäßige* Metamorphose« ab, die sich auf innerlich bewirkte Missbildungen bezieht; wie er ausführt, »erschlafft« die Natur hier »gleichsam, und läßt unentschlossen ihr Geschöpf in einem unentschiedenen, weichen, unsern Augen gefälligen, aber innerlich unkräftigen und unwirksamen Zustande«. Andererseits differenziert er hiervon die als »*zufällig*« bezeichnete Metamorphose; »von außen, besonders durch Insekten gewirkt«, umfasse diese vor allem Krankheiten, die »monströsen, und doch in gewisse Grenzen eingeschränkten Auswüchse[ ]« von Pflanzen (FA 24, 111). Obwohl der *Versuch die Metamorphose der Pflanzen zu erklären* nur die regelmäßige Metamorphose erkundet, sind diese Abgrenzungen bemerkenswert. Denn Goethe beschränkt sich damit nicht nur auf die Darstellung einer kontinuierlich voranschreitenden und stufenweise ins Geistige aufsteigenden Pflanzenentwicklung. Indem er häufig auf unregelmäßige Metamorphosen blickt, »um auf den regelmäßigen Weg der Natur desto aufmerksamer gemacht« zu werden (FA 24, 110), gelangt er nach Hans Joachim Becker auch »zu der zukunftswei-

80 In der Botanik des 18. Jahrhunderts wurde der Begriff der Metamorphose vor allem von Linné verwendet, der hiermit »zunächst nur Formähnlichkeit im engeren organographischen Sinn«, dann aber auch »den zeitlichen Wechsel der nacheinander erscheinenden Organe« bezeichnete (D. Kuhn, in: FA 24, 944). Die Unterschiede zu Linnés Begriffsverwendung betont besonders Hansen: Goethes Metamorphose der Pflanzen, S. 182-219; ders.: Goethes Morphologie, S. 17-23.

81 Zur ›geistigen Leiter‹, mit der Goethe hier die Vorstellung der *scala naturae* auf Einzelwesen überträgt, vgl. Kleinschnieder: Goethes Naturstudien, S. 71-77; Wyder: Goethes Naturmodell, bes. S. 227-288.

senden Vorstellung, die Normalentwicklung sei nur ein schmaler Pfad durch ein weites Gebiet vielfältiger Entwicklungspotenzen und Anomalien seien ein wesentlicher Schlüssel zum Verständnis der Normalentwicklung«.[82]

Neben dem Metamorphosebegriff umreißt Goethe in der Einleitung der Abhandlung auch die von ihm gewählte Methode der ›Darstellung‹. »Ich habe es gewagt«, so erklärt er in § 9,

> gegenwärtigen Versuch ohne Beziehung auf erläuternde Kupfer auszuarbeiten, die jedoch in manchem Betracht nötig scheinen möchten. Ich behalte mir vor, sie in der Folge nachzubringen, welches um so bequemer geschehen kann, da noch Stoff genug übrig ist gegenwärtige kleine, nur vorläufige Abhandlung zu erläutern und weiter auszuführen. Es wird alsdann nicht nötig sein einen so gemessenen Schritt wie gegenwärtig zu halten. (FA 24, 111)

Auch wenn die hier betonte Vorläufigkeit der Abhandlung und der Verzicht auf Abbildungen, die »angenehm und nicht ohne Nutzen« (FA 24, 143) gewesen wären, schlicht dem Zeitdruck geschuldet gewesen sein mochte, in den Goethe sich durch den Theologen und Botaniker Christian Konrad Sprengel versetzt sah, der 1790 einen *Versuch die Konstruktion der Blumen zu erklären* veröffentlichen wollte,[83] so ist es zu einer Ausarbeitung der Metamorphoseschrift, die zudem um »mehrere Stellen aus gleichgesinnten Schriftstellern« (FA 24, 111 f.) ergänzt werden sollte, nicht gekommen. Zwar nimmt Goethe sich noch 1790 im *Zweiten Versuch* zur *Metamorphose der Pflanzen* dieses Vorhabens an,[84] doch kam er über wenige Notizen

82 Becker: Art. »Metamorphose«, in: Witte u. a. (Hrsg.): Goethe-Handbuch, Bd. 4/1, S. 700-702, hier S. 701. Vgl. ders.: Art. »Über die Metamorphose der Pflanzen – Morphologische Schriften«, ebd., Bd. 3, S. 690-702, hier S. 696 f. In den 1820 publizierten *Nacharbeiten und Sammlungen* zur Metamorphosenlehre streicht Goethe erneut heraus, »daß man keineswegs zur vollständigen Anschauung gelangen kann, wenn man nicht Normales und Abnormes immer zugleich gegeneinander schwankend und wirkend betrachtet« (FA 24, 463).

83 Für den ›Ansporn‹, den Sprengels Ankündigung gegeben hat – auch wenn sein Buch letztlich erst 1793 unter dem Titel *Das entdeckte Geheimniß der Natur im Bau und in der Befruchtung der Blumen* erschienen ist – vgl. Goethes Brief an Carl August vom 20. November 1789, in: FA 30, 505 f.

84 Im Anschluss an die Metamorphoseschrift heißt es hier: »Jene Betrachtung fort zu setzen, durch Beispiele zu erläutern durch Kupfer anschaulicher

dabei nicht hinaus. Entgegen seiner Ankündigung verfasste er somit weder eine der umfangreichen ›Geschichte der Farbenlehre‹ vergleichbare ›Geschichte der Metamorphose‹ – an deren Stelle rücken dann die verschiedenen Texte, mit denen er die Metamorphoseschrift ab 1817 in den Heften *Zur Morphologie* umgibt –, noch publizierte er die entsprechenden Kupferstiche. Lediglich einige Aquarelle, auf die zurückzukommen sein wird, ließ er anfertigen.

Trotzdem ist es aufschlussreich, dass Goethe sich wegen der Vorläufigkeit seiner Abhandlung zu einem besonders »gemessenen Schritt« verpflichtete, mit dem er »der Natur auf ihren Schritten, so bedachtsam als möglich« (FA 24, 137), folgen wollte. Bereits aus der Gliederung der Metamorphoseschrift ist dieses Bemühen um eine bedachtsame, schrittweise Nachbildung einer Natur erkennbar, die als ebenso regelmäßig voranschreitend verstanden wird. So versucht Goethe im Anschluss an die Einleitung zunächst, die »Stufenfolge des Pflanzen-Wachstums« von dem »Augenblick«, in dem eine Pflanze »sich aus dem Samenkorn entwickelt« (FA 24, 112), bis hin zu dem Moment, in dem sie selbst Samen ausbildet, in zwölf Abschnitten darzustellen. Zwar lässt er darauf noch sechs Abschnitte folgen, die von diesem Weg abweichen, Abschnitte zu den ›Augen und ihrer Entwicklung‹, zur ›Bildung der zusammengesetzten Blüten und Fruchtstände‹, zur ›Durchgewachsenen Rose‹ und ›Durchgewachsenen Nelke‹ als Beispielen der unregelmäßigen, rückschreitenden Metamorphose sowie eine Absetzung von ›Linnés Theorie von der Antizipation‹ und eine ›Wiederholung‹. Jedoch nimmt die Darstellung der »Stufenfolge des Pflanzen-Wachstums« den überwiegenden Teil der Metamorphoseschrift ein.

Diese Stufenfolge gliedert Goethe zudem durch sechs große Umwandlungen oder Übergänge, die er entsprechend den Prinzipien der Polarität und Steigerung als abwechselndes, zielgerichtetes Ausdehnen und Zusammenziehen beschreibt. Der Ausdehnung vom »Samen bis zu der höchsten Entwickelung des Stengelblattes«, so resümiert er in § 73, folge »eine Zusammenziehung«, die »den Kelch entstehen« lasse; daraus bildeten sich »die Blumenblätter durch eine Ausdehnung, die Geschlechtsteile abermals durch eine Zusammenziehung«, bis endlich »die größte Ausdehnung in der Frucht, und die größte Konzentration in dem Samen« beobachtet werden

zu machen, durch Schriftsteller ihnen mehr Autorität zu geben, ist die Absicht des gegenwärtigen zweiten Versuchs« (FA 24, 156).

könne: »In diesen sechs Schritten«, erklärt Goethe schließlich, »vollendet die Natur unaufhaltsam das ewige Werk der Fortpflanzung der Vegetabilien durch zwei Geschlechter« (FA 24, 133).[85]

Inhaltlich ist die Darstellung dieser sechs großen, den Bildungsgang der Pflanzen kennzeichnenden Schritte durch die Betonung der »geheime[n] Verwandtschaft« (FA 24, 110) der verschiedenen Organe, durch die Herausstellung ihrer im weiten Sinne zu verstehenden »Blattähnlichkeit« (FA 24, 135) bestimmt. Wiederholt verweist Goethe deshalb darauf, dass die Natur in den Kotyledonen, dem Kelch, der Krone und den anderen Organen keineswegs etwas Neues schaffe, sondern das zuvor Ausgeprägte lediglich verfeinere und durch Ausdehnungen und Zusammenziehungen umbilde: »[S]ie verbindet und modifiziert nur die uns schon bekannt gewordenen Organe, und bereitet sich dadurch eine Stufe näher zum Ziel« (FA 24, 121).

Ebenso interessant wie diese Fokussierung auf Übergänge anstatt auf fest ausgebildete Formen ist aber, wie Goethe die Verwandtschaft der zunächst so verschieden erscheinenden Organe im Einzelnen behauptet und seine Argumentation hierfür mit der Beschreibung des Pflanzenwachstums verflicht. Diese ›naturgemäße Darstellung‹ erklärt Dorothea Kuhn bloß beiläufig, wenn sie zur an die Einleitung der Metamorphoseschrift anschließenden »Demonstration« (FA 24, 110) der Pflanzenentwicklung bemerkt: »Goethe fährt nicht mit Spekulation fort, er geht vielmehr [...] mit dem Mittel der Anschauung vorwärts.«[86] Was das heißt, vermag ein Blick auf den ersten Abschnitt der Abhandlung zu verdeutlichen, der unter dem Titel ›Von den Samenblättern‹ steht. Nachdem Goethe hier im einleitenden § 10 erklärt hat, dass er die »Aufmerksamkeit sogleich in dem Augenblick auf die Pflanze« richten wolle, »da sie sich aus dem Sandkorn entwickelt«, führt er »die ersten Organe ihres oberen

85 Etwas nüchterner erklärt Carl Ludwig Willdenow dann 1792: »Das Leben der Pflanze ist also, wie Herr Göthe ganz artig sagt, ein Ausdehnen und Zusammenziehn, und jene Abwechselungen machen die verschiedenen Perioden des Lebens aus.« (Willdenow: Grundriss der Kräuterkunde, § 270, S. 343).

86 D. Kuhn: Grundzüge der Goetheschen Morphologie, in: dies.: Typus und Metamorphose, S. 133-145, hier S. 137. Ähnlich auch Schieren: Anschauende Urteilskraft, S. 190 f.; und Polianski: Die Kunst, die Natur vorzustellen, S. 211. Vgl. in diesem Zusammenhang auch die Ausführungen zu Goethes ›Methode der Darstellung‹ in der *Farbenlehre* bei H. Helbig: Naturgemäße Ordnung, S. 202-274.

Wachstums«, die Keimblätter, in § 11 »unter dem Namen *Kotyledonen*« ein: »[M]an hat sie auch Samenklappen, Kernstücke, Samenlappen, Samenblätter genannt, und so die verschiedenen Gestalten, in denen wir sie gewahr werden zu bezeichnen gesucht.« Zwar räumt er in § 12 ein, dass diese »oft unförmlich« aussehenden Organe zunächst »fast nichts Ähnliches von einem Blatte« zu haben scheinen – »und wir können verleitet werden sie für besondere Organe anzusehen« –, doch bemerkt er in § 13 gleich, wie »sie sich bei vielen Pflanzen der Blattgestalt« nähern: »[S]ie werden flächer, sie nehmen, dem Licht und der Luft ausgesetzt, die grüne Farbe in einem höhern Grade an, die in ihnen enthaltenen Gefäße werden kenntlicher, den Blattrippen ähnlicher.« Bloß einen Schritt weiter geht er in § 14, wo er verkündet: »Endlich erscheinen sie uns als wirkliche Blätter [...], ihre Ähnlichkeit mit den folgenden Blättern erlaubt uns nicht, sie für besondere Organe zu halten« (FA 24, 112 f.).

Wie Goethe »mit dem Mittel der Anschauung vorwärts« geht, ist damit deutlicher geworden. Indem er das Wachstum einer nicht näher bestimmten symbolischen Pflanze in kurzen Paragraphen verfolgt und seine Erklärungen aus der scheinbar unmittelbaren Anschauung ihrer Metamorphose entwickelt, sucht er seine Ausführungen zur Verwandtschaft der Organe evident werden zu lassen, sie gleichsam zu naturalisieren, sie ›naturgemäß darzustellen‹. Damit offenbart sich an dieser Stelle auch der Sinn der Metaphorik des Fortschreitens und Gehens, die Goethe in seinem *Versuch die Metamorphose der Pflanzen zu erklären* so konsequent nutzt. Sie dient ihm nicht nur zur Betonung natürlicher Kontinuität – wie die oben zitierten Passagen zeigen, gelingt ihm das noch stärker durch die Verwendung von Komparativen, die alle Stufen und Schritte überspielen –,[87] sondern sie fungiert auch als äußerst anschauliches Scharnier zwischen der Metamorphose und ihrer paragraphenweise vorgehenden Erklärung. Mithilfe dieser Metaphorik verstärkt Goethe somit noch einmal die Analogie von Erfahrung und Erklärung und bahnt gleichzeitig einen Übergang von der Folge der Erfahrungen zu einer Idee, in der diese bewahrt und synchron zusammenfasst

87 Dass die Natur kontinuierlich vorgeht und keine Sprünge macht, formuliert im 18. Jahrhundert an prominenter Stelle Linné: Philosophia botanica, § 77, S. 27. Zum »Grundsatz der Stetigkeit« vgl. auch den Brief an Schiller vom 30. Juli 1796, FA 31, 222; und Wyder: Goethes Naturmodell, bes. S. 240-257.

werden. Dadurch ermöglicht er es auch, so erklärt Uwe Pörksen, »das logisch Unvereinbare, die Idee des Ganzen und das empirische Detail, Simultaneität und Sukzession, lineare und rekursive Zeit synchron zu denken und vorstellbar zu machen«.[88]

Dieser ›naturgemäßen‹ Vorgehensweise, mit der Goethe die Verwandtschaft der Pflanzenorgane im Nachvollzug ihrer Entwicklung demonstriert, entsprechen auch die häufigen Berufungen auf einen Augenschein, die die Metamorphoseschrift durchziehen. Allerdings konkretisieren sie die Untersuchung des Pflanzenwachstums nicht dadurch, dass sie die Metamorphose in der Struktur der Abhandlung verkörpern und diese als Metamorphose entwickeln. Genau umgekehrt zielen sie vielmehr darauf, den Text durch die beständige Vergegenwärtigung der Anschauung seiner Gegenstände gleichsam vergessen zu machen. Der damit einhergehenden Nivellierung des Unterschieds von Erklärung und Erklärtem korrespondiert die Ausblendung einer weiteren Distanz, die im häufig verwendeten ›Wir‹ betriebene Ausblendung der Distanz zwischen Forscher und Leser, zwischen dem, der erklärt, und dem, dem erklärt wird. Unzählige Male kann die Überspielung dieser beiden für wissenschaftliche Texte zentralen Unterscheidungen beobachtet werden, wenn Goethe bemerkt, was sich zum jeweiligen Stand der Pflanzenentwicklung als »in die Augen fallend« erweist (FA 24, 117, 124), oder wenn er erläutert, was die Leser durch die Augen des aufmerksamen Forschers sehen und erfahren können: »Wir können nunmehr die sukzessive Ausbildung der Blätter genau betrachten, da die fortschreitenden Wirkungen der Natur alle vor unsern Augen vorgehen« (FA 24, 114), so erklärt er zu Beginn des zweiten Abschnitts über die ›Ausbildung der Stengelblätter von Knoten zu Knoten‹; »[w]ir sehen endlich«, so beschließt er ihn, »die Blätter in ihrer größten Ausbreitung und Ausbildung, und werden bald darauf eine neue Erscheinung gewahr«; diese neue Erscheinung, den »Übergang zum Blütenstande«, setzt er eingangs des dritten Abschnitts fort, »sehen wir *schneller* oder *langsamer* geschehen« (FA 24, 118).[89]

88 Pörksen: Raumzeit, S. 125.

89 Interessant ist hier auch die Verwendung des Verbs ›bemerken‹, mit dem Goethe seine Ausführungen mit dem überblendet, was bei genauer Beobachtung zu bemerken ist. Nachdem er in § 17 bemerkt hatte, was er nicht bemerken will: »Ganz unförmliche einzelne Kernstücke solcher Pflanzen, welche nur mit Einem Blatte keimen, gehen wir gegenwärtig vorbei«, heißt

Dieser Bezug auf den Wahrnehmungsprozess von Leser und Forscher, ihre Bindung an das Sichtbare und Augenscheinliche bleibt auch in den Abschnitten der Metamorphoseschrift erhalten, die sich stärker von der scheinbar unmittelbaren Anschauung der Metamorphose lösen. Da Goethe sich in diesen offener argumentierenden Passagen nicht mehr direkt auf eine den Lesern vor Augen geführte Pflanze beziehen kann, verweist er nun beständig darauf, dass seine Ausführungen mit eigenen Augen überprüfbar seien: »Ein jeder, der nur das Wachstum der Pflanzen einigermaßen beobachtet«, werde die Verwandlungen und Übergänge der Organe »leicht bemerken«, erklärt er zu Beginn der Einleitung (FA 24, 109); deutlicher heißt es dann: »Wir können uns durch den Augenschein hiervon belehren« (FA 24, 120); »[w]ir können uns hiervon durch den Augenschein überzeugen« (FA 24, 135); »so wird der Augenschein bei einiger Vergleichung uns am besten überzeugen« (FA 24, 142). In diesem Sinne erklärt er auch am Beispiel der durchgewachsenen Rose, dass »uns eben dieses Exemplar auch noch einen sichtbaren Beweis des oben Ausgeführten« gebe (FA 24, 144); und für den Fall, dass der Leser nicht restlos »augenscheinlich belehrt« (FA 24, 116) und die hier dargelegte »Meinung [...] noch nicht völlig zur Evidenz gebracht« sei, so bemerkt er im letzten Paragraphen der Abhandlung,

> wird es mir desto mehr Pflicht werden, auf alle Erinnerungen zu merken, und diese Materie in der Folge genauer und umständlicher abzuhandeln, um diese Vorstellungsart anschaulicher zu machen, und ihr einen allgemeinern Beifall zu erwerben, als sie vielleicht gegenwärtig erwarten kann. (FA 24, 151)

Jedoch ist die ›naturgemäße Darstellung‹ der Pflanzenmetamorphose durch diese Betonung des Anschaulichen, die identifikatorische Ansprache der Leser und den Versuch der bedächtigen, schrittweisen Verfolgung der Natur noch nicht ausreichend erklärt. Wie schon bei Gelegenheit der kurz nach der Rückkehr aus Italien verfassten Aufzeichnungen angedeutet, ist sie dazu durch einen reflektierten, oft ästhetisch durchformten Sprachgebrauch gekennzeich-

es in § 18: »Dagegen bemerken wir, daß auch selbst die blattähnlichsten Kotyledonen, gegen die folgenden Blätter des Stengels gehalten, immer unausgebildeter sind. Vorzüglich ist ihre Peripherie höchst einfach, und an derselben sind so wenig Spuren von Einschnitten zu sehen als auf ihren Flächen sich Haare oder andere Gefäße ausgebildeter Blätter bemerken lassen.« (FA 24, 114). Vgl. auch §§ 30, 41 und 51, FA 24, 118, 122 und 125.

net. An diesem fällt zunächst auf, dass Goethe hier stärker an der genauen Beschreibung der Phänomene als an der Etablierung einer definierten Terminologie interessiert ist; gerade auf lateinische Termini verzichtet er weitgehend.[90] Wie sehr er die zentralen Begriffe seiner Lehre daher vage und offen hält, wie sehr er sie, noch über Komparativbildungen hinaus, dynamisiert und abstrakten Festlegungen entzieht, um die lebendige Natur auch konkret und lebendig darstellen zu können, das zeigt bereits die Variation in der Benennung der Metamorphose: Allein in der Einleitung bezeichnet er sie als ›Verwandeln‹, ›Übergehen‹, ›Verändern‹, ›Bilden‹ und ›Ausbilden‹ und erläutert sie als »Umwandlung«, bei der die Natur einen »Teil durch den andern hervorbringt und die verschiedensten Gestalten durch Modifikationen eines einzigen Organs darstellt«, sowie als »Wirkung, wodurch ein und dasselbe Organ sich uns mannigfaltig verändert sehen lässt« (FA 24, 109-111).[91] In noch ausdrücklicherer Weise reflektiert Goethe auf die Grenzen von Sprache, wenn er in § 120 zum Begriff des Blatts bemerkt:

> Es verstehet sich hier von selbst, daß wir ein allgemeines Wort haben müßten wodurch wir dieses in so verschiedene Gestalten metamorphosierte Organ bezeichnen, und alle Erscheinungen seiner Gestalt damit vergleichen könnten: gegenwärtig müssen wir uns damit begnügen, daß wir uns gewöhnen die Erscheinungen vorwärts und rückwärts gegen einander zu halten. Denn wir können eben so gut sagen: ein Staubwerkzeug sei ein zusammengezogenes Blumenblatt, als wir von einem Blumenblatte sagen können: es sei ein Staubgefäß im Zustande der Ausdehnung; ein Kelchblatt sei ein zusammengezogenes, einem gewissen Grad der Verfeinerung sich näherndes Stengelblatt, als wir von einem Stengelblatt sagen können es sei ein, durch Zudringen roherer Säfte ausgedehntes Kelchblatt. (FA 24, 150 f.)

90 »Die Terminologie ist Mittel zum Zweck«, erklärt Holger Helbig deshalb im Blick auf die *Farbenlehre,* »der genaue Ausdruck ist dem genauen Erfassen des Gegenstands nachgeordnet. […] Die Begründung der Terminologie ergibt sich aus den Leistungen, die die Lehre erbringen soll: die Beobachtungen beschreiben und ordnen.« (H. Helbig: Naturgemäße Ordnung, S. 473).

91 Für weitere Beispiele vgl. Pörksen: Wissenschaftssprache und Sprachauffassung bei Linné und Goethe, S. 82-85; sowie die Erklärung des Bildungsbegriffs in Goethe: Die Absicht eingeleitet, FA 24, 392.

Diese Argumentation, die Goethe in seinen Aufzeichnungen aus der Zeit kurz nach der Rückkehr aus Italien ähnlich schon anhand der Begriffe der Ausdehnung und Zusammenziehung entwickelt hatte, weist in zwei Richtungen. Zunächst gesteht Goethe ein, dass das bildende und sich umbildende Pflanzenorgan als Blatt ungenügend bezeichnet sei. Hatte er sich dem daher erforderlichen »allgemeinen Wort« in den betrachteten Aufzeichnungen noch angenähert und vom »Blatt in seinem transzendentellsten Sinne« gesprochen (FA 24, 96), so verzichtet er nun darauf. Stattdessen versucht er hier erneut, das sich umbildende Pflanzenorgan aus seinen Konkretisierungen heraus zu begreifen. Ohne einen übergeordneten Begriff zu bilden, vergleicht er dafür seine verschiedenen Ausformungen und relationiert sie mithilfe der Säftelehre und vor allem der Lehre vom Ausdehnen und Zusammenziehen. An die Stelle einer festlegenden Beschreibung rücken damit voneinander abhängige Umschreibungen, deren Zusammenschau erhellen soll, was alles als Blatt verstanden wird. An die Stelle einer Definition, so erklärt Uwe Pörksen, tritt damit eine Denkform.[92]

Die hierdurch bewirkte Dynamisierung und Konkretisierung der Begriffssprache kennzeichnet jedoch nicht nur die Metamorphoseschrift. Auch in anderen wissenschaftlichen Arbeiten versucht Goethe immer wieder, sprachlich über die Grenzen der Sprache hinauszuweisen. Neben den bereits herausgestellten Umschreibungen und Relativierungen entwickelt er hierfür, wie besonders Uwe Pörksen gezeigt hat,[93] weitere Darstellungsmittel, die in der Metamorphoseschrift aber kaum verwendet werden. Dazu zählen die Aufstellung scheinbar paradoxer Formeln wie etwa vom »greifbare[n] Gesetz« (FA 24, 97), der »bewegliche[n] Ordnung« (FA 24, 473) und dem »gegenständlichen Denken« (FA 24, 596), die eine begriffliche Festlegung durch die Verbindung von Gegensätzen aufweichen, oder aber die komparative Reihung von Begriffen, die die Kluft zwischen Empirie und Theorie schrittweise zu schließen helfen soll. Eine solche Reihe verwendet Goethe in der berühmten Stelle der *Farbenlehre,* in der er sein scheinbar aus der Anschauung entwickeltes Vorgehen, den Weg von der ›zarten Empirie‹ zur ›eigent-

92 Vgl. Pörksen: Wissenschaftssprache und Sprachauffassung bei Linné und Goethe, S. 85-88; ders.: »Alles ist Blatt«, S. 137 f.; sowie Schieren: Anschauende Urteilskraft, S. 198 f.

93 Vgl. besonders Pörksen: »Alles ist Blatt«.

lichen Theorie‹, wie folgt expliziert: »Jedes Ansehen geht über in ein Betrachten, jedes Betrachten in ein Sinnen, jedes Sinnen in ein Verknüpfen, und so kann man sagen, daß wir schon bei jedem aufmerksamen Blick in die Welt theoretisieren« (FA 23/1, 14).[94]

Zusätzlich zu den Mitteln zur Reflexion und Dynamisierung der Begriffssprache nutzt Goethe in der Metamorphoseschrift schließlich noch die Möglichkeiten einer ästhetischen Formung, um seinen Text vieldeutig und beweglich zu gestalten. Auffallend erscheint dabei vor allem die Klanglichkeit, die er der Sprache durch Alliterationen, Assonanzen und Paronomasien einschreibt: »So läßt sich zum Beispiel an den Nelken, diesen eben wegen ihrer Ausartung so bekannten und beliebten Blumen, oft bemerken« (FA 24, 133); »[e]s läßt sich bei verschiedenen Samen bemerken daß er [der Same] Blätter [...] durch seine Gewalt [...] völlig an sich schließe und ihre Gestalt gänzlich verwandle« (FA 24, 136); »in der Bildung eines Blattes [...] beruhet die erste, einfache, langsam fortschreitende Fortpflanzung der Vegetabilien« (FA 24, 138); »[d]ieses wohlerwogen, werden wir folgern dürfen« (FA 24, 140). Im Anschluss an solche Beispiele erklärt Roger Stephenson, dass Goethe durch den Einsatz klanglicher Mittel eine »Körperlichkeit der Sprache«[95] inszeniere, in der er die Argumentation seiner Schrift zur ›Darstellung‹ bringe. Wenn er zur Demonstration der »Verwandtschaft der Krone und des Kelches« (FA 24, 123) in § 42 die Wortformen »Kelches – Nelke – Kelche – welcher – Kelche – Kronen(blätter) – Krone – Kelches« verknüpfe, sehe man »am Körper der Sprache selbst den vieldeutigen Prozeß nachvollzogen, in welchem ein Kelch sich entfaltet, der ebenso gut als Krone gelten könnte«.[96]

94 Noch kürzer heißt es in den 1820 publizierten Nachträgen ›*Zur vergleichenden Anatomie*‹: »Gewahrwerden, Auffassen, Vorstellen, Begriff, Idee« (FA 24, 504).

95 Stephenson: »Ein künstlicher Vortrag«, S. 35.

96 Ebd., S. 37. Stephenson bezieht sich damit auf die folgende Passage: »So findet sich z. B., innerhalb des Kelches einer Nelke, manchmal ein zweiter Kelch, welcher zum Teil vollkommen grün, die Anlage zu einem einblätterigen eingeschnittenen Kelche zeigt; zum Teil zerrissen und an seinen Spitzen und Rändern, zu zarten, ausgedehnten, gefärbten wirklichen Anfängen der Kronenblätter umgebildet wird, wodurch wir denn die Verwandtschaft der Krone und des Kelches abermals deutlich erkennen.« (FA 24, 123).

Obgleich Stephensons Darlegungen nicht durchweg überzeugen,[97] ist offenkundig, dass der *Versuch die Metamorphose der Pflanzen zu erklären* bewusst auch klanglich geformt ist. Zwar mögen die dadurch erzielten »Präsenzeffekte«,[98] um mit Hans Ulrich Gumbrecht zu sprechen, die dadurch erreichten Betonungen eines hörbaren Sprachkörpers nicht immer als ›Darstellung‹ ihres Inhalts erklärbar sein, doch können sie in dem Beispiel aus § 42 zumindest als Nachbildung einer Natursprache gedeutet werden. Nicht umsonst hatte Goethe sich am Ende von § 41 auf eine solche Sprache berufen, als er im Blick auf die durchgewachsene Nelke erklärte, dass die Identität von Krone und Kelch »ganz unkenntlich« wäre, »wenn wir die Natur nicht in mehreren außerordentlichen Fällen belauschen könnten« (FA 24, 123). Vor dem Hintergrund der *Italienischen Reise* kann die in der Metamorphoseschrift beobachtete Darstellung eines Sprachkörpers darüber hinaus auch als Ausdruck einer über sich hinausweisenden Schriftsprache, als Erinnerung an jene lebendige Mündlichkeit gedeutet werden, ohne die die Metamorphosenlehre nicht vermittelt werden kann. Ebendas hatte Goethe nach den Unterhaltungen mit Moritz in Rom ja erklärt: Seine Überlegungen zur Pflanzenentwicklung seien »schwer zu schreiben, und unmöglich aus dem bloßen Lesen zu begreifen, wenn auch alles noch so eigentlich und scharf geschrieben wäre« (FA 15, 429).

Die damit herausgearbeiteten Darstellungsmittel – neben dem reflektierten, dynamischen, oft klanglich durchformten Sprachgebrauch vor allem das ›naturgemäße‹ Voranschreiten der Darstellung, die stete Vergegenwärtigung des Anschaulichen und die Identifikation von Forscher und Leser – lassen den *Versuch die Metamorphose der Pflanzen zu erklären* in seiner Eigenheit klar hervortreten. Der

97 Nur ein Beispiel hierfür soll genannt werden: »[V]or unsern Augen«, so erklärt Goethe in § 103 zur durchgewachsenen Rose, »bildet sich eine Folge von regelmäßigen Knoten, aus deren Augen abermals, obgleich unvollkommene Rosenknöspchen zum Vorschein kommen« (FA 24, 143). Zu forciert erscheint mir die Interpretation, hier werde »die Angemessenheit der visuellen Anschauung des Wachstums der Pflanzen durch das Wortspiel mit dem Homonym ›Auge‹ […] nahegelegt […]. Die letzte Zeile enthält eine klimaktische Alliteration und ein Pseudopolyptoton, welches den Leser die Begriffe ›unvollkommen‹ und ›zum Vorschein kommen‹ zusammenfügen läßt und damit die Vorstellung artikuliert, daß Unvollkommenheit, Beschränkung, der Erscheinung innewohnt.« (Stephenson: »Ein künstlicher Vortrag«, S. 40).

98 Gumbrecht: Diesseits der Hermeneutik, S. 34.

Vergleich mit klassischen naturgeschichtlichen und naturwissenschaftlichen Werken lässt diese Eigenheit noch deutlicher werden. Zwar kann in Anbetracht des reflektierten, dynamischen Sprachgebrauchs auch daran erinnert werden, dass schon Buffon für eine lebendige, am Vorbild der bildenden Natur orientierte Schreibweise plädierte, doch verstand er diesen ›Stil‹ eher als Ausdruck des schreibenden Menschen denn als Nachbildung der lebendigen Natur.[99] Gleichfalls kann in Anbetracht der ›naturgemäßen‹ Form eingewendet werden, dass auch Linné natürliche Abläufe in die Struktur seiner Schriften übertrug und die *Philosophia botanica* deshalb in zwölf Kapitel und 365 Paragraphen gliederte, doch blieb das eher oberflächlich; seine Argumentation entwickelte er weiterhin aus einem vorausgesetzten System, nicht aus der Entwicklung der Natur. In Anbetracht der knappen Gliederung der Metamorphoseschrift kann zudem darauf verwiesen werden, dass Goethe hiermit auf übliche Modelle wissenschaftlicher Schriften rekurriert und »also, zumindest formal, die Charakteristika einer zeitgenössischen Dissertation« adaptiert;[100] allerdings fällt gleichzeitig auf, dass er mit der Darstellung einer symbolisch verallgemeinerten Erfahrung auch wieder grundlegend von diesen Modellen abweicht.

In mehrfacher Hinsicht ist schließlich auch die häufige Herausstellung des Sichtbaren und Anschaulichen in der Metamorphoseschrift bemerkenswert. Nicht nur widerspricht die hier verfolgte »Phänomenologie der Sichtbarkeit«[101] den Methoden der modernen Naturwissenschaften und ihrer Annahme, dass »das, was den ›unbewaffneten Sinnen‹ zugänglich ist, ein falsches Welt-Bild erzeugt« und dass als Basis wissenschaftlicher Forschungen nur medial und experimentell erzeugte Phänomene taugen.[102] Darüber hinaus weist Goethe mit der Metamorphoseschrift auch über die zeitgenössischen Positionen hinaus, die ein Vertrauen in die Glaub-

99 Vgl. Buffon: Discours prononcé à l'académie françoise, in: Histoire naturelle, Supplément, Bd. 4, bes. S. 5 f. und 11.

100 Breidbach: Goethes Metamorphosenlehre, S. 119.

101 H. Böhme: Lebendige Natur, in: ders.: Natur und Subjekt, S. 145-178, hier S. 162.

102 H. Böhme: Die Metaphysik der Erscheinungen, S. 367. Ignoriert wird dabei stets, dass auch das medial erzeugte Sichtbare letztlich von unbewaffneten Augen wahrgenommen werden muss. Im weiteren Zusammenhang siehe Blumenberg: Das Fernrohr und die Ohnmacht der Wahrheit; und H. Böhme: Das Unsichtbare.

würdigkeit und Angemessenheit der menschlichen Sinne und eine Skepsis gegenüber optischen Medien und vor allem Mikroskopen artikulierten,[103] indem er beständig auch auf die Wahrnehmung und nicht nur auf das Wahrgenommene fokussiert, die Anschauung der behandelten Gegenstände zudem in der Behandlung mitführt und sie von einer eher illustrierenden zur maßgeblichen Instanz seiner Ausführungen erhebt.

Obgleich die Metamorphoseschrift aus wissenschaftsgeschichtlicher Perspektive deshalb oft als Ausdruck einer vermeintlich naiven und vormodernen Gesinnung des Naturforschers Goethe verstanden wurde,[104] muss sie von einem wissensgeschichtlichen Standpunkt, der sie auch mit der zeitgenössischen Poetik relationiert, als überaus zeitgemäß erscheinen. In dieser Hinsicht fügt die ›naturgemäße Methode‹ mit dem Versuch, die lebendig aufgefasste Natur in ebenso lebendiger Weise wiederzugeben, sich nämlich genau in das seit den 1770er Jahren etablierte Paradigma der ›Darstellung‹, das Klopstock programmatisch bestimmt hat durch die Formel der »Zeigung des Lebens, welches der Gegenstand hat«.[105]

In seiner Abhandlung über *Einfache Nachahmung der Natur, Manier, Styl* erarbeitete Goethe schon vor der Veröffentlichung der Metamorphoseschrift ein ähnliches Konzept von ›Darstellung‹.[106]

103 Allgemein siehe Lepenies: Das Ende der Naturgeschichte, S. 58 f.; Hacking: Einführung in die Philosophie der Naturwissenschaften, S. 309-347; und, als Beispiele, Lichtenberg: »Das Mikroskop dient nur uns noch mehr zu verwirren« (Lichtenberg: Sudelbücher, C I 301, in: Schriften und Briefe, Bd. 1, S. 213); Hegel: »Die Sache steckt nicht im Mikroskop, die man nicht mit bloßen Augen sieht; das wahre Dasein ist offen, es selbst zu ergründen« (Hegel: Jenaer Realphilosophie, S. 123); Goethe: »Mikroskope und Fernröhre verwirren eigentlich den reinen Menschensinn« (FA 13, 42). Zur Relativierung dieser notorischen Position vgl. die Verweise auf »mikroskopische Beobachtungen« in der Metamorphoseschrift (FA 24, 128 und 132) und H. Böhme: Die Metaphysik der Erscheinungen, bes. S. 359-366. Zur Beschränkung auf die »nackt gewordene Beobachtung und Beschreibung« als einer vor allem mit Wolffs Epigenesistheorie etablierten »Zumutung« vgl. Metzger: Die Konjektur des Organismus, S. 45.

104 Vgl. kurz Mandelkow: Goethes Naturauffassung im Urteil der Rezeptionsgeschichte.

105 Klopstock: Von der Darstellung, in: Ausgewählte Werke, S. 1034.

106 Zu *Einfache Nachahmung der Natur, Manier, Styl* siehe Kampmann: Goethes Kunsttheorie; Kestenholz: Emphase des Stils; und vor allem Wolf: Streitbare Ästhetik, S. 261-529.

Den kurzen Aufsatz, den er im Februar 1789 unter den *Auszügen aus einem Reise-Journal* in Wielands *Teutschem Merkur* veröffentlichte, erklärt er im *Schicksal der Handschrift* später als Ergebnis einer der drei wichtigen Erkundungen der Italienreise, der Erkundungen von Kunst, Natur und menschlicher Gesellschaft:

> Ich schrieb zu gleicher Zeit einen Aufsatz über Kunst, Manier und Stil, einen andern die Metamorphose der Pflanzen zu erklären, und das römische Karneval sie zeigen sämtlich was damals in meinem Innern vorging, und welche Stellung ich gegen jene drei großen Weltgegenden genommen hatte. (FA 24, 415)

Im Bezug auf die Arten künstlerischer Präsentation unterscheidet Goethe den ›Stil‹ in *Einfache Nachahmung der Natur, Manier, Styl* nun zum einen von der ›einfachen Naturnachahmung‹, die meist »bei sogenannten *toten* oder *stilliegenden Gegenständen* [...] in Ausübung gebracht« werde und diese nur »gleichsam nachzubuchstabieren« suche; zum anderen differenziert er sie von der ›Manier‹, die vor allem den »Geist des Sprechenden unmittelbar ausdrückt und bezeichnet« (FA 18, 226). Im Unterschied zu einem eher naiven Objektivismus oder Empirismus auf der einen und einem allzu idealistischen, eher frei schwebenden Subjektivismus auf der anderen Seite »ruht der *Styl*«, wie Goethe hier bemerkt, »auf den tiefsten Grundfesten der Erkenntnis, auf dem Wesen der Dinge« (FA 18, 228).[107] Als Ausdruck eines derart tiefgründigen Objektivismus zeigt der ›Stil‹ sich aber nicht nur als adäquates Medium der *scientia intuitiva* und des ihr korrespondierenden ›gegenständlichen Denkens‹.[108] In einer oft überlesenen Erläuterung, die den Weg von der ›einfachen

107 Später erklärt dann auch August Wilhelm Schlegel den »Stil« als »auf die Natur der Sache gegründete Methode« (A. W. Schlegel: Die Kunstlehre, S. 172), und Carl Gustav Carus bemerkt, dass »im Styl der Verein von Geist und Körper, das Leben hervortrete« (Carus: Briefe über Landschaftsmalerei, S. 66 f.).

108 Zu ›Stil‹ und *scientia intuitiva* vgl. Wolf: Streitbare Ästhetik, bes. S. 409-419 und 500-529. Den Zusammenhang von Stil und anschaulichem, gegenständlichem Denken knüpft Goethe deutlich in einer Erklärung, die Friedrich von Müller vom 19. April 1819 übermittelt: »Die Keuschheit der Tropen, ihre *Proprietät* ist Grundmaxime des Stils im westlichen Europa. [...] Bloß durch strenge Angeschlossenheit des Begriffs am Bilde, wodurch unmittelbare Anschaulichkeit erlangt wird, durch den eigensten, keuschesten Gebrauch der Tropen habe er, Goethe, sich die Jugendlichkeit des Stils bewahrt.« (FA 35, 266).

Nachahmung der Natur‹ zum ›Stil‹ skizziert, erweist Goethe ihn zudem als ›Darstellung‹. Obgleich ein Künstler, so führt er aus, die »einfache Nachahmung leicht fasslicher Gegenstände (wir wollen hier zum Beispiel Blumen und Früchte nehmen) [...] schon auf einen hohen Grad« bringen könne, sei doch »offenbar«,

> daß ein solcher Künstler, nur desto größer und entschiedener werden muß, wenn er zu seinen Talente noch ein unterrichteter Botaniker ist: wenn er von der Wurzel an den Einfluß der verschiedenen Teile auf das Gedeihen und den Wachstum der Pflanze, ihre Bestimmung und wechselseitige Wirkungen erkennt, wenn er die sukzessive Entwicklung der Blätter, Blumen, Befruchtung, Frucht, und des neuen Keimes einsiehet und überdenkt. Er wird alsdenn nicht bloß durch die Wahl aus den Erscheinungen seinen Geschmack zeigen, sondern er wird uns auch durch eine richtige Darstellung der Eigenschaften zugleich in Verwunderung setzen und belehren. In *diesem Sinne* würde man sagen können, er habe sich einen *Styl* gebildet [...]. (FA 18, 227 f.)

Nur wenn der Künstler, so heißt es hier, über ein Wissen vom »Wesen der Dinge« verfüge, wähle er nicht nur aus ihren »Erscheinungen«, sondern bringe eine »richtige Darstellung« hervor, bezeuge er nicht nur »Talent« und »Geschmack«, sondern »Styl«. Kein Zufall dürfte es sein, dass Goethe diese Überlegung am Beispiel der Metamorphose verdeutlicht und erklärt, dass erst ihre Kenntnis, dass erst die Verfolgung der Pflanze von der Wurzel bis zur Ausbildung neuer Samen auch ihre »richtige Darstellung« ermögliche – und diesen Begriff verwendet er nur das eine Mal in der Abhandlung.[109]

Eine solche ›Darstellung‹, die die Herausbildung eines wissenschaftlichen ›Stiles‹ bezeugt, realisiert Goethe nun in der Metamorphoseschrift. Dabei gelingt ihm das weniger durch die Bewahrung und Vergegenwärtigung des Augenscheinlichen, mit der er sich seines ›gegenständlichen Denkens‹ versichert, als vielmehr dadurch, dass er im schrittweisen Nachvollzug des Gangs der Natur sowie in der Reflexion, Dynamisierung und klanglichen Formung der Spra-

109 Ähnlich erklärt Goethe 1798 auch in der *Einleitung* der *Propyläen,* dass »ein Künstler sowohl in die Tiefe der Gegenstände, als in die Tiefe seines eignen Gemüts zu dringen« habe, dass »er sich an die Natur halten, sie studieren, sie nachbilden, etwas, das ihren Erscheinungen ähnlich ist, hervorbringen solle« (FA 18, 461 f.).

che darauf zielt, seinen Gegenstand entsprechend dem Eigensinn des von ihm verwendeten Mediums nachzubilden – und da eine solche »Darstellung der Wissenschaft«, so bemerkt Carl Gustav Carus dann in seinen *Briefen über Landschaftsmalerei,* »nie ohne Kunst (ohne kunstgemäße Ordnung der Gedanken und Worte) gelingen« könne,[110] muss die ›naturgemäße Darstellung‹ immer auch ›kunstgemäß‹ sein. Stärker noch als Goethe, der in *Einfache Nachahmung der Natur, Manier, Styl* vor allem im Blick auf die Malerei argumentierte, wird Schiller diese Medialität der ›Darstellung‹ 1793 in den *Kallias*-Briefen am Beispiel der Sprache herausstellen:

> Die Natur der Sprache [...] muß in der ihr gegebenen Form völlig untergehen, der Körper muß sich in der Idee, das Zeichen in dem Bezeichneten, die Wirklichkeit in der Erscheinung verlieren. Frei und siegend muß das Darzustellende aus dem Darstellenden hervorscheinen und trotz allen Fesseln der Sprache in seiner ganzen Wahrheit, Lebendigkeit und Persönlichkeit vor der Einbildungskraft dastehen.[111]

Aus wissensgeschichtlicher Perspektive besteht die ›Darstellung‹ der Metamorphoseschrift vor allem in dieser Individualisierung und Belebung der Sprache. Während die Verweise auf das Augenscheinliche mit dem Versuch, das Bezeichnende auf das Bezeichnete hin transparent werden zu lassen, noch dem Nachahmungsparadigma zuzuordnen sind, ist die strukturelle und sprachliche Verkörperung der Metamorphose als ›Darstellung‹ im engeren Sinn zu begreifen. Denn hiermit verweist Goethe nicht nur auf Anschauliches, sondern bringt eine der »Natur der Sprache« gemäße Anschaulichkeit erst hervor, eine Anschaulichkeit, die »das Darzustellende«, wie Schiller formuliert, in seiner ganzen »Lebendigkeit« bereits »aus dem Darstellenden hervorscheinen« lasse und »einen lebendigen Sinn«, wie Goethe in der *Farbenlehre* fordert, »in einen lebendigen Ausdruck« fasse (FA 23/1, 245). Diese Interferenz verschiedener Zeichenpraktiken zeigt zum einen, dass die Paradigmen der ›Nachahmung‹ und ›Darstellung‹ sich zumindest bei Goethe nicht auf das Gebiet der Dich-

110 Carus: Briefe über Landschaftsmalerei, S. 36. Im Sinne Goethes fügt Carus hinzu, dass auch »die Erzeigung des Kunstwerks [...] ohne Wissenschaft (das Können ohne Kenntniß) unmöglich bleiben« müsse (ebd.).

111 Schiller: Kallias oder Über die Schönheit, 28. Februar 1793, in: Sämtliche Werke, Bd. 5, S. 433.

tung beschränken lassen; eine ähnliche Übertragung der ›Darstellung‹ auf das Gebiet der Wissenschaft hatte Klopstock schon in Buffons *Histoire naturelle* erkannt und sie deshalb als modisches »*Zwitterwerk*« charakterisiert.[112] Zum anderen verdeutlicht diese Interferenz, dass beide Paradigmen sich in der Praxis keineswegs so klar in ein Diesseits und Jenseits der ›Grenzen der Repräsentation‹ scheiden lassen, wie Winfried Menninghaus und Inka Mülder-Bach das im Anschluss an Foucault zu zeigen versucht haben.[113] Eher als von einer sauberen Ersetzung der ›Nachahmung‹ durch die ›Darstellung‹ ist deshalb von einem verschieden gelagerten Neben-, Mit- und Ineinander verschiedener Zeichenpraktiken auszugehen: einer bloß repräsentierenden Praktik, die auf eine Transparenz der Zeichen auf das von ihnen bezeichnete Lebendige zielt, und jener ab 1770 etablierten Praktik, die den Zeichen und ihrer Ordnung selbst den Anschein des lebendigen Bezeichneten gibt.

Wenn der *Versuch die Metamorphose der Pflanzen zu erklären* somit weniger die in seinem Titel versprochenen ›Erklärungen‹ präsentiert als vielmehr eine ›Darstellung‹, die gerade ihre Gemachtheit kunstvoll verleugnet, dann vermag es kaum zu verwundern, dass Naturforscher sich von der Metamorphoseschrift oft enttäuscht zeigten – schließlich mussten sie nach Klopstock eher eine erklärende ›Abhandlung‹ als eine ›Darstellung‹ erwarten. Nur charakteristisch ist es daher, wenn Franz Joseph Schelver, der damalige Direktor des Jenaer Botanischen Gartens, am 7. November 1803 in einem Brief an Schelling über Goethe klagt:

> [W]as er Wissenschaft nennet z. B. seine Metamorphose der Pflanzen ist eine sehr gemeine Abstraktion. Ich hatte es anfangs höher angesehen weil ich mich an die Idee ihres Tituls gehalten hatte; jetzt sehe ich aber daß er es ganz anders meint. Er begnügt sich mit der schlechtesten empirischen Notwendigkeit [...]. (FA 24, 941 f.)

Diese Kritik ist insofern bezeichnend, als Goethe es in noch anderer Weise »ganz anders« meinte. Mit dem, was Schelver hier als »sehr gemeine Abstraktion« beschreibt, versuchte Goethe dieser Abstraktion gerade zu entgehen, indem er sich im Sinne der ›naturgemäßen

112 Klopstock: Die deutsche Gelehrtenrepublik, in: Ausgewählte Werke, S. 880.

113 Vgl. Menninghaus: »Darstellung«; Mülder-Bach: Im Zeichen Pygmalions.

Methode‹ alle spekulativen, vom betrachteten Gegenstand gelösten Erklärungen versagte und sie durch anschauliche, den Gegenstand nachbildende ›Darstellungen‹ ersetzte – die Schelver aber nur als Ausdruck der »schlechtesten empirischen Notwendigkeit« verstand.[114]

Wie die Betrachtung des *Versuchs die Metamorphose der Pflanzen zu erklären* gezeigt hat, war der von Naturforschern wie Schelver beklagte Verzicht auf Erklärungen beabsichtigt. Allerdings formulierte Goethe dieses Programm der sprachlichen Veranschaulichung und ›Darstellung‹ des zu Erklärenden in der Abhandlung selbst noch recht versteckt und umständlich, indem er etwa erläuterte, »ohne Anmaßung die ersten Triebfedern der Naturwirkungen entdecken zu wollen«, wolle er allein die »Äußerung der Kräfte« wiedergeben, »durch welche die Pflanze ein und dasselbe Organ nach und nach umbildet« (FA 24, 137). Prägnanter schreibt er dann am 15. November 1796 an Schiller, dass »alles Raisonnement [...] sich in eine Art von Darstellung« verwandele, wenn die »Naturbetrachtungen« achtsam betrieben werden (FA 31, 260 f.). Eine noch kürzere Formel findet Goethe, als er in der *Betrachtung über Morphologie überhaupt* erläutert, dass diese Wissenschaft »nur darstellen und nicht erklären« solle (FA 24, 364).

Wenn die ›naturgemäße Methode‹ sich demnach in einer ›naturgemäßen Darstellung‹ erfüllt – darin, dass der Naturforscher sich mit seinen Erklärungen zurücknimmt, bis »alles Raisonnement« sich kunstvoll »in eine Art von Darstellung« zu verwandeln scheint –, dann ist schließlich aber nicht nur der »Dichter«, wie Goethe in den *Maximen und Reflexionen* bemerkt, »angewiesen auf Darstellung« (FA 13, 139), sondern auch der Naturforscher: Seiner ›Darstellung‹ obliegt es dann, die lebendige Natur mit den Mitteln ihres Mediums lebendig nachzubilden, alle abstrakten Erklärungen in sich aufzuheben und zu einem anschaulichen Ganzen zu gestalten. Dass »Wis-

114 Trotz dieser anfänglichen Vorbehalte widmet Schelver Goethe seine 1822 erschienene *Lebens- und Formgeschichte der Pflanzenwelt* – in der Hoffnung, so erklärt er im Vorwort, dass das Buch dem Naturforscher und Dichter, »auch in den Fesseln der strengen Wissenschaft, eine kleine Rückgabe jenes heiteren freien Schauens werde, in welches ich durch Sie zuerst eingeweihet wurde« (Schelver: Lebens- und Formgeschichte der Pflanzenwelt, S. vi). Goethe wiederum bedankt sich noch im selben Jahr mit einer lobenden Rezension. Vgl. Goethe: Lebens- und Formgeschichte der Pflanzen von Schelver, LA I/9, 262 f.

senschaft und Poesie« sich dergestalt in der ›naturgemäßen Darstellung‹ vereinen, hat Goethe später noch einmal betont, um die von ihm als unbefriedigend empfundene Rezeption der Metamorphoseschrift geschichtsphilosophisch zu erklären: »[N]irgends wollte man zugeben«, so schreibt er 1817 zum *Schicksal der Druckschrift,*

> daß Wissenschaft und Poesie vereinbar seien. Man vergaß daß Wissenschaft sich aus Poesie entwickelt habe, man bedachte nicht daß, nach einem Umschwung von Zeiten, beide sich wieder freundlich, zu beiderseitigem Vorteil, auf höherer Stelle, gar wohl wieder begegnen könnten. (FA 24, 420)

Die vegetabile Liebeslehre: *Die Metamorphose der Pflanzen* (1798)

Obwohl der die Jahre vor 1800 kennzeichnende »Umschwung von Zeiten« eher gegen diese Hoffnung auf freundliche Begegnung arbeitete und die Ausdifferenzierung der Künste und Wissenschaften weiter vorantrieb, hielt Goethe am Projekt ihrer erneuten Verbindung fest. Nachdem der *Versuch die Metamorphose der Pflanzen zu erklären* nicht die ersehnte Zustimmung gefunden hatte, warb er 1798 mit der in Schillers *Musen-Almanach für das Jahr 1799* veröffentlichten Elegie *Die Metamorphose der Pflanzen* erneut um Anhänger und, wie sich zeigen wird, besonders auch um Anhängerinnen für seine Metamorphosenlehre.[115] So schrieb er am 14. September 1798 an Carl Christian Adolph Neuenhahn: »Vor einiger Zeit kam ich auf den Gedanken, die Idee von Metamorphose der Pflanzen, durch dichterischen Vortrag, noch weiter zu verbreiten« (WA IV/12, 272).[116] Zum erwünschten Erfolg führte aber auch das nicht. Nachdem er die *Metamorphose der Pflanzen* in den *Neuen*

115 Siehe Müller: Goethes Elegie »Die Metamorphose der Pflanzen«; Prange: Das anthropologisch-pädagogische Motiv; Oettinger: Unschuldige Hochzeit; K. Richter: Wissenschaft und Poesie »auf höherer Stelle« vereint; Peters: Die Kunst der Natur, S. 163-241; Kinzel: Von der Naturbeschreibung zur ›literarischen Biologie‹, S. 87-102; Polianski: Die Kunst, die Natur vorzustellen, S. 211-220; und, wenngleich nicht immer mit wünschenswerter Präzision, Breidbach: Goethes Metamorphosenlehre, S. 188-199.

116 Diesen »dichterischen Vortrag« verteidigt Goethe mit einem Verweis auf Linné: »Linné war liberal genug auch den Dichter unter denjenigen zu nennen welche der Wissenschaft förderlich seyn könnten, ich wün-

Schriften von 1800 nochmals publiziert und sie hier in eine Reihe mit anderen Elegien gestellt hatte,[117] hoffte Goethe deshalb, dass »sie, im Zusammenhang einer wissenschaftlichen Darstellung, verständlicher werden dürfte, als eingeschaltet in eine Folge zärtlicher und leidenschaftlicher Poesien« (FA 24, 420). Leicht überarbeitet nahm er sie daher 1817 in das erste Heft *Zur Morphologie* auf, in dem er sie im Anschluss an die zitierte Stelle über den »Umschwung von Zeiten« in die Abhandlung zum *Schicksal der Druckschrift* einfügte.

Die erwähnte leichtere Verständlichkeit versuchte Goethe hier auch durch eine genaue Historisierung und Kontextualisierung zu erreichen. Im Einklang mit der das gesamte erste Heft *Zur Morphologie* prägenden Aufarbeitung der Metamorphosenlehre rahmt er die Elegie im *Schicksal der Druckschrift* deshalb noch einmal durch ergänzende autobiographische Ausführungen. Dabei schickt er der Elegie eine doppelsinnige Reminiszenz voraus, in der er die Gesteinsstudien, die seinen Pflanzenforschungen in den 1780er Jahren vorangegangen waren, mit seinem vormals so intensiven Verhältnis zu Charlotte von Stein überblendet: »Freundinnen«, so erklärt er hier mit Blick auf Christiane Vulpius, »welche mich schon früher den einsamen Gebirgen, der Betrachtung starrer Felsen gern entzogen hätten« und mit seiner »abstrakten Gärtnerei keineswegs zufrieden« gewesen seien, habe er »zur Teilnahme durch eine Elegie zu locken« beabsichtigt (FA 24, 420). Dass zumindest ein Teil dieses Vorhabens gelungen ist, muss nicht ausgeführt werden. Unter Ersetzung der »Freundinnen« durch die eine Geliebte bemerkt er daher im Anschluss an die Elegie: »Höchst willkommen war dieses, der eigentlich Geliebten, welche das Recht hatte die lieblichen Bilder auf sich zu beziehen« (FA 24, 423).

Auch wenn Goethe im *Schicksal der Druckschrift* somit wissenschaftliche und amouröse Unternehmungen überblendet und die ihn enttäuschende Rezeption der Kollegen in den Zuspruch der Ge-

sche daß mir diese gute Absicht nicht ganz mißlungen seyn möge.« (WA IV/13, 272).

117 Gemeinsam mit *Alexis und Dora, Der neue Pausias und sein Blumenmädchen, Euphrosyne, Das Wiedersehen, Amyntas* und *Hermann und Dorothea* publizierte Goethe die *Metamorphose der Pflanzen* hier als zweite Gruppe der Elegien; die erste Gruppe bildeten die *Römischen Elegien.* Siehe Müller: Goethes Elegie »Die Metamorphose der Pflanzen«, S. 71-75; K. Richter: Wissenschaft und Poesie »auf höherer Stelle« vereint, S. 163 f.; und vor allem Peters: Die Kunst der Natur, S. 176-190.

liebten umschreibt – im Dunkeln bleibt bloß, inwieweit dieser Zuspruch auch der Metamorphosenlehre gegolten hat –, so bietet der dort hinzugefügte biographische Rahmen letztlich kaum Neues. Er wiederholt und expliziert vor allem die Rahmung innerhalb der Elegie selbst. Schon 1798 beschreibt diese eine Aufklärung über die Metamorphosenlehre und ihre amourösen Implikationen. Hierzu entwirft das Gedicht eine geordnete Natur, die als Blumen- und nicht schon als jener Weltgarten verstanden wird, der sich Goethe in Palermo eröffnet hat, und beginnt mit einer Freundin, die sich, so der Geliebte, »verwirret zeigt« von der »tausendfältige[n] Mischung / Dieses Blumengewühls über dem Garten umher«: »Viele Namen hörest du an und immer verdränget, / Mit barbarischem Klang, einer den andern im Ohr« (FA 1, 639, V. 1-4).[118] Nach einem die Verwirrung lösenden Mittelteil schließt die Elegie dagegen mit einer für die Lehren der Natur sensibilisierten Geliebten. Aus der Metamorphosenlehre vermag sie, nach Anweisung des lyrischen Ichs, endlich die Liebeslehre zu ziehen:

> Nun Geliebte wende den Blick zum bunten Gewimmel,
> Das verwirrend nicht mehr sich vor dem Geiste bewegt.
> Jede Pflanze winket dir nun die ewgen Gesetze,
> Jede Blume sie spricht lauter und lauter mit dir.
> […]
> Freue dich auch des heutigen Tags! die heilige Liebe
> Strebt zu der höchsten Frucht gleicher Gesinnungen auf,
> Gleicher Ansicht der Dinge, damit in harmonischem Anschaun
> Sich verbinde das Paar finde die höhere Welt.
>
> (FA 1, 640 f., V. 63-66, 77-80)

118 Die entgegengesetzte Konstellation erprobt Goethe in dem Gedicht *Der neue Pausias und sein Blumenmädchen,* das er in den *Neuen Schriften* an zweiter Stelle der zweiten Elegiengruppe einordnet; die *Metamorphose der Pflanzen* steht hier an vorletzter Stelle. Indem er Blumen vor die Füße seiner Freundin schüttet, stiftet in *Der neue Pausias* der Geliebte, ein Dichter, die Verwirrung. Gelöst wird diese von der Freundin, einem Bild der Natur, die die Blumen zu Kränzen windet. Während diese zu Beginn der Elegie fordert: »Schütte die Blumen nur her, zu meinen Füßen und deinen! / Welch ein chaotisches Bild holder Verwirrung du streust!«, entgegnet der Dichter: »Du erscheinst als Liebe, die Elemente zu knüpfen; / Wie du sie bindest, so wird nun erst ein Leben daraus.« (FA 2, 180, V. 1-4). Vgl. Peters: Die Kunst der Natur, S. 177-180; und, sehr forciert, Polianski: Die Kunst, die Natur vorzustellen, S. 212 f.

Wenn das lyrische Ich die »liebliche Freundin« zwischen diesen Versen in die Metamorphosenlehre einweiht und ihr damit das die Verwirrung angeblich »lösende Wort« übergibt (FA 1, 639, V. 7 f.), orientiert es sich in gleich mehrfacher Hinsicht am *Versuch die Metamorphose der Pflanzen zu erklären.* Auffallend ist dabei zunächst, dass die Freundin in der Elegie, wie schon der Leser der Metamorphoseschrift, das »Blumengewühl« nicht durch Erklärungen, sondern durch Anschauung verstehen lernen soll. Hierzu wird auch sie auf die Betrachtung des Pflanzenwachstums von der Ausbildung aus dem Samen bis zur Ausbildung neuer Samen verwiesen: »Werdend betrachte sie nun, wie, nach und nach sich die Pflanze, / Stufenweise geführt, bilde zu Blüten und Frucht« (V. 8 f.). Wie in der Metamorphoseschrift gerät dabei allerdings in den Hintergrund, dass das »Blumengewühl« sich erst im Zusammenspiel einer sprachlich übermittelten Anschauung mit den hierin aufgegangenen Erklärungen lichtet, dass die Geliebte die Metamorphose nicht durch die Betrachtung konkreter Pflanzen, sondern erst durch das wörtliche ›Vor-Augen-Stellen‹ einer symbolischen Pflanze versteht. Zudem ist offensichtlich, dass die Elegie das Wachstum dieser Pflanze entsprechend den Abschnitten der Metamorphoseschrift sowie unter Herausstellung der Lehre vom Ausdehnen und Zusammenziehen und der Säftelehre präsentiert. An die Entwicklung der Samenblätter, die von »der Erde / Stille befeuchtende[m] Schoß« bewirkt wird (V. 11 f.),[119] schließt sich auch hier die Ausbildung der Stengelblätter an, die zunächst »die Fülle des Triebs frei und unendlich« erscheinen lässt (FA 1, 640, V. 32). Mit der Entwicklung des Kelches folgt auf diese erste Ausdehnung sogleich die erste Zusammenziehung, bei der Goethe die Wirkung der Säftelehre erneut betont:

> Doch hier hält die Natur, mit mächtigen Händen, die Bildung
> An, und lenket sie sanft in das Vollkommnere hin.
> Mäßiger leitet sie nun den Saft, verengt die Gefäße
> Und gleich zeigt die Gestalt zärtere Wirkungen an. (V. 33-36)

Diese inhaltliche Orientierung an der Metamorphoseschrift löst sich jedoch im Verlauf der Elegie. Nicht nur werden die folgen-

119 Die Säftelehre bleibt auch deutlich, wenn in der im *Schicksal der Druckschrift* publizierten überarbeiteten Fassung der Elegie an diese Stelle »der Erde / Stille befruchtender Schoß« (FA 24, 421) tritt.

den Bildungsstufen stärker gerafft und ohne genauere Herausstellung der Bildungsprinzipien wiedergegeben: die Ausdehnung in der Ausbildung der Krone, die Zusammenziehung bei der Entwicklung der Staubblätter und Griffel, schließlich die Ausbildung von Frucht und Samen, die Goethe in der Metamorphoseschrift als »größte Ausbildung« und »größte Konzentration« (FA 24, 133) gedeutet hatte.[120] Zudem finden auch die eher abhandelnden, schwieriger darstellbaren Abschnitte der Abhandlung in der Elegie keine Entsprechung. Ohne dass Ausdehnungen, Zusammenziehungen und befruchtende Säfte weiter behandelt würden, tritt an ihre Stelle die Übertragung der Metamorphosenlehre von Pflanzen über Schmetterlinge auf das Paar, aus deren ›Bekanntschaft‹ erst ›holde Gewohnheit‹, ›Freundschaft‹ und schließlich ›heilige Liebe‹ gewachsen sei – die Vorstellung einer ›Kette der Wesen‹, mit der Goethe die Übertragung der Metamorphosenlehre auf Tiere und Menschen modelliert,[121] wird so in eine ›Kette der Liebe‹ umgedeutet:

120 Verschiedene Zuordnungen der Elegieverse zu den Abschnitten der Metamorphoseschrift geben Müller: Goethes Elegie »Die Metamorphose der Pflanzen«, S. 88-91; und D. Kuhn, in: FA 24, 1061. Auf die Polarität des Ausdehnens und Zusammenziehens zielt auch Jean Paul, wenn er im Blick auf Goethes Elegie und die zeitgenössische Popularität botanischer Lehrdichtungen bemerkt: »Der ganze Parnaß steht voll von Poesien, die nur helle, auf Verse wie auf Verstärkungsflaschen gezogne Prose sind; poetische Blumenblätter, die gleich den botanischen bloß durch das Zusammenziehen der Stengelblätter entstehen.« (Jean Paul: Vorschule der Ästhetik, in: Sämtliche Werke, Abt. I, Bd. 5, S. 51).

121 »Und hier schließt die Natur den Ring der ewigen Kräfte, / Doch ein neuer sogleich fasset den vorigen an; / Daß die Kette sich fort durch alle Zeiten verlänge, / Und das Ganze belebt so wie das Einzelne sei.« (FA 1, 640, V. 59-62). An diese Passage wie auch an die bereits in der Metamorphoseschrift durchgeführte Darstellungsform der »Stufenfolge des Pflanzen-Wachstums« (FA 24, 112) schließt Carus an, wenn er in den *Briefen über Landschaftsmalerei* »ein rechtes Hinblicken auf das stille heitere Leben der Pflanzenwelt« fordert: »Sieh, wie die Pflanze langsam aber kräftig aus den Stufen sich erhebt, wie von Stufe zu Stufe ihre Blätter sich entfalten, in stiller Entwickelung vorwärts schreitend zu Kelch und Blume sich verwandeln, und endlich im Samenkorn den Ring beschließend, zugleich wieder das Eröffnen eines neuen veranlassen« (Carus: Briefe über Landschaftsmalerei, S. 29 f.). Grundlegend zur ›Kette der Wesen‹ siehe noch immer Lovejoy: The Great Chain of Being; und, im Bezug auf Goethe, Wyder: Goethes Naturmodell.

O! gedenke denn auch wie, aus dem Keim der Bekanntschaft,
Nach und nach in uns holde Gewohnheit ersproß,
Freundschaft sich mit Macht aus unserm innern enthüllte,
Und wie Amor zuletzt Blüten und Früchte gezeugt.
(FA 1, 641, V. 71-74)

Neben den letztlich dennoch weitgehenden inhaltlichen Übereinstimmungen können auch auf der Sprachebene Korrespondenzen zwischen dem *Versuch die Metamorphose der Pflanzen zu erklären* und der *Metamorphose der Pflanzen* beobachtet werden. Allerdings zeigt sich, dass Goethe in der Elegie auch mit Übertragungen und vor allem mit Anthropomorphisierungen arbeitet, die er in seinen wissenschaftlichen Schriften ablehnt. Neben der Rede vom »Schoß« der Erde oder der Charakterisierung der ersten Pflanzenerscheinung als »Kind« (FA 1, 639, V. 12, 22) wird das besonders an dem von Linné bekannten Bild der Pflanzenhochzeit deutlich.[122] Hatte Goethe dieses Bild im *Zweiten Versuch* zur *Metamorphose der Pflanzen* allein als ein »artige[s] Gleichnis« akzeptiert, das »einem Poeten Ehre machen«, aber die »Entdeckung des wahren physiologischen Verhältnisses [...] gänzlich verhinder[n]« würde (FA 24, 154),[123] so nimmt er es in der Elegie dagegen wie folgt auf:

Traulich stehen sie nun, die holden Paare, beisammen,
Zahlreich reihen sie sich um den geweihten Altar,
Hymen schwebet herbei und herrliche Düfte, gewaltig,
Strömen süßen Geruch alles belebend umher.
(FA 1, 640, V. 53-56)[124]

122 Vgl. kurz Oettinger: Unschuldige Hochzeit.

123 Aus anderer Sicht kritisiert Goethe 1817 dann in *Verstäubung, Verdunstung, Vertropfung:* »Wenn [...] unschuldige Seelen [...] botanische Lehrbücher in die Hand nahmen, so konnten sie nicht verbergen daß ihr sittliches Gefühl beleidigt sei; die ewigen Hochzeiten, die man nicht los wird, wobei die Monogamie, auf welche Sitte, Gesetz und Religion gegründet sind, ganz in eine vage Lüsternheit sich auflöst, bleiben dem reinen Menschensinne völlig unerträglich.« (FA 24, 514).

124 Mit diesen Versen bezieht Goethe sich auf eine Passage von Erasmus Darwin, der Linnés Bild der Pflanzenhochzeit 1789 in *The Loves of the Plants* prominent aufgenommen hatte: »A *hundred* virgins join a *hundred* swains, / And fond Adonis leads the sprightly trains; / Pair after pair, along his sacred groves / To Hymen's fane the bright procession moves« (Darwin: The Botanic Garden, Bd. 2, S. 178 f., V. 471-474). Vgl. hierzu Polianski: Die Kunst, die Natur vorzustellen, S. 213-215; und,

Doch auch wenn Goethe die Sprache der Elegie in einer bildlich freieren Weise nutzt, kann festgehalten werden, dass er sie ähnlich offen und beweglich wie die Sprache der Metamorphoseschrift zu gestalten versucht, dass er sie derselben »Grammatik der Polarität und Steigerung« folgen lässt, die Günter Peters insbesondere durch »Komparativbildungen« sowie durch »Reflexiv- und Partizipialkonstruktionen« bestimmt gesehen hat.[125] Deutlich wird das etwa, wenn Goethe die Entwicklung der Samenblätter durch Befeuchtung schildert: Der Samen »[q]uillet strebend empor, sich milder Feuchte vertrauend / Und erhebt sich sogleich aus der Umgebung der Nacht« (FA 1, 639, V. 19 f.), oder aber wenn er die Bildung der Stengelblätter beschreibt:

> […] [D]enn mannigfaltig erzeugt sich,
> Ausgebildet, du siehsts, immer das folgende Blatt,
> Ausgedehnter, gekerbter, getrennter in Spitzen und Teile
> Die verwachsen vorher ruhten im untern Organ. (V. 25-28)

In Übereinstimmung mit den inhaltlichen und sprachlichen Entsprechungen von Metamorphoseschrift und Elegie zeigen sich außerdem Parallelen in der Vermittlung der Metamorphosenlehre, in der erneut engen Ansprache derer, die in sie eingeweiht werden sollen: Insofern der Einbezug der Leser durch das ›Wir‹ nun dem intimeren ›Du‹ gewichen ist, erscheint das Band zwischen dem, der instruiert, und der in der Elegie entworfenen Rezipientin dieser Instruktionen sogar noch verstärkt. Dass die Geliebte somit als Modell einer produktiven Aneignung der Metamorphosenlehre figuriert, bestätigt die ausführliche Darstellung von Wahrnehmung, die die Distanz von Erklärung und Erklärtem abermals zum Verschwinden bringen soll. Nicht nur lenkt das lyrische Ich den Blick der Geliebten, wenn es erklärt: »Werdend betrachte sie nun«, »du siehsts« (FA 1, 639, V. 9, 26), »[ü]berall siehst du sie dann« (FA 1, 641, V. 68). Zudem fordert, bemerkt und kommentiert es auch die jeweiligen Reaktionen auf das, was es der Geliebten vor Augen führt: »Und so erreicht es«, erläutert der Geliebte im Blick auf das Stengelblatt, »zuerst die höchst bestimmte Vollendung, / Die bei manchem Geschlecht dich zum Erstaunen bewegt« (FA 1, 639, V. 29 f.); »[i]mmer erstaunst

zur Geschlechterpolitik von Linné und Darwin, Schiebinger: Das private Leben der Pflanzen.

125 Peters: Die Kunst der Natur, S. 225.

du aufs neue«, heißt es in Anbetracht der ausgebildeten Krone (FA 1, 640, V. 47); und schließlich: »O! gedenke denn auch«, »[d]enke wie mannigfach«, und: »Freue dich auch des heutigen Tags!« (FA 1, 641, V. 71, 75, 77). Zu beachten ist bei dieser Lenkung des Blicks über die sich allmählich entwickelnden Pflanzenorgane erneut, dass keine konkreten Pflanzen angeschaut werden. Eben weil die Geliebte sich vom Anblick der Blumen im Garten zunächst so verwirrt zeigt, übermittelt der naturforschende Geliebte das »lösende Wort«, indem er ihr dichterisch die Entwicklung einer symbolischen Pflanze vor Augen führt. Erst danach kann sie, verständnisvoll, wieder in den Garten schauen: »Nun Geliebte wende den Blick zum bunten Gewimmel« (FA 1, 640, V. 63).

Allerdings wird in der Elegie nicht nur der Blick auf das gelenkt, was gesehen werden soll. Ähnlich wie der Autor der Metamorphoseschrift bezieht sich das lyrische Ich hier auch auf eine Natursprache, die gehört und verstanden werden will. Bemerkt der Geliebte zu Beginn des Gedichts noch, wie sehr der Missklang botanischer Termini die Freundin verwirre: »Viele Namen hörest Du an und immer verdränget, / Mit barbarischem Klang, einer den andern im Ohr« (FA 1, 639, V. 3 f.),[126] so verweist er nach der Darstellung der Metamorphose auf jene Harmonie der Natur, die die Freundin nun anstelle der beunruhigenden Forscherrede hören soll: »Jede Pflanze winket dir nun die ewgen Gesetze, / Jede Blume sie spricht lauter und lauter mit dir« (FA 1, 641, V. 65 f.).[127] Zwar wechselt der Geliebte danach das mediale Register, wenn er über die Schrift der Natur sogleich wieder zur Anschauung der Metamorphosegesetze gelangt: »Aber entzifferst du hier der Göttin heilige Lettern, / Überall siehst du sie dann, auch in verändertem Zug« (V. 67 f.). Dennoch offenbart die Ersetzung der Forscherrede durch die Natursprache erneut jene Grundbewegung, die Goethes Studien von der klassischen Botanik, wie Linné sie etabliert hatte, unterscheidet: An die Stelle des benennenden, gesetzgebenden Wissenschaftlers tritt eine

126 In der *Geschichte meines botanischen Studiums* kritisiert Goethe 1817 die botanischen Termini ebenfalls als »Namen, griechischen, lateinischen Ursprungs und barbarischer Verketzerung« (FA 24, 410).

127 In der überarbeiteten Fassung der Elegie, die Goethe im *Schicksal der Druckschrift* publiziert, ist die Mündlichkeit durch die Ersetzung von ›Winken‹ durch ›Verkünden‹ vereinheitlicht und verstärkt. Dort heißt es: »Jede Pflanze verkündet dir nun die ew'gen Gesetze, / Jede Blume, sie spricht lauter und lauter mit dir.« (FA 24, 422).

ihre »ewgen Gesetze« scheinbar selbst verratende Natur, die der geduldige, anschauende Forscher verstehen lernen muss; an die Stelle einer *natura naturata* tritt damit auch die *natura naturans.*

In ihrem Versuch, Metamorphose und Liebe möglichst eng zu verknüpfen, kann die Elegie zunächst im Anschluss an Rousseaus *Lettres élémentaires sur la botanique* verstanden werden, über die Goethe am 17. Juni 1786 an Carl August bemerkte: »In Rousseaus Werken finden sich ganz allerliebste Briefe über die Botanick, worinn er diese Wissenschaft auf das fasslichste und zierlichste einer Dame vorträgt. Es ist recht ein Muster wie man unterrichten soll« (FA 29, 428).[128] Im Kontext der 1790er Jahre erscheint die *Metamorphose der Pflanzen* aber nicht nur als Beitrag zum ›Unterricht‹ in die Metamorphosenlehre, sondern auch als Ausdruck von Goethes Bemühungen, der Naturforschung im Rückgriff auf antike Modelle eine dauerhafte, klassische Form zu verleihen. Zur Entstehungszeit der Elegie erörtert Goethe mit Schiller deshalb »die Möglichkeit einer Darstellung der Naturlehre durch einen Poeten«, wie er am 18. Juni 1798 im Tagebuch vermerkt (FA 31, 560). Auch mit Knebel, der damals an der Übersetzung von Lukrez' *De rerum natura* arbeitet, diskutiert er die Möglichkeit der Erneuerung antiker Naturdichtung. Ebenfalls im Juni 1798 schickt er ihm die gerade beendete Elegie als einen »Versuch das Anschauen der Natur wo nicht poetisch doch wenigstens rhythmisch darzustellen. Wer kann mehr Antheil daran nehmen als du, indem du es mit der Lucretischen Art vergleichst« (WA IV/13, 200). Ausführlicher erklärt er sein Bestreben nach einer neuen »Lucretischen Art« dann im Brief vom 22. Januar 1799:

> [S]eit dem vorigen Sommer habe ich oft über die Möglichkeit eines Naturgedichtes in unsern Tagen gedacht, und seit der kleinen Probe über die Metamorphose der Pflanzen bin ich verschiedentlich aufgemuntert worden. Um so interessanter wäre es

128 Ausführlicher charakterisiert Goethe den Botaniker Rousseau, dem er sich nicht zuletzt aufgrund seines Dilettantismus verbunden fühlte, in der Schrift *Der Verfasser teilt die Geschichte seiner botanischen Studien mit* (vgl. FA 24, 741-744). Zudem hatte Goethes Freund Batsch bereits 1795 eine an Rousseaus *Lettres* anknüpfende *Botanik für Frauenzimmer und Pflanzenliebhaber welche keine Gelehrten sind* publiziert. Vgl. Polianski: Die Kunst, die Natur vorzustellen, S. 99. Zur in Weimar um 1800 besonders von Friedrich Justin Bertuch betriebenen Popularisierung der Botanik vgl. hier S. 93-105.

> auch für mich wenn dein Lukrez recht vollendet in unserer Sprache hervorgehen könnte, damit das Alte als die Base des Neuen dastünde. (WA IV/14, 9 f.)

Vor dem Hintergrund der kunst- und dichtungstheoretischen Debatten des 18. Jahrhunderts ist dieser Versuch der Erneuerung einer als klassisch aufgefassten Naturpoesie als Absetzung von beschreibenden Naturdichtungen wie etwa von Barthold Hinrich Brockes' *Irdischem Vergnügen in Gott* und Albrecht von Hallers *Die Alpen* aufzufassen.[129] Dass Goethe mit der *Metamorphose der Pflanzen* somit auch auf die Ersetzung solcher Naturbeschreibungen durch Naturdarstellungen zielt, belegt seine Kritik an Erasmus Darwins *The Botanic Garden*, einer 1791 veröffentlichten, vor allem der Popularisierung Linnés verschriebenen zweiteiligen Dichtung. In seinem Brief an Schiller vom 26. und 27. Januar 1798 beanstandet Goethe, dass »in diesem botanischen Werke alles, nur keine Vegetation, zu finden« sei und Darwin bloß »eine Menge Theoretisches Zeug« in Verse gebracht und »nicht mit einer Spur von poetischem Gefühl zusammen gebunden« habe (FA 31, 487 f.). Verständlich wird diese Zurückweisung vor allem in Anbetracht des Dichtungsverständnisses, das dem *Botanic Garden* zugrunde liegt. So schließt Darwin an den Stand der poetologischen Debatten der Frühaufklärung an, wenn er theoretische Dialoge in sein Werk einschaltet, in denen er die Dichtung in Anlehnung an die Malerei diskutiert und den Dichter als einen »flower-painter« bestimmt, der »ideas or sensations belonging to the sense of vision« präsentieren solle.[130] Im Unterschied zu Darwin, der in dieser Verknüpfung von ›Beschreiben‹ und ›Malen‹ das Paradigma der Nachahmung aktualisiert, verpflichtet Goethe die *Metamorphose der Pflanzen* der ›Darstellung‹. Ähnlich wie Klopstock, der die bedichteten Gegenstände nicht durch Beschreibung wiedergeben, sondern ihnen durch die metrische Bewegung der Verse gerade das Leben verleihen wollte, als dessen »Zeigung« er die ›Darstellung‹ erklärt hatte,[131] charakterisiert Goethe die Elegie deshalb, wie gesehen, als »Versuch das Anschauen der Natur wo nicht poetisch so doch rhythmisch darzustellen«.

129 Für einen Vergleich der *Metamorphose der Pflanzen* mit Brockes' Lehrdichtung vgl. Peters: Die Kunst der Natur; und Kinzel: Von der Naturbeschreibung zur ›literarischen Biologie‹.

130 Darwin: The Botanic Garden, Bd. 2, S. 47 und 129.

131 Klopstock: Von der Darstellung, in: Ausgewählte Werke, S. 1034.

Allerdings soll über dieser Nähe der *Metamorphose der Pflanzen* zu Klopstocks Darstellungstheorie nicht vergessen werden, dass neben der Elegie auch der *Versuch die Metamorphose der Pflanzen zu erklären* Anspruch auf ›Darstellung‹ erhebt, obgleich er sich an ein anderes, vermeintlich ›männlicheres‹ und stärker wissenschaftliches Publikum richtet. Genau hierin unterscheidet Goethe sich von Klopstock. In der *Deutschen Gelehrtenrepublik* hatte dieser die dichterische ›Darstellung‹ ja nicht nur von der dichterischen ›Beschreibung‹ abgegrenzt, sondern auch gegenüber der ›Abhandlung‹ der Naturforscher profiliert. Diese Differenzierung von ›Darstellung‹ und ›Abhandlung‹, so erklärte Klopstock,

> lernt man am besten kennen, wenn man auf die Wirkung des einen oder des andern acht hat; und Wirkung zeigt sich vorzüglich durch ihre Dauer. Ein abhandelndes Werk geht unter, sobald ein besseres über eben diesen Inhalt erscheint. Ein Werk der Darstellung, (wenn es sonst zu bleiben verdient,) bleibt auch nach Erscheinung eines bessern über eben diesen Inhalt.[132]

Während Klopstock die Unterscheidung von dichterischer ›Darstellung‹ und wissenschaftlicher ›Abhandlung‹ allein durch das als »Mode« abgewertete »*Zwitterwerk*« von Buffons *Histoire naturelle* durchkreuzt sah[133] – und diese Einschätzung war berechtigt, insofern Buffon über den ›Stil‹ auch Ansprüche seines Werks auf ›Dauer‹ formulierte[134] –, sollten die voranstehenden Ausführungen verdeutlicht haben, dass Goethes ›Darstellungen‹ der Pflanzenmetamorphose als vergleichbare ›Zwitterwerke‹ verstanden werden können. Als charakteristisch für diese Werke erwies sich dabei vor allem das Bestreben nach einer Verbindung von Wissen und künstlerischer oder zumindest ›kunstgemäßer‹ Form. So besteht das Fundament von Metamorphoseschrift und Elegie in einem als lebendig aufgefassten Wissen von ihren Gegenständen, das nur in ihrer ›naturgemäßen Darstellung‹, in ihrer möglichst vollkommenen Nachbildung vermittelbar sein soll. Damit grenzen beide Texte sich von der

132 Klopstock: Die deutsche Gelehrtenrepublik, ebd., S. 880.

133 Ebd.

134 Im *Discours sur le style* erklärt Buffon 1753: »Les ouvrages bien écrits seront les seuls qui passeront à la postérité: la quantité des connoissances, la singularité des faits, la nouveauté même des découvertes ne sont pas de sûrs garans de l'immortalité« (Buffon: Histoire naturelle, Supplément, Bd. 4, S. 10 f.).

wissenschaftlichen und dichterischen Beschreibung der Natur ab, scheinen sich zugleich aber auch der Vergänglichkeit des von ihnen präsentierten Wissens entziehen zu wollen.[135] Auf die in der zweiten Hälfte des 18. Jahrhunderts voranschreitende Ausdifferenzierung der Künste und Wissenschaften reagiert Goethe somit in einer anderen Weise als Klopstock. Während dieser die Autonomisierung beider Systeme affirmiert, indem er die Poetologien von dichterischer ›Darstellung‹ und wissenschaftlicher ›Abhandlung‹ spezifiziert – und auf der gleichen Linie liegt dann auch Schillers Unterscheidung zwischen dem ›organischen Produkt‹ der Kunst und den ›mechanischen Werken‹ der Wissenschaft[136] –, da versucht Goethe dieser Ausdifferenzierung entgegenzuwirken, indem er das Wissen von der Pflanzenentwicklung in einer ›kunstgemäßen‹, einer vermeintlich dauerhafteren, die Metamorphose nachbildenden Form wiedergibt. Deutlich wird das auch in Knebels Brief an Goethe vom 1. August 1798. So schreibt der Freund hier nicht nur, dass er die »Pflanzenmetamorphose« schon mehrmals mit »Vergnügen gelesen« habe, sondern hebt dabei auch ihre ›Darstellung‹ hervor, die ihm gerade Klopstocks Dichtungen mit ihren ausgearbeiteten, ›tanzenden‹ Versmaßen als eher ›abstrakt‹ erscheinen lasse:

> Eine Sache die man lebendig begreift, auf wie mancherlei Weise läßt sie sich nicht darstellen! Alles auf diese Art Begriffene, das einer sinnlichen Darstellung fähig ist, gehört ins Reich der Muse. Ich weiß nicht ob dieses so ganz der Fall mit abstrakten oder bloß relativen Gegenständen sein könnte, wie z. B. der Silbenmaße, die Klopstock zum Gegenstand einiger lyrischen Gedichte gemacht hat. Diese Dinge, die an sich keine Körper haben, und nur Weisen sind wie gewisse Schalle empfunden werden, scheinen mir kein Gegenstand der Poesie. (LA II/9 B, 147)

135 In dieser Eigenheit sieht Wolfgang Frühwald »die Problematik von Goethes naturwissenschaftlichen Schriften« insgesamt »begründet« – in der Eigenheit, dass Goethe »den Unterschied von ›Dauer‹ in unterschiedlichen Textarten nicht anerkennen wollte, daß er die wissenschaftliche Abhandlung ebenso der kreativen Erfahrung unterworfen glaubte wie das Gedicht und damit die in der Wissenschaft herrschende Autorität und Kontinuität des Zweifels leugnete.« (Frühwald: »Denn wozu dient alle der Aufwand«, S. 35).

136 Vgl. Schiller: Über die notwendigen Grenzen beim Gebrauch schöner Formen, in: Sämtliche Werke, Bd. 5, S. 675 f.

Wörtliche Darstellung, bildliche Darstellung

Bilder der Metamorphose: Von Nelken und anderen Blumen (1787-1794)

Wenn am *Versuch die Metamorphose der Pflanzen zu erklären* und an der Elegie zur *Metamorphose der Pflanzen* zuletzt betrachtet wurde, wie Goethe seine ›naturgemäße Methode‹ in einer ›naturgemäßen Darstellung‹ umsetzte, so fiel dabei auf, dass diese ›Darstellung‹ auf Texte beschränkt blieb. Zwar zeigte sich bei dieser Gelegenheit auch, dass diese Texte oft als ähnlich abgeschlossen und abgerundet erschienen wie die Pflanzenentwicklung, die sie mit ihren jeweils eigenen Mitteln nachzubilden suchten. Jedoch war gleichfalls zu bemerken, dass sie in Anspielungen auf die größere Beweglichkeit und Lebendigkeit der mündlichen Sprache als auch auf ihnen fehlende Abbildungen häufig über sich hinauswiesen. Diese Bezüge auf andere Medien sollen nun zunächst im Blick auf die konkreten Bilder verfolgt werden, die Goethe von der Pflanzenmetamorphose entwirft – und zwar sowohl in Anbetracht von Textpassagen, die gleichsam eine Epistemologie des Zeichnens umreißen und andeuten, welches Wissen diese Bilder von der Metamorphose präsentieren, als auch in Anbetracht einiger Aufzeichnungen und Abbildungen, in denen Goethe während seiner Italienreise und in der Zeit kurz nach der Publikation der Metamorphoseschrift ein Wissen von der Pflanzenbildung zu erlangen und wiederzugeben sucht. Diese Überlegungen zum Verhältnis von Text und Bild werden sodann noch einmal verallgemeinert und präzisiert. Insbesondere die bislang nur wenig erforschte Beschäftigung mit den naturgeschichtlichen Werken und Abbildungen von Eduard Joseph d'Alton und Carl Friedrich Philipp von Martius, die Goethe in der ersten Hälfte der 1820er Jahre vor allem in seinen Heften *Zur Morphologie* dokumentiert, erscheint in dieser Hinsicht interessant; auch wenn sie nicht mehr zum direkten Kontext der Forschungen zur Pflanzenmetamorphose gehört, soll sie deshalb zum Abschluss der vorliegenden Ausführungen zu Goethe beachtet werden.

Im Rahmen der historisch und autobiographisch geprägten Aufarbeitung seiner Naturforschungen, die Goethe vor allem in den ersten Heften *Zur Morphologie* betreibt, veröffentlicht er 1817, als Abschluss des ersten Hefts, auch den notorischen Bericht über das *Glückliche Ereignis*, in dem er neben dem Beginn der Freundschaft mit Schiller auch den »hartnäckigen Realismus« (FA 24, 437) seiner eigenen Naturanschauung zu begründen sucht. Im Rückgriff auf die Pflanzenstudien der Italienreise leitet Goethe den Text dafür wie folgt ein:

> Genoß ich der schönsten Augenblicke meines Lebens zu gleicher Zeit, als ich der Metamorphose der Pflanzen nachforschte, als mir die Stufenfolge derselben klar geworden, begeistete mir diese Vorstellung den Aufenthalt von Neapel und Sizilien, gewann ich diese Art das Pflanzenreich zu betrachten immer mehr und mehr lieb, übte ich mich unausgesetzt daran auf Wegen und Stegen; so mußten mir diese vergnüglichen Bemühungen dadurch unschätzbar werden, indem sie Anlaß gaben zu einem der höchsten Verhältnisse, die mir das Glück in spätern Jahren bereitete. (FA 24, 434)

Obgleich es auffallen mag, dass Goethe die Pflanzenmetamorphose hier bereits in Sizilien und Neapel erforscht haben will – in der *Italienischen Reise* zeigt er sich damals ja vor allem auf der Suche nach der Urpflanze[137] –, so ist doch interessanter, wie seine Naturstudien dieses »höchste Verhältnis« zu Schiller veranlasst haben sollen. Nachdem er sich in Italien, wie Goethe fortfährt, in die »reinsten Anschauungen« von Natur und Kunst versenken konnte, habe es ihn bei der Rückkehr nach Weimar befremdet, dort nur »Produktionen von genialem Wert und wilder Form«, wie »*Heinses Ardinghello* und *Schillers Räuber*«, »in großem Ansehn« (FA 24, 434 f.) zu finden. Besonders widerstrebt habe ihm damals das Naturverständnis dieser Werke. So sei gerade Schiller »undankbar gegen die große Mutter« Natur aufgetreten, indem er sie unter dem Einfluss der kantischen Moralphilosophie nur »von der Seite einiger empirischen menschlichen Natürlichkeiten« her gefasst habe, statt »sie selbständig, lebendig vom Tiefsten bis zum Höchsten gesetzlich hervorbringend zu betrachten« (FA 24, 435 f.).

Mit dieser Abneigung erklärt Goethe im *Glücklichen Ereignis* auch, weshalb es erst in jenem berühmten Gespräch, das er auf den 20. Juli 1794 datiert,[138] zum direkten Austausch mit Schiller gekom-

137 Vgl. hier vor allem die auf den 17. April und den 17. Mai 1787 datierten Einträge, FA 15, 286 und 346.

138 Zum Hintergrund vgl. Müller-Seidel: Naturforschung und deutsche Klassik.

men sei – weil dieser inzwischen eine größere Aufmerksamkeit gegenüber der »großen Mutter« bekundet habe. Im Anschluss an eine Sitzung der Naturforschenden Gesellschaft, die der Jenaer Botaniker August Johann Georg Karl Batsch im Jahr zuvor gegründet hatte,[139] habe Schiller zu ihm bemerkt, dass die »zerstückelte Art die Natur zu behandeln, den Laien, der sich darauf gern einließe, keineswegs anmuten könne«. Goethe zeigt sich von diesem Einwand angesprochen. Sogleich will er den jüngeren Dichter an »noch eine andere Weise« erinnert haben, »die Natur nicht gesondert und vereinzelt vorzunehmen, sondern sie wirkend und lebendig, aus dem Ganzen in die Teile strebend darzustellen« (FA 24, 436).[140] Bemerkenswert und hintersinnig ist dieser kleine Wortwechsel schon, weil er nahelegt, dass erst der vermeintlich unphilosophische Goethe Schiller, den »gebildete[n] Kantianer« (FA 24, 437), auf die organische Behandlungsweise der Natur aufmerksam gemacht haben will – schließlich basiert die gesamte Organismustheorie der *Kritik der Urteilskraft* auf dieser Konjektur, der Betrachtung der Teile unter Voraussetzung eines mechanisch nicht erklärbaren Ganzen.[141] Wichtiger als die Frage nach Schillers Kant-Lektüre erscheint im hier behandelten Zusammenhang jedoch, wie Goethe ihm diese Auffassung vermittelt haben will. So erklärt er:

139 Nicht zufällig wurde die Naturforschende Gesellschaft am 14. Juli 1793 gegründet und damit der zu diesem Zeitpunkt vor allem im Zeichen der Guillotine stehenden »Revolution eine Evolution entgegengesetzt«, die sich ausdrücklich unter den Begriffen von »Bildung« und »Menschlichkeit« formierte (Müller-Seidel: Naturforschung und deutsche Klassik, S. 73). Zu Goethe und Batsch, die am 10. März 1794 auch gemeinsam den Botanischen Garten in Jena neu gründeten, siehe Polianski: Die Kunst, die Natur vorzustellen.

140 Ähnlich hatte Goethe am 26. Februar 1794 bereits in einem Brief an Batsch gefragt: »[W]ie können wir die Teile eines organisierten Wesens und ihre Wirkungen entwickeln und begreifen, wenn wir es nicht als ein durch sich und um sein selbst willen bestehendes Ganze beobachten?« (FA 30, 716).

141 Hatte Kant diese Organismustheorie zunächst vor allem in den bereits untersuchten §§ 64 und 65 der *Kritik der Urteilskraft* ausgeführt, so sieht Jost Schieren Goethe hier vor allem auf den ebenfalls schon besprochenen § 77 zurückgreifen. Siehe Schieren: Anschauende Urteilskraft, S. 73 f.; hierzu auch Förster: Die Bedeutung von §§ 76, 77 der *Kritik der Urteilskraft*, S. 180-190; und, grundlegend zur ›Konjektur‹, Metzger: Die Konjektur des Organismus.

> Wir gelangten zu seinem Hause, das Gespräch lockte mich hinein; da trug ich die Metamorphose der Pflanzen lebhaft vor, und ließ, mit manchen charakteristischen Federstrichen, eine symbolische Pflanze vor seinen Augen entstehen. (FA 24, 436 f.)

In Anbetracht der hier skizzierten Polymedialität, der Vermittlung der Metamorphose in Sprache und Bild, wie auch im Blick auf eine Theorie des Zeichnens ist diese Passage aufschlussreich. So präsentiert Goethe seine Pflanzentheorie hier »lebhaft« im mündlichen Vortrag, wie schon bei Moritz in Rom und dann bei der Geliebten in der Elegie, lässt die »symbolische Pflanze« zudem aber mit »charakteristischen Federstrichen« vor Schillers Augen »entstehen«. Damit unterläuft er hier die von Lessing etablierte Unterscheidung einer Aufeinanderfolge der Zeichen in Text und Rede und ihres Nebeneinanders im Bild, indem er seine Erläuterungen durch ein Zeichnen ergänzt, das die Pflanzenentwicklung gleichfalls sukzessive nachbildet.

Die damit angedeutete Auffassung eines Zeichnens, das stärker auf den Prozess als auf dessen Resultat bezogen ist, kann als charakteristisch für Goethe gelten. So nutzt er das Zeichnen weniger, um bestimmte Gegenstände festzuhalten, sondern versteht es vielmehr als ein sich sukzessive vollziehendes Verfahren, als ein Medium, das bereits die Prozesse der Wahrnehmung und Erkenntnis dieser Gegenstände nachzuziehen, zu konturieren und zu erproben vermag. In der Forschungsliteratur wurde das bereits herausgearbeitet.[142] In diesem Sinne hat Petra Maisak erklärt, dass Goethe das Zeichnen seit der großen Italienreise vor allem als »Seh- und Gedächtnisschule, ja als Mittel der Erkenntnis und Weltaneignung« geschätzt habe; seine künstlerischen Arbeiten seien daher meist interessanter, »wenn sie sich in ihrem Prozeßcharakter offenbaren«, als wenn sie

142 Siehe Busch: Die »große, simple Linie«; Maisak: Der Zeichner Goethe; Fehrenbach: »Das lebendige Ganze«; Pörksen: Raumzeit; Hofmann: »Erkenne jedes Dings Gestalt«; Grave: »Sehen lernen«; und hierzu auch die weiter ausgreifenden Ausführungen bei Piper: Dreaming in Books, bes. S. 189-210. In seinem Gespräch mit Eckermann vom 18. Januar 1827 hat auch Goethe die Nähe von Zeichnen und Naturforschen und ihre die Wahrnehmung prägende Wirkung herausgestellt: »Aber weil mein früheres Landschaftszeichnen und dann mein späteres Naturforschen mich zu einem beständigen genauen Ansehen der natürlichen Gegenstände trieb, so habe ich die Natur bis in ihre kleinsten Details nach und nach auswendig gelernt« (FA 39, 211).

»Anspruch auf Vollendung erheben«.[143] In ähnlicher Weise ist Peter Hofmann davon ausgegangen, dass Goethes Zeichnungen »hauptsächlich Skizzen« vorstellen, die »oft beiläufig und hingeworfen, andeutend und vieldeutig erinnernd« wirken, »nicht selten abhängig vom erschließenden Wort«.[144] Goethes zeichnerische Ästhetik dürfe deshalb »als angewandter Fall seiner Erkenntnistheorie gelten«, da die Linien der Zeichnungen oft den »Erkenntnisweg vom aufmerksamen Anschauen des Gegenstandes hin zum ›Allgemeinen‹ nach[ziehen]. Als Ganzes, als Weg und Prozeß der Erkenntnis im anschauenden Denken sind diese Zeichnungen zu lesen.«[145]

Dass die Bewegung der auf- und nachzeichnenden Hand die Wahrnehmung und das Wissen zu profilieren und die in *Bedenken und Ergebung* beschriebene Kluft zwischen der Sukzession jeweils einzelner Erfahrungen und der Simultaneität einer sie aufhebenden Idee zu überwinden hilft, hat auch Goethe häufig bemerkt. In der *Italienischen Reise* erläutert er im Eintrag vom 17. Februar 1787, gegen Ende des ersten Romaufenthalts, »daß man zwar deutlich sehen und wissen kann, was gut und besser ist; will man sich's aber zueignen, so schwindet's gleichsam unter den Händen« (FA 15, 184). Gegen diese Schwierigkeit, sich Wahrnehmung und Wissen ›zu eigen‹ zu machen, führt er hier das Mittel des Zeichnens an, ein Mittel, das er nicht nur dem »Künstler« zugesteht. Denn auch der ungeübtere »Liebhaber«, so fährt er fort, solle sich vom Versuch, das Gesehene zeichnerisch zu erfassen, »nicht abschrecken lassen«:

> Die wenigen Linien die ich aufs Papier ziehe, oft übereilt, selten richtig, erleichtern mir jede Vorstellung von sinnlichen Dingen, denn man erhebt sich ja eher zum allgemeinen, wenn man die Gegenstände genauer und schärfer betrachtet. (FA 15, 185)

In gleicher Weise erklärt Goethe in den Schemata zum Dilettantismus, die er 1799 gemeinsam mit Schiller verfasst, dass Zeichnungen selbst dann einen »Nutzen fürs Subjekt« erbringen, wenn sie nicht

143 Maisak: Der Zeichner Goethe, S. 104 und 111. Ähnlich auch Fehrenbach: »Goethe betont beim Zeichnen [...] den Aspekt der Handlung, des Hervorbringens, der Bewegung.« (Fehrenbach: »Das lebendige Ganze«, S. 148).

144 Hofmann: »Erkenne jedes Dings Gestalt«, S. 244.

145 Ebd., S. 272. Vgl. auch Fehrenbach: »Das lebendige Ganze«, bes. S. 144-148.

als Kunst angesehen werden können (FA 18, 744).[146] Wie es hier heißt, gestatte das Zeichnen eine »Ausbildung des Sehorgans, die komplizierten Formen zu bemerken« (FA 18, 740). Dadurch erlaube es, das »Sehen [zu] lernen« und die »Gesetze kennen[zu]lernen, wornach wir sehen«, ermögliche außerdem aber, dass wir das »Unterscheiden lernen«, wenn wir die »Erscheinungen in Begriffe verwandeln«. Diese Unterscheidungen, die bei der Heraushebung eines Gegenstandes aus einem zunächst als undifferenziert erscheinenden Sichtfeld ebenso getroffen werden wie bei der zeichnerischen Ausarbeitung seiner Teile, würden letztlich wieder aufgehoben, wenn wir den »Gegenstand in ein Bild verwandeln«, das in seinem visuellen Eigensinn über die begrifflich erfassbaren Differenzierungen hinausgeht (FA 18, 744). Dem Vorgang des Zeichnens korrespondiert somit ein grundlegender, sich im Widerspiel von Teilen und Ganzem vollziehender Erkenntnisprozess – der aus der zeitgenössischen Wissenschafts- und Organismustheorie bekannt ist. Im Schema zum zeichnerischen Dilettantismus wird diese Dynamik des Unterscheidens und Vereinens wie folgt zusammengefasst: »Mit dem Totaleindruck (ohne Unterscheidung) fangen alle an. Dann kommt die Unterscheidung, und der dritte Grad ist die Rückkehr von der Unterscheidung zum Gefühl des Ganzen, welches das ästhetische ist« (FA 18, 744 f.).

Von der dem Zeichnen hier zugeschriebenen Bewegung vom »Totaleindruck«[147] über die »Unterscheidung« bis hin zu einem ästhetischen, die »Unterscheidung« wahrenden »Gefühl des Ganzen« zeigt sich auch Goethes Erkenntnis der Pflanzenmetamorphose geprägt; der Weg der zeichnenden Hand ist deshalb nicht zuletzt als ein die Metamorphose nachziehender Weg eines Denkens aufzufassen, das sich aus dem Einzelnen zu einem Allgemeinen hin naturgemäß entwickelt. Besonders deutlich bemerkt Goethe das in der Abhandlung *Der Verfasser teilt die Geschichte seiner botanischen Studien mit,* die er 1831 im Rahmen der deutsch-fran-

146 Zu diesen Ausführungen zum Dilettantismusschema vgl. Vaget: Dilettantismus und Meisterschaft, S. 138-143; und vor allem Grave: »Sehen lernen«, S. 357-363.

147 Zum ›Totaleindruck‹, der nach Johannes Grave »als – noch immer unterschätzter – Schlüsselbegriff der ästhetischen Theorien um 1800 gelten« darf (Grave: »Sehen lernen«, S. 360, Anm.) und der gerade für Humboldts Forschungen zentral werden wird, vgl. besonders Hard: Der ›Totalcharakter der Landschaft‹.

zösischen Ausgabe der Metamorphoseschrift publiziert. Zu einem »strauchartig in die Höhen gewachsene[n] Nelkenstock«, den er 1787 zu Beginn des zweiten Romaufenthalts im Garten der befreundeten Malerin Angelika Kauffmann beobachtet und gezeichnet hat, erklärt er hier:

> Man kennt die gewaltige Lebens- und Vermehrungskraft dieser Pflanze; Auge ist über Auge an ihren Zweigen gedrängt, Knoten in Knoten hineingetrichtert; dieses war nun hier durch Dauer gesteigert und die Augen aus unerforschlicher Enge zur höchst möglichen Entwickelung getrieben, so daß selbst die vollendete Blume wieder vier vollendete Blumen aus ihrem Busen hervorbrachte.
> Zu Aufbewahrung dieser Wundergestalt keine Mittel vor mir sehend, übernahm ich es sie genau zu zeichnen, wobei ich immer zu mehrerer Einsicht in den Grundbegriff der Metamorphose gelangte. Allein die Zerstreuung durch so vielerlei Obliegenheiten ward nur desto hinderlicher und mein Aufenthalt in Rom, dessen Ende ich voraussah, immer peinlicher und belasteter.
> Auf der Rückreise verfolgte ich unablässig diese Gedanken, ich ordnete mir im stillen Sinne einen annehmlichen Vortrag dieser meiner Ansichten, schrieb ihn bald nach meiner Rückkehr nieder und ließ ihn drucken. Er kam 1790 heraus und ich hatte die Absicht bald eine weitere Erläuterung mit den nötigen Abbildungen nachfolgen zu lassen. Das fortrauschende Leben jedoch unterbrach und hinderte meine guten Absichten [...]. (FA 24, 750 f.)

Inwiefern diese »[m]onstroße Nelcke« (LA II/9 A, 50), auf die Goethe im Verlauf seines Lebens häufiger rekurriert,[148] ihm »mehrere Einsicht in den Grundbegriff der Metamorphose« eröffnet hat,

148 Neben der im Folgenden noch diskutierten Beschreibung in der Metamorphoseschrift vgl. hier zunächst die Briefe an Knebel vom 18. August und 3. Oktober 1787, FA 30, 318 und 332 f. Eine parallele, fast wortgleiche Stelle zu der zitierten, 1829 verfassten Passage findet sich im ›Zweiten Römischen Aufenthalt‹ der *Italienischen Reise;* diese Erinnerungen an den Juli 1787, die Goethe dort mit der Überschrift ›Störende Naturbetrachtungen‹ versehen hat, arbeitete er ebenfalls 1829 aus. Vgl. FA 15, 402-404; sowie D. Kuhn: »Unerwartete Bezüge«, in: in: dies.: Typus und Metamorphose, S. 120-132, bes. S. 130-132.

ist schon aus der erwähnten Zeichnung zu erkennen (Abb. 2).[149] Deutlich sichtbar ist hier, wie aus der Blüte einer Nelke, die auch durch einen mit Blättern versehenen Stengel, nicht aber durch eine Wurzel gekennzeichnet ist, vier weitere Sprossachsen mit Knoten und Blüten hervorgetrieben sind; vor allem links und oberhalb der Pflanze erscheint die Ausprägung der einzelnen Blüten und ihrer Teile zusätzlich in gesonderten Darstellungen präzisiert. Damit offenbart sich auch schnell, inwiefern diese Zeichnung Goethe in seiner Suche nach der Metamorphosenlehre bestätigt haben mag. Denn obgleich sie die Entstehung der Nelke kaum dokumentiert, veranschaulicht sie doch die Hypothese, dass alle Organe einer Pflanze als Umwandlungen eines wie auch immer verstandenen Blattes begriffen werden können, eines Blattes jedoch, das sich – wie im Falle des Sprosses, der rechts vorn aus der zentralen Blüte herauswächst – nicht von einem Kelchblatt zum Kronblatt ausgedehnt, sondern sich gleichsam wieder zu einem Stengelblatt zurückentwickelt hat. Die Zeichnung zeigt somit auch, wie Goethe gerade die Anschauung der unregelmäßigen Pflanzenmetamorphose zur Einsicht in den Gang der regelmäßigen Metamorphose verhelfen konnte.

In engem Zusammenhang mit dieser Zeichnung steht ein weiteres Blatt aus dem Sommer 1787, in dem Goethe neben einer Aster erneut die durchgewachsene Nelke aus dem Garten von Angelika Kauffmann zu erfassen sucht (Abb. 3).[150] Hierfür bemüht er sich nun aber nicht um die Abbildung einer ganzen Pflanze, sondern begnügt sich gleichsam metonymisch damit, einige Blütenorgane zu zeichnen und zu aquarellieren. Zudem benennt und beschreibt er diese im hinzugefügten Text und bemerkt dabei auch, was genau seine Darstellung veranschaulicht. Demnach zeigt das linke Drittel des Blattes die »Verändrung der Verschiednen Corollarum propriarum des Asters nach der Mitte des gemeinen Fruchtbodens« (LA II/9 A, 51); Goethe entwirft hiermit ein Kontinuum zwischen den am Rande des Blütenkorbs befindlichen Zungenblüten und den zentral angeordneten Röhrenblüten, indem er in der mittleren der drei Gestalten eine Übergangsform beider Organe zeichnet. Dagegen wendet er sich im mittleren und rechten Teil des Blattes wie-

149 Vgl. hierzu auch die Angaben bei Femmel (Hrsg.): Corpus der Goethezeichnungen, Bd. 5 B, S. 29 f., Nr. 67.

150 Vgl. auch ebd., S. 30, Nr. 69.

der der durchgewachsenen Nelke zu. Unter der Überschrift »Monats Nelcke« schreibt er nun:

> Petala die nächste Reihe innerhalb des Kelches zusammengewachsen auch einzeln an den Rändern zarter und gefärbt
> 1. Calyx 2. Petalum. 3 Petala 4. Ein Theil der Samenkapsel mit zwey Stylis an der andern Hälfte war noch ein Stylus befestigt. Diese Styli hatten keine Connexion mit den Samen sondern diese waren an andre Blättchen befestigt welche innerhalb der Kapsel sich befanden. 5. Ein solches Receptaculum in natürlicher Größe. 6. ein gleiches vergrößert. 7 der Theil wo sie zusammengewachsen waren. (LA II/9 A, 50)

Ähnlich wie beim Beispiel der Aster kann hier bemerkt werden, dass Goethe nicht nur auf die möglichst genaue Erfassung der Blütenteile zielt, sondern dass er die einzelnen Organe – entsprechend der dann im Dilettantismusschema benannten Dynamik des Unterscheidens und Vereinens – auch wieder zusammenzufassen und zu einer Vorstellung von der Metamorphose zu verdichten sucht. Im bildlichen Teil der Darstellung ist diese Pflanzenentwicklung besonders zwischen dem Kelch und den Kronblättern, dem Calyx und den Petalen, angedeutet, da Goethe diesen Übergang auch farblich, als allmählichen Wandel von Grün zu Rot, markiert. Dagegen erscheint der Zusammenhang der weiteren Blütenteile zumindest für Laien erst verständlich, wenn auch die hinzugefügten Erläuterungen berücksichtig werden – wobei dennoch auffällt, dass die Organe im Text in einer anderen Ordnung als in der Zeichnung präsentiert werden.

Die beiden Blätter zur durchgewachsenen Nelke und zur Blütengestalt von Aster und Nelke können durchaus als charakteristisch für die zahlreichen Aufzeichnungen aufgefasst werden, in denen Goethe seine Pflanzenbeobachtungen noch in Italien festzuhalten und zu erklären sucht: In bildlichen oder textlichen Entwürfen, oft aber im Zusammenspiel beider Medien zielt er dabei zuerst auf eine möglichst genaue Unterscheidung der Pflanzen und ihrer Teile, um dadurch die gemeinsame Identität der einzelnen Organe nachweisen und sie schließlich zur Vorstellung einer regelmäßigen Metamorphose genetisch verknüpfen zu können. In Anbetracht der vielfältigen und variablen Aufzeichnungsformen, in denen Goethe diese differenzierende und synthetisierende Bewegung seiner Pflanzenbeobachtungen in Italien dokumentiert, erstaunt es zunächst, dass er den *Versuch die Metamorphose der Pflanzen zu erklären* so ganz ohne »Beziehung auf erläuternde Kupfer« (FA 24, 111) publiziert – selbst wenn das nach Sprengels Ankündigung, 1790 einen *Versuch die Konstruktion der Blumen zu erklären* zu veröffentlichen, vor allem dem Zeitdruck geschuldet gewesen sein mag. Indes darf nicht vergessen werden, dass die angesprochenen Aufzeichnungen auch keine Erläuterungen der Metamorphose vorstellen, sondern dass Goethe sie als Instrumente zur Entwicklung und Erprobung seiner Hypothesen zur Pflanzenentwicklung verstand, als Instrumente, die er für die Darstellung eines inzwischen erlangten und als einigermaßen gesichert aufgefassten Wissens nicht mehr benötigte. Wie offenkundig er sich in der Metamorphoseschrift auf seine italienischen Aufzeichnungen bezieht, ohne das explizit zu verdeutlichen, bleibt dennoch bemerkenswert. Besonders auffällig ist das, wenn Goethe hier in § 105, im Abschnitt zur ›Durchgewachsenen Nelke‹, schreibt:

> Wir sehen eine vollkommene, mit Kelch und überdies mit einer gefüllten Krone versehene, auch in der Mitte mit einer, zwar nicht ganz ausgebildeten, Samenkapsel völlig geendigte Blume. Aus den Seiten der Krone entwickeln sich vier vollkommene neue Blumen, welche durch drei- und mehrknotige Stengel von der Mutterblume entfernt sind; sie haben abermals Kelche, sind wieder gefüllt, und zwar nicht so wohl durch einzelne Blätter als durch Blattkronen, deren Nägel zusammengewachsen sind, meistens aber durch Blumenblätter, welche wie Zweiglein zusammengewachsen, und um einen Stiel entwickelt sind. Ohngeachtet dieser ungeheuren Entwicklung sind die Staubfäden, und Antheren in einigen gegenwärtig. Die Fruchthüllen mit den Griffeln sind zu sehen und die Rezeptakel der Samen wieder zu Blättern entfaltet, ja in einer dieser Blumen waren die Samendecken zu einem völligen Kelch verbunden, und enthielten die Anlage zu einer vollkommen gefüllten Blume wieder in sich. (FA 24, 144)[151]

Interessant ist diese Beschreibung, weil sie in enger, bis in die einzelnen Pflanzenorgane nachvollziehbarer Anlehnung an die betrachteten Blätter aus Italien noch einmal die eigentümliche Darstellungsform der Metamorphoseschrift verdeutlicht. Indem Goethe hier eine

151 Vgl. hierzu auch die Notizen zu diesem Abschnitt der Metamorphoseschrift, in: LA II/9 A, 107-110.

Pflanze vor Augen zu führen sucht, deren Vorstellung die Leser in ihrer Einbildungskraft erst herstellen müssen, zeigt sich erneut, dass es ihm nicht um die Beschreibung einer konkreten und überprüfbaren Beobachtung geht – deren Umstände im Text auch konsequent unterdrückt werden. Vielmehr zielt Goethe auf die Evokation einer mit den Lesern geteilten Erfahrung, in der die angeschaute Pflanze eine symbolische Qualität gewinnt; sie erscheint hier deshalb weniger als eine einzelne, anomal entwickelte Nelke, die in einem Kupferstich auch besser als im Text veranschaulicht werden könnte, sondern als Darstellung der unregelmäßigen Metamorphose überhaupt, die in dieser Allgemeinheit kaum in ein einzelnes Bild gebracht werden kann. Daneben fällt an der zitierten Passage auf, dass Goethe sich in der Beschreibung dieser »ungeheuren Entwicklung« noch immer am Verlauf der regelmäßigen Metamorphose orientiert und dabei nicht nur weitgehend auf lateinische Termini, sondern auch auf jede Erklärung der durchgewachsenen Nelke verzichtet. Diese gibt er erst im folgenden § 106, in dem er aus den Beschreibungen der Nelke und der zuvor behandelten durchgewachsenen Rose nun auf das schließt, was »die Natur gewöhnlich« tue:

> Und so zeigen uns denn beide Fälle, daß die Natur gewöhnlich in den Blumen ihren Wachstum schließe und gleichsam eine Summe ziehe, daß sie der Möglichkeit ins Unendliche mit einzelnen Schritten fortzugehen Einhalt tue, um durch die Ausbildung der Samen schneller zum Ziel zu gelangen. (FA 24, 145)

Irritierend ist diese Erklärung, weil die angesprochenen »Fälle« genau das nicht zeigen: »daß die Natur gewöhnlich in den Blumen ihren Wachstum schließe«. Im Kontext der Metamorphoseschrift wirken die Beispiele durchgewachsener Pflanzen daher in eigentümlicher Weise deplatziert. Denn auch wenn sie Goethe zur Einsicht in den Gang der regelmäßigen Metamorphose verholfen haben mögen, zeigt sich doch, dass sie an dieser Stelle kaum etwas zu ihrer Darstellung und Erklärung beitragen können.

Der damit angedeutete Unterschied zwischen den um Erkenntnis ringenden Aufzeichnungen einerseits, in denen den durchgewachsenen Pflanzen eine besondere Rolle zukommt, und der auf Darstellung vor allem der regelmäßigen Pflanzenentwicklung zielenden Metamorphoseschrift andererseits wird auch anhand eines Blattes deutlich, das aus der Zeit kurz nach der Rückkehr aus Italien stammt (Abb. 4).[152] In besonderer Weise wird hier noch einmal nachvollziehbar, wie Goethe sich mittels kleinerer Zeichnungen und Notizen über den Gang der Metamorphose verständigt und wie er sie manuell, mit dem Bleistift in der Hand, erprobt hat. So ist klar erkennbar, wie er im oberen Teil des Blattes von links nach rechts in einer Reihe von Zeichnungen die einzelnen Entwicklungsschritte einer Pflanze verfolgt: Von den Kotyledonen, den Keimblättern, geht er hier über sich immer weiter differenzierende Laubblätter bis hin zur Folge der Blätter am Spross und zu ihrer Ausbildung aus den Knoten, bevor er schließlich noch ein kleines Staubblatt zeigt. Diese Zeichnungen ergänzt Goethe durch Eintragungen, die zunehmend eng an den Skizzen und in Wuchsrichtung platziert sind und die nicht nur einzelne Pflanzenorgane benennen oder, mit besonders starkem Strich, auf Beispiele wie »Palme« und »Apfelzweig« verweisen, sondern mit der »Entfaltung« und der »zusammen ziehung« auch zentrale Elemente der Metamorphosenlehre herausarbeiten. Zur Ausbildung der Blätter skizziert er links unten zudem die Blattspreite, also das Blatt im engeren Sinne, und den Blattgrund, den Teil, mit dem das Blatt an der Sprossachse ansitzt; in der Mitte hingegen finden sich Notizen zunächst zur Terminologie, zu den »Folia Floralia« als den Blütenblättern und zum »Calyx«, einem Begriff aus Linnés *Systema naturae,* sowie zur durchgewachsenen Rose und zur »Ausbildung des Kelches«: »Wie der Kelch entsteht // durch zusammen ziehung der Bl. oder des Zweiges von außen und Ausdehnung von innen. // Verwandsch. des Kelchs mit den Petalis« (LA II/9 A, 102).

Obgleich hier nicht weiter betrachtet werden kann, in welcher Weise Goethe diese Aufzeichnungen in den *Versuch die Metamorphose der Pflanzen zu erklären* aufnimmt – eine solche Untersuchung seiner Abhandlung scheint noch auszustehen –, so ist doch unübersehbar, wie sehr er sich auch in diesem Blatt um eine Einsicht in die Abfolge der Pflanzenentwicklung bemüht. Die Metamorphoseschrift präsentiert dagegen das Ergebnis dieser Suche. Zwar nimmt Goethe neben der schon erwähnten durchgewachsenen Rose hier erneut das Beispiel der »Dattelpalme« auf, um die »Vermannigfaltigung der einfachsten Blattgestalt« zu veranschaulichen (FA 24, 115), zwar bemerkt er auch, dass »die botanische Terminologie [...]

152 Vgl. auch Femmel (Hrsg.): Corpus der Goethezeichnungen, Bd. 5 B, S. 35 f., Nr. 90.

mit dem Namen *Blütenblätter* Folia floralia bezeichnet« (FA 24, 120), doch integriert er diese Verweise möglichst unauffällig in die in sich geschlossene Darstellung seiner Abhandlung – in ihre ›naturgemäße Darstellung‹, in der Erklärungen meist hinter die Evokation einer gemeinsamen Anschauung von Forscher und Leser zurücktreten und in der die Entwicklung einer symbolischen Pflanze in einer reflektierten, dynamischen, oft klanglich durchformten und deshalb nur scheinbar einfachen Sprache schrittweise nachvollzogen wird.

Eine solche eher geschlossene Darstellungsweise kennzeichnet nun auch die Abbildungen, die Goethe schon kurz nach der Abfassung und noch vor dem Erscheinen des *Versuchs die Metamorphose der Pflanzen zu erklären* bei der Weimarer Zeichenschule, darunter bei Johann Heinrich Lips und Johann Christian Wilhelm Waitz,[153] in Auftrag gibt; durch die Reise nach Schlesien und die bald darauf folgenden Reisen nach Frankreich und Mainz scheint dieses Vorhaben, die Schrift durch »eine Sammlung Abbildungen« zu ergänzen (FA 24, 143), jedoch bald abgebrochen worden zu sein.[154] Im Unterschied zu den vorläufigen, vorrangig auf Erkenntnis zielenden Aufzeichnungen, die Goethe während der großen Italienreise und auch im Jahr nach der Rückkehr nach Weimar angefertigt hat, begnügen diese sorgfältig ausgeführten Bilder sich mit einer die Metamorphoseschrift veranschaulichenden Demonstration der Pflanzenentwicklung und ihrer entscheidenden Übergänge. Dabei versucht Goethe, wie er wahrscheinlich im Frühjahr 1795 in einem Verzeichnis der Abbildungen und Herbarpflanzen zur Metamorphoseschrift niederlegt,[155] in einer Reihe von Blättern zunächst »die Entwickelung verschiedener inländischer Pflanzen« wie der Gartenbohne »aus dem Saamen« vorzustellen, »an welchen mehr oder weniger die successive Ausbildung der Stengelblätter bemerkt werden kann« (LA II/9 A, 118; Abb. 5). In anderen Blättern zeigt er etwa »Tulpen, die sich im Uebergange von den Stengelblättern zur Krone gleichsam übereilen«; darunter sei auch ein »[m]erkwürdiger Fall, wo ein Blatt zugleich Stengel und Kronenblatt ist« (LA II/9 A, 119; Abb. 6).

153 Vgl. hierzu den Tagebucheintrag vom 6. März 1790, LA II/9 A, 391. Auf Lips deutet auch schon ein zum Jahreswechsel 1789/1790 verfasster Eintrag, LA II/9 A, 388.

154 Vgl. hierzu Goethe: Schicksal der Druckschrift, FA 24, 425.

155 Zur Datierung des Schemas vgl. den Kommentar von Dorothea Kuhn, in: LA II/9 A, 122, sowie Goethes Notiz vom 8. Juni 1795, ebd., 447.

Neben solchen Beispielen der regelmäßigen Metamorphose enthalten die angefertigten Abbildungen schließlich noch Darstellungen der in der Metamorphoseschrift beschriebenen durchgewachsenen Rose, nicht aber der durchgewachsenen Nelke, um auch die unregelmäßige Metamorphose zu veranschaulichen (Abb. 7).

In gleicher Weise wie die Metamorphoseschrift streben auch diese Abbildungen weniger nach einer Unterscheidung der Pflanzen und ihrer Organe als vielmehr nach einer Darstellung der zeitlichen Veränderungen und Übergänge, die die Metamorphose kennzeichnen. So veranschaulicht das Beispiel der Keimpflanze der Gartenbohne die Ausbildung der Stengelblätter, indem es zeigt, wie aus einem Spross mit Wurzel paarweise angeordnete Blätter wachsen, die nicht nur durch eine zunehmend grüne Farbe, sondern auch durch eine immer ausgeprägtere Form und Struktur gekennzeichnet sind; an der Spitze des Sprosses kann zudem ein ganz junges, noch kaum entfaltetes Blatt erkannt werden. Im Unterschied dazu versucht Goethe am Beispiel der Tulpen nun die Bildung der Krone und die Identität der Stengel- und Kronenblätter zu verdeutlichen. Hierzu wählt er ebenden Fall einer Pflanze, bei der »die Natur [...], indem sie das Organ des Kelchs gleichsam überspringet, unmittelbar zur Krone« übergeht, so erklärte er bereits in § 44 der Metamorphoseschrift:

> So zeigt sich z. B. manchmal an den Tulpenstengeln ein beinahe völlig ausgebildetes und gefärbtes Kronenblatt. Ja noch merkwürdiger ist der Fall; wenn ein solches Blatt halb grün, mit seiner einen Hälfte zum Stengel gehörig an demselben befestigt bleibt, indes sein anderer und gefärbter Teil mit der Krone empor gehoben, und das Blatt in zwei Teile zerrissen wird. (FA 24, 123)

Ein ähnlich ungewöhnliches Beispiel für die Identität der Blattorgane verfolgt Goethe schließlich mit der durchgewachsenen Rose. Kurz vor dem bereits zitierten Abschnitt zur durchgewachsenen Nelke hatte er diese Rose in § 103 der Metamorphoseschrift, auf dem auch die später angefertigte Abbildung basiert, wie folgt beschrieben:

> Kelch und Krone sind um die Achse geordnet und entwickelt, anstatt aber, daß nun im Centro das Samenbehältnis *zusammengezogen*, an demselben und um dasselbe die männlichen und weiblichen Zeugungsteile *geordnet* sein sollten, begibt sich der Stiel halb *rötlich* halb *grünlich* wieder in die *Höhe;* kleinere dunkelrote, zusammengefaltete Kronenblätter, deren einige die Spur

> der Antheren an sich tragen, entwickeln sich *sukzessiv* an demselben. Der Stiel wächst fort, schon lassen sich daran wieder Dornen sehn, die folgenden einzelnen gefärbten Blätter werden kleiner und gehen zuletzt vor unsern Augen in halb rot halb grün gefärbte Stengelblätter über, es bildet sich eine Folge von regelmäßigen Knoten, aus deren Augen abermals, obgleich unvollkommene Rosenknöspchen zum Vorschein kommen. (FA 24, 143)

Die damit angesprochenen Beispiele lassen nun auch Unterschiede zwischen dem *Versuch die Metamorphose der Pflanzen zu erklären* und den nachträglich angefertigten Abbildungen erkennbar werden. Zwar konzentriert Goethe sich in den Bildern ebenso wie im Text seiner Schrift auf die Erfassung von Übergängen sowie auf die Demonstration einer grundlegenden Identität aller Pflanzenorgane, doch zeigt sich hier zum einen, dass ihm das in den Abbildungen nicht mit der im Text beanspruchten Allgemeinheit gelingt. Während die Metamorphoseschrift in weiten Teilen nur eine durch Ausdehnung und Zusammenziehung sowie durch die Säftelehre bestimmte Stufenfolge entfaltet, mit der die Entwicklung aller Pflanzen beschrieben werden soll, präsentieren die Abbildungen eher individuell gestaltete Übergangsformen, so etwa von Exemplaren einer Gartenbohne, nicht aber der Pflanzenwelt überhaupt. Neben diesem geringeren symbolischen Wert der Abbildungen, der sich auch im Blick auf die schon in der Metamorphoseschrift beschriebenen Beispiele der Tulpe und der durchgewachsenen Rose beobachten lässt, ist zum anderen zu bemerken, dass Goethe die Identität aller Pflanzenorgane in seinen Bildern nicht mit der gleichen Konsequenz wie in den Texten darlegen und schon gar nicht begründen kann. Nicht nur sind die Lehre vom Ausdehnen und Zusammenziehen und vor allem die Säftelehre in den Bildern kaum wiedergegeben, ja oft nur in sie hereingeschrieben. Zudem sind die Bilder auch ganz anders als die Texte organisiert. Statt vor Augen zu führen, dass alle Pflanzenteile als verschiedene Ausformungen des Blattes aufgefasst werden können, erscheinen sowohl die in Italien angefertigten Zeichnungen als auch die zur Metamorphoseschrift erstellten Abbildungen weniger monistisch als dualistisch angelegt – zumindest dann, wenn sie mehr als nur einzelne Teile einer Pflanze vorstellen. Ebenso deutlich wie die Zeichnung der durchgewachsenen Nelke aus dem Garten von Angelika Kauffmann zeigt das die Abbildung der Keimpflanze der Gartenbohne, die nicht allein durch die verschiedenen Ausformungen der Stengelblätter bestimmt ist, sondern auch durch das Zusammenspiel dieser Blätter mit einer Sprossachse, der auch die Wurzel angehört. Stärker als die Texte legen die Bilder der Metamorphose daher nahe, wie Peter Sprengel erklärt, »daß Goethe lange Zeit (wie es auch an manchen Stellen der *Italienischen Reise* anklingt) die Kombination von Stengel und Blatt – mit dem Verbindungszentrum des Knotens – für die eigentliche Einheit der pflanzlichen Organisation gehalten hat«.[156]

Die Betrachtung einzelner Aufzeichnungen und Abbildungen hat somit gezeigt, wie Goethe sich ein Wissen von der Pflanzenmetamorphose aneignete, indem er das Zeichnen vor allem als Medium nutzte, um zeitliche Veränderungen nachzuvollziehen und einzelne Naturerfahrungen auszuarbeiten, zu unterscheiden und zu allgemeineren Vorstellungen zu verdichten; ebendiese Möglichkeit, zu sinnlich-konkreten und keineswegs abstrakten Zusammenfassungen zu gelangen, scheint das Zeichnen zum Medium seines ›gegenständlichen Denkens‹ zu empfehlen. Zudem aber wurde deutlich, dass die somit erstellten Bilder der Metamorphose sich nicht mit dem decken müssen, was Goethe in den entsprechenden Schriften entfaltet: Bedingt durch die Wissensformen, die das Medium des Bildes prägt, veranschaulicht er in den vorläufigen und flüchtigen Aufzeichnungen ebenso wie in den nachträglichen Abbildungen ein anderes, oft dualistisch angelegtes und theoretisch weniger durchgearbeitetes Wissen. Das aber heißt auch, dass Goethe die Naturforschung – bei allem Glauben an die Erschließungskraft von eigener Anschauung und bildlicher Darstellung und bei aller Skepsis gegenüber der Bezeichnungskraft der Sprache – immer wieder auf Texte zurückführt, ja dass diese in ihrer Linearität das eigentliche Medium bilden, das die Lehre von der Pflanzenmetamorphose als eine Sprach- und Text-Lehre figuriert und darstellbar werden lässt, auch wenn Goethe diese Texte immer wieder über sich hinauszu-

156 Sprengel: Die »Urpflanze«, S. 132. Dass Pflanzen somit aus Sprossachsen und verschieden ausgeformten Blattorganen bestehen, hatte auch Caspar Friedrich Wolff behauptet, den Goethe im ersten Heft *Zur Morphologie* als ›trefflichen Vorarbeiter‹ porträtiert. Ohne diese dualistische Auffassung zu kritisieren, zitiert er ihn hier in dem Text zu *Caspar Friedrich Wolff über Pflanzenbildung:* »Mit einem Worte, in der ganzen Pflanze, deren Teile auf den ersten Anblick so außerordentlich von einander abweichen, sieht man, wenn man alles reichlich erwägt, nichts als Blätter und Stengel, indem die Wurzel zu diesem gehört.« (FA 24, 430).

treiben und sie entweder durch konkrete Bilder zu ergänzen oder am Modell bildlicher, viel mehr aber noch natürlicher Formen zu orientieren und lebendig zu gestalten sucht. Im Blick auf die Beschäftigung mit den naturgeschichtlichen Werken und Abbildungen von d'Alton und Martius, in der Goethe das Verhältnis von Text und Bild weiter auslotet, soll das nun noch einmal verdeutlicht werden.

Wort, Bild, Begriff: Über d'Alton und Martius (1822-1824)

Nachdem Goethe in der Metamorphoseschrift nur bemerkt hatte, dass er die Abhandlung »ohne Beziehung auf erläuternde Kupfer« ausgearbeitet habe, obgleich diese »in manchem Betracht nötig scheinen möchten« (FA 24, 111), widmet er sich dem damit angesprochenen Verhältnis von Text und Bild in wissenschaftlichen Werken erst 1810 in der *Farbenlehre* in ausführlicher Weise. Dafür zeigt sich dort schon das Vorwort, wie Holger Helbig erklärt, »von der Behandlung des Darstellungsproblems eingerahmt«.[157] So verweist Goethe hier eingangs erneut auf den Topos der »Natursprache« (FA 23/1, 13),[158] den er auch in den Texten zur Metamorphosenlehre verwendet, und erläutert zum Abschluss des Vorworts: »[W]ie ein gutes Theaterstück eigentlich kaum zur Hälfte zu Papier gebracht«, sondern erst in der Aufführung angemessen erfahren werden könne,

> so ist es noch viel mehr der Fall mit einem Buch, das von natürlichen Erscheinungen handelt. Wenn es genossen, wenn es benutzt werden soll, so muß dem Leser die Natur entweder wirklich oder in lebhafter Phantasie gegenwärtig sein. Denn eigentlich sollte der Schreibende sprechen, und seinen Zuhörern die Phänomene, teils wie sie uns ungesucht entgegenkommen, teils wie

157 H. Helbig: Naturgemäße Ordnung, S. 175. Zu Widmung und Vorwort der *Farbenlehre* siehe ebd., S. 142-179.

158 »Man schließe das Auge, man öffne, man schärfe das Ohr, und vom leisesten Hauch bis zum wildesten Geräusch, vom einfachsten Klang bis zur höchsten Zusammenstimmung, von dem heftigsten leidenschaftlichen Schrei bis zum sanftesten Worte der Vernunft ist es nur die Natur, die spricht, ihr Dasein, ihre Kraft, ihr Leben und ihre Verhältnisse offenbart [...]. So spricht die Natur [...] mit sich selbst und zu uns durch tausend Erscheinungen.« (FA 23/1, 12 f.).

> sie durch absichtliche Verrichtungen nach Zweck und Willen dargestellt werden können, als Text erst anschaulich machen; alsdann würde jedes Erklären, Erläutern, Auslegen einer lebendigen Wirkung nicht ermangeln. (FA 23/1, 18 f.)

Zwar verdeutlichen dieser Vergleich eines wissenschaftlichen Werks mit einem Theaterstück und die daraus abgeleitete Forderung nach einer Inszenierung der Naturerkenntnis zunächst vor allem die Zugehörigkeit der *Farbenlehre* zum experimentellen Paradigma der Naturlehre, doch schließt Goethe hier ähnlich wie in seinen Schriften zur Pflanzenmetamorphose, dass der schreibende Forscher die sprechende Natur eigentlich mündlich erläutern müsste,[159] ja dass er sie, wenn er denn schon schreibe, zumindest »als Text erst anschaulich machen« und »darstellen« müsste, um eine »lebendige Wirkung« zu erzielen. Allerdings, so fährt Goethe in der *Farbenlehre* fort, halte er »die Tafeln, die man dergleichen Schriften beizulegen pflegt«, nur für ein »höchst unzulängliches Surrogat« solch einer wissenschaftlichen Nachbildung der Natursprache. Schließlich würden die darauf abgebildeten »Figuren« meist keine individuellen, lebendigen Gestalten zeigen, sondern nur aus ihnen abgeleitete allgemeine »Begriffe« veranschaulichen. Da sie somit nur scheinbar ein unmittelbares Bild der Natur vermitteln, können sie bloß als »symbolische Hülfsmittel, hieroglyphische Überlieferungsweisen« gelten, denen jedoch eine besondere Verführungskraft eignet. Denn oft würden sie »sich nach und nach an die Stelle des Phänomens, an die Stelle der Natur setzen und die wahre Erkenntnis hindern, anstatt sie zu befördern«. Zwar fügt Goethe sogleich hinzu, dass er auf Tafeln »zum didaktischen und polemischen Gebrauch« nicht verzichten mag (FA 23/1, 19), doch bleiben diese problematisch. Insofern sie zur Verwechslung mit dem abgebildeten Phänomen einladen, verstellen sie die Naturerkenntnis eher, als dass sie sie eröffnen.

Ebenso wie Goethe sich hier in Anbetracht der Möglichkeiten wissenschaftlicher Abbildungen skeptisch zeigt, weil sie die Anschauung der Natur nur vermittelt präsentieren können, so äußert

159 Ähnlich hatte Goethe in der Widmung der *Farbenlehre* erklärt: »Wenn es bei einem mündlichen Vortrage möglich wird die Phänomene sogleich vor Augen zu bringen, manches in verschiedenen Rücksichten wiederkehrend darzustellen; so ist dieses freilich ein großer Vorteil, welchen das geschriebene, das gedruckte Blatt vermißt.« (FA 23/1, 11).

er sich in der *Farbenlehre* auch gegenüber der Wissenschaftssprache kritisch. Im Ausgang von der Feststellung, »daß eine Sprache eigentlich nur symbolisch, nur bildlich sei und die Gegenstände niemals unmittelbar, sondern nur im Widerscheine ausdrücke«, betont er deshalb in der ›Schlußbetrachtung über Sprache und Terminologie‹ die Notwendigkeit, »einen lebendigen Sinn in einen lebendigen Ausdruck« zu fassen (FA 23/1, 244 f.).[160] Dabei habe es sich, wie er hinzufügt, besonders zuletzt als schwierig erwiesen, »das Zeichen nicht an die Stelle der Sache zu setzen, das Wesen immer lebendig vor sich zu haben und es nicht durch das Wort zu töten«. So hätten Forscher den Zuwachs an Wissen, der die »neuern Zeiten« kennzeichnet, meist nur durch immer differenziertere und abstraktere Benennungen zu bewältigen gewusst – dadurch, dass sie Begriffe entlehnt und »aus allem Erkenn- und Wißbaren Ausdrücke und Terminologien« in ihre Gebiete »herübergenommen« hätten, um »Anschauungen der einfacheren Natur auszudrücken« (FA 23/1, 245).[161] Der Kluft zwischen Zeichen und Bezeichnetem, die dadurch beständig vertieft worden sei, empfiehlt Goethe nun auf doppelte Weise entgegenzuwirken. Zum einen erklärt er, dass die Differenz von ›Wort‹ und ›Sache‹ mithilfe eines reflektierten, »mannigfaltigen« Sprachgebrauchs offengelegt und dynamisiert werden solle: Nur »ein mäßiger anspruchsloser Gebrauch mit Überzeugung und Bewußtsein kann Vorteil bringen« (FA 23/1, 245). Zum anderen verlangt er, die Entfernung zwischen Zeichen und Bezeichneten dadurch zu vermindern,

> daß man die Sprache, wodurch man die Einzelheiten eines gewissen Kreises bezeichnen will, aus dem Kreise selbst nähme; die einfachste Erscheinung als Grundformel behandelte, und die mannigfaltigern von daher ableitete und entwickelte. (FA 23/1, 246)

160 Vgl. H. Helbig: Naturgemäße Ordnung, S. 300 f. und 436-484.

161 Die mit diesen Anleihen aus anderen Wissenschaftsgebieten bezeichnete Interdiskursivität, die sich aus systemtheoretischer Sicht erst mit der gegen Ende des 18. Jahrhunderts massiv einsetzenden Binnendifferenzierung des Wissenschaftssystems durchsetzen kann (vgl. Stichweh: Zur Entstehung des modernen Systems wissenschaftlicher Disziplinen, S. 39-62), ist nach Stefan Metzger charakteristisch für das »Paradigma der Konjektur«, das sich in diesem Zeitraum in dem um Integration bemühten »Organismusdiskurs« manifestiert (Metzger: Die Konjektur des Organismus, S. 17). Vgl. hier bes. S. 11-28 und 128-138.

Zwar scheint es nicht gleich überzeugend, dass Goethe die »Notwendigkeit und Schicklichkeit einer solchen Zeichensprache, wo das Grundzeichen die Erscheinung selbst ausdrückt«, letztlich erneut durch die »Formel der Polarität« bestätigt sieht und sie daher auch in das Gebiet der Farbenlehre einführt (FA 23/1, 246).[162] Worauf er damit zielt, ist dennoch klar. Ohne hinter die grundlegende Unterscheidung von Zeichen und Bezeichnetem zurückzugehen, doch auch ohne die Fremdheit von ›Wort‹ und ›Sache‹ als ihre Konsequenz zu akzeptieren, formuliert Goethe hier »die Utopie einer neuen Wissenschaftssprache«,[163] die dem ›gegenständlichen Denken‹ und auch der ›naturgemäßen Methode‹ entspricht, die er in der Erforschung der Pflanzenmetamorphose entwickelt hat: Er formuliert die Utopie einer »Behandlung und Symbolik«, die nicht abstrakt deduziert, sondern das Bezeichnungsverhältnis gleichsam individualisiert und »ihr Anschauen jederzeit mit sich führ[t]« (FA 23/1, 246).

Die damit ausgeführten Überlegungen zur wissenschaftlichen Sprache und ihrem Verhältnis zu Bildern vertieft Goethe in den letzten Heften *Zur Morphologie.* Vor allem in der Beschäftigung mit den naturgeschichtlichen Werken und Abbildungen von Eduard Joseph d'Alton und Carl Friedrich Philipp von Martius, zwei Naturforschern einer jüngeren, stärker romantisch geprägten Wissenschaftlergeneration, lotet er dort die Fähigkeiten und Grenzen von

162 Schon im Vorwort der *Farbenlehre* hatte Goethe die ›Polarität‹ als eine Grundbewegung eingeführt, die in allen Naturphänomenen wirke. Da die ›Formel der Polarität‹ deshalb nie aus einzelnen Bereichen der Naturforschung entlehnt und in andere übertragen werden muss, kann Goethe sie auch als Ausdruck einer »Natursprache« verstehen, als eine »Symbolik«, die der Forscher aus verschiedensten Phänomenen lesen und die er »als Gleichnis, als nahverwandten Ausdruck, als unmittelbar passendes Wort« auf sie »anwenden und benutzen« kann (FA 23/1, 13).

163 H. Helbig: Naturgemäße Ordnung, S. 301. Das in diese Utopie gefasste sprachliche Ideal lasse sich, so Helbig weiter, »als *konzeptuelle Annäherung* beschreiben. Das heißt zum einen, die Bezeichnung möglichst nah am Phänomen anzusiedeln […]. Zum anderen bedeutet es […] die Differenz zwischen Zeichen und Bezeichnetem immer präsent zu halten« (ebd.). In ähnlicher Weise hatte bereits Werner Keller erklärt, dass Goethe beabsichtigt habe, »das Bezeichnete dem Zeichen anzunähern und Sinn und Bild in der ursprünglichen Weise wieder zu vereinigen.« (Keller: Goethes dichterische Bildlichkeit, S. 116). Keller unterschlägt hierbei nur, dass die Rede von der vermeintlich ›ursprünglichen‹ Einheit von ›Sinn‹ und ›Bild‹ selbst wiederum zum festen Bestand der Wissensfiguren um 1800 gehört.

Text und Bild in zahlreichen eigenen und fremden Anzeigen und Besprechungen aus, in Texten also, die stets am Gegenständlichen und Konkreten orientiert sind, hinter der Fassade des Beiläufigen aber oft eine Arbeit an Größerem zu erkennen geben, an der Überprüfung und Erneuerung von zentralen Positionen der eigenen Wissenschaftsauffassung. Während die Texte zu Martius dabei schon aufgrund ihrer Anknüpfung an botanische und pflanzengeographische Fragestellungen interessant sind, werden die Beiträge zu d'Alton hier vor allem betrachtet, weil sie in ihrer Konzentration auf osteologische Fragestellungen auch die verschiedenen Anforderungen an Bilder verdeutlichen, die zoologisch oder botanisch geprägte Forschungsprogramme stellen.[164] So erweist sich für die Erforschung eines osteologischen Typus insbesondere die durch frei kombinierbare Bilderreihen ermöglichte Vergleichbarkeit als zentral; die Texte zu Martius dagegen zeigen, wie im Blick auf Pflanzengestalten erneut das Verhältnis von Text und Bild an Bedeutung gewinnt.

Auch wenn Goethe mit d'Alton bereits seit dessen Aufenthalt in Tiefurt von 1808 bis 1810 gut bekannt war, beginnt er sich 1822, in der im vierten Heft *Zur Morphologie* veröffentlichten Besprechung *Die Faultiere und die Dickhäutigen abgebildet, beschrieben und verglichen, von Dr. E. d'Alton,* noch einmal ausführlich mit den Forschungen des Anatomen und Kupferstechers zu befassen.[165] Dabei betont Goethe zunächst die Parallelen zur eigenen wissenschaftlichen Vorgehensweise, wenn er die von d'Alton 1821 gemeinsam mit dem Zoologen Christian Heinrich Pander veröffentlichten Hefte zum Riesenfaultier und zu den Dickhäutern, den ersten beiden Heften zu dem insgesamt zwölfteiligen Werk zur *Vergleichenden Osteologie,* als Ausdruck einer »tiefsten Betrachtung« deutet, »die sich durch proteische Wandelbarkeit der Formen [...] nicht einen Moment irre machen läßt«, und erklärt, dass »das Dargestellte« dort

164 Außerdem verdeutlicht dieser Dialog mit d'Alton, wie Goethe die biographische und inhaltliche Ordnung der ersten Hefte *Zur Morphologie* in den späteren Heften durch ein multiperspektivisches Prinzip des ›Kollektiven‹ ersetzt. Vgl. Azzouni: Kunst als praktische Wissenschaft, S. 33-41.

165 Vgl. auch den Brief vom 7. Januar 1822, in dem Goethe sich bei d'Alton für die Zusendung seiner Arbeiten bedankt und ankündigt, »in dem nächsten morphologischen Heft ihrer dankbar und umständlich [zu] erwähnen« (FA 36, 232).

»aus der Idee« fließe und »Erfahrungsbelege« für das gebe, »was wir mit dem höchsten Begriff kaum zu erfassen getrauen« (FA 24, 545). Zudem lobt Goethe die Vorteile der »sinnigen Nebeneinanderstellung der Bildungen«, die die Abbildungen in d'Altons und Panders Heften eröffnen. Damit bezieht er sich auf den Umstand, dass die Abbildungen hier auf ungeheftete Einzelblätter und dadurch in eine veränderbare Ordnung gebracht wurden. Die Betrachter konnten sie somit nach Belieben nebeneinander legen, um vermittels eines vergleichenden Sehens aus der unmittelbaren Anschauung heraus auf einen »allgemeinen Typus« zu schließen, ohne dabei »die ewige Mobilität aller Formen in der Erscheinung« aus den Augen verlieren zu müssen (FA 24, 546).[166] Was es heißt, anschaulich und ›gegenständlich‹ zu denken, hat Goethe selten so deutlich bestimmt und auf seine medialen Bedingungen zurückgeführt.

Mit der von Abbildungsreihen eröffneten Vergleichbarkeit, die den Betrachtern die kontinuierliche Steigerung der Anschauung von der einzelnen Erscheinung zur allgemeinen Idee ermöglicht, beschäftigen sich weitere Texte in den morphologischen Heften. D'Altons Aufsatz *Über die Anforderungen an naturhistorische Abbildungen im allgemeinen und an osteologische insbesondere,* den Goethe 1823 im ersten Heft des zweiten Bandes *Zur Morphologie* publiziert, erörtert die Möglichkeit des Vergleichs zunächst im Blick auf das Verhältnis von Text und Bild. Dabei erklärt d'Alton zunächst, dass nur Bilder es erlauben, »bestimmte[] Formen mit einander zu vergleichen« und ein Wissen von ihren Übereinstimmungen und Differenzen zu gewinnen. Begründet liege das darin, dass die »wörtliche Darstellung« sich »auf die Ansichten und den Gesichtspunkt des Beobachters« beschränken müsse. Bilder dagegen könnten »die Stelle der Natur selbst« vertreten (LA I/9, 311): Sie seien imstande, die Perspektive des Beobachters zu verlassen, natürliche Formen unverfälscht wiederzugeben und damit eine Naturbetrachtung gleichsam mit eigenen Augen zu ermöglichen, so bemerkt d'Alton unter Ausblendung des Umstands, dass auch Zeichnungen immer von einem bestimmten Gesichtspunkt aus erstellt werden müssen und nur scheinbar ›natürlicher‹ sind als Texte. Allerdings würde nicht jede Abbildung es dem Naturforscher erlauben, ein neues Wissen von der Natur zu erlangen. Hierfür sei eine »getreue Abbildung«

166 Zur Kulturtechnik des vergleichenden Sehens siehe Bader, Gaier, Wolf (Hrsg.): Vergleichendes Sehen.

nötig, die – um »die Stelle der Natur selbst vertreten« zu können – »ihre Gültigkeit durch Naturwahrheit, das ist, durch Merkmale bezeichne[t], die ihre Beglaubigung in sich tragen« (LA I/9, 311).[167] Zur »Beglaubigung« dieser »Gültigkeit«, so heißt es bei d'Alton weiter, sei vor allem wichtig, dass die »getreue Abbildung« die »räumlichen Verhältnisse der Körper« wahre und die »übereinstimmende Wirkung der Beleuchtung und der Linien- und Luftperspektive« berücksichtige, die »das charakteristische Merkmal der Vollkommenheit aller naturhistorischer Abbildungen« bilde: »Es kann daher eine Verschiedenheit der artistischen Darstellung von der wissenschaftlichen nicht angenommen werden« (LA I/9, 312). Mit diesen Bestimmungen durchkreuzt d'Alton die Unterscheidung von Kunst und Wissenschaft in auffälliger Weise. Indem er erklärt, dass naturgeschichtliche Abbildungen ihre »Gültigkeit« nur durch eine ›artistisch‹ erzeugte »Vollkommenheit« behaupten können, bestimmt er ihre »Naturwahrheit« vor allem als eine ›ästhetische Wahrheit‹, die sich – ganz ähnlich wie die ›Schönheit‹ in der Kunst – weniger durch eine Imitation des Stoffes der Natur ausweist als vielmehr durch eine Nachbildung ihrer Form, die Nachbildung natürlicher »Vollkommenheit«.[168]

Diese der Ausdifferenzierung der Künste und Wissenschaften entgegenstehenden Bestimmungen nimmt Goethe in seiner anschließenden Besprechung *Die Raubtiere und Wiederkäuer abgebildet, beschrieben und verglichen von E. d'Alton* noch einmal auf,[169] bevor er die gemeinsame Auseinandersetzung mit naturgeschichtlichen Abbildungen 1824 im letzten Heft *Zur Morphologie* beendet. Fordert d'Alton in einem Beitrag zu Pferdeabbildungen dort erneut, dass diese mit »genaueste[r] Kenntnis des inneren Baues dieser Tiere« und »mit technischer Fertigkeit« erstellt werden sollen, wofür die Gesetze der Perspektive ebenso wie das »Spiel von Licht und

167 Zur ›epistemischen Tugend‹ der ›Naturwahrheit‹, mit der d'Alton sich noch in Kontinuität zum 18. Jahrhundert befindet, siehe Daston, Galison: Objektivität, S. 59-119.

168 Zu dieser Übereinkunft von Wissenschaft und Kunst, Wahrheit und Schönheit vgl. erneut Daston, Galison: Objektivität, S. 73-88.

169 An den im Titel der Besprechung genannten Heften aus d'Altons und Panders *Vergleichender Osteologie* hebt Goethe hier hervor, dass der »Künstler« sich in den beigegebenen Tafeln »an die Stelle der Natur und, was in diesem Falle noch mehr ist, an die Stelle der Museen« gesetzt und dadurch eine »Arbeit« geschaffen habe, die »[t]ief eingreifend in Kunst und Wissenschaft [...] fortwirken« werde (FA 24, 602).

Schatten« zu beachten seien (LA I/9, 370),[170] so blickt Goethe in der Besprechung *Die Skelette der Nagetiere, abgebildet und verglichen von d'Alton* vor allem auf die eigenen osteologischen Studien zurück. In deren Verlauf habe die »Versatilität« der lebendigen Natur, ihr »Schwanken von Form zu Unform, von Unform zu Form« ihn oft »in eine Art von Wahnsinn versetzt« (FA 24, 633),[171] in einen »sinneverwirrenden Zustand[]«, aus dem ihn erst d'Altons Tafeln befreit hätten. Denn während er selbst immer nur »Gerippe im ganzen oder einzelnen zu vergleichen« gesucht habe, hätten die frei kombinierbaren Abbildungsreihen ihm ein freies Vergleichen, eine Schulung von Anschauung und Urteil gestattet:

> Jetzo hängt es von uns ab, so große Reihen als wir nur wünschen vor uns zu legen, das Gemeinsame, wie das Widersprechende nebeneinander zu betrachten und so die Fähigkeit unseres Anschauens, die Fertigkeit unserer Kombinationen und Urteile mit Gemächlichkeit und Ruhe zu prüfen, auch insofern es dem Menschen gegeben ist, uns mit der Natur wie mit uns selbst mehr und mehr in Einklang zu setzen. (FA 24, 636)

Trotz aller Gemeinsamkeiten verdeutlicht der Schlusspunkt dieser Passage aber auch, was Goethe von d'Alton unterscheidet. Vor dem Hintergrund einer ähnlichen aufs Ganze zielenden Naturanschauung würdigt er zwar die Vergleichsmöglichkeiten, die die osteologischen Tafeln des jüngeren Freundes bieten, doch bleibt er dabei nicht stehen. Vielmehr bezieht er den Aspekt des Vergleichs sofort wieder auf eines der Grundprobleme seiner Lebenskunst und Naturforschung, die Sehnsucht nach einer Harmonie des Menschen mit

170 Wie sehr die ›Vollkommenheit‹ dieser ›naturtreuen‹ Abbildungen von ihrer ästhetischen ›Wirkung‹ abhängt, zeigt sich im Fortgang dieses Texts. Zwar lobt d'Alton die *Abbildungen der Königl. Württembergischen Gestüts-Pferde orientalischer Rasse* von Rudolf Kuntz zunächst, weil der Zeichner die Pferde hier vor den »Gegenden jenes südlichen, ewig heiteren Himmels darstellt und dadurch den nationalen Charakter dieser Rassen noch anschaulicher macht und motiviert«, doch fügt er hinzu: »Es wäre freilich zu wünschen gewesen, der Künstler hätte hierin bisweilen weniger Treue gezeigt, und an den meisten Pferden einen dunklen bewölkten Himmel angebracht, wodurch die Wirkung des *Gumusch-Bournon,* einer der schönsten Pferde dieser ersten Lieferung desto vollkommener geworden wäre.« (LA I/9, 372).

171 Vgl. die bereits diskutierte analoge Formulierung in Goethe: Bedenken und Ergebung, FA 24, 449.

sich und der Natur. Goethes Hoffnung, die Abgründe zwischen Natur und Mensch, Einzelnem und Allgemeinem, Erfahrung und Idee im vergleichenden Sehen überbrücken zu können, offenbart daher auch, dass er sich, wie Safia Azzouni bemerkt, »mit der bildlichen Darstellung des jeweiligen Vergleichsgegenstandes nicht begnügen« wollte.[172]

Dass Goethe wissenschaftliche Abbildungen also schätzte, im Blick auf eine Einheit von Mensch und Natur aber trotzdem bestrebt war, über sie hinauszugehen, zeigt auch sein Studium der Publikationen des Münchner Botanikers Carl Friedrich Philipp von Martius; wie nun anhand zweier Texte, der Besprechungen *Genera et species palmarum, von Dr. C. F. von Martius* und *Über Martius Palmenwerk* ausgeführt werden soll, nutzte Goethe diese Beschäftigung vor allem, um die Möglichkeiten naturgeschichtlicher Tafeln in ihrem Verhältnis zum Text zu erkunden. Geprägt durch Alexander von Humboldts Schriften zur Pflanzengeographie und Pflanzenphysiognomik, in denen die Gesamtgestalt von Vegetationen im Verhältnis zu ihrem klimatischen und geographischen Kontext betrachtet wird,[173] hatte Martius von 1817 bis 1820 mit dem Zoologen Johann Baptist von Spix Brasilien bereist und dort besonders die Palmen erforscht. Bekannt wurde er danach vor allem durch seine Reisebeschreibung, die *Reise in Brasilien,* die er von 1823 bis 1831 gemeinsam mit Spix publizierte, sowie durch seine *Historia naturalis palmarum,* ein dreibändiges und mit 235 Tafeln reich ausgestattetes Werk, das von 1823 bis 1850 erschien.[174] Nachdem er am 23. Oktober 1823 über Christian Gottfried Daniel Nees von Esenbeck Kontakt zu Goethe aufgenommen und ihm die erste Lieferung der *Historia naturalis palmarum* zusammen mit einem Manuskript über *Einiges von den Palmen, naturgeschichtlich und morphologisch* ge-

172 Azzouni: Kunst als praktische Wissenschaft, S. 32.

173 Siehe hier auch Martius: Denkrede auf Alexander von Humboldt.

174 Goethes Kontakt zu Martius fällt in die Zeit einer großen Brasilienbegeisterung, die durch jene vom österreichischen Hof organisierte Expedition verstärkt wurde, die Spix und Martius nach Brasilien brachte. Als ein Zentrum dieser Begeisterung etablierte sich Weimar – auch aufgrund der Verlagstätigkeit Bertuchs, der zahlreiche brasilianische Reise- und Forschungsberichte publizierte. Zu Martius' Reise siehe J. Helbig (Hrsg.): Brasilianische Reise 1817-1820; sowie Horch, Fauser Werle, Magenschab (Hrsg.): 200 Jahre Carl Friedrich Philipp von Martius. Zu Goethe und Martius siehe Schneider: Goethes Reise nach Brasilien; Mazzari: Brasilien-Reisende in Goethes Rezeption.

schickt hatte,[175] dankte dieser ihm am 3. Dezember für »dies schöne gründlich-lebendige Heft« und bemerkte:

> Nun haben Sie aber das Eigentliche an Ort und Stelle tief empfunden und uns in den Stand gesetzt, auf's Feinste nachzufühlen, was die Natur uns zusagt, und wie, ohne Phantasie und Leidenschaft, durch ein wahrhaftes Anschauen hier ein Höchstes entdeckt und zur Kenntnis gebracht wird. (FA 37, 124)

Diese Einschätzung, dass Martius in einem »wahrhaften«, durch »Phantasie und Leidenschaft« ungetrübten »Anschauen« der Natur ein »Höchstes« entdeckt und vermittelt habe, präzisiert Goethe 1824 in der das letzte Heft *Zur Morphologie* beschließenden Besprechung *Genera et species palmarum, von Dr. C. F. von Martius.* Hierfür lobt er die großformatigen und aufwendig erstellten Tafeln des Palmenwerks, die meist nach Vorlagen von Martius angefertigt wurden und entweder »botanisch genaue Detailzeichnungen« oder »Darstellungen von Palmen in ihrer natürlichen Pflanzengesellschaft und der typischen Landschaft« präsentieren.[176] So würden diese Tafeln »Palmenbäume verschiedener Art im ganzen mit Stamm und Ästen dar[stellen]«, zugleich »Ansichten der Gegenden« präsentieren, »wo jene Palmenarten in Brasilien vorzüglich zu gedeihen pflegen«, und auch über »reiche Vordergründe« verfügen, die »den Beschauer mit andern Pflanzen und der höchst üppigen Vegetation des Landes bekannter« machen (FA 24, 638). Allerdings, so fügt Goethe hinzu, seien die Tafeln nicht nur aus Sicht des Naturforschers, sondern auch »aus dem Gesichtspunkte der Kunst« bemerkenswert, sei auch »der malerische Sinn und Geschmack« auffällig, »womit Herr von *Martius* die Gegenstände zum landschaftlichen Ganzen geordnet« (FA 24, 639).[177]

175 Im Brief vom 5. November 1823 an Christoph Ludwig Friedrich Schultz befand Goethe das Manuskript sogleich für »höchst liebenswürdig« (WA IV/37, 267). Vorbereitet wurde der Kontakt zu Goethe auch durch die von Nees von Esenbeck unter Beihilfe von Martius vorgenommene Benennung zweier Malvenarten als *Goethea cauliflora* und *Goethea semperflorens*; Maximilian zu Wied-Neuwied hatte diese Malven 1817 aus Brasilien mitgebracht. Vgl. Goethes Brief an Nees von Esenbeck vom 24. April 1823, FA 37, 34 f.; und Schneider: Goethes Reise nach Brasilien, S. 134-137.

176 J. Helbig (Hrsg.): Brasilianische Reise 1817-1820, S. 175.

177 Martius erstellte die Vorlagen seiner Tafeln nicht nur anhand eigener Zeichnungen, sondern griff hierfür auch auf Gemälde bekannter Künst-

Ähnlich begeistert äußert Goethe sich über Martius' Texte, die er im Anschluss an die Diskussion der Bilder vorstellt und mit ihnen vergleicht. So empfiehlt er seinen Lesern den ersten Band der *Reise in Brasilien,* weil dieser »vielfach willkommene Lokalansichten« und »die mannigfaltigsten Kenntnisse einzelner Vorkommenheiten« enthalte, das Wissen von der Natur zudem aber durch »ein reines, warmes Mitgefühl an der Natur-Erhabenheit« ergänze und deshalb eine besonders »bewegte Darstellung« vorstelle (FA 24, 640). Diese »bewegte Darstellung« der *Reise in Brasilien* profiliert Goethe auch gegenüber Texten, die mit einer festen, wissenschaftlichen Begrifflichkeit arbeiten. Hierzu erwähnt er zunächst *Die Physiognomie des Pflanzenreiches in Brasilien,* eine stark an Humboldt orientierte Rede, die Martius am 14. Februar 1824 in der Bayerischen Akademie der Wissenschaften in München vorgetragen hatte.[178] An dieser Rede hebt Goethe hervor, dass sie »das Besondere« im Bezug »auf die klimatischen, die lokalen Bedingungen« herausarbeite, die Leser dabei aber »in eine solche Fülle« versetze, »daß nur der vollendete Botaniker sich die einer sprachgewandten Benennungsweise unterliegenden Gestalten heranzurufen imstande ist« (FA 24, 640). Diese Kritik profiliert Goethe sodann im Vergleich mit den Tafeln der *Historia naturalis palmarum.* Während die Rede, so erklärt er, »das Palmengeschlecht in seinen seltensten Arten gelehrten Kennern reichlich« vergegenwärtige und sich »einer ausgearbeiteten Kunstsprache« bediene, sei mit den Bildern des Palmenwerks dagegen »für jeden Naturfreund gesorgt« (FA 24, 640). Geschmackvoll würden sie ein Wissen präsentieren, dass vom breiten Publikum überblickt werden könne – »und so empfinden wir uns«, heißt es am Ende der Besprechung, »den Kreis obgedachter Druckschriften durchlaufend, in einem so weit entlegenen Weltteile durchaus als anwesend und einheimisch« (FA 24, 641).

ler zurück. Darunter befanden sich auch Werke des holländischen Malers Frans Post, der von 1637 bis 1644 im Gefolge Moritz' von Nassau in Brasilien war und der als »der erste Maler« gilt, »der besonders hinsichtlich der topographischen Genauigkeit authentische brasilianische Landschaften malte« (Rojas-Mix: Die Bedeutung Alexander von Humboldts, S. 100). Vgl. auch das Lob von Humboldt im *Kosmos,* K II, 85; und J. Helbig (Hrsg.): Brasilianische Reise 1817-1820, S. 35-37 und 175.

178 Vgl. Martius: Die Physiognomie des Pflanzenreiches in Brasilien. Humboldt nennt die Rede dann auch in einer Anmerkung des *Kosmos* und führt sie dort gerade im Anschluss an seine *Ideen zu einer Physiognomik der Gewächse* auf. Vgl. K II, 132.

Diese Ausführungen aus der Besprechung von 1824 vertieft Goethe in dem zur gleichen Zeit verfassten, doch erst aus dem Nachlass publizierten kurzen Text *Über Martius Palmenwerk.* Hierfür perspektiviert er sie zunächst vor dem Hintergrund einer kleinen Mediengeschichte der Naturforschung, die noch einmal die grundlegende Bedeutung seiner Überlegungen zum Verhältnis von Text und Bild belegt. »Gedenken wir gegenwärtig der ältesten Zeiten«, so bemerkt er hier,

> wo die Naturkunde von Bildern angefangen, durch Bilder ohne Schrift und als Schrift mitgeteilt und religios fortgepflanzt worden; wie denn die ägyptischen Hieroglyphen in ihren Hauptelementen dorthin gerichtet sind; so muß uns bei Vergleichen der neusten Zeit [auffallen] daß um sich zu vollenden die Wissenschaft wieder zu Bildern zurückkehren müsse. (FA 24, 655)

Mit dieser Forderung nach einer ›Rückkehr zu Bildern‹, die in ihren Bezügen auf die Hieroglyphen sowie auf ein triadisches Geschichtsschema »romantischen Gedankengängen seltsam nah verwandt« zu sein scheint,[179] wendet Goethe sich gegen eine Naturforschung, die die Natur immer stärker »in geistigen Besitz« genommen habe, eine Naturforschung, so führt er aus, die die ihr »entgegentretenden Einzelnheiten« anfangs nur »oberflächlich und trivial« benannt habe, die sie bei »wachsender Kenntnis« bald »genauer zu benamsen« suchte, die dann »zu flüchtigen Halb-Beschreibungen« übergegangen sei, »welche bei gereinigter ins Einzelne führender Nomenklatur, sich immer mehr und umständlicher verzweigten«, bis sie endlich »alle bildliche Darstellung zu entbehren zur Pflicht« machte (FA 24, 655). Auch wenn dieser Prozess der Verwissenschaftlichung des Umgang mit der Natur und damit auch der fortschreitenden Abstrahierung von der Natur es überhaupt erst ermöglicht habe, dass »die Erfahrung sich ausbreitet, das Wissen wächst, die Wissenschaft vollkommner also auch lebendiger wird« (FA 24, 656), so sei er gleichzeitig, wie Goethe kritisiert, mit einer Abschließung von Erfahrung, Wissen und Wissenschaft verbunden gewesen. Nur »eine höchst ausgearbeitet-bewegliche, mit einem besondern Sprachgebrauch innigst vertraute Einbildungskraft« sei deshalb noch fähig, die ausdifferenzierte Sprache der zeitgenössischen Wissenschaften auf die von ihnen bezeichneten Naturphänomene zurückzuführen

179 Keller: Goethes dichterische Bildlichkeit, S. 41, Anm.

und sich diese zu »vergegenwärtigen« (FA 24, 655 f.). Dem bloßen »Freund und Verehrer der Naturwissenschaften« sei das nicht mehr möglich, er würde »nach und nach sich aus dem schönen Felde« der Naturforschung »verdrängt« sehen (FA 24, 656).

Mit diesen Ausführungen über den allmählichen Ausschluss bildlicher Darstellungen aus den sich ausdifferenzierenden Wissenschaften begibt Goethe sich erneut in einen ›Widerstreit‹ zu Linné. Hatte dieser die Verwendung von Bildern in der Botanik zunächst abgelehnt und behauptet, dass diese allenfalls ›Laien‹ imponieren mögen,[180] argumentiert Goethe umgekehrt. Ihm geht es nicht länger um die wissenschaftliche Etablierung der Naturforschung als um ihre Vereinfachung, die Aufhebung einer als allzu abstrakt empfundenen Spezialisierung. Dabei unterscheidet er sich insofern nicht von Linné, als auch er im Bild das zugänglichere Medium gegenüber der wissenschaftlichen Benennung und Beschreibung sieht. Doch spricht er ihm einen anderen epistemischen Status zu. Wo Linné das Bild zurückgewiesen hatte, obwohl es ›Laien‹ beeindrucken könne, glaubt Goethe, dass es die erlangte Fülle wissenschaftlicher Naturkenntnis »auch außer dem Kreise der Meister und Erwählten in vollkommener Klarheit mitzuteilen« vermöge. In dem Text *Über Martius Palmenwerk* hofft er daher, dass »zuletzt ein Bild, nicht ein symbolisches, womit man sich anfänglich begnügte, sondern ein leibhaftes überliefert werde das als Komplement im Zusammenfassen der kunstgerechten Beschreibung gelten möge.« (FA 24, 656)

Wenn Goethe hier ein ›leibhaftes‹ anstelle eines zunächst verwendeten ›symbolischen Bildes‹ fordert, dann skizziert er damit erneut einen durch die Verfahren des Unterscheidens und Vereinens charakterisierten Dreischritt, der nicht zu seinem Anfang zurückkehrt, sondern diesen auf gleichsam höherer Ebene wiederaufnimmt. Doch obwohl diese Bewegung bereits das Schema zum dilettantischen Zeichnen strukturierte, überschreitet Goethe mit dem Begriff des ›leibhaften Bildes‹ den Rahmen der bislang entfalteten Bildtheorie. Hatte er im Vorwort der *Farbenlehre* noch erklärt, dass Bilder als ›symbolische Hülfsmittel‹ die Natur zu verstellen drohen, insofern

180 »*Icones* […] pro determinandis generibus non commendo, sed absolute rejicio, fatear has idiotis aliquid imponere.« (Linné: Genera plantarum, § 13, S. vii). Zur Einordnung dieser einleitend bereits besprochenen Passage vgl. erneut Müller-Wille: Text, Bild und Diagramm in der klassischen Naturgeschichte.

sie dazu tendieren, ihre Transparenz allmählich einzubüßen und sich verallgemeinernd an die Stelle der von ihnen bezeichneten Einzelphänomene zu setzen, so scheinen die ›leibhaften Bilder‹ der *Historia naturalis palmarum* dieser Gefährdung nicht zu unterliegen: Obgleich sie ihren Gegenstand in einer gewissen Hinsicht verallgemeinern und in seine Umwelt einordnen, bewahren sie ihn doch gleichzeitig in seiner individuellen Präsenz, in seiner individuellen ›Lebhaftigkeit‹ und ›Leibhaftigkeit‹. Wie Goethe mittels zentraler Begriffe seiner Kunsttheorie erklärt, habe Martius immer »zuerst das Einzelne« beachtet und es sodann »mit charakteristischen Linienzügen« in Bezug auf ein Allgemeines hin »bedeutsam wiedergegeben« und »durch Beschattung verkörpert« (FA 24, 656),[181] und zwar in solch einer Weise, dass »aus dem wahrhaftesten Detail das schönste Kunstganze sich entfaltet und wir nun schon an die ästhetische Wirkung und also ganz nah zur sittlichen herangefördert sind« (FA 24, 657).

Doch auch wenn Goethe in Martius' ›leibhaften Bildern‹ das Wissen der modernen Naturforschung in einem »schönsten Kunstganzen« aufgehoben und allgemeinverständlich entfaltet sieht – ein Wissen von der Körperlichkeit und Lebendigkeit ihrer Gegenstände sowie von ihrem Zusammenhang mit dem Naturganzen –, markiert er an dieser Stelle auch die Grenze ihrer Möglichkeiten. Deutlich wird diese Grenze, wenn er am Schluss von *Über Martius Palmenwerk* noch auf das bereits erwähnte Manuskript *Einiges von den Palmen, naturgeschichtlich und morphologisch* zu sprechen kommt, das Martius ihm 1823 gemeinsam mit der ersten Lieferung der *Historia naturalis palmarum* geschickt hatte. Diesen Aufsatz, in dem Martius »zum Worte zurückkehrt« und »der allem vorher Geleisteten die Krone reicht« (FA 24, 657), lobt Goethe nun nicht nur, weil er ihn in der »anmutigsten Gesellschaft« der Palmenwelt beheimatet und ihm »zu dem ganzen Pflanzenreiche eine erhöhte Annäherung und Vorahnung« vermittelt habe (FA 24, 657). Viel mehr noch betont er, dass die ›sittliche Wirkung‹, die in den Tafeln der

181 Goethe argumentiert hier im Einklang mit d'Alton, der – wie bereits gesehen – die Einzeichnung von Schatten in naturgeschichtlichen Abbildungen zur Wiedergabe der »Attribute der Körper« und zur »Beglaubigung« der »Naturwahrheit« gefordert hatte (LA I/9, 311). Klassische Botaniker dagegen lehnten die Schattierung in Abbildungen meist ab. Vgl. etwa Adanson: Familles des plantes, Bd. 1, S. clxxxv.

Historia naturalis palmarum schon »ganz nah« spürbar geworden sei, in diesem Aufsatz nun vollständig entfaltet werde:

> Hier gewahren wir eine dem Menschen geziemend angehörige Teilnahme, eine durchdringend redliche Liebe und wenn uns die bildliche Darstellung bis zu den hohen Kunstgefühlen heranhob so werden wir hier noch zuletzt abermals durch das Wort in Geist und Seele vollendet und im Komplex der Menschheit abschließend erquickt sein. (FA 24, 658)

Noch stärker als in den ›leibhaften Bildern‹, die das Wissen der modernen Naturforschung im ›schönsten Kunstganzen‹ präsentieren, sieht Goethe es also in *Einiges von den Palmen* gelungen, dass die Leser sich im »Komplex der Menschheit abschließend erquickt« fühlen. So scheint Martius' Aufsatz nicht nur ein Wissen von der tropischen Natur zu vermitteln, sondern auch ein ganz bestimmtes Bild dieser Natur zu erwecken, das Bild einer Natur, die der »redlichen Liebe« des Menschen würdig ist und insofern als eine ›menschliche Natur‹ erscheint.[182] Damit differenziert Goethe die Möglichkeiten von Text und Bild hier ähnlich wie schon in der Auseinandersetzung mit d'Alton: Auch wenn Bilder es vermögen, das in den ›kunstgerechten‹ Beschreibungen und Benennungen aufbewahrte Wissen einem breiten Publikum in äußerst konkreter Weise zu veranschaulichen, scheint der Einbezug des Menschen in die Natur sowie des Menschlichen in die Naturforschung doch besser von beweglichen Textformen geleistet werden zu können.

Diese Überlegungen zu den Möglichkeiten von Text und Bild in der Naturforschung bündelt Goethe 1828 in einer in Dornburg verfassten Skizze mit dem Titel *Ästhetische Pflanzen Ansicht.* In der Absicht, so heißt es im Tagebuch zum 8. September desselben Jahres, »[ä]sthetische Betrachtungen der Blumen im Gegensatz von

182 Hierin knüpft Goethe an eine ganz bestimmte Deutung der tropischen Natur durch Martius an. Denn während dieser dem »feindseligen Chaos« der tropischen Urwälder meist nur mit Argwohn begegnete – sogar die »sittsame Natur des Pflanzenreiches« würde sich in dieser wilden Natur oft »in einem unruhigen Drange nach sonderbaren grotesken Gestaltungen gefallen« –, sieht er in den brasilianischen Fluren oft jene gleichsam klassische Natur verwirklicht, die Goethe hier allein fasziniert: eine als ›angenehm‹, ›leicht‹ und ›heiter‹ erscheinende Natur, die durch eine »Vegetation majestätischer Palmen« gekennzeichnet ist, »deren Schafte sich zu den herrlichsten Säulengängen und Naturtempeln vereinigen« (Martius: Die Physiognomie des Pflanzenreiches in Brasilien, S. 295).

dem Wissenschaftlichen« (FA 24, 1169) zu entwickeln, verknüpft Goethe hier erneut autobiographische und kunsthistorische Überlegungen mit Stichpunkten zur Mediengeschichte der Botanik. Nach der Erwähnung seines frühen Interesses an der Blumenmalerei, die ihren »höchste[n] Punkt in den Niederlanden« bei »Huysum Rachel Ruysch«, bei Jan van Huysum und Rachel Ruysch, erreicht habe, verweist er deshalb auf die Rolle der »[b]lumistische[n] Gärtner«, die im Interesse für »die Schönheit der Kronen ihre regelmäßige Zeichnung Glanz und Fülle« dem »Künstler vorgearbeitet« und ihm »einen würdigen Gegenstand verschafft« haben. Im Anschluss an diese Vereinigung von gärtnerischem und künstlerischem Bestreben wendet Goethe sich dem »Fortschreiten der beschreibenden Botanik« zu, »welche die Abbildungen unnütz zu machen sucht«. Zwar ergänzt er, dass diese »zuletzt nicht abzulehnen« gewesen seien, da sie »höchst bequem zu schneller Überlieferung des Komplexes sowohl als der Einzelheiten eines organischen Körpers« sind, doch betont er schließlich, dass Abbildungen sich nicht nur zur schnellen Überlieferung organischer Körper, sondern gerade auch zur Vermittlung »des zuletzt aus Wort und Bild zusammentretenden lebendigen Begriffs« eignen würden (FA 24, 688).

Gleich mehrfach knüpft Goethe hiermit an bekannte Überlegungen an. War er bereits während der *Italienischen Reise* in der an Spinozas *scientia intuitiva* orientierten ›Anschauung‹ zum ›lebendigen Begriff‹ von Kunst und Natur gelangt, so sind vor allem die Parallelen zu *Einfache Nachahmung der Natur, Manier, Styl* offenkundig, auch wenn die im Titel des Aufsatzes benannte Begriffstrias in *Ästhetische Pflanzen Ansicht* nun eindeutig historisch interpretiert wird. So hatte Goethe bereits in *Einfache Nachahmung der Natur, Manier, Styl* auf die »pelzige[n] Pfirsiche, die bestaubte Pflaume, den glatten Apfel, die glänzende Kirsche, die blendende Rose, die mannigfaltigen Nelken, die bunten Tulpen« verwiesen und damit an die »Wunderwerke eines *Huysums,* einer *Rahel Ruysch*« erinnert (FA 18, 228), um die ›einfache Nachahmung der Natur‹ zu erläutern.[183] Zudem hatte er den Übergang zum ›Stil‹ hier über die

183 In einer der *Maximen und Reflexionen* nimmt Goethe Huysum erneut als Beispiel: »Was hat ein Maler zu studiren bis er eine Pfirsiche sehen kann wie Huysum und sollen wir nicht versuchen ob es möglich sey den Menschen zu sehen wie ihn ein Grieche gesehen hat.« (FA 13, 392). Mit den gleichen Bildern hatte 1798 auch Wilhelm von Humboldt »die

Kenntnis der Pflanzenmetamorphose erklärt. Erst wenn der nachahmende »Künstler«, so bemerkte Goethe, »zu seinem Talente noch ein unterrichteter Botaniker« sei, könne er die Betrachter »durch eine richtige Darstellung der Eigenschaften zugleich in Verwunderung setzen und belehren«; erst dann könne gesagt werden, »er habe sich einen *Styl* gebildet« (FA 18, 228). Im Gegensatz dazu erschien die ›Manier‹ hier als Abweg: »[G]ar bald«, warnte Goethe, würde der Künstler »in die Manier übergehen«, wenn er es mit der botanischen Kenntnis und der »richtige[n] Darstellung der Eigenschaften« seiner Gegenstände »nicht gar so genau nähme, wenn er nur das auffallende, blendende leicht auszudrücken beflissen wäre« (FA 18, 228 f.).

Auch wenn diese Überlegungen für eine vielleicht nicht bruchlose, aber zumindest über vier Jahrzehnte andauernde Kontinuität von Goethes Überlegungen zu Kunst und Natur sprechen – die Frage, ob das in der ›Anschauung‹ erlangte Wissen besser als Sprache, Text oder Zeichnung, als Begriff oder Bild präsentiert werden kann, helfen sie kaum zu beantworten. Doch lag eine solche Entscheidung über den Vorzug einzelner Medien auch nicht in Goethes Absicht. Obgleich er seine Naturforschungen letztlich meist in Texte fasste, hat den vermeintlich »Unschreibseligen« (FA 24, 425) doch vor allem interessiert, wie Text und Bild sich wechselseitig zu steigern vermögen, wie sie zu einer Annäherung von Zeichen und Bezeichnetem beitragen und die Kosten der fortschreitenden Ausdifferenzierung der Künste und Wissenschaften auffangen können. Dass ihm in der ›Darstellung‹, der Nachbildung der natürlichen Ordnung, insofern jedes Mittel recht war, zeigte sich schon im *Glücklichen Ereignis,* als er Schiller »die Metamorphose der Pflanzen lebhaft« vortrug und zugleich, »mit manchen charakteristischen Federstrichen, eine symbolische Pflanze vor seinen Augen entstehen« ließ (FA 24, 437). Noch eindrücklicher fasst Goethe das Zusammenspiel von »bildlichen Darstellungen« und »wörtlichen Beschreibungen«, wenn er 1820 im zweiten Heft *Zur Morphologie* bemerkt: »Wort und Bild wetteifern unablässig Naturgeschichte näher zu bestimmen und weiter zu verbreiten.« (FA 24, 490)

blosse Nachahmung der Natur« beschrieben. Vgl. W. v. Humboldt: Ueber Göthes Hermann und Dorothea, in: Werke, Bd. 2, S. 142.

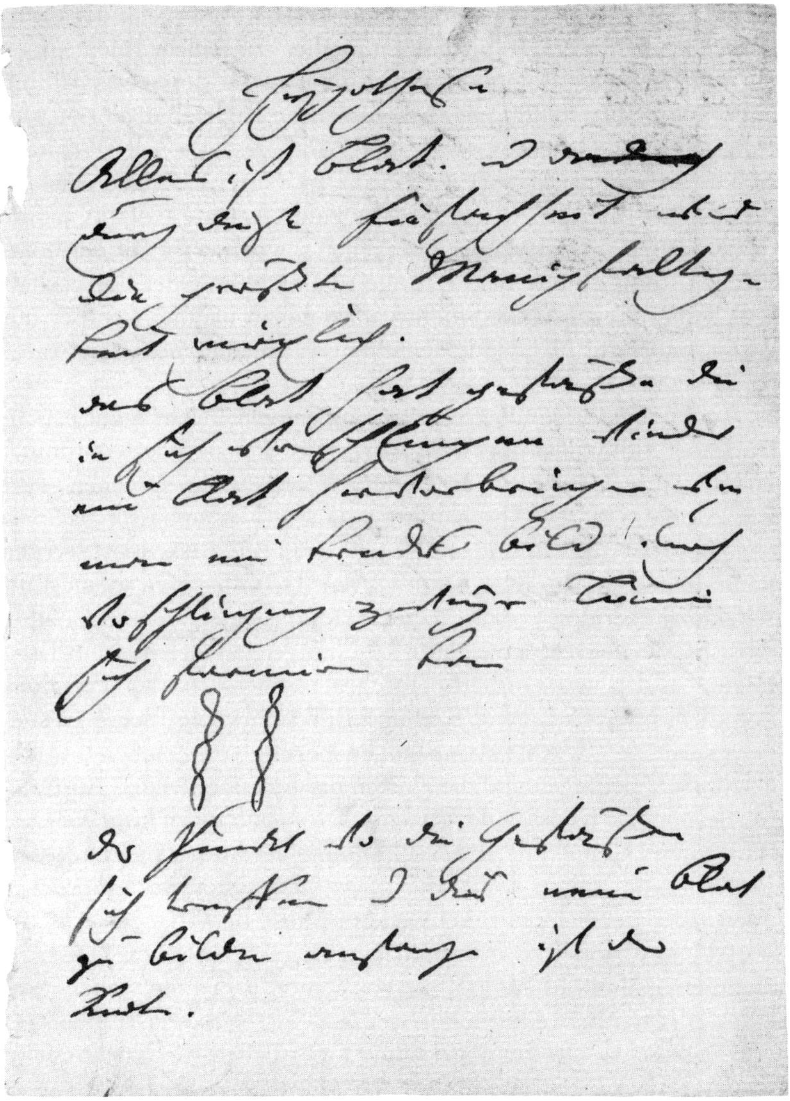

Abb. 1: Johann Wolfgang Goethe:
Hypothese: Alles ist Blatt
(1787).

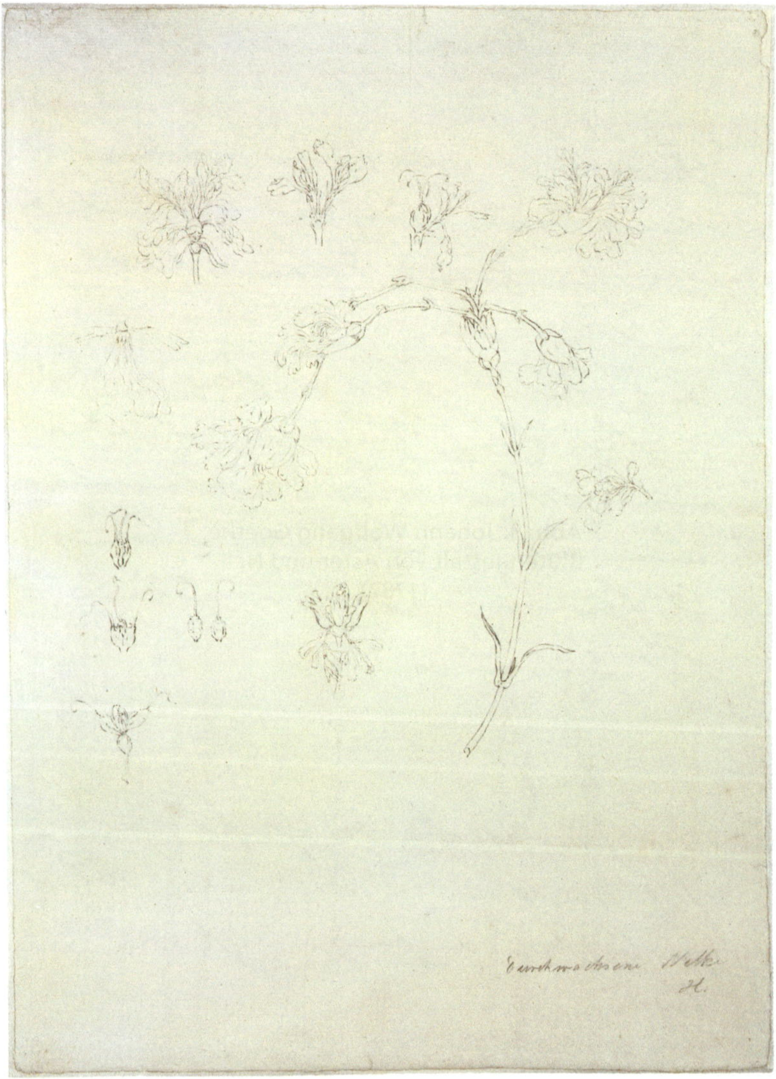

Abb. 2: Johann Wolfgang Goethe:
Durchgewachsene Nelke
(1787).

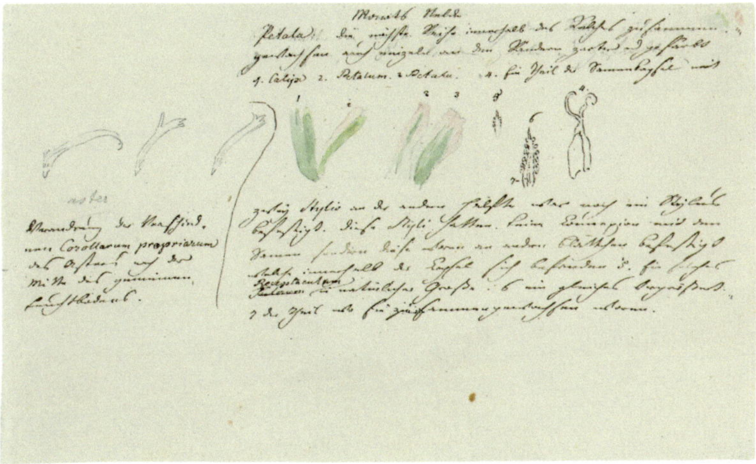

Abb. 3: Johann Wolfgang Goethe:
Blütengestalt von Aster und Nelke
(1787).

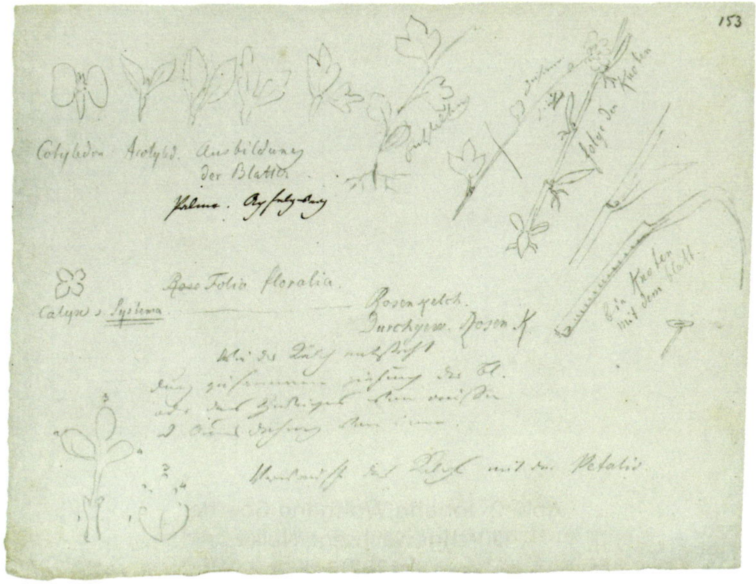

Abb. 4: Johann Wolfgang Goethe:
Notizblatt zum *Versuch die Metamorphose der Pflanzen zu erklären*
(um 1790).

Abb. 5: Weimarer Zeichenschule,
im Auftrag von Johann Wolfgang Goethe:
Keimpflanze der Gartenbohne (um 1790).

Abb. 6: Weimarer Zeichenschule,
im Auftrag von Johann Wolfgang Goethe:
Tulpenblüte (um 1790).

Abb. 7: Weimarer Zeichenschule,
im Auftrag von Johann Wolfgang Goethe: Durchgewachsene Rose
(um 1790).

Abb. 8: Raphael Urbain Massard, nach Bertel Thorwaldsen: Titelvignette zu Humboldts *Ideen zu einer Geographie der Pflanzen* (1807).

METER
Horizontale Strahlenbrechung
HÖHEN-MESSUNGEN
verschiedenen Welttheilen
ELECTRISCHE ERSCHEINUNGEN nach Höhe der Luftschichten
CULTUR DES BODENS nach Verschiedenheit der Höhe
ABNAHME DER SCHWERE
LUFTBLÄUE
Graden Kyanometers
ABNAHME DER FEUCHTIGKEIT
DRUCK DER LUFT
Barometer-Höhen
TOISEN
Geographie der Pfla
ein Naturge
gegrundet auf Beobachtungen und Messungen welche vom 10ten Grade nörd
von ALEXANDER VON

Abb. 9: Louis Bouquet, nach Alexander von Humboldt, Lorenz Adolf Schönberger und Pierre Jean François Turpin: Geographie der Pflanzen in den Tropen-Ländern (1807).

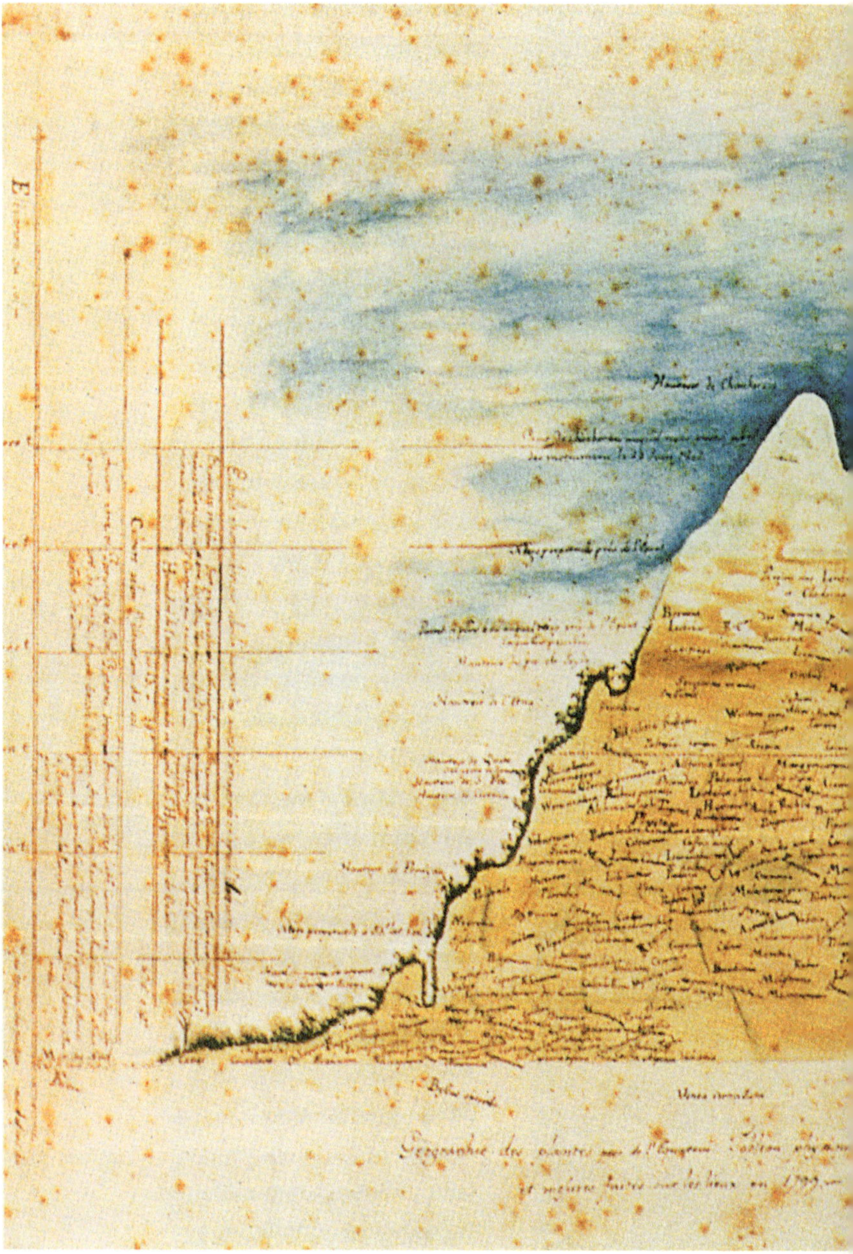

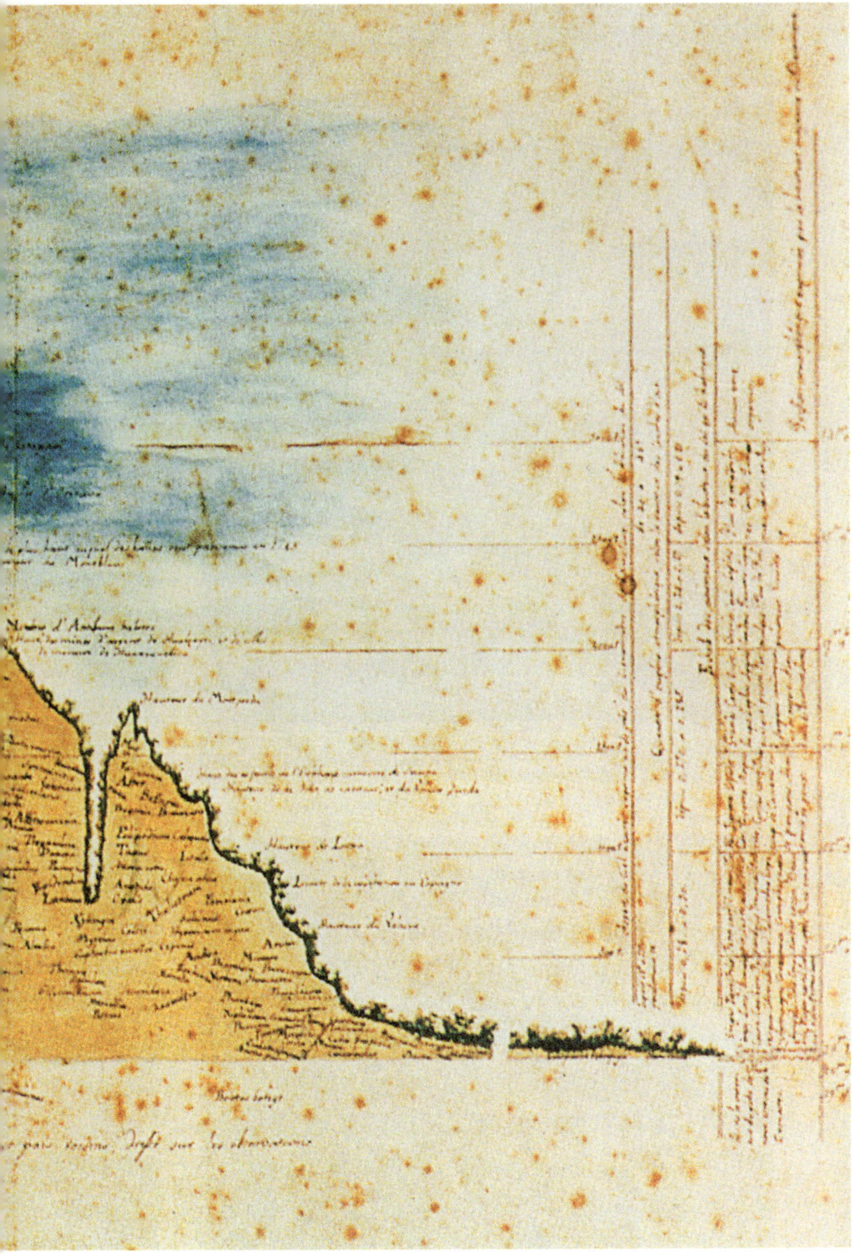

Abb. 10: Alexander von Humboldt:
Géographie des plantes près de l'Equadeur
(1803).

Abb. 11: Johann Wolfgang Goethe:
Höhen der Alten und Neuen Welt
(1807).

IV. Naturgemäße Darstellung, wilde Natur: Humboldt

Anders als Goethe, der in Italien noch in der Anschauung einer als maßvoll und kultiviert verstandenen, sich linear fortentwickelnden Natur zur Einsicht in die Gestalt und Bildung der Pflanzen gelangt war, erkundet Humboldt während der Amerikareise, die er von 1799 bis 1804 gemeinsam mit dem französischen Botaniker Aimé Bonpland durchführt, eine wilde Natur. In der Neuen Welt, so erklärt er in der ab 1814 publizierten *Relation historique,* »verschwindet gleichsam der Mensch mit seinen Produkten inmitten einer wilden und gigantischen Natur.«[1] Dass diese Natur – sofern der Mensch sich ihr gegenüber zu behaupten wusste – nicht mehr »in einfacher linearer Richtung« geordnet war, sondern lediglich als eine »allgemeine Verkettung [...] in netzartig verschlungenem Gewebe« verstanden werden konnte (K I, 33),[2] zeigt sich bei Humboldt bereits auf der Ebene der wissenschaftlichen Konzeption. So entwirft er ein inter- und transdisziplinäres Wissenschaftsverständnis, das die Ausdifferenzierung des Wissenschaftssystems und die Spezialisierung einzelner Disziplinen anerkennt und vorantreibt, sie gleichzeitig aber auch durch die Verknüpfung verschiedenster Wissensbestände zur Vorstellung einer ›ganzen Natur‹ zu kompensieren sucht.[3]

1 A. v. Humboldt: Reise in die Äquinoktial-Gegenden des Neuen Kontinents, S. 35 f. Dieser Topos hat seine Gültigkeit auch im 20. Jahrhundert bewahrt. Claude Lévi-Strauss etwa berichtet, er sei in den Tropen von einem »Eindruck des Riesenhaften« überwältigt worden, der »das Verhältnis zwischen der Größe des Menschen und der Größe der Dinge so sehr verzerrt hat, daß kein gemeinsames Maß mehr besteht.« (Lévi-Strauss: Traurige Tropen, S. 69).

2 In dieser Weise beschreibt Humboldt auch in der Abhandlung *Ueber den Bau und die Wirkungsart der Vulcane in den verschiedenen Erdstrichen,* die er 1826 in die zweite Ausgabe der *Ansichten der Natur* aufnimmt, »das regelmäßig gewebte, oft scheinbar unterbrochene Netz belebter Naturbildungen« (AN 2/2, 128).

3 Siehe hier nur Ette: Weltbewußtsein, S. 34-45; ders.: Alexander von Humboldt und die Globalisierung, S. 17.

Darüber hinaus äußert diese Erfahrung einer wilden Natur sich in der Suche nach Darstellungsmodellen, die dieses ebenso überwältigende wie vielfältig geknüpfte ›Gewebe‹ in angemessener Weise wiederzugeben erlauben. Deutlich wird das schon daran, dass Humboldt zwar auch nach der Rückkehr aus Amerika noch auf das »Literaturkonzept« von Schiller und Goethe rekurriert, »das er in Jena und Weimar kennengelernt hatte«,[4] sich aber zunehmend gezwungen sieht, die von den »traditionellen klassisch-klassizistischen Kategorien des Schönen und des Erhabenen« geprägte Ästhetik für »eine neue Reizkultur des Exotischen und Gigantischen« zu öffnen, die auch »Faszination und Befremden« zum Ausdruck zu bringen verlangte.[5] Zu dieser Öffnung gehört auch, dass Humboldt beständig an linear organisierte Textformen anschließt und dabei beständig scheitert: Meist bleiben seine Werke entweder Fragment, wie die *Relation historique,* die eigentliche Beschreibung der Amerikareise, oder sie zersplittern in eine Vielzahl einzelner, sich durchkreuzender und ständig überlagernder Einzelporträts von Natur und Kultur, wie vor allem an den *Ansichten der Natur* und an den *Vues des Cordillères* beobachtet werden kann. Im Anschluss an das Verschwinden, von dem Humboldt den Menschen in Anbetracht einer wilden Natur bedroht sieht, bemerkt Mary Louise Pratt deshalb: »So engulfed and miniaturized was the human in Humboldt's cosmic conception that narrative ceased to be a viable mode of representation for him.«[6]

Wie Humboldt die wilde, netzförmig organisierte Natur darstellt, mit der er sich in der Neuen Welt konfrontiert sah, wird im folgenden Teil der Arbeit betrachtet. Nach zwei Kapiteln über sein Verhältnis zu Goethe und über die Pflanzengeographie als eine ästhetische, erneut von der klassischen Botanik ausgehende Wissensform sollen hierfür besonders die *Ideen zu einer Geographie der Pflanzen* und die *Ansichten der Natur* untersucht werden. Von Interesse sind die 1807 publizierten *Ideen zu einer Geographie der Pflanzen nebst einem Naturgemälde der Tropenländer,* wie der

4 Hey'l: Das Ganze der Natur, S. 22.

5 Graczyk: Das literarische Tableau, S. 335.

6 Pratt: Imperial Eyes, S. 120. Pratt betont auch, wie prägend diese Neuerfindung Südamerikas als ›wilde Natur‹ geworden ist. Vgl. ebd., S. 111-143. In ähnlicher Weise erklärt Humboldt im *Kosmos,* »daß in den neueren Reisebeschreibungen das Element der Handlung in den Hintergrund« getreten und in der »Fülle« an »Beobachtungen« verschwunden sei (K II, 70 f.).

vollständige Titel lautet, dabei nicht nur als erste große Publikation nach der Rückkehr aus Amerika, sondern vor allem, weil sie bereits den gesamten wissenschaftlichen Ertrag der Reise in einer großen, Text und Bild kombinierenden Tafel, einem ›Naturgemälde der Tropenländer‹, zu präsentieren beanspruchen; betrachtet werden soll dabei nicht zuletzt das Zusammenspiel von Tafel und begleitendem Text sowie das von den unterschiedlichen medialen Formen jeweils erzeugte Wissen. In den 1808 erstmals veröffentlichten *Ansichten der Natur* verzichtet Humboldt dagegen auf Abbildungen. Stattdessen bildet er die Natur in diesem populären, mehrmals neu aufgelegten und ergänzten Werk allein im Text nach. Wie er hierfür nicht nur einzelne Vorträge und Abhandlungen kombiniert, sondern zudem ein Netz aus verschiedenen, sowohl literarischen als auch wissenschaftlichen Schreib- und Erzählverfahren und damit auch aus verschiedenen Autorrollen knüpft, wird im abschließenden Kapitel dieses Teils untersucht.

Bildverkehr: Von Humboldt über Goethe zum »Alten von den Bergen«

Trotz öffentlich bekundeter Wertschätzungen und vieler Ähnlichkeiten im Versuch, das Ganze der Natur zu erfassen, kann das Verhältnis zwischen Goethe und Alexander von Humboldt nicht als unproblematisch beschrieben werden. Seit den gemeinsamen Studien in der Mitte der 1790er Jahre in Weimar und Jena, unter anderem auch mit Schiller und Wilhelm von Humboldt, war es vielmehr geprägt von Wachsamkeit und Schweigen, von Hintersinn, versteckter Ironie und taktisch wohlerwogenen Äußerungen.[7] Deutlich wird das besonders im Blick auf die Jahre 1806 und 1807, in denen beider Kontakt sich in bemerkenswerter Weise auf Bilder konzentriert, auf Bilder vor allem zu Humboldts wissenschaftlichen

7 Aus der Fülle an Literatur zu Goethe und Humboldt siehe hier vor allem Meyer-Abich: Die Vollendung der Morphologie Goethes durch Alexander von Humboldt; Biermann: Alexander von Humboldt, bes. S. 28-35 und 57-59; H. Böhme: Goethe und Alexander von Humboldt; Jahn, Kleinert (Hrsg.): Das Allgemeine und das Einzelne; Helmreich: Theorie und Geschichte der Naturwissenschaft bei Goethe und Alexander von Humboldt; Th. Richter: Alexander von Humboldt: *Ansichten der Natur*, S. 171-244.

Projekten.[8] So schreibt der zwanzig Jahre jüngere Naturforscher am 6. Februar 1806, mehr als ein Jahr nach der Rückkehr aus Amerika, an Goethe:

> Ich wollte nach so vieljähriger Abwesenheit nicht anders vor Ihnen erscheinen, als mit dem kleinen Denkmal, das meine tiefe Verehrung und innige Dankbarkeit Ihnen gestiftet hat. In den einsamen Wäldern am Amazonenflusse erfreute mich oft der Gedanke, Ihnen die Erstlinge dieser Reisen widmen zu dürfen. Ich habe diesen fünfjährigen Entschluß auszuführen gewagt. Der erste Teil meiner Reisebeschreibung, das Naturgemälde der Tropenwelt, ist Ihnen zugeeignet. Mein Freund Thorwaldsen in Rom, ein ebenso großer Zeichner als Bildhauer, hat mir eine Vignette entworfen, welche auf die wundersame Eigentümlichkeit Ihres Geistes, auf die in Ihnen vollbrachte Vereinigung von Dichtkunst, Philosophie und Naturkunde anspielt.[9]

Vielsagend ist diese Äußerung, weil Humboldt den »Erstling« seiner Reise, die *Ideen zu einer Geographie der Pflanzen nebst einem Naturgemälde der Tropenländer,* zunächst Schiller zueignen wollte;[10] dies verschweigt er hier auch dadurch, dass er den Entschluss zur Widmung an Goethe nun, nach Schillers Tod im Mai 1805, in seine Zeit »in den einsamen Wäldern am Amazonasflusse« zurückverlegt.[11] Zudem ist diese Äußerung taktisch gut erwogen, weil Humboldt sie gleich mit einer Bitte verknüpft. Aus Ungeduld über die ausstehende,

8 »Wohl kaum ein anderer Augenblick in der Wissenschaftsgeschichte«, erklärt deshalb Ludwig Englert, »hat eine so bedeutsame und eigenartige bildliche Fixierung erfahren wie die Geburtsstunde der Pflanzengeographie.« (Englert: Aus der Geschichte der Pharmakogeographie, S. 83).

9 Geiger (Hrsg.): Goethes Briefwechsel mit Wilhelm und Alexander v. Humboldt, S. 297.

10 Die bekannte Polemik, die Schiller am 6. August 1797 an Körner geschickt hatte, war Humboldt damals noch unbekannt. Vgl. Schiller: Werke, Bd. 29, S. 111-113; und später Humboldts Brief vom 11. Mai 1858 an einen Verehrer Schillers, in: Biermann (Hrsg.): Goethe in vertraulichen Briefen Alexander von Humboldts, S. 30 f.

11 Vgl. H. Böhme: Goethe und Alexander von Humboldt, S. 173-176. Die 1807 erschienene französische Ausgabe des Werks, den *Essai sur la Géographie des Plantes, accompagné d'un tableau physique des régions équinoxiales,* widmet Humboldt den Pariser Botanikern Antoine-Laurent de Jussieu und René Desfontaines. Siehe hierzu Beck, Hein: Humboldts Naturgemälde der Tropenländer, S. 20-22 und 52 f.; Fiedler, Leitner: Alexander von Humboldts Schriften, S. 235-239.

letztlich erst 1807 erfolgte Publikation seiner Abhandlung, so erklärt er weiter, habe er dem Brief nur einen »rohe[n] Versuch, physikalische und botanische Gegenstände ästhetisch zu behandeln«,[12] beigeben können. Für diesen »Versuch«, den am 30. Januar 1806 in der Preußischen Akademie der Wissenschaften zu Berlin gehaltenen Vortrag über die *Ideen zu einer Physiognomik der Gewächse,* wirbt er jetzt um Unterstützung:

> Aber seit so vielen Jahren ein wüstes Leben führend, bin ich in der Sprache selten sicher. Auch ist der Boden, auf dem man in Deutschland tritt, sehr glatt geworden und das macht schüchtern und ungeschickt. Dennoch würde einer meiner heißesten Wünsche befriedigt, wenn Sie, verehrungswertester Mann, Sie, der Sie sonst mich oft hoben und aufmunterten, diese kleine Arbeit lesen wollten. Sie kostet Ihnen ja nicht ½ Stunde und am rauen Winterabend wandelt man ja wohl gerne einmal in einem schön belaubten Tropenwald umher. Auch ist Ihnen der südliche Himmel nicht fremd und Sie haben ja Naturphysiognomische Reisen unter Ihren Schweizerischen und Italienischen Zeichnungen.[13]

Diesem »heißesten Wunsch« nach Beistand auf Deutschlands »sehr glattem Boden«, den Humboldt hier nach fünf Jahren »wüsten Lebens« in Amerika äußert, entspricht Goethe umgehend. Begeistert von der angekündigten Zueignung des »Erstlings« der großen Reise und zudem geschmeichelt von den *Ideen zu einer Physiognomik der Gewächse* – Humboldt lobt hier nicht nur Goethes »Naturschilderungen« (AN 1, 176), sondern nimmt auch seine Lehre von der Ausdehnung und Zusammenziehung auf[14] –, bereitet er dankbar den Boden für die in Kürze erwartete Publikation. Bereits am 14. März 1806 veröffentlicht er in der *Jenaischen Allgemeinen Literatur-Zeitung* eine Rezension der ihm angetragenen »kleinen Ar-

12 Geiger (Hrsg.): Goethes Briefwechsel mit Wilhelm und Alexander v. Humboldt, S. 298.

13 Ebd. In den *Wahlverwandtschaften* antwortet Goethe drei Jahre später ironisch auf diese Passage, wenn er in ›Ottiliens Tagebuche‹ schreibt: »Es wandelt niemand ungestraft unter Palmen« (FA 8, 452). Vgl. hierzu H. Böhme: Goethe und Alexander von Humboldt, S. 184-188.

14 Humboldt erkennt »in den Pisanggewächsen«, den Bananengewächsen, »die höchste Ausdehnung« und »in den Casuarinen und in den *Nadelhölzern* die höchste Zusammenziehung der Blattgefäße« (AN 1, 194). Ebenso noch im *Kosmos,* K II, 92.

beit« unter dem Titel *Berlin: Ideen zu einer Physiognomik der Gewächse, von Alexander von Humboldt.* In diesem kurzen, um Auszüge aus dem Vortrag ergänzten Artikel lobt Goethe zunächst, dass Humboldt die botanischen Meilensteine des 18. Jahrhunderts, das von Linné ausgebildete »Alphabet der Pflanzengestalten« und die »naturgemäßer aufgestellt[e]« Pflanzenordnung der Jussieus, jeweils aufgenommen und gleichsam vollendet habe: »[D]as im einzelnen so kümmerlich ängstliche, botanische Studium« erscheine bei ihm deshalb »auf einem Gipfel, wo es uns einen lebhaften und einzigen Genuß gewähren soll«. Wie Goethe weiter bemerkt, habe Humboldt diesen Gipfel erklommen, indem er das Wissen der klassischen, auf die »unterscheidenden Kennzeichen« gerichteten Botanik zwar aufgenommen, doch stets auch in die »belebte Einheit einer höheren Ansicht« integriert habe (FA 24, 378). Durch die Zusammenfügung separierter Wissensbestände habe er somit bereits in dem kurzen Vortrag zur Pflanzenphysiognomie ein lebendiges Ganzes erzeugt und angedeutet,

> wie das einzeln Erkannte, Eingesehene, Angeschaute, in völliger Pracht und Fülle dem Gefühl zugeeignet, und wie der so lange geschichtete und rauchende Holzstoß, durch einen ästhetischen Hauch, zur lichten Flamme belebt werden könne« (FA 24, 379).

Diese Ästhetisierung, die dem botanischen Wissen in paradox erscheinender Weise gerade dadurch Leben einhaucht, dass sie es in Flammen setzt, erläutert Goethe schließlich als Vergegenwärtigung der beschriebenen Gegenstände in der Einbildungskraft der Zuhörer und Leser – im Einklang mit der zeitgenössischen, auf Präsenz und Belebung zielenden Darstellungstheorie. »[D]enn alles das Beste und Schönste«, so erklärt er weiter,

> was man von Vegetation jemals unter freiem und schönem Himmel gesehen, wird wieder in der Seele lebendig, und die Einbildungskraft geschickt gemacht und aufgeregt, dasjenige, was uns durch künstliche Anstalten, durch mehr oder weniger unzulängliche Bilder und Beschreibungen überliefert worden, sich auf das kräftigste und erfreulichste zu vergegenwärtigen. (FA 24, 379)

Indem Goethe in seiner Rezension somit nicht nur die Anschaulichkeit der *Ideen zu einer Physiognomik der Gewächse* betont, sondern auch ihre vergegenwärtigende Darstellung heraushebt, rückt er sie nicht zuletzt in die Nähe seiner eigenen, stets auf Gegenständlichkeit und Lebendigkeit zielenden wissenschaftlichen Bemühungen – eine Nähe, auf die Humboldt bereits mit der Erinnerung an Goethes Kenntnis des »südlichen Himmels« anzuspielen wusste.

Ebenso begeistert wie von den *Ideen zu einer Physiognomik der Gewächse* zeigt Goethe sich von den *Ideen zu einer Geographie der Pflanzen nebst einem Naturgemälde der Tropenländer,* die er am 16. März 1807 endlich erhält. Obgleich das im Zentrum der Abhandlung stehende Landschaftsprofil, eine pflanzengeographische Idealansicht Südamerikas, in seinem Exemplar noch fehlte – die Kupfertafel wurde später vollendet und ihm erst am 5. Mai desselben Jahres zugeschickt –, äußert Goethe sich doch erfreut und dankbar über die ihm gewidmete Schrift: »Zu dem großen Geschenk des innern Gehalts«, so schreibt er am 3. April 1807 an Humboldt, »kommt noch die freundliche Gabe ihrer Zuschrift, die nicht angenehmer und ehrenvoller sein könnte« (FA 33, 171 f.). Beeindruckt zeigt er sich dabei auch von der Titelvignette, die Bertel Thorwaldsen gezeichnet und Raphael Urbain Massard in Paris gestochen hatte. Diese Titelvignette war mehreren Exemplaren der deutschen Ausgabe der *Ideen zu einer Geographie der Pflanzen* vorgeheftet worden und bestätigte Goethe in seinen eigenen, Kunst und Naturforschung annähernden Bemühungen (Abb. 8):[15] Dargestellt als Apoll mit einer Lyra entschleiert der Dichter hier eine ephesische Diana; zu Füßen der vielbrüstigen Naturgöttin »ruht«, so heißt es 1807 in einer Anzeige der *Allgemeinen Geographischen Ephemeriden,* »ein Buch mit der Aufschrift: Metamorphose der Pflanzen; Göthe's bekanntestes Werk«.[16]

Auch wenn Goethe sich derart über die Titelvignette freut, dass er noch 1820, in dem im zweiten Heft *Zur Morphologie* veröffentlichten Text *Andere Freundlichkeiten,* euphorisch von dem »schmeichelhaften Bilde« spricht, mit dem Humboldt angedeutet habe, »daß es der Poesie wohl auch gelingen könne den Schleier der Natur aufzuheben; und wenn Er es zugesteht, wer wird es leugnen?« (FA 24, 456), so zeigt er sich doch ebenso aufgeregt von dem, was seinem Exemplar der *Ideen zu einer Geographie der Pflanzen* fehlte: von dem Naturgemälde der Tropenländer, in dem Humboldt be-

15 Siehe hierzu besonders Hein: Die ephesische Diana als Natursymbol bei Alexander von Humboldt; und H. Böhme: Goethe und Alexander von Humboldt.

16 Zitiert nach Hein: Die ephesische Diana als Natursymbol bei Alexander von Humboldt, S. 132.

reits »die Hauptresultate der Arbeiten« präsentieren wollte, die er »in den folgenden Bänden« des amerikanischen Reisewerks nur noch näher zu entfalten gedachte (HSA 1, 70; Abb. 9).[17] Im Zentrum dieser kolorierten Groß-Folio-Tafel, die Louis Bouquet in Paris gestochen hat, steht ein Schnitt durch die Anden mit dem Chimborazo in der Mitte, rechts neben dessen Gipfel ist der rauchende Schlund des Cotopaxi zu sehen. In diese Darstellung hat Humboldt nicht nur den Pflanzenwuchs, die Schneegrenze und die Verteilung der Wolken eingezeichnet, sondern im Profil des Chimborazo auch ein auffallendes, die Verteilung der Pflanzenarten bezeichnendes »Schriftgewirr«[18] platziert; außerdem hat er dem Bild Anmerkungen zu Höhen der Neuen sowie der bildlich nicht wiedergegebenen Alten Welt eingeschrieben, wie etwa die »Höhe von 7016.^{m} zu welcher Gay Lussac von Paris aus, am 16. Sept. 1804, allein in einem Luftball gestiegen ist«, den »Gipfel des Chimborazo«, die »Höhe des Montblanc, zu welcher Saussure gelangt ist, im Jahre 1787« und die »Höhe der Stadt Quito«. Gerahmt wird die in Metern und Toisen skalierte Tafel links und rechts von einer Tabelle, die zentrale Daten zum Klima, zu Meteorologie, Geologie und Zoologie verzeichnet: Daten etwa über die »Horizontale *Strahlenbrechung*«, zu »*Höhenmessungen* in verschiedenen Welttheilen«, zur »*Cultur des Bodens* nach Verschiedenheit der Höhe« und über »*Thiere,* geordnet nach der *Höhe ihres Wohnorts*«. Konsequenter als in der zentralen bildlichen Darstellung, in die nur vereinzelt Angaben über europäische Berge und Ereignisse eingetragen sind, werden die Höhenangaben der Neuen Welt dabei mit denen der Alten Welt relationiert.[19] So berücksich-

17 Vgl. auch die Reproduktion bei Beck, Hein: Humboldts Naturgemälde der Tropenländer, Tafel 4 und S. 13-35; dazu Ette: Weltbewußtsein, S. 208-212; Ette, Lubrich: Versuch über Humboldt, S. 22-29; Graczyk: Das literarische Tableau, S. 318-323; Hey'l: Das Ganze der Natur, S. 246-263. Auf den um- und ausschreibenden Bezug des Texts zum Bild zielte auch Wilhelm von Humboldt, als er Goethe am 5. Juni 1805 über den »Versuch einer Pflanzengeographie« seines Bruders schrieb: »Das Buch ist eigentlich Kommentar zu einer Karte der Tropenländer, auf der die Beschreibung dieser von Grad zu Grad nach allen verschiedenen Rücksichten, welche Physik und Naturgeschichte an die Hand geben, verzeichnet ist. Der Anblick schon wird Ihnen einen großen Genuß geben.« (Geiger (Hrsg.): Goethes Briefwechsel mit Wilhelm und Alexander v. Humboldt, S. 195).

18 Englert: Aus der Geschichte der Pharmakogeographie, S. 86.

19 Diese Vergleichstechnik verwendet schon Georg Forster. Nur blendet er die Neue in die Alte Welt ein, wenn er 1791 von seiner gemeinsam mit

tigen die Rubriken der Tabelle neben den Gipfeln des Chimborazo und Cotopaxi auch die des Montblanc, Vesuv und Brocken, so benennen sie neben amerikanischen auch eingeführte europäische Pflanzen: »Europäisches Korn. Waitzen. Gerste. Hafer. Chenopodium Quinoa. Maïs. Kartoffeln. Baumwolle. Etwas Zuckerrohr. Juglans. Äpfel. (Wenig afrikanische Sklaven)«, heißt es im Eintrag zur »*Cultur des Bodens*« in Höhe von 2000 bis 3000 Metern. Wenn Humboldt in seiner Tafel somit »alle Erscheinungen zusammenzustellen« versucht, die »der Boden und der Luftkreis, von den Küsten des Stillen Meeres an bis zum Gipfel der Kordilleren dem Beobachter darstellt« (HSA 1, 69 f.), dann will er es den Betrachtern aber nicht nur ermöglichen, »eine Zusammenstellung zahlreicher Tatsachen zu studieren« und vor dem Hintergrund eines europäisch geprägten Wissens zu verstehen. In seinem ausführlichen Kommentar zur Naturgemäldetafel hofft er zudem, dass diese »die Einbildungskraft zu beschäftigen und derselben einen Teil des Genusses zu verschaffen« vermöge, »welche[r] aus der Beschauung einer so wundervollen, großen, oft furchtbaren und doch stets wohltätigen Natur entspringt« (HSA 1, 71).

Für diese Verschmelzung von ›Studium‹ und ›Genuss‹, die Humboldt nicht zuletzt im Bestreben sowohl nach »Genauigkeit der Projektion« als auch nach »malerische[m] Effekt« zu erreichen sucht (HSA 1, 74), hat er in Goethe einen idealen Rezipienten gefunden – wenn auch auf andere Weise als erhofft. So zeigt Goethes Einbildungskraft sich tatsächlich beschäftigt von der Kupfertafel, jedoch vor allem deshalb, weil sie seinem Exemplar der *Ideen zu einer Geographie der Pflanzen* noch fehlte. Bereits am 3. April 1807 schreibt er deshalb an Humboldt, dass er die ihm gewidmete Abhandlung nicht nur »schon mehrmals mit großer Aufmerksamkeit durchgelesen«, sondern dazu auch »sogleich, in Ermanglung des versprochenen großen Durchschnittes, selbst eine Landschaft phantasiert« habe,

Humboldt durchgeführten Reise in den *Ansichten vom Niederrhein* berichtet: »Es kommt ja nur auf uns an, ob wir den Hekla und Ätna, den Vesuv und den Tschimborasso an dem Gestade unseres vaterländischen Rheins erblicken wollen. Wenn die Erscheinungen, die das hiesige Gebirge uns zeigt, Vergleichungen dieser Art begünstigen, wer dürfte uns verbieten, unserer Einbildungskraft die Ergänzung einer Lücke in den Annalen der Erdumwandlung aufzutragen?« (Forster: Werke, Bd. 9, S. 13).

> wo nach einer an der Seite aufgetragenen Skala von 4000 Toisen die Höhen der europäischen und amerikanischen Berge gegen einander gestellt sind, so wie auch die Schneelinien und Vegetationshöhen bezeichnet sind. Ich sende eine Kopie dieses halb im Scherz, halb im Ernst versuchten Entwurfs und bitte Sie, mit der Feder und mit Deckfarben nach Belieben hinein zu korrigieren, auch an der Seite etwa Bemerkungen zu machen und mir das Blatt bald möglichst zurückzusenden. (FA 33, 172)[20]

Die hier erwähnte, wohl von Johann Heinrich Meyer kolorierte Zeichnung (Abb. 11)[21] war in Weimar bereits bekannt; gemeinsam mit den *Ideen zu einer Geographie der Pflanzen* hatte Goethe sie am 1. April 1807 schon in der sogenannten Mittwochsgesellschaft vorgestellt. Schnell deutlich wird auch, weshalb er sie als »halb im Scherz, halb im Ernst entworfenen Versuch« charakterisiert. So bringt Goethe zentrale Elemente von Humboldts Beschreibung der Naturgemäldetafel zur Anschauung, wenn er die Berge der Alten und die der Neuen Welt in seiner Zeichnung einander gegenüberstellt und auch die verschiedenen Verteilungen der Vegetation sowie die unterschiedlichen Höhen der Wolken und Schneelinien markiert; anders als Humboldt, der seiner Tafel die Referenzen auf Höhen der Alten Welt bloß eingeschrieben hatte, verbildlicht Goethe diese konsequent und verzichtet damit auf eine engere Verknüpfung von Bild und Text. Darüber hinaus versetzt er seine Zeichnung mit deutlichen humoristischen Elementen. Wie er am 8. April 1813 an den Verleger Friedrich Justin Bertuch schreibt, habe er am unteren Bildrand rechts »ein Krokodil herausblicken« lassen, »das zu dem Übrigen etwas kolossal geraten sein mag«, und es dazu gewagt, die »Männer, welche die höchsten Höhen in beiden Weltteilen erklommen, persönlich anzudeuten«: So grüßt Horace-Bénédict de

20 Ähnlich charakterisiert Goethe die *Ideen* auch in seinem Brief an Knebel vom 4. April 1807 als »ein sehr gedrängtes gehaltreiches Werk, das von vielen Seiten interessirt. Da es besonders an die Einbildungskraft Anforderungen macht, so habe ich, da ein Durchschnitt, der ihr zu Hülfe kommen soll, noch [nicht] fertig und ausgegeben ist, einstweilen selbst eine ideale Landschaft skizzirt« (WA IV/19, 302 f.). Vgl. auch die Erläuterung der »symbolische[n] Landschaft« in den *Tag- und Jahresheften* (FA 17, 202).

21 Siehe Beck, Hein: Humboldts Naturgemälde der Tropenländer, S. 36-42; Nickel: »Höhen der alten und neuen Welt bildlich verglichen«; Graczyk: Das literarische Tableau, S. 324-329; Hey'l: Das Ganze der Natur, S. 250-253; sowie, kurz, Polianski: Die Kunst, die Natur vorzustellen, S. 152 f.

Saussure links vom Gipfel des Montblanc, ein winziger Humboldt – ein Kondor schwebt über ihm –, winkt rechts vom Chimborazo herüber, unterhalb des Gipfels, den er nie erreicht hat, und in der Mitte zwischen beiden schwebt Louis Joseph Gay-Lussac »in Regionen [...], wohin vor wenigen Jahren nur die Einbildungskraft den Menschen hinzuheben wagte« (FA 34, 197).[22]

Obgleich Humboldt sich jede direkte Antwort, damit zunächst auch jede Korrektur zur ihm gesendeten Kopie des »halb im Scherz, halb im Ernst versuchten Entwurfs« versagte, fand Goethes »ideale Landschaft« (WA IV/19, 303) durchaus Anerkennung. Nachdem Bertuch einen leicht veränderten Aquatinta-Druck der Zeichnung im Mai 1813 unter dem Titel *Höhen der alten und neuen Welt bildlich verglichen* in den *Allgemeinen Geographischen Ephemeriden* veröffentlicht hatte – als Antwort auf Humboldts Titelvignette hatte er der Zeichnung einen Stein mit der Inschrift »Herrn Alexander v. Humboldt« hinzugefügt –,[23] wurde Goethes Bild im Herbst desselben Jahres als *Esquisse des principales hauteurs des deux continens* in Paris nachgedruckt. Zwar soll für die hierzu vorgenommenen Berichtigungen und Veränderungen auch Humboldt »die Güte« gehabt haben, »aus seinen Portefeuille mehrere Ausmessungen beizufügen welche für den hiesigen Publikum direktes Intiresse haben konnten«,[24] doch äußerte er sich, abgesehen von diesen verspäteten und Goethe verschwiegenen Korrekturen, erst weitere dreißig Jahre später direkt zu der Zeichnung. Am 24. Juni 1854 schreibt Humboldt an Johann Georg von Cotta, dass er für eine geplante Neuauflage der *Ideen zu einer Geographie der Pflanzen* wieder »die Dedications Vignette nach Thorwaldsen an Göthe und die grosse deutsche Platte Geographie der Aequinoctial Pflanzen« benötige, »die ich glaube nie gesehen zu haben«.[25] Dabei erwähnt er auch, dass Goethe in Ermangelung der »grosse[n] Kupfertafel die noch unvollendet war, [...] sogleich selbst

22 Goethe orientiert sich hier vor allem an den Ausführungen bei A. v. Humboldt: Ideen zu einer Geographie der Pflanzen, HSA 1, 154.

23 Vgl. den Nachdruck der Zeichnung und des beigegebenen Briefs vom 8. April 1813, in: LA I/11, 159-161 und Tafel II; sowie Nickel: »Höhen der alten und neuen Welt bildlich verglichen«.

24 Schünemann an Bertuch, 29. November 1813, hier zitiert nach Nickel: »Höhen der alten und neuen Welt bildlich verglichen«, S. 681. Für eine originalgroße Abbildung des Pariser Nachdrucks siehe Beck, Hein: Humboldts Naturgemälde der Tropenländer, Tafel 5 und hierzu S. 42-44.

25 Leitner (Hrsg.): Alexander von Humboldt und Cotta, S. 535.

eine pittoreske Darstellung componiert[]« habe, »wenig glüklich weil Perspective und verticaler Durchschnitt vereint waren«.[26]

Ähnlich wie Humboldt, der sich hier noch immer unterkühlt über die »pittoreske Darstellung« äußert, scheint Goethe selbst gesehen zu haben, dass seine »ideale Landschaft« den wissenschaftlichen und künstlerischen Ansprüchen der Naturgemäldetafel nicht gerecht werden konnte. In seinem Brief an Bertuch vom 8. April 1813, der auch der Publikation der Zeichnung in den *Allgemeinen Geographischen Ephemeriden* beigegeben war, betont Goethe jedoch, dass sie das auch nicht sollte. In einer Mischung aus Vorsicht und Untertreibung erhofft er für seinen »leichte[n], anspruchslose[n] Entwurf« (FA 34, 196)[27] hier lediglich,

> daß solche symbolische Darstellungen, welche eigentlich nur eine sinnliche Anschauung der tabellarischen Behandlung hinzufügen, billig mit Nachsicht aufgenommen werden. Sie machen eigentlich weder an ein künstlerisches noch wissenschaftliches Verdienst Anspruch [...]. (FA 34, 197 f.)

Auch wenn Goethe seiner Zeichnung alle künstlerischen und wissenschaftlichen Ambitionen hier ›eigentlich‹ abspricht und sie somit aus der Konkurrenz mit Humboldts großem Naturgemälde nimmt, ist ein Vergleich beider Darstellungen aufschlussreich. Während Humboldt in seiner Tafel danach strebt, ein ebenso detailliertes wie umfassendes Wissen auf ästhetisch anregende, erfahrungsgesättigte Weise wiederzugeben, verzichtet Goethe auf die Veranschaulichung ähnlich großräumiger Wissensbestände; in der Orientierung an einer perspektivisch angelegten Form akzentuiert er stärker die malerischen Elemente, indem er die »Vorschrift« des Naturgemäldetexts nicht in eine »Profilcharte«, sondern »in ein vergleichendes landschaftliches Bild zu verwandeln« sucht (FA 17, 202). Des Weiteren zeigt die Betrachtung der Darstellungen, dass Humboldt sein Gebirgsprofil nicht als versinnlichende Zugabe zu einer sich ansonsten genügenden textuellen oder tabellarischen Auffassung der Natur versteht, sondern dass er es als Kern der *Ideen zu einer Geographie der Pflanzen* begreift, der besonders vom zweiten Teil der Abhand-

26 Ebd., S. 533. Zu Humboldts erfolgloser Suche nach den Tafeln vgl. auch den Brief an Cotta vom 31. Oktober 1854, ebd., S. 544-546.

27 Mit ähnlicher Untertreibung beschreibt Goethe seine Zeichnung auch in den *Tag- und Jahresheften* als bloß »zufällige Arbeit« (FA 17, 202).

lung bloß ausgeführt und umschrieben werden soll. Somit entwirft er die Tafel nicht allein als »Vorführung der Kunst wissenschaftlicher Darstellung und eines Ineinanderwebens unterschiedlicher Wissensbestände und Sinneserfahrungen«; vielmehr vereint er hier auch »Wissenschaft und Kunst, Schriftbild und Kartenbild« zu einem »Ikonotext des Naturgemäldes«, »in dem sich die unterschiedlichen Bild-Text-Beziehungen nicht mehr voneinander lösen lassen«.[28] Demgegenüber versucht Goethe das, was er den *Ideen zu einer Geographie der Pflanzen* entnehmen konnte, fast ausschließlich bildlich zu repräsentieren. Dass er dem Text mithin nur an den Bildrändern Raum gibt, verdeutlicht auch seine gegenüber Humboldt geäußerte Bitte, »mit der Feder und mit Deckfarben nach Belieben« in die Zeichnung »hinein zu korrigieren, auch an der Seite etwa Bemerkungen zu machen« (FA 33, 172).

Wenn Goethe sich in der perspektivischen, konsequent nach Verbildlichung strebenden Form seiner Zeichnung stärker auf die zeitgenössische Landschaftsmalerei und Gartenkunst bezieht,[29] während Humboldt in »der Auseinandersetzung mit dem Chimborazo« bereits »eine neue Form der bildlichen Darstellung« auslotet,[30] dann deuten sich hierin auch Unterschiede in ihren Auffassungen von Natur und Naturforschung an. Zwar versuchen beide, ein lebendiges Ganzes der Natur zu erkennen und es in ebenso lebendiger, anschaulicher, die Einbildungskraft ansprechender Weise darzustellen, doch zeigt sich vor allem in Anbetracht der großen Naturgemäldetafel, wie verschieden sie dieses Ganze dimensionieren, disziplinieren und präsentieren. So gibt das Gebirgsprofil zunächst zu erkennen, dass Humboldt auf eine Beschreibung der gesamten Tropennatur zielt, wo Goethe in seinen Schriften zur Metamorphose auf einzelne Pflanzen schaute und ihr Leben zu erfassen suchte. Vor allem in ihren tabellarischen Elementen verdeutlicht die Naturgemäldetafel außerdem,

28 Ette: Weltbewußtsein, S. 209.
29 Vgl. Polianski: Die Kunst, die Natur vorzustellen, S. 152.
30 Vgl. Ette, Lubrich: Versuch über Humboldt, S. 22. Auch wenn es ein Vorbild für Humboldts Profildarstellung gab, das 1786 fertiggestellte Relief der Urschweiz von Franz Ludwig Pfyffer von Wyher (siehe Beck, Hein: Humboldts Naturgemälde der Tropenländer, S. 11), so beschreitet er mit dem *Naturgemälde der Tropenländer* doch gerade in der Verschränkung von Text und Bild neue Wege. Vgl. auch die Erwähnung des Reliefs der Urschweiz in Humboldts *Essay de Pasigraphie,* in: Beck (Hrsg.): Alexander von Humboldts »Essay de Pasigraphie«, S. 36.

in welchem Maß bereits Humboldts Pflanzengeographie darauf ausgeht, disziplinäre Grenzen zu überschreiten, indem sie weit mehr als bloß die »Fragen, die auf die Verbreitung der Pflanzen Bezug haben, unter einheitlichen Gesichtspunkten zu einem neuen Wissenszweig«[31] zusammenfasst; mit einer ähnlichen, doch minder ausgreifenden Dynamik zielte Goethe in seinen Studien zur Pflanzenentwicklung hingegen darauf, die klassische Botanik durch den Blick auf die Phänomene von Leben und Bewegung, von »Bildung und Umbildung« (FA 24, 365), zu perspektivieren und zu ergänzen. Schließlich legt Humboldts Darstellung auch nahe, wie sehr seine ebenso einheitliche wie empirisch exakte Auffassung einer »wilden und gigantischen Natur«[32] allein in einem vieldimensionalen ›Ikonotext‹, einem fast unauftrennbaren Gewebe aus Text und Bild darstellbar ist; im Unterschied dazu hatte Goethe in der geduldigen, heiteren Anschauung einer zwar südlichen, aber immer europäischen Natur ein Wissen gewonnen, das er meist nur in einem Medium präsentierte – entweder in linear organisierten Texten oder aber in Zeichnungen, die den Prozess der Beobachtung nachvollziehen und schärfen sollten.

Als erste Annäherung an Humboldts Auffassung von Natur und Naturforschung mag das genügen; in Zuspitzung auf die jeweilige Darstellung des Wissens von der Natur wird dies im Fortgang des Kapitels, insbesondere in der Betrachtung der *Ideen zu einer Geographie der Pflanzen* und der *Ansichten der Natur,* präzisiert werden. Dabei wird auch immer wieder auf Goethe zurückzugreifen sein – schließlich lassen sich, wie Hartmut Böhme bemerkt, der *Versuch die Metamorphose der Pflanzen zu erklären* und die *Ideen zu einer Geographie der Pflanzen* durchaus als »komplementäre Werke lesen«, die »die statische Klassifikation der Pflanzen bei Carl von Linné« dynamisieren und die darüber hinaus »als Höhepunkt eines Typs von Naturwissenschaft gelten« können, »bei welchem empirische Datenerzeugung und ästhetische Erkenntnis, Geschichte und Typologie, Besonderes und Allgemeines beispielhaft kombiniert werden«.[33]

31 Mägdefrau: Geschichte der Botanik, S. 94.

32 A. v. Humboldt: Reise in die Äquinoktial-Gegenden des Neuen Kontinents, S. 36.

33 H. Böhme: Goethe und Alexander von Humboldt, S. 177. In ähnlicher Weise erklärt auch Kurt Biermann die »deutsche Ausgabe der Pflanzengeographie« als »das ›goethescheste Werk Humboldts‹« (Biermann: Alexander von Humboldt, S. 57). Bettina Hey'l betont ebenfalls, dass die Metamorphoseschrift »zu den durchaus ernst zu nehmenden Quellen«

Dass seine Naturstudien somit vor allem dem *Versuch die Metamorphose der Pflanzen zu erklären* nahestehen, hat Humboldt selbst bemerkt. Auch wenn er die Abhandlung zunächst Schiller zu widmen gedachte, bezeugt diese Nähe doch bereits die Titelvignette der *Ideen zu einer Geographie der Pflanzen;* in ähnlicher Weise wird sie auch aus den oft schroffen Briefen des »Alte[n] von den Bergen«, wie Humboldt sich später bezeichnete,[34] deutlich. In Absetzung von Goethes weiteren wissenschaftlichen Schriften und Theorien, die Humboldt bloß als dilettantische Spielereien gelten ließ, schreibt er am 18. Juni 1846 an Gottschalk Eduard Guhrauer, »Göthes geistreiche Pflanzenmetamorphose« sei »ein Glanzpunkt neben der arroganten und recht albernen *Farbenlehre*« gewesen.[35] Ähnlich erklärt er »die Metamorphose der Pflanzen« am 14. Mai 1850 gegenüber Heinrich Düntzer als »glückliche ›Errungenschaft‹« und als den »Glanzpunkt von des herrlichen Geistes miterforschenden Bestrebungen«. Indes markiert er auch hier maliziös, welche ›Errungenschaften‹ des »grossen Sängers« ihm als minder glänzend, glücklich und gelungen erscheinen:

> Göthes geognostische Ansichten waren, wie bei so vielen deutschen Gelehrten die kleinlichen, welche die Badereisen und Sprudelquellen erzeugen; sie sind nicht mehr zu vertheidigen als seine gegen alles Mathematische Wissen wie gegen Thomas Young's, [Etienne-Louis] Malus' und [François] Arago's glänzende Entdeckungen der Interferenz und Polarisation des Lichts streitenden sogenannten optischen Schriften. Wenn ein Heros, wie Göthe, der Wundermann des Zeitalters, die Gefühle und Ideenwelt in allen vorher unergründeten Tiefen durchforscht, geschmückt, bereichert hat, so können minder gelungene Entdeckungsreisen ohne Gefahr der Ruhmesminderung bezeichnet werden.[36]

der *Ideen zu einer Geographie der Pflanzen* gehöre (Hey'l: Das Ganze der Natur, S. 253).

34 A. v. Humboldt: An Assing, 12. Oktober 1858, in: Assing (Hrsg.): Briefe von Alexander von Humboldt an Varnhagen von Ense, S. 400. Vgl. Ette: Weltbewußtsein, S. 46 f., Anm.

35 Biermann (Hrsg.): Goethe in vertraulichen Briefen Alexander von Humboldts, S. 22 f. In welch hintersinniger Weise Humboldt dieses Lob sogleich zurücknimmt, zeigt H. Böhme: Goethe und Alexander von Humboldt, S. 169 f., Anm.

36 Biermann (Hrsg.): Goethe in vertraulichen Briefen Alexander von Humboldts, S. 26. In diesem Sinne relativiert Humboldt das »allgemein an-

In ähnlich hintersinniger Weise äußert Humboldt sich im zweiten Band des *Kosmos*, am Ende des Kapitels über die Naturbeschreibung als ›Anregungsmittel zum Naturstudium‹. Erklärt er hier zunächst, dass nicht nur die »reich geschmückten Länder der Aequinoctial-Zone allein«, sondern »alle Theile des weiten Schöpfungskreises, vom Äquator bis zur kalten Zone, überall wo der Frühling eine Knospe entfaltet, sich einer begeisternden Kraft auf das Gemüth erfreuen« können (K II, 74 f.), so lobt er Goethe dann erneut für seine Kenntnis des ›südlichen Himmels‹. Wenn er dafür auf die *Italienische Reise*, die Metamorphoseschrift und die Metamorphoseelegie referiert,[37] zeigt sich indes, wie reich diese angebliche »Hommage«[38] auch an versteckter Geringschätzung für den vermeintlich hoffnungslos begeisterten Wissenschaftler ist. Denn so auffallend nachlässig die Titel hier zitiert werden, wird auch die Metamorphosenlehre lediglich dem »großen Meister der Dichtung« und nicht dem Naturforscher Goethe zugeschrieben:

> Zu einem solchen Glauben ist unser deutsches Vaterland vor allem berechtigt. Wo ist das südlichere Volk, welches uns nicht den großen Meister der Dichtung beneiden sollte, dessen Werke alle ein tiefes Gefühl der Natur durchdringt: in den *Leiden des jungen Werthers* wie in den *Erinnerungen an Italien,* in der *Metamorphose der Gewächse* wie in seinen *vermischten Gedichten?* Wer hat beredter seine Zeitgenossen angeregt »des Weltalls heilige Räthsel zu lösen«, das Bündniß zu erneuern, welches im Jugendalter der Menschheit Philosophie, Physik und Dichtung mit einem Bande umschlang? wer hat mächtiger hingezogen in das ihm geistig heimische Land, wo
>
> Ein sanfter Wind vom blauen Himmel weht,
> Die Myrthe still und hoch der Lorbeer steht? (K II, 75)[39]

erkannte Verdienst der Met[amorphose] der Pflanzen« auch im Brief vom 2. Oktober 1850 an Heinrich Düntzer (ebd.).

37 Humboldt erinnert hier an die Verse: »Alle Gestalten sind ähnlich und keine gleichet der andern / Und so deutet das Chor auf ein geheimes Gesetz, / Auf ein heiliges Rätsel.« (FA 1, 639, V. 5-7).

38 Ette: Weltbewußtsein, S. 55.

39 Vgl. hierzu auch Helmreich: Theorie und Geschichte der Naturwissenschaft bei Goethe und Alexander von Humboldt, S. 168 f.

Methode der Pflanzengeographie: Zum Verständnis des Naturganzen

Auch wenn Humboldt zu Goethe letztlich also ein längeres und intensiveres Verhältnis aufbauen konnte, entwickelte er seine Natur- und Wissenschaftsauffassung in den Jahren vor der Abreise nach Amerika auch in der Diskussion mit Schiller; vor allem dessen bekannter Brief an Körner, in dem er Humboldt 1797 als einen eitlen, »beschränkte[n] Verstandesmensch[en]« porträtiert, dem mit der »Einbildungskraft« selbst das »nothwendigste Vermögen zu seiner Wißenschaft« fehle, hat das oft vergessen lassen.[40] Jedoch hatte Schiller, der große Taktiker, gegenüber Humboldt auch schon eine andere Sprache gesprochen und den jungen Naturforscher wenige Jahre vorher zur Mitarbeit an seinen *Horen* eingeladen. Geehrt von dem Angebot, antwortete Humboldt ihm am 6. August 1794 mit einem Brief, in dem er die Fragen seiner späteren Naturforschungen in beispielhafter Weise verdichtet. »Nie habe ich von einem litterarischen Unternehmen mehr erwartet, als von dem Ihrigen, wo große Kräfte eine große Wirkung hoffen lassen«, so schreibt er hier an Schiller. In der Hoffnung, bald »einige Probestücke schicken zu können«, fährt er mit einer Anspielung an Plinius fort:

> *Res ardua vetustis novitatem dare, omnibus naturam et naturae suae omnia.* Wie man die Naturgeschichte bisher trieb, wo man nur an den Unterschieden der Form klebte, die Physiognomik von Pflanzen und Thieren studirte, Lehre von den Kennzeichen, Erkennungslehre, mit der heiligen Wissenschaft selbst verwechselte, so lange konnte unsere Pflanzenkunde z. B. kaum ein Object des Nachdenkens speculativer Menschen sein. Aber Sie fühlen mit mir, daß etwas Höheres zu suchen, daß es wiederzufinden ist; denn Aristoteles und Plinius, der den ästhetischen Sinn des Menschen und dessen Ausbildung in der Kunstliebe mit in die Naturbeschreibung zog, diese Alten hatten gewiß weitere Gesichtspunkte, als unsre elenden Registratoren der Natur. Die allgemeine Harmonie in der Form, das Problem, ob es eine ursprüngliche Pflanzenform giebt, die sich in tausenderlei Abstufungen darstellt, die Vertheilung dieser Formen über den Erd-

40 Schiller: An Körner, 6. August 1797, in: Werke, Bd. 29, S. 112 f.

boden, die verschiedenen Eindrücke der Fröhlichkeit und Melancholie, welche die Pflanzenwelt im sinnlichen Menschen hervorbringt, der Contrast zwischen der todten, unbewegten Felsmasse, selbst der unorganisch scheinenden Baumstämme und der belebten Pflanzendecke, die gleichsam das Gerippe mit milderndem Fleische sanft bekleidet, Geschichte und Geographie der Pflanzen, oder historische Darstellung der allgemeinen Ausbreitung der Kräuter über den Erdboden, ein unbearbeiteter Theil der allgemeinen Weltgeschichte, Aufsuchung der ältesten Vegetation in ihren Grabmälern (Versteinerungen, Steinkohlen, Torf &c.), allmählige Bewohnbarkeit des Erdbodens, Wanderungen und Züge der Pflanzen, der geselligen und isolirten, Karten darüber, welche Pflanzen gewissen Völkern gefolgt sind, allgemeine Geschichte des Ackerbaus, Vergleichung der cultivirten Pflanzen mit den Hausthieren, Ursprung beider, Ausartungen, welche Pflanzen fester, welche loser an das Gesetz gleichmäßiger Form gebunden sind, Verwilderung gezähmter Pflanzen (so amerikanische, persische Pflanzen wild vom Tajo bis Oby), allgemeine Verwirrungen in der Pflanzengeographie durch Kolonisationen – das scheinen mir Objecte, die des Nachdenkens werth und fast ganz unberührt sind. Ich beschäftige mich ununterbrochen mit ihnen, aber das Geräusch im Innern um mich her, hindert mich, mich ordentlich zu entwickeln.[41]

Obgleich sein Beitrag zu den *Horen* in Anbetracht dieses ambitionierten Entwurfs zunächst bescheiden erscheinen mag – Humboldt publizierte in der Zeitschrift bloß die kleine Erzählung *Die Lebenskraft oder der rhodische Genius* –, ist dieses Programm doch beachtlich. Nicht nur zeigt sich der gerade einmal 24-jährige Humboldt auf dem Stand der intellektuellen Debatten der Zeit, wenn er hier sowohl Goethes ›Urpflanze‹ als auch Kants wegweisende Un-

41 Jahn, Lange (Hrsg.): Die Jugendbriefe Alexander von Humboldts, 1787-1799, S. 346 f. Vgl. hierzu H. Böhme: Alexander von Humboldts Entwurf einer neuen Wissenschaft, S. 499-505; und Hey'l: Das Ganze der Natur, S. 131-139. Mit dem Zitat am Beginn, das Buffon in vollständiger Form auch seiner *Histoire naturelle* vorangestellt hatte, bezieht Humboldt sich auf die ›Praefatio‹ von Plinius' *Historia naturalis:* »Es ist freilich ein schwieriges Unterfangen, dem Veralteten Aktualität […], überhaupt allem eine naturgetreue und der Natur eine sie völlig umfassende Darstellung zu verschaffen.« (Plinius: Naturkunde I, 15). Vgl. auch Buffon: Histoire naturelle, Bd. 1, S. 3.

terscheidung von ›Naturbeschreibung‹ und ›Naturgeschichte‹ aufnimmt. Zudem benennt der unruhige, angeblich keiner ›ordentlichen Entwicklung‹ fähige Naturforscher in diesem Brief auch schon zentrale Aspekte dessen, was später zum Paradigma der *Humboldtian science* zusammengefasst wurde.[42] Er fordert eine empirisch, aber auch historisch fundierte vergleichende Betrachtungsweise, die die ganze Natur untersucht, ohne ihr Ganzes aus den Augen zu verlieren, die die ›Wechselwirkungen‹[43] zwischen verschiedensten natürlichen und kulturellen Phänomenen in den Blick nimmt und dabei sowohl die Grenzen wissenschaftlicher Disziplinen übersteigt als auch den ›ästhetischen Sinn‹ berücksichtigt. Außerdem skizziert Humboldt hier bereits, worauf er mit der erst später ausgearbeiteten Pflanzengeographie zielt: auf eine historisch weit zurückgreifende Untersuchung der Bewegung und geographischen Verteilung der Pflanzen und ihrer verschiedenen Formen, in der die lokalen Bedingungen ebenso wie die weltumspannenden Charakteristika einer Migrations- und Zivilisationsgeschichte pflanzlichen Lebens in ihrer Interferenz mit der Kulturgeschichte herausgearbeitet werden sollen.[44]

Mit diesem Projekt einer bereits im modernen Sinn verstandenen Geschichte und Geographie pflanzlichen Lebens verknüpft Humboldt diverse wissenschaftliche Interessen und Tendenzen, die sich

42 Siehe vor allem Cannon: Science in Culture, S. 73-110; Nicolson: Alexander von Humboldt, Humboldtian Science and the Origins of the Study of Vegetation; und zuletzt, als neue Unterscheidung der ›Dimensionen der Humboldtschen Wissenschaft‹, Ette: Alexander von Humboldt und die Globalisierung, S. 16-22.

43 In seinen Reisetagebüchern bringt Humboldt diesen Aspekt, inmitten französischsprachiger Aufzeichnungen, auf die Formel: »Alles ist Wechselwirkung.« (A. v. Humboldt: Reise auf dem Río Magdalena, S. 358).

44 Bereits im Herbst 1791 hatte Humboldt dem Zürcher Botaniker Paul Usteri geschrieben, dass er »schon vor 2 Jahren darauf« verfallen sei, »auf eine Geschichte der Pflanzenwanderungen zu samlen, ja Proben zu Karten für die gesellschaftlich lebenden Pflanzen [...] zu entwerfen. Die Pflanzen, welche gewissen Völkern folgten, z. B. den Arabern, Griechen, Persern, und vornehmlich den Vandalen und Gothen, durch welche Europa mit Caucasischen Gewächsen überschwemmt wurde, machten mich besonders aufmerksam darauf.« (Jahn, Lange (Hrsg.): Die Jugendbriefe Alexander von Humboldts, 1787-1799, S. 163 f.). Aufgenommen wird Humboldts Konzept einer historisch fundierten Bewegungswissenschaft dann vor allem von Carl Ritter. Vgl. Ritter: Ueber das historische Element in der geographischen Wissenschaft.

in der zweiten Hälfte des 18. Jahrhunderts allmählich herausgebildet und verdichtet haben. Hatte, um nur einige Beispiele zu nennen, Buffons Mitarbeiter Louis Jean-Marie Daubenton sich schon 1752 in der *Encyclopédie* von der klassifizierenden Botanik abgegrenzt und die Erforschung der »transmigration des plantes«[45] gefordert, so äußerte 1784 auch Herder, der unterschätzte Weimarer Stichwortgeber, den »Wunsch einer *allgemeinen botanischen Geographie für die Menschengeschichte*«.[46] Aufgenommen wurde dieses Anliegen nicht zuletzt von Carl Ludwig Willdenow. Doch obgleich Humboldts früher botanischer Lehrer und späterer Mitarbeiter in seinem 1792 erschienenen *Grundriss der Kräuterkunde* erklärte, dass es »zu weitläuftig seyn« würde, eine »ausführliche Geographie der Pflanzen zu liefern«,[47] befasste er sich hier zumindest eingehend mit den historischen Bedingungen vegetabilen Lebens. Zu den zentralen Aspekten der »Geschichte der Pflanzen« zählte er dabei »den Einfluß des Klima's auf die Vegetation, die Veränderungen, welche die Gewächse wahrscheinlich erlitten haben, wie die Natur für die Erhaltung derselben sorgt, die Wanderungen der Gewächse, und endlich ihre Verbreitung über den Erdball«.[48] Neben diesen Aspekten, die alle auch in Humboldts Brief an Schiller erwähnt sind, betonte Willdenow den Zusammenhang der »Geschichte des Gewächsreichs« mit der Erdgeschichte, der »Geschichte unseres Erdballs«,[49] und der Kulturgeschichte: »Mehr aber noch als Wind, Wetter, Meere, Flüsse und Thiere, die Ausbreitung der Gewächse befördern, thut dies der Mensch.«[50]

Obgleich damit bereits angedeutet werden konnte, wie sehr der Brief an Schiller zeitgenössische wissenschaftliche Interessen reflek-

45 Daubenton: Art. »Botanique«, in: Diderot, d'Alembert: Encyclopédie, Bd. 2, S. 340-345.

46 Herder: Ideen, in: Werke, Bd. 6, S. 67. Zuvor hatte Herder hier schon auf den »*Entwurf zur allgemeinen physischen Geographie des Pflanzenreichs*« verwiesen, den Soulavie 1780 in seiner *Histoire naturelle de la France meridionale* gegeben hat. Vgl. ebd., S. 63, Anm.

47 Willdenow: Grundriss der Kräuterkunde, § 292, S. 376. Siehe kurz Browne: The Secular Ark, S. 38-42; Nicolson: Alexander von Humboldt, Humboldtian Science and the Origins of the Study of Vegetation, S. 172-174.

48 Willdenow: Grundriss der Kräuterkunde, § 272, S. 345.

49 Ebd., § 280, S. 353.

50 Ebd., § 283, S. 363. Ganz ähnlich dann A. v. Humboldt: Ideen zu einer Geographie der Pflanzen, HSA 1, 57.

tiert, zeigt er doch auch, dass Humboldt mit seiner Pflanzengeographie entscheidend über sie hinausweist. So verkehrt er ihre Blickrichtung hier geradezu, wenn er neben dem Einfluss einzelner klimatischer und kultureller Faktoren auf die Ausbildung und Verteilung von Pflanzen insbesondere die Rolle unterschiedlicher Vegetationen für Natur und Kultur untersuchen möchte;[51] wie im zitierten Brief gesehen, gehört die Erforschung der »verschiedenen Eindrücke der Fröhlichkeit und Melancholie, welche die Pflanzenwelt im sinnlichen Menschen hervorbringt«, dazu ebenso wie die Frage nach den charakteristischen Landschaftsbildern, die bestimmte Vegetationen erzeugen. Damit einhergehend verdeutlicht der Brief, in welchem Maße Humboldt die wissenschaftlichen Interessen seiner Zeitgenossen ästhetisch und theoretisch zu überformen sucht. Offenkundig wird das hier nicht zuletzt, wenn er in Absetzung von der klassifizierenden Naturgeschichte, die er in den »elenden Registratoren« verkörpert sieht, eine »Naturkunde« fordert, die auch ein »Object des Nachdenkens speculativer Menschen« sein könne. Angelegt findet er eine solche Naturforschung schon bei Aristoteles und Plinius, die stets den »ästhetischen Sinn des Menschen und dessen Ausbildung in der Kunstliebe« in ihre Naturbeschreibungen mit einbezogen hätten;[52] in ähnlicher Weise führt Humboldt in einer später hinzugefügten Anmerkung zu dem von Goethe besprochenen Vortrag über die *Ideen zu einer Physiognomik der Gewächse* aus, dass solch eine des Nachdenkens würdige Methode »zuerst in den zoologischen Werken des Aristoteles« hervorgetreten sei und es vor allem erlaube, »neben dem unausgesetzten Bestreben nach Verallgemeinerung der Begriffe immer durch Anführung einzelner Beispiele in das Besonderste der Erscheinungen« einzudringen (AN 3/2, 243).

Wenn der Brief an Schiller somit zeigt, dass Humboldt die Forschungen der zeitgenössischen Botanik aufnehmen und dabei um ästhetische und theoretische Fragestellungen ergänzen möchte, dann ist das nicht bloß damit zu erklären, dass er sich zeit seines

51 Terminologisch fasst Malcolm Nicolson diesen Unterschied, indem er Humboldts »vegetational geography« von Willdenows »floristic plant geography« differenziert. Vgl. Nicolson: Alexander von Humboldt, Humboldtian Science and the Origins of the Study of Vegetation, S. 169 und 173.

52 Jahn, Lange (Hrsg.): Die Jugendbriefe Alexander von Humboldts, 1787-1799, S. 346.

Lebens gut auf die Interessen seiner Adressaten einzustellen wusste. Begründet liegt diese Annäherung an künstlerisch-philosophische Formen und Inhalte auch im Dilemma seiner wissenschaftlichen Bestrebungen selbst, in der Schwierigkeit, Besonderes und Allgemeines, Erscheinung und Begriff, empirische Forschung und eine das Ganze der Natur umfassende Anschauung zu vermitteln und zu vereinen.[53] Dass dieses Problem sich im Zuge der »Desintegration der Naturgeschichte«[54] wie auch der fortschreitenden Aus- und Binnendifferenzierung der Systeme der Wissenschaften und Künste zuspitzte und immer stärkere Bemühungen zur ästhetischen und theoretischen Integration divergierender Wissensbestände erforderte, hatte schon Georg Forster, Humboldts geschätzter Freund und Mentor, erkannt. In seiner Abhandlung *Ein Blick über das Ganze der Natur* erklärte er 1781, dass das Ganze der Wissenschaft aufgrund immer speziellerer Forschungsinteressen allmählich »zerstückt[]« worden sei. Dabei sei die einfache »*Kenntniß der Natur*« auf die »äußerlichen Gestalten der Körper« eingeschränkt und zu einem so »leeren Gewäsch von Namenverzeichnissen, Kunstwörtern und Systemen« gemacht worden,[55] dass nur ein »wahres Genie« es noch vermöge, in dieses »finstre Chaos der Gelehrsamkeit« vorzudringen und es »zur organischen Gestalt« umzuschaffen: »[E]s verdauet gleichsam das Ganze, und bereitet aus seiner heterogenen Mischung gesunden, gleichartigen Lebenssaft.«[56]

53 Deutlich wird diese gleichzeitige Ausrichtung auf eine empirisch exakte Naturwissenschaft und eine idealistische Naturanschauung auch in dem Brief, den Humboldt am 5. Juni 1799, nur »wenige[] Stunden« vor der Abreise nach Amerika, aus La Coruña an Karl Erenbert von Moll schreibt: »Ich werde Pflanzen und Fossilien sammeln, mit einem vortreflichen Sextanten von *Ramsden*, einem Quadrant von *Bird* und einem Chronometer von *Louis Berthoud* werde ich nüzliche astronomische Beobachtungen machen können; ich werde die Luft chemisch zerlegen. – Diess alles ist aber nicht Hauptzwek meiner Reise. Auf das Zusammenwirken der Kräfte, den Einfluß der unbelebten Schöpfung auf die belebte Thiere- und Pflanzenwelt; auf diese Harmonie sollen stäts meine Augen gerichtet seyn.« (A. v. Humboldt: Briefe aus Amerika, 1799-1804, S. 33). Zur doppelten Ausrichtung von Humboldts Naturforschung siehe auch die prägnanten Formulierungen bei Brenner: Der Reisebericht in der deutschen Literatur, S. 463 f.; und H. Böhme: Ästhetische Wissenschaft, S. 19 f.

54 Stichweh: Zur Entstehung des modernen Systems wissenschaftlicher Disziplinen, S. 45.

55 Forster: Ein Blick in das Ganze der Natur, in: Werke, Bd. 8, S. 78.

56 Ebd., S. 77.

Ähnlich wie Forster es hier ausführte, versucht auch Humboldt, vereinzelte Naturphänomene und Wissensbestände möglichst präzise zu fassen und präsent zu halten – in Abgrenzung von einer als allzu abstrakt und spekulativ verstandenen Naturphilosophie –, sie gleichzeitig aber in die Vorstellung eines organischen Ganzen zu integrieren. Besonders augenfällig wird diese Absicht im ab 1845 veröffentlichten *Kosmos,* der schon im Titel das anschauliche Ganze benennt, in das er ein rational nicht mehr umfassbares Wissen zusammenfügen möchte; wie auch in Goethes *scientia intuitiva* mit der Methode des ›anschauenden Denkens‹ soll dieses Wissen hier durch »*empirische Betrachtung*« und durch das »stete Forschen nach *empirischen Naturgesetzen*« gewonnen werden (K I, 68). Allerdings zeigt sich nicht erst im *Kosmos,* wie Humboldt die Natur in der gegenläufigen Dynamik von wissenschaftlicher Spezialisierung und ästhetischer Totalisierung, der »kontinuierlichen Pendelbewegung zwischen Auseinander-Setzen und Zusammen-Denken« zu erfassen sucht.[57] Auch in den Ausführungen zur Pflanzengeographie erklärt er, dass diese »Wissenschaft«, die »noch kaum skizziert ist«, einerseits von der »Klassifizierung der Arten« und den »Fortschritten der beschreibenden Botanik« abhänge, dass sie deren Wissen andererseits aber nicht weiter ausarbeiten, sondern von einem höheren Blickpunkt aus verknüpfen wolle. Nur so werde es für die »Erforschung der geographischen Verhältnisse in der Pflanzenwelt« und für die »Beobachtungen über die Wanderungen der geselligen Pflanzen« fruchtbar.[58]

In prägnanter Weise skizziert Humboldt diese von ständiger Differenzierung und Zusammenfassung geprägte Naturanschauung in dem schon mehrfach erwähnten Vortrag über die *Ideen zu einer Physiognomik der Gewächse,* den er 1808 als zentrales Stück der *Ansichten der Natur* publiziert. Anders als ein Botaniker, der ein-

57 Ette: Alexander von Humboldt und die Globalisierung, S. 254. Vgl. noch ebd., S. 255; sowie bereits ders.: Weltbewußtsein, S. 230 f.

58 A. v. Humboldt: Reise in die Äquinoktial-Gegenden des Neuen Kontinents, S. 12 f. Humboldt erklärt hier, dass er »die Verbindung längst beobachteter der Kenntnis isolierter, wenn auch neuer Thatsachen von jeher vorgezogen« habe; »die Entdeckung einer unbekannten Gattung« sei ihm daher »weit minder wichtig« gewesen als die Erweiterung der Botanik zur Pflanzengeographie (ebd., S. 12). Zu Humboldts botanischen Forschungen siehe Dobat: Alexander von Humboldt als Botaniker; und Lack: Alexander von Humboldt und die botanische Erforschung Amerikas.

zelne Pflanzen klassifiziere und beschreibe, habe er vor allem räumliche Gliederungen verstehen wollen. Sein Ziel sei es gewesen, so heißt es hier, verschiedene geographische Ausdrucksformen zu identifizieren und »mit Einem Blicke zu umfassen«, um den »eigenthümlichen Character« einer Landschaft und die »Naturphysiognomie, welche jedem Himmelsstriche ausschließlich zukommt«, zu erkennen (AN 1, 172 f.). Hierfür habe er vor allem größere Pflanzengruppen betrachtet und sechzehn Pflanzenformen beschrieben, »von deren individueller Schönheit, Vertheilung und Gruppirung die Physiognomie der Vegetation eines Landes« abhänge (AN 1, 180);[59] darunter befinden sich etwa die Formen der Palmen, Kakteen, Gräser und Farne. Um zu verdeutlichen, dass Humboldts Methode sich von der Vorgehensweise klassifizierender Botaniker grundlegend unterscheidet, genügen bereits diese knappen Ausführungen. Nicht nur erforscht Humboldt statt der »kleinsten Theile der Blüthen und Früchte« allein das, »was durch Masse den Totaleindruck einer Gegend individualisirt«. Zudem gewinnt er die Pflanzenformen nicht durch eine Analyse einzelner Merkmale, sondern durch die Betrachtung der Pflanzen ihrer Gesamtgestalt – obgleich manche dieser Formen schließlich wieder mit »Familien der sogenannten natürlichen Systeme« übereinstimmen (AN 1, 181).

Angedeutet haben diese Bemerkungen aber auch, wie sehr Humboldt mit der Pflanzengeographie auf damals aktuelle ästhetische Debatten und Denkfiguren rekurriert. Dies zeigt sich in dem an der Landschaftsmalerei und der Gartenkunst seiner Zeit geschulten Blick für räumliche Ordnungen, Gruppierungen und für die Aus-

59 Zur Anzahl der von ihm bestimmten Pflanzenformen äußert Humboldt sich unterschiedlich. Während er in der ersten Ausgabe der *Ansichten der Natur* »[n]eunzehn Pflanzenformen« (AN 1, 182) ankündigt und unterscheidet (vgl. AN 1, 185-199), um sie im Anschluss daran als »sechszehn Hauptformen« zu adressieren (AN 1, 200), redet er im 1806 erschienenen Separatdruck der *Ideen zu einer Physiognomik der Gewächse* wie auch in den späteren Ausgaben der *Ansichten der Natur* konsequent von »[s]echzehn Pflanzenformen« (A. v. Humboldt: Ideen zu einer Physiognomik der Gewächse, S. 16 und 25; AN 2/2, 24 und 42; AN 3/2, 22 und 37). Es scheint mir deshalb naheliegend, dass es sich bei der Rede von »neunzehn Pflanzenformen« um ein Versehen handelt und Humboldt die »Form der *Liliengewächse*« mit der »*Weidenform*«, der Form der »*Myrthengewächse*« sowie der »*Melastomen-* und *Lorbeerform*« (AN 1, 199) zusammenfassen und gemeinsam als sechzehnte Pflanzenform verstanden wissen will.

drucksqualitäten verschiedener Landschaften[60] wie auch in der physiognomischen Methode, die Johann Caspar Lavater, teilweise in Zusammenarbeit mit Goethe, in den 1770er Jahren neu begründet hatte. Diese Methode, die Lavater vor allem als anthropologische Physiognomik ausgearbeitet hat,[61] gebraucht Humboldt in mindestens doppelter Weise. Bedient er sich ihrer in einem eher weiten Sinne zur Beschreibung der »psychologischen, sittlichen, kulturellen und historischen Wirkung von bestimmten Landschaften auf ihre Bewohner«,[62] so nutzt er sie in einer engeren Bedeutung als gleichsam geognostische Physiognomik.[63] Hierbei schließt er von dem »Totaleindruk«, den eine geographische Zone und vor allem die Vegetation als ihr ausdrucksstärkstes Merkmal erweckt, auf ihre bestimmenden Charakteristika und betrachtet sie als Zeichen der unter der »Pflanzendecke« verborgenen Organisationsprinzipien (AN 1, 179), die die »enge, innere Verkettung« des äußerlich Sichtbaren bestimmen (AN 3/2, 243); wie Hans Blumenberg betont hat, liegt die Vieldeutigkeit dieser hermeneutischen Methode nicht nur im Isolieren bedeutsamer Zeichen und dem Schluss vom Sichtbaren

60 Deutlich wird der Bezug zur Gartenkunst und -literatur, wenn Humboldt den »Character verschiedener Weltgegenden« und die »[m]elancholische[n], ernsterhebende[n] oder fröhliche[n] Bilder« zu bestimmen sucht, die die Vegetationen verschiedener geographischer Zonen erzeugen (AN 1, 178). Ausgearbeitet wird die Unterscheidung von Landschaftscharakteren und ihren Wirkungen besonders von Hirschfeld: Theorie der Gartenkunst, Bd. 1, S. 186-230. Siehe hierzu Gamper: »Die Natur ist republikanisch«, S. 271-276; und Polianski: Die Kunst, die Natur vorzustellen, S. 146-153. Dass die »*Pflanzenphysiognomik*« auch umgekehrt »von großer Wichtigkeit für die Landschafts-Gärtnerei« ist, erklärt Humboldt dann im *Kosmos* (K II, 98).

61 Allerdings hatte Lavater auch eine Anwendung der physiognomischen Methode auf die Naturforschung nahegelegt. In seinen *Physiognomischen Fragmenten* fragt er 1775: »Ist nicht die ganze Natur Physiognomie? Oberfläche und Innhalt? Leib und Geist? Aeußere Wirkung und innere Kraft? Unsichtbarer Anfang; sichtbare Endung?« (Lavater: Physiognomische Fragmente, Bd. 1, S. 49).

62 Hey'l: Das Ganze der Natur, S. 238. Siehe außerdem Hoppe: Physiognomik der Vegetation; Hagner: Zur Physiognomik bei Alexander von Humboldt; und Graczyk: Das literarische Tableau, S. 299-305.

63 Solche Versuche, die Humboldt bereits von Abraham Gottlob Werner her gekannt haben dürfte, finden Ausdruck etwa im 1802 publizierten *Versuch einer Physiognomik der Erde* von Karl Friedrich Struve, später auch in den *Andeutungen einer Physiognomik der Gebirge,* die Carl Gustav Carus 1831 den *Briefen über Landschaftsmalerei* beigibt.

aufs Unsichtbare begründet, sondern auch darin, dass die »Herstellung von Lesbarkeit« stets »in einem Schwebezustand zwischen göttlicher und menschlicher Zuständigkeit angesiedelt« ist,[64] zwischen dem schon die physikotheologische Naturforschung kennzeichnenden Glauben an eine sinnhafte Schöpfung und dem Vertrauen auf die menschliche Fähigkeit, diese wissenschaftlich zu entschlüsseln.

Um nun zu erläutern, was unter dem ›Totaleindruck‹, dem Schlüsselkonzept seiner Methode der physiognomischen Landschaftslektüre, zu verstehen ist, erklärt Humboldt in den *Ideen zu einer Physiognomik der Gewächse:*

> Was der Mahler mit den Ausdrücken schweizer Natur, italienischer Himmel, bezeichnet, gründet sich auf das dunkle Gefühl dieses lokalen Naturcharacters. Himmelsbläue, Beleuchtung, Duft, der auf der Ferne ruht, Gestalt der Thiere, Saftfülle der Kräuter, Glanz des Laubes, Umriß der Berge – alle diese Elemente bestimmen den Totaleindruck einer Gegend. (AN 1, 173 f.)

Auffallend ist diese Erläuterung bereits, weil Humboldt sich mit dem ›dunklen Gefühl‹ hier auf eine der zentralen Kategorien beruft, mit denen seit dem ausgehenden 17. Jahrhundert vor allem Leibniz, Wolff, Baumgarten und Herder eine Epistemologie des Intuitiven und Ästhetischen begründet haben.[65] Zudem zeigt die zitierte Stelle unverkennbar, dass der ›Totaleindruck‹, insofern er die charakteristischen, pittoresken Eigenheiten einer geographischen Zone umfasst, der zeitgenössischen Kunsttheorie entlehnt ist; Gerhard Hard hat das insbesondere im Verweis auf Christian August Semlers *Untersuchungen über die höchste Vollkommenheit in den Werken der Landschaftsmalerei* und Carl Ludwig Fernows Aufsatz *Über die Landschaftsmalerei* herausgearbeitet.[66] Allerdings wurde der Begriff des Totaleindrucks vor allem seit den 1790er Jahren auch in benachbarten Diskussionsfeldern verhandelt. Ähnlich wie Semler 1800 erläutert, dass erst der »*Totaleindruck,* den die Formen aller einzelnen Objekte in Verbindung miteinander hervorbringen«,

64 Blumenberg: Die Lesbarkeit der Welt, S. 163 f. Vgl. auch Hey'l: Das Ganze der Natur, S. 238-240.

65 Im Blick auf Herder wird diese Geschichte einer Epistemologie des Dunklen nachgezeichnet bei Adler: Die Prägnanz des Dunklen.

66 Siehe Hard: ›Kosmos‹ und ›Landschaft‹; vor allem aber ders.: Der ›Totalcharakter der Landschaft‹.

die »Schönheit des *Ganzen* (der Komposition)« eines Landschaftsbildes erkennen lasse,[67] hatte Forster in den ab 1791 publizierten *Ansichten vom Niederrhein* versucht, einen »Totaleindruck« von »unendlich mannigfaltigen, zu Einem Ganzen vereinigten Gegenstände[n]« zu präsentieren, »die vereinzelt und zergliedert so klein und unbedeutend erscheinen«: »Das Ganze ist nur da für die Phantasie«, so fügt er hinzu, »die es aus einer gewissen Entfernung unbefangen beobachtet und die größeren Resultate mit künstlerischer Einheit begabt.«[68] Auf noch pointiertere Weise positioniert Schiller 1794 den Begriff der ›Totalvorstellung‹, um die Landschaftspoesie vor dem Hintergrund seiner klassischen Dichtungstheorie zu rehabilitieren. In Auseinandersetzung mit der Unterscheidung von Dichtung und bildender Kunst, die Lessing im *Laokoon* etabliert hat, zeigt er in seiner Rezension *Über Matthissons Gedichte,* dass die besprochenen Texte in einer »*genetischen* Darstellung« eine »*bewegte*« Natur entfalten,[69] deren einzelne Elemente sich zwanglos zu einem organischen Ganzen verbinden: »Ob wir gleich die Bilder« der von Friedrich Matthisson bedichteten Landschaften »nur nacheinander in die Einbildungskraft aufnehmen, so verknüpfen sie sich doch ohne Schwierigkeit in eine Totalvorstellung, weil eines das andere unterstützt und gleichsam notwendig macht.«[70]

Ähnlich wie Forster und, in noch stärkerem Maße, Schiller hier eine bestimmte Vorstellung der Einbildungskraft beschreiben, in der einzelne Phänomene von Natur und Kultur zu einer abgerundeten Totalität verbunden erscheinen, die mehr als die Summe ihrer Teile bedeutet, versteht auch Humboldt den ›Totaleindruck‹ als ein ästhetisches Konzept, mittels dessen die physiognomisch isolierten Charaktere einer geographischen Zone verknüpft und zu einem anschaulichen, organischen Ganzen zusammengefasst werden können. Gleichwohl gerät der Begriff des Totaleindrucks mit dieser Anwen-

67 Semler: Untersuchungen über die höchste Vollkommenheit in den Werken der Landschaftsmalerei, Bd. 1, S. 70, zitiert nach Hard: Der ›Totalcharakter der Landschaft‹, S. 57.

68 Forster: Ansichten vom Niederrhein, in: Werke, Bd. 9, S. 128.

69 Schiller: Über Matthissons Gedichte, in: Sämtliche Werke, Bd. 5, S. 1001 und 1002. Vgl. auch Robert: Weltgemälde und Totalansicht.

70 Schiller: Über Matthissons Gedichte, in: Sämtliche Werke, Bd. 5, S. 1003. In der großen Abhandlung *Ueber Göthes Hermann und Dorothea* benutzt 1798 auch Wilhelm von Humboldt den Begriff des Totaleindrucks in dieser Weise. Vgl. W. v. Humboldt: Werke, Bd. 2, S. 131 f.; zur ›Totalität‹ vgl. ebd., S. 145-152.

dung auf die Naturforschung in eine eigentümliche Spannung. So soll er bei Humboldt die charakteristischen, wissenschaftlich herausragenden Merkmale eines bestimmten Gebiets vereinen,[71] doch ohne die Fülle des mitunter minder bedeutsamen, empirischen Einzelwissens zu ignorieren; anders als die ›Totalvorstellung‹ in Schillers Dichtungstheorie, die an Naturerkenntnis nicht interessiert war, soll Humboldts ›Totaleindruck‹ eine ästhetisch auswählende Anschauung mithin ebenso wiedergeben wie einen gründlichen, auf wissenschaftliche Vollständigkeit bedachten Blick auf die Natur. Dass dieser Anspruch auf eine umfassende Präsentation des Wahrnehmbaren begrifflich nur schwierig aufgefangen, die ungefilterte Fülle empirischen Wissens kaum noch sinnvoll verknüpft werden konnte, hat Humboldt erkannt. Im Laufe seines Lebens scheint er sich deshalb zunehmend von optischen Medien wie dem 1792 von Robert Barker patentierten Panorama zu erhoffen, dass sie in ihren Bildern den Totaleindruck erzeugen, den keine Einbildungskraft mehr herzustellen vermochte – einen Totaleindruck, der kaum noch Anspruch auf die Notwendigkeit der Verknüpfung einzelner Teile erheben konnte. Deutlich wird das vor allem, wenn Humboldt 1847, im zweiten Band des *Kosmos,* das »Panorama, Neorama und Diorama« lobt und fordert, diese Medien noch mehr auf »Scenen« anzuwenden, »in denen die wilde Natur in wilder Ueppigkeit und Lebensfülle prangt« (K II, 93 f.):

> Der Begriff eines Naturganzen, das Gefühl der Einheit und des harmonischen Einklanges im *Kosmos* werden um so lebendiger unter den Menschen, als sich die Mittel vervielfältigen die Gesammtheit der Naturerscheinungen zu anschaulichen Bildern zu gestalten. (K II, 94)[72]

71 Vor allem Hans Blumenberg hat betont, dass die physiognomische Methode eine Verbindung zwischen der Auffälligkeit und der Bedeutsamkeit eines Phänomens herstellt, »daß die Qualität des Ausdrucks, des Physiognomischen, nur verstanden werden kann aus der Signifikanz der Mittel als ihrer Unwahrscheinlichkeit im Medium ihres Auftretens« (Blumenberg: Die Lesbarkeit der Welt, S. 164). Ähnlich heißt es später: »Das Physiognomische, wie es Humboldt sieht, ist Annäherung an Vertrautheit des Unselbstverständlichen.« (Ebd., S. 292).

72 Zur Knüpfung des Totaleindrucks an Bilder optischer Medien siehe Blumenberg: Die Lesbarkeit der Welt, S. 296 f.; Barck: »Umwandlung des Ohrs zum Auge«; H. Böhme: Alexander von Humboldts Entwurf einer

Wenn Humboldt hier schließlich nach einem Totaleindruck als dem Ergebnis täuschend echter Naturinszenierungen verlangt – dem Ergebnis von Inszenierungen, in denen der Betrachter sich »von der fremden Natur selbst umgeben wähnt« und »die nach Jahren sich vor der Seele mit den wirklich gesehenen Naturscenen wundersam täuschend vermengen« (K II, 93) –, dann lenkt das auch den Blick auf die Poetik seiner eigenen Publikationen; obgleich diese im Einzelnen recht unterschiedliche Absichten verfolgen und sich an ganz verschiedene Leserschaften richten, scheint die Spannung zwischen einem empirisch exakten Wissen und einer das Ganze der Natur wahrenden Anschauung doch immer schon in sie eingetragen. In einer ersten Annäherung lassen sich vor allem zwei mediale Konstellationen erkennen, in denen Humboldt diese divergierenden Bestrebungen zu verbinden sucht. Zum einen verfolgt er Darstellungsformen, die Text mit bildlichen Elementen verbinden und vor allem die räumlichen Verteilungen und Vernetzungen von Natur und Naturforschung wiedergeben; in seinen Überlegungen zur Pasigraphie, die er noch in Mexiko im *Essay de Pasigraphie* entfaltet, manifestiert sich das ebenso wie in der schon erwähnten Naturgemäldetafel oder auch in der Vielzahl an Karten, Tabellen und Diagrammen, mit denen er sein Reisewerk ausstattet.[73]

neuen Wissenschaft, S. 505-512; Albes: Getreues Abbild oder dichterische Komposition?, S. 215 f.; Graczyk: Das literarische Tableau, S. 278 f.

73 Abgedruckt ist der *Essay de Pasigraphie* bei Beck (Hrsg.): Alexander von Humboldts »Essay de Pasigraphie«. Lob findet Humboldts »*graphische Darstellung* von Thatsachen« mit ihren »glücklich gewählte[n] Symbole[n] physikalischer Begriffe« bereits 1860 bei Martius: Denkrede auf Alexander von Humboldt, S. 30. Zur Pasigraphie und Kartographie bei Humboldt vgl. Barck: »Umwandlung des Ohrs zum Auge«; und, am Beispiel des *Atlas géographique et physique du royaume de La Nouvelle-Espagne*, Schäffner: Topographie der Zeichen. Vgl. auch die Überlegungen zu Text-Bild-Beziehungen bei Ette: Weltbewußtsein, S. 204-212. – In eine ähnliche Richtung wie Humboldt weist Carl Ritter, der 1833 in seinem Vortrag *Ueber das historische Element in der geographischen Wissenschaft* überlegt, durch welche Bildtechniken sich ein, wie er es nennt, ›Totalbild‹ erzeugen lasse. Neben der »richtigen Angabe der Raumverhältnisse« soll dieses »die gleichrichtige Eintragung der Zeitverhältnisse« erlauben, in denen »Räume wirklich erreicht und durchschritten werden können und gegenseitig in den wahrhaft lebendigen Verkehr treten«: »[W]ir müssten es verstehen, die Combination von beiden zu einem Totalbilde zu vereinen, etwa durch mehrere durchsichtige, übereinander hingleitende, hin und her verschiebbare Globularscheiben, oder durch parti-

Zum anderen aber ist Humboldt bestrebt, seine Reiseerlebnisse und Naturforschungen in möglichst anschaulichen, lebendigen Texten und Textformen wiederzugeben. Auffallend ist dabei zunächst, dass er sich auch hier wiederholt an bildlichen und bildkünstlerischen Darstellungsformen orientiert, wenn er diese Texte als ›Ansichten‹ oder ›Naturgemälde‹ entwirft. Allerdings zeigt ein genauerer Blick, dass er damit über ein eher einfaches Repräsentationsdenken hinausweist. Zwar stellt Humboldt sich nicht erst in den ausführlichen Darlegungen des *Kosmos* in die Traditionen der »*Poésie descriptive*« und der »Landschaftsmahlerei«,[74] zwar scheint er gerade mit dem zitierten Lob der neuen optischen Medien und der von ihnen erzeugten »magischen Effect[e]« (K II, 94) auf eine vermeintlich »autor- und medienlose Kunst« zu zielen, »die *Präsenz* ohne *Interferenz* garantiert« und die »in der Kontinuität des semiotischen Transparenzdenkens« steht,[75] doch ist ebenso sehr zu beobachten, dass ihm die Sprache nicht mehr als solch ein selbstlos repräsentierendes Medium zur Verfügung steht. Statt scheinbar hinter einem Bild der Natur, auf das sie verweisen, zu verschwinden, rücken Sprache und Text bei ihm deshalb immer wieder in ihrem Eigensinn in den Mittelpunkt: als Medien, die die lebendige Natur nicht mehr zu repräsentieren, sie aber dennoch in ihrer netzförmigen, beweglichen Struktur selbst nachzubilden, das heißt: ›darzustellen‹ vermögen.[76]

In diesem Sinne thematisiert Humboldt die Möglichkeiten von Sprache nicht erst im *Kosmos*,[77] sondern schon in den *Ideen zu einer*

kuläre Ortsverrückungen, oder durch andere Hülfsmittel.« (Ritter: Ueber das historische Element in der geographischen Wissenschaft, S. 179 f.).

74 A. v. Humboldt: An Varnhagen von Ense, 24. Oktober 1834, in: Assing (Hrsg.): Briefe von Alexander von Humboldt an Varnhagen von Ense, S. 20. Humboldt verweist hiermit auf die schon geplanten Kapitel zu den ›Anregungsmitteln des Naturstudiums‹, die dann im zweiten Band des *Kosmos* erscheinen. Vgl. K II, 6-94.

75 Robert: Weltgemälde und Totalansicht, S. 49.

76 Dies ist auch die Grundthese von Albes: Getreues Abbild oder dichterische Komposition?

77 Im Einklang mit den Forschungsergebnissen seines Bruders betont er hier: »*Gedanken* und *Sprache* stehen aber in innigem alten Wechselverkehr miteinander. Wenn diese der Darstellung Anmuth und Klarheit verleiht, wenn durch ihre angestammte Bildsamkeit und ihren organischen Bau sie das Unternehmen begünstigt, die *Totalität der Naturanschauung* scharf zu begrenzen; so ergießt sie zugleich, und fast unbemerkt, ihren

Physiognomik der Gewächse: »Bei allem Reichthum und aller Biegsamkeit unserer vaterländischen Sprache«, so gesteht er gegen Ende des Aufsatzes,

> ist es ein schwieriges Unternehmen, mit Worten zu bezeichnen, was eigentlich nur der nachahmenden Kunst des Mahlers darzustellen geziemt. Auch wünschte ich, das Ermüdende des Eindrucks zu vermeiden, das jede Aufzählung einzelner Formen unausbleiblich erregen muß. (AN 1, 185)[78]

Ungeachtet der Hoffnungen, die Humboldt in optische Medien setzte, zeigt sich hier, dass er die Sprache kaum mehr als ein neutral repräsentierendes Medium auffasste. Zudem verdeutlichen die *Ideen zu einer Physiognomik der Gewächse*, dass er in seinen Schriften zur Naturforschung auf mehr als das zielte, was die »nachahmende Kunst des Mahlers darzustellen« vermochte. So betont er die Fähigkeiten von Sprache hier, indem er »die allgemeine oder die Physiognomik der Natur« von der »individuellen Naturbeschreibung« abgrenzt und erklärt:

> Georg Forster in seinen Reisen und in seinen kleinen Schriften; Göthe in den Naturschilderungen, welche so manche seiner unsterblichen Werke enthalten; Herder, Büffon, Bernardin de St. Pierre, und selbst Chateaubriand, haben mit unnachahmlicher Wahrheit den Character einzelner Himmelstriche geschildert. Solche Schilderungen sind aber nicht blos dazu geeignet, dem Gemüthe einen Genuß der edelsten Art zu verschaffen; nein, die Kenntnis von dem Naturcharacter verschiedener Weltgegenden ist mit der Geschichte des Menschengeschlechtes, und mit der seiner Kultur, aufs innigste verknüpft. (AN 1, 175 f.)

Die Passage zeigt, dass Humboldt die Sprache nicht nur als repräsentierendes, ›abmalendes‹ Medium verstand. In einer die Poetik seiner Schriften charakterisierenden Verschränkung von Erkenntnis und Erlebnis der behandelten Gegenstände will er nicht nur die »unnachahmliche Wahrheit« und einen »Genuss der edelsten Art« vermitteln, er will das Wissen von der Natur auch in den Kontext

belebenden Hauch auf die Gedankenfülle selbst. Darum ist das *Wort* mehr als Zeichen und Form« (K I, 40).

78 Ganz ähnlich warnt Humboldt noch im *Kosmos* vor dem »ermüdenden Eindruck« ausführlicher Beschreibungen. Vgl. K I, viii.

von Kultur- und Zivilisationsgeschichte eingebettet sehen. Vor allem diese weit ausgreifenden Zusammenhänge sind in Landschaftsgemälden kaum zu veranschaulichen, sondern müssen durch Sprache und Text erst hergestellt werden. Bemerkenswert ist die zitierte Stelle darüber hinaus aufgrund der literarischen Tradition, in die Humboldt sich hier stellt: eine Tradition, die deutsche und französische Autoren, fiktionale und nicht-fiktionale Texte gleichermaßen berücksichtigt; eine Tradition, die insbesondere durch die großen naturgeschichtlichen Werke und Reisebeschreibungen des 18. Jahrhunderts konstituiert wird und dabei stark rousseauistisch geprägt ist;[79] eine Tradition schließlich, in der möglichst von eigener Naturerfahrung ausgegangen und das gesamte Repertoire sprachlicher Kunst aufgewendet wird, um Wissen in größere Zusammenhänge einzubetten, zu vermitteln und dazu die Einbildungskraft der Leser zu stimulieren.

Dieser Tradition der Naturbeschreibung wendet Humboldt sich 1847, im zweiten Band des *Kosmos,* noch einmal zu, indem er sie von den ›malenden‹ Naturdichtungen des 18. Jahrhunderts abgrenzt. Gegenüber dem, was gemeinhin »mit den Benennungen ›beschreibender Poesie und Landschaftsdichtung‹ tadelnd belegt« werde, so erklärt er, würden die von ihm erwähnten Autoren zeigen, dass Naturbeschreibungen »scharf umgrenzt und wissenschaftlich genau« sein können, »ohne daß ihnen darum der belebende Hauch der Einbildungskraft entzogen« werden müsse (K II, 74 f.). Neben Forster, der »der Ansicht einer exotischen Natur Wahrheit, Individualität und Anschaulichkeit« gegeben habe (K II, 72), würden das vor allem die genannten französischen Autoren verdeutlichen. Fällt Buffon noch etwas aus dieser Tradition heraus, weil er zwar gründlich »in physikalischen Untersuchungen« gewesen sei, ihm aber »die harmonische Verknüpfung der Darstellung der Natur mit dem Ausdruck der angeregten Empfindung« gefehlt habe (K II, 66), könne Jacques-Henri Bernardin de Saint-Pierre und François-René de Chateaubriand kein solcher Mangel mehr vorgeworfen werden. Zwar habe Bernardin de Saint-Pierre, der Schüler Rousseaus, seine wissenschaftlichen Schriften »durch abenteuerliche Theorien und physikalische Irrtümer verunstaltet«, doch dafür sei »die mächtige Tropennatur« in dem auf Mauritius spielenden Roman *Paul et Vir-*

79 Siehe Hudde: Naturschilderung bei den Rousseau-Nachfolgern; und Graczyk: Das literarische Tableau, S. 257-264.

ginie »mit unnachahmlicher Wahrheit« und »in ihrer ganzen Eigenthümlichkeit dargestellt« (K II, 67 f.).[80] Wie Humboldt weiter erklärt, kennzeichne auch die Schriften seines Freundes Chateaubriand ein »Auffassen des Einzelnen«, ohne dass dabei »dem Eindruck des Allgemeinen« geschadet und »dem zu behandelnden äußeren Stoffe die freie innere Belebung dichterischer Phantasie« geraubt würde (K II, 68).

Mit dieser literaturhistorischen Einordnung fundiert Humboldt im *Kosmos* noch einmal eine Einschätzung, die in der ersten Hälfte des 19. Jahrhunderts auch an seine eigenen Schriften herangetragen wurde. Längst galten diese selbst als vorbildlich, als »Muster« all der »Darstellungen«, die in »ansprechender und lebendiger« Weise das »Ganze der Naturwissenschaft« wiedergeben wollen, so schreibt Jakob Friedrich Fries 1822 in seiner *Mathematischen Naturphilosophie.*[81] Gleichsam in Erinnerung an die pygmalionischen Wurzeln der ›Darstellung‹ in der Poetik des 18. Jahrhunderts lobt 1848 auch Matthias Jacob Schleiden »die classische Objectivität und die plastische Anschaulichkeit, welche [...] den Meister der Wissenschaft, der künstlerischen Auffassung und der Sprache, *Alexander von Humboldt* auszeichnen«;[82] und kurz nach Humboldts Tod bemerkt Carl Friedrich Philipp von Martius im Blick auf die *Ansichten der Natur:* »Es ward dies Büchlein Muster und Vorbild späterer Reisenden für die Plastik in Worten. Wir begegnen seinem Einflusse überall in der neueren Reiseliteratur.«[83] Mit welchen Mitteln Humboldt diese vermeintlich mustergültigen lebendigen ›Darstellungen‹ einer ebenso lebendigen Natur erzeugte, wie er die Interessen am Einzelnen und am Allgemeinen miteinander verband, subjektives Erlebnis und objektive Erkenntnis der Natur vermittelte,

80 Zu Bernardin de Saint-Pierre, dessen *Paul et Virginie* Humboldt mit auf die Amerikareise genommen hatte, vgl. auch den Brief an Cotta vom 14. Februar 1807, in: Leitner (Hrsg.): Alexander von Humboldt und Cotta, S. 79; A. v. Humboldt: Reise in die Äquinoktial-Gegenden des Neuen Kontinents, S. 910 f. Was Humboldt an *Paul et Virginie* fasziniert hat – die großangelegten ›Zeichnungen‹ einer fremden Vegetation –, legen bereits die programmatischen ersten Sätze aus dem Vorwort des Romans von 1788 nahe: »Je me suis proposé de grands desseins dans ce petit ouvrage. J'ai tâché d'y peindre un sol et des végéteaux différents de ceux de l'Europe.« (Saint-Pierre: Paul et Virginie, S. 93).

81 Fries: Die mathematische Naturphilosophie, § 5, S. 13 f.

82 Schleiden: Die Pflanze und ihr Leben, S. 372.

83 Martius: Denkrede auf Alexander von Humboldt, S. 26.

soll nun vor allem in der Untersuchung der *Ideen zu einer Geographie der Pflanzen nebst einem Naturgemälde der Tropenländer* und ebender *Ansichten der Natur* herausgearbeitet werden. Neben den Wechselwirkungen zwischen Bild und Schrift gerät dabei auch in den Blick, wie Humboldt die wilde Tropennatur in der Form seiner Texte selbst zu veranschaulichen und herauszubilden suchte.

Darstellung der Pflanzengeographie

Epistemologie und Ästhetik: *Ideen zu einer Geographie der Pflanzen …* (1807)

Nach seiner mehr als fünfjährigen Reise kehrt Humboldt am 3. August 1804 nach Europa zurück. Erwartungsvoll von den Zeitgenossen empfangen, begibt der inzwischen weltberühmte Naturforscher sich von Bordeaux aus sogleich nach Paris, in das damalige Zentrum der Wissenschaften, um gemeinsam mit Bonpland die schon in Mexiko begonnene publizistische Auswertung ihrer Unternehmung voranzutreiben. Doch anstatt, wie von den meisten erwartet, zuerst einen ausführlichen Bericht der Reiseerlebnisse vorzulegen, eröffnet Humboldt sein monumentales, letztlich 29 Bände umfassendes Reisewerk[84] mit einer Schrift zur Pflanzengeographie: dem 1807 veröffentlichten *Essai sur la Géographie des Plantes, accompagné d'un tableau physique des régions équinoxiales,* der im gleichen Jahr auch in der schon erwähnten, Goethe gewidmeten deutschen Fassung unter dem Titel *Ideen zu einer Geographie der Pflanzen nebst einem Naturgemälde der Tropenländer* erscheint. Die Schrift, die die im Januar 1806 vorgetragenen *Ideen zu einer Physiognomik der Gewächse* in vielerlei Hinsicht parallelisiert und breiter entfaltet, ist bemerkenswert. Auffallend ist nicht nur die bereits angesprochene große Kupfertafel, durch die Humboldt den zweiten Teil des Werks, das ›Naturgemälde der Tropenländer‹, strukturiert; hierauf ist später noch zurückzukommen. Zudem sind die *Ideen zu einer Geographie der Pflanzen* die einzige Schrift, die Humboldt selbst aus dem Französischen ins Deutsche übersetzt hat;[85] wie Bettina Hey'l

84 Zu den verschiedenen Zählungen vgl. Fiedler, Leitner: Alexander von Humboldts Schriften, S. 68 f.

85 Am 20. Januar 1840 schreibt Humboldt auch an Johann Georg von Cotta: »Ich habe nichts französisch und deutsch Zugleich geschrieben als das

erklärt, können die beiden Textversionen angesichts der dabei vorgenommenen Umarbeitungen als »Kunststück der interkulturellen Transposition angesehen werden«.[86]

Ablesbar ist dieser Akt der Transposition bereits am Titel der *Ideen zu einer Geographie der Pflanzen nebst einem Naturgemälde der Tropenländer,* mit dem Humboldt die beiden Teile der Schrift benennt: Auf ein kürzeres Kapitel zu den ›Ideen zu einer Geographie der Pflanzen‹ folgt ein ungleich längeres zur beigegebenen Kupfertafel, dem ›Naturgemälde der Tropenländer‹. Daneben reiht Humboldt sich mit dem Titel der Schrift auch in eine spezifisch deutsche Tradition an Werken zur Philosophie der Geschichte, Gesellschaft und Natur ein. Zu dieser Tradition, die von der Aufklärung bis in den Idealismus reicht, gehören Kants *Ideen zu einer allgemeinen Geschichte in weltbürgerlicher Absicht* von 1784 ebenso wie die von 1784 bis 1791 publizierten *Ideen zur Philosophie der Geschichte der Menschheit* von Herder, die *Ideen zu einem Versuch, die Gränzen der Wirksamkeit des Staates zu bestimmen,* die Humboldts Bruder Wilhelm 1792 verfasst, ebenso wie die 1797 veröffentlichten *Ideen zu einer Philosophie der Natur* von Schelling – bereits diese Aufzählung der Autoren und Werke verdeutlicht, dass die *Ideen zu einer Geographie der Pflanzen* trotz ihres eher bescheiden klingenden Titels weit mehr als ein naturgeschichtliches Werk sein sollen.

Die interkulturelle Übersetzungsleistung, die Humboldt in seiner Schrift vollbringt, manifestiert sich auch in ihrer Vorrede. Nachdem er dort noch einmal die Bedeutung der großen Naturgemäldetafel betont und sich als Forscher inmitten der wilden Tropennatur verortet hat – so habe er »den größeren Teil« des Textes »am Fuße des Chimborazo« verfasst, im »Angesichte der Natur, die ich schildern wollte« (HSA 1, 44)[87] –, bittet Humboldt im *Essai sur la Géographie des Plantes* um Nachsicht dafür, dass er sich im Französischen nicht mit derselben »pureté de style« ausdrücken könne wie

Essai sur la Geographie des Plantes« (Leitner (Hrsg.): Alexander von Humboldt und Cotta, S. 224).

86 Hey'l: Das Ganze der Natur, S. 310. Zu den bislang kaum untersuchten Unterschieden beider Textversionen vgl. ebd., S. 310-316.

87 Humboldt wendet sich damit gegen Naturforscher wie Buffon, zu dem er noch 1847 im *Kosmos* anmerkt, »daß er Mittel-Europa nie verließ, daß ihm die eigene Ansicht der Tropenwelt fehlt, die er zu beschreiben glaubt« (K II, 66).

in seiner Muttersprache.[88] An die Stelle dieser Entschuldigung tritt in der deutschen Ausgabe, den *Ideen zu einer Geographie der Pflanzen,* eine Rechtfertigung anderer Art. Hier nun erklärt Humboldt, er habe »in diesem Werk die mannigfaltigen Erscheinungen mehr nebeneinander aufgezählt, als, eindringend in die Natur der Dinge, sie in ihrem inneren Zusammenwirken geschildert«. Nachdem er sich somit im »Felde der empirischen Naturforschung« verortet hat, drückt er zudem die Hoffnung aus, »daß es möglich sein wird, einst ein Naturgemälde ganz anderer und gleichsam höherer Art naturphilosophisch dazustellen«. Vor allem die Naturphilosophie Schellings, »das kühne Unternehmen eines der tiefsinnigsten Männer unseres Jahrhunderts«, würde diese Erwartung begründen: die Erwartung, dass alle Naturphänomene letztlich »auf den nie beendigten Streit entgegengesetzter Grundkräfte der Materie« zurückgeführt werden können (HSA 1, 44 f.). Wo Humboldt sich in der französischen Ausgabe noch für seinen vermeintlich unpräzisen Stil entschuldigt – als Autorität in diesem Feld hatte sich in der zweiten Hälfte des 18. Jahrhunderts vor allem Buffon etabliert[89] –, positioniert er sich in der deutschen Fassung mit Blick auf das damals aktuelle Spannungsfeld zwischen empirischer und idealistischer Naturauffassung, ein Spannungsfeld, das seine Schriften bis hin zum *Kosmos* kennzeichnen wird.

Im Anschluss an die Vorrede arbeitet Humboldt im ersten Teil der Schrift, dem Kapitel über die ›Ideen zu einer Geographie der Pflanzen‹, zunächst an der Grundlegung seiner Naturforschung; da dieses Kapitel in formaler Hinsicht eher konventionell gestaltet ist, soll es im Folgenden nur kurz mit Blick auf die Ausführungen zur Pflanzengeographie als einer Wissensform betrachtet werden, in der epistemische und ästhetische Praktiken in voneinander unabtrennbarer Weise interferieren. Ähnlich wie in den *Ideen zu einer Physio-*

88 A. v. Humboldt: Essai sur la Géographie des Plantes, S. vii. Allerdings sorgt Humboldt hier auch dafür, dass seine sprachliche Leistung nicht zu gering erscheine. So ergänzt er, dass er schon seit langem, »depuis longtemps«, gezwungen gewesen sei, »à m'exprimer en plusieurs langues qui ne sont pas plus les miennes que la françoise« (ebd.).

89 Das gelang ihm vor allem im bekannten *Discours sur le style,* den er am 25. August 1753 vor der Académie française gehalten hat. Siehe Buffon: Discours prononcé à l'académie françoise, in: Histoire naturelle, Supplément, Bd. 4, S. 1-13; sowie Lepenies: Die Speicherung wissenschaftlicher Traditionen in der Literatur; und Trabant: Le style est l'homme même.

gnomik der Gewächse entwirft Humboldt die Pflanzengeographie hierbei zunächst in Abgrenzung von der klassifizierenden Botanik als eine neue, noch kaum formierte Disziplin, die »die Gewächse« besonders »nach Verschiedenheit der Klimate und Berghöhen« betrachtet, »in welchen sie sich finden«. Dafür unterscheidet er die Pflanzen in »zwei Klassen, die in ihrem Verhältnisse gegeneinander (und so zu sagen in ihrer Lebensweise) weit voneinander abstehen«: einerseits in Pflanzen wie »Solanum dulcamara« und »Polygonum bistorta«, der bittersüße Nachtschatten und der Schlangenknöterich, die »einzeln und zerstreut« auftreten, andererseits in »Gewächse« wie das »Heidekraut (Erica vulgaris)« und die »Erdbeeren (Fragaria vesca)«, die »gesellig vereint, gleich Ameisen und Bienen, [...] ganze Erdstrecken« bedecken, »von denen sie alle von ihnen verschiedene Pflanzen ausschließen« (HSA 1, 49).[90] Während diese »geselligen Pflanzen« meist in der gemäßigten Klimazone vorkommen, »wo ihre Menge den Anblick der Vegetation einförmiger und deshalb unmalerischer macht«, seien die einzeln auftretenden Gewächse vor allem in den Tropenländern zu beobachten: »Kein Gewächs«, heißt es schließlich, »übt hier verdrängende Herrschaft über die anderen aus« (HSA 1, 50).

Wenn Humboldt somit eine als einförmig erscheinende, nach Herrschaft strebende Vegetation, wie sie sich vor allem in Europa finde, von einem vielfältigen, aber bedrohten tropischen Pflanzenwuchs unterscheidet, dann ist bereits angedeutet, wie sehr er mit der Pflanzengeographie auf ästhetisch, aber auch politisch geprägte Unterscheidungen und Kategorien zurückgreift. Dieser Eindruck verschärft sich im Fortgang des Texts. Um die Verteilung der Pflanzen in ihrer Dynamik zu erfassen, wendet Humboldt sich hier stärker als in den *Ideen zu einer Physiognomik der Gewächse* dem Phänomen der Pflanzenwanderung zu. Dabei interessiert ihn vor allem die Ausbreitung geselliger Pflanzen auf Kosten ›malerischer‹, durch ästhetische und biologische Vielfalt gekennzeichneter Vegetationen. So wünscht er sich, dass auf »botanischen Spezial-Karten« einmal die »Länderstrecken« bezeichnet würden,

> welche diese gesellige Verbindung von Gewächsen einerlei Art auf dem Erdboden einnehmen. Sie würden sich in langen Zügen

90 Auf diesen »Unterschied zwischen einsamen und gesellschaftlichen Gewächsen«, den Humboldt schon in den 1790er Jahren mehrfach erwähnt, verweist auch Willdenow: Grundriss der Kräuterkunde, § 289, S. 371.

darstellen, die, Unfruchtbarkeit verbreitend, alle Kultur um sich her verdrängen und bald als Heiden, bald als unermeßliche Grasfluren (Steppen, Savannen), bald als undurchdringliche Waldungen, dem Verkehr des Menschengeschlechts fast größere Hindernisse als Berg und Meer entgegenstellen. (HSA 1, 51)[91]

Aufschlussreich hieran ist, dass Humboldt die Pflanzengeographie nicht auf die Erforschung statischer Verteilungen festlegt, sondern dass er sie auch als eine historisch weit zurückgreifende Verkehrs- und Bewegungswissenschaft versteht – deren Darstellungsformen, etwa in Gestalt von Karten, gleichwohl erst geschaffen werden mussten.[92] Neben der Botanik bezieht die Pflanzengeographie sich deshalb auf die Geognosie, die spätere Geologie, indem sie »die ehemalige Verbindung nahegelegener Kontinente« (HSA 1, 53) erforscht und »in das Innere der Erde vorzudringen« und »die Denkmäler der Vorzeit zu befragen« sucht, um »das große Problem von der Wanderung der Vegetabilien« zu lösen (HSA 1, 55). Außerdem verdeutlicht das Kapitel über die ›Ideen zu einer Geographie der Pflanzen‹, dass diese Wissenschaft von der Natur kaum von der Kulturgeschichte und damit auch von einer erst im Entstehen begriffenen Kulturwissenschaft getrennt werden kann. Da sie zum Verständnis der Pflanzenwanderung zuletzt auch die Zivilisations-

91 Für eine solche Karte vgl. den von Humboldt angeregten, von 1838 bis 1848 erscheinenden Atlas von Heinrich Berghaus: Physikalischer Atlas, S. 100 f. – Auch in den *Ideen zu einer Physiognomik der Gewächse* beschreibt Humboldt die »Heidekräuter« als eine Pflanzenform, die vor allem »in den baltischen Ländern, und noch nördlicher hin, […] gefürchtet« sei und »gegen deren fortschreitenden Zug die ackerbauenden Völker seit Jahrhunderten mit wenigem Glücke ankämpfen« (AN 1, 191). In stereotyper Weise wird die als trostlos empfundene Einförmigkeit und Unfruchtbarkeit der Heidelandschaft auch beschworen bei Forster: Ansichten vom Niederrhein, in: Werke, Bd. 9, S. 278; Willdenow: Grundriss der Kräuterkunde, § 289, S. 371; Martius: Die Physiognomie des Pflanzenreiches in Brasilien, S. 298; und auch noch bei Schleiden: Die Pflanze und ihr Leben, S. 365 und 385 f.

92 Dass Humboldt immer wieder Bewegungen untersucht, durch die er die Kategorie des Raums erst erschlossen und konstituiert sieht, begreift Ottmar Ette als die ›vektorielle Dimension‹ der *Humboldtian science.* Dabei »ist unter dem Begriff des Vektoriellen oder der vektoriellen Dimension zu verstehen, daß historisch und kulturell gespeicherte Bewegungsmuster wesentlich in ein Verständnis vernetzter Generierungsprozesse von Räumen einbezogen werden müssen.« (Ette: Alexander von Humboldt und die Globalisierung, S. 120 f.)

ströme mit ihren jeweiligen Aneignungsformen von Natur berücksichtigen muss, sucht die Pflanzengeographie beständig nach Spuren der »wunderbare[n] Verkettung von Begebenheiten [...], welche das Menschengeschlecht über Meer und Land, durch alle Teile der Erde getrieben haben« (HSA 1, 59). Im Blick auf die Pflanzen verhandelt sie somit auch Gegenstände der Zivilisations- und Kolonialgeschichte und öffnet sich zu einer Anthropogeographie – ein ähnlich ambitioniertes Projekt hatte zuvor vor allem Herder in den *Ideen zur Philosophie der Geschichte der Menschheit* entworfen.

Dass diese sehr breit orientierte Naturforschung aber nicht nur von ästhetischen Anschauungen ausgeht, sondern dass sie sich als Wissenschaft – ähnlich wie Goethes Metamorphosenlehre und Morphologie – letztlich auch wieder an Künstler und Kunstinteressierte richtet, lassen besonders die letzten Seiten des Kapitels erkennen. Nachdem Humboldt hier bemerkt hat, dass »der Ackerbau« auch in der gemäßigten Zone »die Herrschaft fremder eingewanderter Pflanzen über die einheimischen begründet« und dass somit nicht zuletzt »die Kultur den Anblick des europäischen Bodens einförmig« gemacht habe, erklärt er weiter, »diese Einförmigkeit« sei »den Wünschen des Landschaftsmalers, wie denen des im Freien forschenden Botanikers gleich entgegen«. Um eine ästhetische Mannigfaltigkeit zu erzeugen, die aber dennoch in der Natur fundiert sei, solle der Künstler sich deshalb besonders an die ebenso formenreiche wie widerstandsfähige »Tropenwelt« wenden; schließlich sei die »menschliche Kraft zu schwach, um eine Vegetation zu besiegen, welche den Boden unserem Auge entzieht und nichts unbedeckt läßt, als den Ozean und die Flüsse« (HSA 1, 60).

Damit der Künstler die überwältigende, allein in den Tropen voll ausgebildete Formenfülle der Natur aber auch differenzieren und erkennen könne, bezeichnet Humboldt nach den Klassen der einzeln und der gesellig wachsenden Pflanzen erneut Grundformen der Vegetation, die das Erscheinungsbild der Pflanzennatur in charakteristischer Weise bestimmen würden. Während er in den *Ideen zu einer Physiognomik der Gewächse* hierzu erklärt hatte, dass »gerade dem feinen Naturgefühle des Künstlers« bei der Unterscheidung der dort beschriebenen sechzehn Pflanzenformen »der Ausspruch« zukommen müsse (AN 1, 181), so belässt er diese Abhängigkeit des Naturforschers vom Künstler in den nüchterneren, deutlicher an ein wissenschaftliches Publikum gerichteten *Ideen zu einer Geographie der Pflanzen* im Hintergrund. Stattdessen betont

Humboldt nun den Ertrag der Naturforschung für den Künstler. Hierfür unterscheidet er siebzehn Ausdrucksformen der Vegetation, »deren Studium dem Landschaftsmaler«, wie er hinzufügt, »besonders wichtig sein« müsse (HSA 1, 62); dazu zählt er die »Bananenform«, die von ihm bewunderte »Palmenform« und die »Form der baumartigen Farnkräuter«, dann die »Aloe-Form«, die »Pothosform«, die Formen der »Nadelhölzer«, »Orchideen«, »Mimosen« und »Malven«, die »Rebenform«, »Lilienform« und »Kaktusform«, die »Casuarinenform«, die »Gras und Schilf-Form« sowie endlich die Formen der »Laubmoose«, »Blätterflechten« und »Hutschwämme« (HSA 1, 62-64). Allerdings bemerkt Humboldt im Anschluss an diese Aufzählung sogleich, wie ungenügend die bloße Benennung ästhetisch gewonnener Grundgestalten der Vegetation sei. Vielmehr noch wäre es »ein treffliches, eines gebildeten Künstlers würdiges Unterfangen«, so fügt er hinzu,

> die Physiognomien jener Pflanzengruppen, für deren Beschreibung es selbst den reichsten Sprachen an Ausdrücken fehlt, nicht in Büchern oder Treibhäusern, sondern in der Natur selbst, in ihrem Vaterlande zu studieren. (HSA 1, 64)[93]

In der ersten Hälfte des 19. Jahrhunderts sind sogenannte Reisekünstler wie Johann Moritz Rugendas, der auch die Kupferstiche für die später geplante Neuauflage der *Ideen* anfertigen sollte, ebenso wie Ferdinand Bellermann und Eduard Hildebrandt diesem Appell gefolgt. Oft unterstützt durch Humboldt, reisten sie vor allem nach Südamerika und erstellten dort Bilder einer Tropennatur, die sich, wie es dann im *Kosmos* heißt, gleichermaßen durch Lebendigkeit und »Naturwahrheit« auszeichnen sollten (K II, 132).[94] Neben diesem Einfluss der Pflanzengeographie auf die Landschaftsmalerei,

93 In den *Ideen zu einer Physiognomik der Gewächse* ergänzt Humboldt an dieser Stelle: »Wie interessant und lehrreich für den Landschaftsmaler wäre ein Werk, welches dem Auge die aufgezählten sechzehn Hauptformen, erst einzeln, und dann in ihrem Kontrast gegen einander, darstellte! [...] Dem Künstler ist es gegeben, die Gruppen zu zergliedern, und unter seiner Hand löst sich [...] das große Zauberbild der Natur, gleich den geschriebenen Werken der Menschen, in wenige einfache Züge auf!« (AN 1, 199 f.).

94 Vgl. auch K II, 86; sowie Muthmann: Alexander von Humboldt, bes. S. 79-114; Rojas-Mix: Die Bedeutung Alexander von Humboldts; Diener: Humboldt und die Kunst; Badenberg: Ansichten des Tropenwaldes, S. 155-168; Achenbach: Kunst um Humboldt. Für eine literarische An-

den auch Carl Gustav Carus in seinem Entwurf der »*Erdlebenbildkunst*« bezeugt,[95] ist an der zitierten Passage außerdem der epistemologische Rang bemerkenswert, den Humboldt einer auf Autopsie beruhenden Landschaftsmalerei zuschreibt. Denn wenn diese zeigt, was selbst die »reichsten Sprachen« nicht ausreichend differenziert zu begreifen erlauben, dann veranschaulicht sie nicht nur ein bereits diskursiv formiertes und archiviertes Wissen. Vielmehr präsentiert sie eine lebendige und dadurch schon als ›wahr‹ geltende Anschauung, mithin ein gleichsam intuitives Wissen, das noch immer den Ort seiner Entstehung bezeichnet, das die Gegenstände, auf die es rekurriert, in ihrem jeweils heimischen Kontext belässt, ein Wissen also, das scheinbar nur als Bild gefasst und gespeichert werden kann. In größerem Maße, als Goethe dies für seine stärker textorientierte Metamorphosenlehre offengelegt hatte, stehen Kunst und Wissenschaft auf dem Boden der Pflanzengeographie daher in einem Verhältnis der Interferenz. Ebenso wie die Kunst sich erst vollendet, wenn sie auch Anspruch auf Wahrheit erheben kann – diese Übereinkunft von naturwahrer und kunstgerechter Behandlung hatte Goethe, wie gesehen, als ›Stil‹ bezeichnet[96] –, so gelingt es der Wissenschaft hier nur durch ästhetische Kategorien und Unterscheidungen sowie durch Medien, die nicht an Diskursives gebunden sind, ein lebendiges Ganzes der Natur zu erfassen.

Doch obgleich Humboldt betont, dass die Differenziertheit und Fülle der Pflanzenformen allein in der Anschauung der Tropennatur erfahren und erkannt werden könne, bindet er die Pflanzengeographie als eine den Menschen stets mitbedenkende Wissenschaft von der Kultur und Geschichte, den Bewegungen, Verteilungen und Erscheinungen von Vegetationen zuletzt wieder an eine sehr europäische, romantisch geprägte Perspektive. In einer der vielleicht ein-

eignung von Rugendas' Leben vgl. auch die Novelle von César Aira: Humboldts Schatten.

95 Carus: Briefe über Landschaftsmalerei, S. 118. Im Anschluss an Humboldts Methode der Pflanzenphysiognomie bemerkt Carus: »Wie bedeutungsvoll ist nicht die Art der Vegetation für den Charakter der Gegend; und die Geschichte der großen Formationen der Pflanzenwelt uns im schönen und sinnigen Gewande vorzuführen, wäre sicher eine edle Aufgabe der Kunst; denn es gibt ein geheimes Verhältnis unter diesen stillen Geschöpfen, und ein reiches poetisches Leben verbirgt sich in ihren Blättern und Blüten.« (Ebd., S. 110).

96 Vgl. erneut Goethe: Einfache Nachahmung der Natur, Manier, Styl, FA 18, 225-229.

prägsamsten Passagen seines Reisewerks erklärt er am Ende des Kapitels zu den ›Ideen zu einer Geographie der Pflanzen‹, dass »der Tropenbewohner den Anblick aller Pflanzenformen« genießen könne. Doch auch wenn dieser »Vorzug« den Europäern verwehrt bleibe, wüssten diese ihren Mangel an äußeren Anschauungen zu kompensieren:

> Viele Pflanzenformen bleiben ihnen auf immer unbekannt. Die krankenden Gewächse, welche Luxus oder Wißbegierde in unsere Treibhäuser einzwängt, erinnern nur an das, was wir entbehren: Sie bieten ein verzerrtes, unvollkommenes Bild von der Kraft der Tropenvegetation dar. Aber in dem Reichtum und der Kultur der Sprache, in der regen Phantasie der Dichter und Maler finden die Europäer einen befriedigenden Ersatz. Der Zauber nachahmender Künste versetzt sie in die fernsten Teile der Erde. Wessen Gefühl regsam für diesen Zauber, wessen Geist gebildet genug ist, um die Natur in allen ihren Tätigkeiten zu umfassen, der schafft sich in der Einsamkeit einer öden Heide gleichsam eine innere Welt: Er eignet sich zu, was die Kühnheit des Naturforschers, Meer und Luft durchschiffend, auf dem Gipfel beeister Berge oder im Inneren unterirdischer Höhlen entdeckt hat. Hier sind wir auf den Punkt gelangt, wo Kultur der Völker und Wissenschaft am unbestrittensten auf das individuelle Glück einwirken. Durch sie leben wir zugleich in dem verflossenen und in dem gegenwärtigen Jahrhundert. Um uns versammelnd, was menschlicher Fleiß in den fernsten Erdstrichen aufgefunden, bleiben wir allen gleich nahe. Ja, die Kenntnis von dem inneren, geheimen Spiel der Naturkräfte läßt uns bei vielen selbst Schlüsse für die Zukunft wagen und die Rückkehr großer Erscheinungen vorherbestimmen. So schafft Einsicht in den Weltorganismus einen geistigen Genuß und eine innere Freiheit, die mitten unter den Schlägen des Schicksals von keiner äußeren Macht zerstört werden kann. (HSA 1, 66)[97]

Wie Humboldt hier erklärt, können auch die Europäer, die nur eine unvollkommene heimische oder bloß eine in Treibhäusern degenerierte tropische Vegetation kennen, die fehlende Anschauung einer ›ganzen Natur‹ ersetzen, indem sie sich eine »innere Welt« erschaf-

97 Vgl. hierzu auch die ungleich kürzere Fassung dieser Passage am Ende der *Ideen zu einer Physiognomik der Gewächse*, in: AN 1, 203 f.

fen und, vermittelt und geschult durch den »Zauber nachahmender Künste«, in der »Phantasie« erkunden, was ihrer äußeren Welt ermangelt. Mit dieser Erklärung bezieht Humboldt sich auf die in der Klimatheorie vor allem der zweiten Hälfte des 18. Jahrhunderts ausgearbeitete Entgegensetzung zwischen der vermeintlichen Sinnlichkeit der Bewohner heißer Klimazonen und der angeblich größeren Intellektualität und Innerlichkeit, die besonders den Bewohnern gemäßigter Zonen zu eigen sei.[98] Zudem erläutert er in der zitierten Passage, dass die durch die Einbildungskraft vermittelte »Kenntnis von dem inneren, geheimen Spiel der Naturkräfte« den Europäern sowohl ein »individuelles Glück« verschaffe als sie ihnen auch Schlüsse in die Vergangenheit und Zukunft erlaube. In einer für seine Zeit charakteristischen Wendung affirmiert Humboldt somit den »Traum des abendländischen Denkens von einer Überzeitlichkeit und Allgegenwart, von einer kontextfreien und zugleich Freiheit schaffenden Wissenschaft«,[99] indem er die konstitutive Funktion einer produktiven, historisch frei agierenden Einbildungskraft für den Erwerb von Wissen betont und gerade den Genuss und die Freiheit hervorhebt, die dieses Wissen ermöglicht. Damit schlägt er auch einen Bogen zurück zur Vorrede der *Ideen zu einer Geographie der Pflanzen.* Denn wenn er das Wissen von der Natur im Anschluss an Schellings Philosophie zuletzt als »Einsicht in den Weltorganismus« beschreibt – eine Referenz, die in der französischen Fassung des Texts erneut fehlt –,[100] dann nimmt er damit auch die

98 Zur Klimatheorie der zweiten Hälfte des 18. Jahrhunderts siehe Fink: Von Winckelmann bis Herder.

99 Ette: Weltbewußtsein, S. 212.

100 Zum Bild des ›Weltorganismus‹ siehe Graczyk: Das literarische Tableau, S. 381-384. Bevor Humboldt die Vorstellung der Erde als ›Weltorganismus‹ im *Kosmos* breit entwickelt, entfaltet auch Carl Ritter sie in seinen Vorlesungen zur *Allgemeinen Geographie:* »Die Erde ist [...] ein *kosmisches Individuum* mit eigenthümlicher Organisation, ein *Ens sui generis* mit fortschreitender Entwickelung. [...] Diese Individualität der Erde zu erforschen und darzustellen ist die höchste Aufgabe der geographischen Wissenschaft.« (Ritter: Allgemeine Geographie, S. 17). – Statt auf »Einsicht in den Weltorganismus« zu hoffen, erklärt Humboldt in der französischen Fassung bloß, dass die Verfügung über Vergangenheit und Zukunft es den Menschen erlaube, die »Gesetze« zu bestimmen, »denen die Natur unterworfen sei« (»les lois auxquelles la nature s'est assujettie«). Sodann schließt er – und diese Wendung gibt bereits einen Eindruck von dem anderen Tonfall der französischen Fassung: »C'est au milieu de ces recherches que nous nous préparons une jouis-

eingangs benannte Unterscheidung zwischen dem empirischen Naturforscher und dem Naturphilosophen auf. Während er selbst nach Amerika gereist sei, um die Tropennatur zu entdecken und zu vermessen, so lautet die Pointe dieser Stelle, mögen Naturphilosophen wie Schelling sich bemühen, die Ergebnisse dieser Forschungen in einem »Naturgemälde ganz anderer und gleichsam höherer Art« zusammenzufassen (HSA 1, 45).

Text und Bild:
… *nebst einem Naturgemälde der Tropenländer* (1807)

Auch wenn Humboldt seine Naturforschung damit im Blick auf die damals ebenso populäre wie einflussreiche deutsche Naturphilosophie relativiert – trotz großer Erwartungen an Schelling hat er doch stets eine gewisse Distanz zu einer ihm als allzu spekulativ erscheinenden Forschung gewahrt[101] –, so ist der synthetisierende Anspruch seines Naturgemäldes nicht zu unterschätzen. Deutlich wird das schon in der Vorrede der *Ideen zu einer Geographie der Pflanzen*. Humboldt erklärt hier, dass er es vor der Veröffentlichung einzelner Erlebnisse und Ergebnisse der Amerikareise für »nützlicher« gehalten habe, »die Hauptresultate der von mir beobachteten Erscheinungen in ein allgemeines Bild zusammenzufassen« (HSA 1, 43). Ein solches Bild stelle das »Naturgemälde« vor, das er der Schrift beigegeben habe, weil es nicht nur »alle Erscheinungen« vereine, die »die Oberfläche unseres Planeten und der Luftkreis darbiete[n]«, sondern auch »nur allgemeine Ansichten, sichere und durch Zahlen auszudrückende Tatsachen« präsentiere (HSA 1, 44).

Bevor nun am zweiten Teil der *Ideen zu einer Geographie der Pflanzen* betrachtet wird, wie Humboldt dieses »allgemeine Bild«, die bereits erwähnte große Kupfertafel (Abb. 9), ausführlich bespricht und erläutert, soll zweierlei angemerkt werden. So ist zum einen erstaunlich, wie genau Humboldt mit dieser Tafel auf einen Wunsch zu reagieren scheint, den Herder bereits 1784 in den *Ideen zur Philosophie der Geschichte der Menschheit* geäußert hatte. Im

sance intellectuelle, une liberté morale qui nous fortifie contre les coups de la destinée, et à laquelle aucun pouvoir extérieur ne sauroit porter atteinte.« (A. v. Humboldt: Essai sur la Géographie des Plantes, S. 35).

101 Aufschlussreich ist in diesem Zusammenhang der Brief an Varnhagen von Ense vom 28. April 1841, in: Assing (Hrsg.): Briefe von Alexander von Humboldt an Varnhagen von Ense, S. 90 f.

Rahmen der Ausführungen zu den verschiedenen Gebirgen der Erde, insbesondere zu den »Peruanischen Gebürge[n]«, die »vielleicht die interessantsten Gegenden der Welt für die größere Naturgeschichte« seien,[102] schrieb Herder dort:

> Es wäre schön, wenn wir eine Bergcharte oder vielmehr einen Berg-Atlas hätten, auf dem diese Grundsäulen der Erde in mancherlei Rücksichten aufgenommen und bemerkt wären, wie sie die Geschichte des Menschengeschlechts fodert. Von vielen Gegenden ist die Ordnung und Höhe der Berge ziemlich genau bestimmt: die Erhebung des Landes über die Meeresfläche, die Beschaffenheit des Bodens auf seiner Oberfläche, der Fall der Ströme, die Richtungen der Winde, die Abweichungen der Magnetnadel, die Grade der Hitze und Wärme sind an andern bemerkt worden und einiges davon ist auch schon auf einzelnen Charten bezeichnet. Wenn mehrere dieser Bemerkungen, die jetzt in Abhandlungen und Reisebeschreibungen zerstreut liegen, genau gesammlet und auch auf Charten zusammengetragen würden: welche schöne und unterrichtende *physikalische Geographie der Erde* würde damit in Einem Überblicke auch der Natur- und Geschichtsforscher der Menschheit haben![103]

Auch wenn Humboldts explizite Referenzen auf Herder rar sind und die Beziehung beider bislang nur wenig erforscht wurde,[104] sind die Analogien zwischen diesen Ausführungen und dem Anspruch der Naturgemäldetafel offenkundig: Unter dem Eindruck einer massiv anwachsenden Wissensfülle und der gleichzeitig schwindenden Integrationskraft der Naturgeschichte zielen beide auf kartographische Darstellungen vor allem der Andenkordilleren – die damals noch als die höchsten Gebirge der Erde galten – und auf die von diesen Darstellungen ermöglichte Zusammenschau verschiedener Berge in ihrer Wechselwirkung mit ganz unterschiedlichen Umweltfaktoren.[105]

102 Herder: Ideen, in: Werke, Bd. 6, S. 54.
103 Ebd., S. 53 f.
104 Hierzu vgl. zuletzt die Ausführungen von Hunger: Spurensuche einer Rezeptionsgeschichte.
105 Eine solche Kartensammlung, wie Herder sie sich gewünscht hatte, enthält dann der zum *Kosmos* erstellte Atlas von Heinrich Berghaus. Vgl. Berghaus: Physikalischer Atlas.

Neben dieser Parallele zu Herder soll zum anderen noch einmal betont werden, dass Humboldt sich bei der Zusammenfassung seiner Forschungsergebnisse keineswegs auf einen einzigen Darstellungsmodus beschränkt. Besonders deutlich wird das am Begriff des Naturgemäldes, den er oft in unscharfer, mindestens zweideutiger Weise verwendet. So bezieht er sich hiermit nicht nur auf Präsentationsformen wie die angesprochene Kupfertafel, in denen Textelemente in eine räumlich und bildlich bestimmte Wissensordnung eingegliedert werden. Nach dem Vorbild der dichtungstheoretischen Debatten des 18. Jahrhunderts um ›malende Beschreibungen‹ bezeichnet er auch bloße Texte als Naturgemälde. Dazu gehören sowohl Texte, die sich auf andere Darstellungsmittel und -formen beziehen – wie eben das zweite Kapitel der *Ideen zu einer Geographie der Pflanzen,* das bloß ›Naturgemälde der Tropenländer‹ heißt –, als auch Texte, denen solch eine Referenz auf andere Medien fehlt und die insofern ganz ›für sich‹ stehen. Wie in den *Ansichten der Natur* können das eher kurze, essayistische Texte sein, die nach ›Darstellung‹ der behandelten Natur streben – im folgenden Kapitel soll dies aufgezeigt werden –, aber auch Texte wie der *Kosmos,* dessen großangelegte Naturgemälde wieder stärker am aufklärerischen Beschreibungsparadigma orientiert sind.[106]

Nach diesen allgemeinen Anmerkungen kann die Betrachtung der *Ideen zu einer Geographie der Pflanzen* fortgesetzt werden. Im Ausgang von der doppelten Anlage, die den zweiten Teil des Werks kennzeichnet, wird dabei vor allem betrachtet, wie Humboldt die große Kupfertafel im Kapitel zum ›Naturgemälde der Tropenländer‹ kontextualisiert, beschreibt und erläutert. Hierfür gliedert er den bislang kaum eigenständig untersuchten Text in drei Abschnitte, in denen er zuerst den Anspruch und die Entstehung der Tafel darlegt, sich dann dem Schnitt durch die Anden als dem zentralen, pflanzengeographischen Teil der Darstellung zuwendet, bevor er schließlich die sie einrahmende Tabelle erläutert.

Bereits der erste, einleitende Abschnitt des Kapitels zeigt, dass der Text dabei nicht nur eine dienende Funktion erfüllt, sondern dass er auch eigene Erklärungsmuster und Wissensformen entfaltet, die in der Naturgemäldetafel keine Entsprechung finden. So beginnt Humboldt das Kapitel mit der Beschreibung einer Bewegung,

106 Vgl. auch Noack: Naturgemälde und Naturerkenntnis; und Hey'l: Das Ganze der Natur, S. 264-295.

die allmählich »von der Meeresfläche zum Gipfel hoher Gebirge« emporsteigt (HSA 1, 66). In deren Verlauf skizziert er die durch die zunehmende Höhe bedingten Veränderungen der Gegenstände und Phänomene, die ihm für die Botanik, Zoologie, Geognosie und Meteorologie bedeutsam erscheinen, und erläutert schließlich, dass in den Tropen bereits der Weg vom Meeresspiegel zum Berggipfel genüge, um »uns größere Verschiedenheiten in Naturprodukten und Klima bemerken zu lassen, als ein beträchtlicher Wechsel geographischer Breite darbieten würde« (HSA 1, 67 f.). Die vorrangig ästhetischen, den Formenreichtum der Tropennatur betonenden Ausführungen, die er im ersten Teil der *Ideen zu einer Geographie der Pflanzen* entwickelt hatte, ergänzt Humboldt hiermit durch eine wissenschaftliche Erklärung. Diese richtet sich nicht mehr auf die vermeintliche Vorherrschaft einzeln auftretender Pflanzen in den Tropen, sondern berücksichtigt auch die Höhe als dritte Dimension der Naturbetrachtung. Mithin projiziert Humboldt die geographische Verteilung und Zerstreuung des Naturreichtums, die er zuvor den gemäßigten Zonen zugeschrieben hatte, nun gleichsam auf die Vertikale und verdichtet sie so an einem Ort. Dieses Verfahren rechtfertigt er mit der Erläuterung,

> daß unter den Tropen jeder Höhe eigene Bedingnisse zugehören, und daß diese Bedingnisse eine so große Verschiedenheit organischer Formen begründen, daß in der peruanischen Andenkette ein Gebirgsabhang von 1000 m (500 Klaftern) mehr Mannigfaltigkeit der Naturerzeugnisse darbietet als eine vierfach größere Fläche der gemäßigten Zone. (HSA 1, 69)

Humboldt begründet damit einen symbolischen, auf die Erfassung der gesamten Natur zielenden Anspruch der Naturgemäldetafel, wenn er in ihrer deutlich erkennbaren Höhen- und Temperaturstufung nicht nur die Naturverhältnisse der Andenkordilleren, sondern auch die »verschiedenen Klimate« der Erde »gleichsam schichtenweise übereinander gelagert« abgebildet sieht (HSA 1, 69). Mit dieser Verdichtung einer sonst flächig verteilten Vielfalt auf einzelne Höhenstufen bezeugt er auch noch einmal die europäische Prägung seiner Wissenschaft. Denn in derselben Weise, in der Humboldt hier die Andenkordilleren betrachtet, war zuvor schon der Alpenraum interpretiert worden. Rousseau etwa bemerkte 1761 in der *Nouvelle Héloïse,* dass die Landschaft um den Genfer See alle vier Jahreszeiten gleichzeitig vorstelle, und betonte dabei auch den starken Eindruck der Vertikale gegenüber der Ebene.[107] Von einem ähnlich vollständigen Natureindruck berichtete Albrecht von Haller 1768 in seiner *Vorrede zur Geschichte der schweizerischen Pflanzen:* »Helvetien stellt beynahe alle Länder von Europa, von dem entfernten Spizbergen weg bis nach Spanien vor.«[108] Diese Stilisierung des Alpenraums zu einer ›ganzen Natur‹ war Humboldt gut bekannt. Bereits 1795 umriss er in dem frühen Entwurf zu einem Naturgemälde des Vierwaldstättersees nicht nur eine historische Entwicklung von den ersten »Flechten« bis zu den am See liegenden »Fischerhäuser[n]«, wo »die Knaben am Wasser« spielen. Zudem skizzierte er schon hier jene Bewegung, die von der »milde[n] Region«, »wo die grüne Aue sich gleichsam in diese grüne Fläche des Sees verliert«, bis dorthin aufsteigt, wo »ein stilles Bergjoch mit ewigem Schnee bedeckt« in den Himmel ragt (HSA 1, 37).[109]

Nachdem Humboldt in den *Ideen zu einer Geographie der Pflanzen* somit die gleiche Bewegung vollzogen und die außerordentliche Vielfalt der Natur in den Andenkordilleren herausgestellt hat, beschreibt er den synthetisierenden Anspruch, die erstrebte Wirkung und die Entstehung seiner Tafel genauer. Wie Humboldt betont, habe er hier »alle Erscheinungen zusammenzustellen« versucht, »welche der Boden und der Luftkreis, von den Küsten des Stillen Meeres bis zum Gipfel der Kordilleren dem Beobachter darstellt«, und damit bereits die »Hauptresultate« seiner Forschungen präsentiert, die er »in den folgenden Bänden« des Reisewerks nur noch »näher entwickeln« wolle (HSA 1, 69 f.). Ähnlich wie in der

107 »Au levant les fleurs du printemps, au midi les fruits de l'automne, au nord les glaces de l'hiver: elle réunissait toutes les saisons dans le même instant, tous les climats dans le même lieu, des terrains contraires sur le même sol, et formait l'accord inconnu partout ailleurs des productions des plaines et de celles des Alpes.« Kurz darauf heißt es weiter: »[L]a perspective des monts, étant verticale, frappe les yeux tout à la fois et bien plus puissamment que celle des plaines, qui ne se voit qu'obliquement, en fuyant, et dont chaque objet vous en cache un autre.« (Rousseau: Julie ou la Nouvelle Héloïse, S. 44). Dass Conrad Gesner bereits in der Mitte des 16. Jahrhunderts bemerkt, dass die Alpenlandschaft die vier Jahreszeiten zugleich erlebbar mache, darauf verweisen Groh, Groh: Von den schrecklichen zu den erhabenen Bergen, S. 67. Siehe hierzu auch Hey'l: Das Ganze der Natur, S. 258-260.

108 Haller: Vorrede zur Geschichte der schweizerischen Pflanzen, S. 147.

109 Siehe Graczyk: Das literarische Tableau, S. 253-255; und Hey'l: Das Ganze der Natur, S. 258-260.

Einleitung seiner Schrift hofft er zudem, dass die Tafel »der Philosophie der Natur ein weites, fruchtversprechendes Feld« bieten, aber auch die »Einbildungskraft« der Betrachter ansprechen möge, um diesen zumindest »einen Teil des Genusses zu verschaffen«, den das unmittelbare Erlebnis der tropischen Gegenden bereite (HSA 1, 70). Um die Nähe der Tafel zu dieser Natur und damit auch ihre empirisch fundierte Genauigkeit zu beglaubigen, bemerkt Humboldt schließlich, er habe die »erste Skizze« hierzu bereits »an der Küste der Südsee, im Hafen von Guayaquil entworfen im Februar 1803« (HSA 1, 72; Abb. 10). Diese Zeichnung sei von José Celestino Mutis, dem großen spanischen Botaniker, in Bogotá korrigiert und 1805 in Paris von Lorenz Adolf Schönberger und dem französischen Botaniker und Maler Pierre Jean François Turpin überarbeitet worden.[110] Damit versammelt Humboldt hier noch einmal die Wendungen, die in fast keinem seiner bekannten Werke fehlen. Insbesondere in den Vorreden beteuert er immer wieder, dass diese Werke in Gegenwart der von ihm behandelten Natur verfasst oder zumindest entworfen worden seien und er sowohl Erkenntnisse als auch einen Genuss dieser Natur vermitteln wolle – eine Zielsetzung, die die Naturgemäldetafel durch »zwei sich oft fast ausschließende Bedingungen zugleich« erfüllen soll, durch »Genauigkeit der Projektion und malerische[n] Effekt« (HSA 1, 74).

Im Anschluss an diese ersten, allgemeinen Ausführungen beschreibt Humboldt im zweiten Abschnitt des Kapitels dann den mittleren Teil der Naturgemäldetafel: den in Metern und Toisen skalierten Schnitt durch die Anden in Höhe des Chimborazo und des Cotopaxi sowie die darin eingetragene Verteilung der Pflanzen. Hierfür bespricht er zunächst die »geognostischen Phänomene[]« (HSA 1, 80), die er in das Profil eingezeichnet hat. Wenn Humboldt dabei mit der Erläuterung des Chimborazo als der zentralen Gestalt seiner Darstellung beginnt, fällt auf, dass er im Text vor allem Aspekte behandelt, die die Tafel nicht wiedergibt. So diskutiert er ausführlich, auf welchen Wegen Pierre Bouguer, Charles Marie de La Condamine und Jorge Juan 1741 die Höhe des Berges bestimmt ha-

110 Bezeichnend für die Unterschiede zwischen französischer und deutscher Textfassung ist, dass Humboldt im *Essai sur la Géographie des Plantes* zu Turpin einfügt: »Également distingué comme peintre et comme botaniste, il a exécuté cette géographie des plantes avec le goût qui caractérise tous ses ouvrages.« (A. v. Humboldt: Essai sur la Géographie des Plantes, S. 46).

ben, bevor er das Ergebnis seiner eigenen Messungen vorstellt und schließlich erklärt, dass der »Gipfel dieses kolossalischen Gebirges« durchaus »einige Ähnlichkeit mit der Physiognomie des Montblanc« aufweise (HSA 1, 77).[111] Ebenso bemerkt er zum Cotopaxi, der in der Tafel rechts neben dem Gipfel des Chimborazo zu sehen ist, dass dieser »fast fünfmal höher als der Vesuv« sei (HSA 1, 77) – dessen Höhe sich übrigens, ebenso wie die des Montblanc, rechts neben den Bergen in die Tafel eingetragen findet. Zudem verweist Humboldt in seinen Erläuterungen wiederholt auf die Grenzen der von ihm gewählten Darstellungsform, indem er etwa erklärt: »In der Natur selbst ist der Cotopaxi entfernter vom Chimborazo, als er es in dem Profil zu sein scheint.« Wie er gesteht, wären »die wahren Horizontaldistanzen« zwar stärker erhalten geblieben, wenn er anstelle des Cotopaxi den Carihuairazo abgebildet hätte, doch flöße dieser nahe am Chimborazo gelegene Vulkan nur »wenig Interesse« ein. Außerdem hätte ihn auch ein persönlicher Grund bewogen, »dem Cotopaxi den Vorzug zu geben«:

> Dieser Vulkan war es, dessen krachenden unterirdischen Donner wir in dem Hafen von Guayaquil fast in jeder Minute vernahmen, während ich mein Naturgemälde der Tropen entwarf. Obwohl der Krater des Cotopaxi 42 Seemeilen von uns entfernt war, so hörten wir doch sein brüllendes Getöse (los bramidos del Cotopaxi nennen es die Einwohner) wie den Donner eines schweren Geschützes. (HSA 1, 78)[112]

In ähnlicher Weise, wie Humboldt den von ihm gewählten Schnitt durch die Anden hier durch wissenschaftliche, historische und biographische Erläuterungen begründet und im Vergleich mit Phänomenen der Alten Welt verdeutlicht, verfährt er auch in seinen

111 Wie sehr solche Vergleiche auch der Poetik der jeweiligen Werke gehorchen, wird im Blick auf die von 1810 bis 1813 veröffentlichten *Vues des Cordillères et Monumens des Peuples Indigènes de l'Amérique* deutlich. In diesem Werk, das sich weniger an der Differenz von Alter und Neuer Welt als vielmehr an der Unterscheidung von Natur und Kultur abarbeitet, vergleicht Humboldt den Chimborazo nicht mehr mit dem Montblanc, sondern mit dem Petersdom, jenem »Werk des Genies von Michelangelo«, das sich »über die antiken Monumente rings um das Kapitol« erhebt (A. v. Humboldt: Ansichten der Kordilleren, S. 138).

112 Vgl. auch A. v. Humboldt: Ansichten der Kordilleren, S. 68. Die *Vues des Cordillères* enthalten dann auch eine gemeinsame Ansicht von Chimborazo und Carihuairazo. Vgl. ebd., S. 133-138 und Tafel XVI.

Ausführungen zum pflanzengeographischen Teil der Naturgemäldetafel. Dabei konzentriert er sich besonders auf die Eintragungen im Profil des Chimborazo, die die höhenspezifische Verteilung der Pflanzenformen bezeichnen. Wie er erläutert, habe er seine Tafel hierfür »in Regionen aufgeteilt«, die er sodann im Einzelnen diskutiert: Neben den »Regionen der unterirdischen Pflanzen« sind das die »Region der Palmen und Pisang-Gewächse«, die »Region der baumartigen Farnkräuter« sowie die »Region der Fieberrinde«, der von Humboldt so geschätzten Chinarindenbäume; darauf folgen die »Region der Weinmannia, der Eichen und der Spermacocce«, die Region »der Barnadesia oder der Duranta Ellisii und Duranta Mutisii« sowie die Regionen »der Wintera granadensis und der Escallonia«, »der Alpen-Kräuter« und die »Region der Gräser«, bis endlich die Schneegrenze erreicht sei, jenseits derer bloß »kryptogamische Pflanzen die verwitternde Rinde des nackten Gesteins« beleben (HSA 1, 82-93). Ist bereits bemerkenswert, dass Humboldt in der Abfolge dieser Regionen erneut die schon angesprochene aufsteigende Bewegung vollzieht,[113] so fällt außerdem auf, dass die Naturgemäldetafel diese zum Teil recht ausführlich charakterisierten Regionen kaum abbildet. Während es im Text etwa heißt, dass die Region der »Alpen-Kräuter« sich »von 3300 bis 4100 m (1693 bis 2103 Toisen)« erstrecke und die »Region der Gräser« sich daran »zwischen 4100 und 4600 m (2103 und 2358 Toisen)« anschließe (HSA 1, 93), finden solche Abgrenzungen in der Tafel keine Entsprechung. Statt Regionen einzuzeichnen, hat Humboldt hier bloß »die Pflanzen eingetragen, denen die Natur sehr bestimmte Höhengrenzen anzuweisen scheint« (HSA 1, 81), und durch die Platzierung der Schrift auch die Breite der Zone bezeichnet, in der diese Pflanzen aufgefunden werden können.

Nach diesen Ausführungen zum geognostischen und pflanzengeographischen Teil der Naturgemäldetafel betont Humboldt noch, dass trotz der besonderen Vielfalt und Aussagekraft der tropischen Natur weitere »Naturgemälde für die Polarländer, für die gemäßigte Zone […] und für die Äquatorial-Regionen« entworfen und

113 Als »Hauptzierde dieses Werkes« publiziert Humboldt in den *Vues des Cordillères* übrigens erneut ein Bild des Chimborazo, das auch »die Abstufung des pflanzlichen Lebens […] von den undurchdringlichen Palmengehölzen bis zu der dünnen Flechtenschicht an der Grenze zum ewigen Schnee« veranschaulichen soll (ebd., S. 242 f. und Tafel XXV).

auch »einzelne botanische Karten für die nördliche und südliche Hemisphäre und für den Alten und Neuen Kontinent« erstellt werden müssten (HSA 1, 99). Dazu umreißt er kurz die Vorarbeiten, die verschiedene Wissenschaftler dafür geleistet haben, und wendet sich im dritten und letzten Abschnitt des Kapitels dann den vermeintlich »[v]ierzehn Skalen« zu, die die Naturgemäldetafel rahmen und die »gleichsam das Resultat von dem« enthalten sollen, »was die Naturlehre in ihrem gegenwärtigen Zustand in Zahlen darbietet«. Wie schon mehrfach zuvor in den *Ideen zu einer Geographie der Pflanzen* ergänzt er für das deutschsprachige Publikum, dass diese empirisch gewonnenen Ergebnisse auch den »Naturphilosophen« interessieren dürften, »der den Weltorganismus durch den nie entschiedenen Kampf widerstrebender Kräfte begründet sieht« (HSA 1, 102).[114]

Ein erster Blick auf diese Erläuterungen zeigt, dass Humboldt die nicht vierzehn, wie er behauptet, sondern sechzehn Skalen der Tabelle in einer Reihenfolge bespricht, die von der Wiedergabe in der Naturgemäldetafel stark abweicht. So stehen die Skalen dort in einer eher losen Ordnung nebeneinander, die vor allem Verknüpfungen zwischen verschiedenen Wissensgebieten nahelegt – was besonders deutlich wird, wenn man die Tafel vom rechten Rand her zu lesen beginnt: Auf die Spalte zur »*Schwächung der Lichtstrahlen* beim Durchgange der Luftschichten« folgen dann die Skalen über die »*Geognostische Ansicht* der Tropen-Welt«, die »*Siedhitze des Wassers* nach Verschiedenheit der Höhen« und über »*Thiere*, geordnet nach der *Höhe ihres Wohnorts*«. Im beigegebenen Text erscheinen die Grenzen wissenschaftlicher Disziplinen dagegen stärker gezogen und berücksichtigt. Nachdem Humboldt in den vorangegangenen Abschnitten des Kapitels die Geognosie und Pflanzengeographie behandelt hat, wendet er sich hier ausführlich den Phänomenen des ›Luftkreises‹ zu, bevor er mit Ausführungen zur Geognosie, Tiergeographie und Agrikultur endet. So beginnt er, wie die Titel der einzelnen Erläuterungen zeigen, mit Darlegungen zu ›Luftwärme‹, ›Luftdruck‹, zur ›Feuchtigkeit der Atmosphäre‹ sowie dem ›Elektrischen Zustand der Luft‹ und befasst sich daraufhin mit der ›Himmelsbläue‹, der ›Schwächung des Lichts bei seinem

114 Im Verlauf des Kapitels spricht Humboldt diesen ›Naturphilosophen‹ noch genauer an. Vgl. die Verweise auf Schelling und seine *Ideen zu einer Philosophie der Natur,* HSA 1, 113 und 122, Anm.

Durchgang durch den Luftkreis‹, der ›Strahlenbrechung am Horizont‹ und der ›Chemischen Beschaffenheit des Luftkreises‹. Danach beschreibt Humboldt die Skalen zur ›Abnahme der Schwere‹ und zur ›Geognostischen Ansicht‹ – Letztere enthält in der Tafel als Einzige einen durchgängigen Text und keine höhenspezifischen Eintragungen – sowie zur ›Entfernung, in welcher Berge auf der Meeresfläche sichtbar sind‹, und zur ›Unteren Grenze des ewigen Schnees‹. Sodann beendet er das Kapitel mit den Ausführungen zur ›Siedehitze des kochenden Wassers auf verschiedenen Höhen über der Meeresfläche‹, zur ›Verbreitung der Tiere, nach der Höhe ihres Wohnorts betrachtet‹, der ›Kultur des Bodens‹ und der ›Höhe der vornehmsten Berge auf der Erde‹ – schon aufgrund der beigegebenen mehrseitigen Tabelle dürfte diese letzte Besprechung an den Schluss des Werks gerückt worden sein.

Verdeutlichen bereits diese unterschiedlichen Anordnungen der Skalen und ihrer Erläuterungen, dass Humboldt in seinem Text auch über das hinausweist, was er in der Tafel zeigt, so bestätigt sich dieser Eindruck bei der genauen Lektüre des Kapitels. Statt sich auf einzelne Eintragungen in der Tafel zu beziehen, erklärt Humboldt hier vielmehr die von ihnen bezeichneten Naturphänomene und ihre Erforschung; dabei dienen ihm besonders die Untersuchungen von Bouguer, La Condamine, Jorge Juan, Saussure und Gay-Lussac als Referenz. Vor diesem Hintergrund beschreibt Humboldt auch, wo und mittels welcher Methoden und Instrumente er seine Ergebnisse gewonnen hat.[115] Zu diesem Zweck ergänzt er den Text oft durch mathematische Formeln und Tabellen, betont aber auch mit Blick auf die zeitgenössische Naturphilosophie, dass seine Beobachtungen nur vorläufig und unvollständig seien: »In einer Materie, über welche es noch sehr an genauen und vervielfältigten Erfahrungen fehlt, ist es vorsichtiger, statt sich in Vermutungen zu verirren,

115 In einer charakteristischen Passage zur Himmelsbläue erklärt Humboldt etwa: »Das Kyanometer, dessen ich mich auf meiner Expedition bedient habe, war (nebst einem éboulloir und einem Magnetometer) von Paul in Genf verfertigt und von Pictet aufs sorgfältigste mit dem Kyanometer verglichen worden, welches Saussure auf dem Mont-Blanc gebraucht hatte. Alle Beobachtungen sind im Zenit bei wolkenfreiem Himmel angestellt.« (HSA 1, 120). Zur *Humboldtian science* als einer maßgeblich auf Instrumenten basierenden Wissenschaft vgl. Cannon: Science in Culture, S. 73-110. Zu den von Humboldt verwendeten Instrumenten vgl. auch die Zusammenstellung von Seeberger: »Die besten Instrumente meiner Zeit«.

die Resultate, wie sie aus den bisherigen Beobachtungen folgen, unverändert zu liefern« (HSA 1, 107).[116] Bemerkenswert ist schließlich auch, dass Humboldt seine Forschungsergebnisse in den Erläuterungen zwar miteinander verknüpft, sie dabei aber kaum auf das im Zentrum der Tafel veranschaulichte Pflanzenleben hin betrachtet; abgesehen von vereinzelten Verweisen scheint allein die »zoologische Skala« (HSA 1, 149) zur Verbreitung des Tierlebens enger mit den zuvor definierten Pflanzenregionen korreliert zu sein. Viel häufiger und konsequenter bezieht Humboldt die betrachteten Phänomene dagegen auf menschliche und insbesondere natürlich auf seine eigenen Erfahrungen und Erlebnisse. So bemerkt er zum Luftdruck zwar, dass dieser »den wichtigsten Einfluß auf die vitalen Funktionen der Pflanzen« ausübe (HSA 1, 114), doch beschreibt er seine Wirkung auf die Menschen ungleich ausführlicher. In einer der eindrücklichsten Passagen des Kapitels berichtet er, dass man in mittleren Höhen meist nur eine vorübergehende »Unbehaglichkeit« fühlen würde. Ab »5000 m (2565 Toisen) Höhe« hingegen sei »eine auffallende Ermattung, eine Schwäche des ganzen Nervensystems« zu verspüren:

> Man fällt leicht in Ohnmacht, so gering auch die Anstrengung ist, zu welcher man seine deprimierten Muskeln zwingt. Schwächere Personen fühlen dabei große Neigung zum Erbrechen; und in Höhen, welche 5800 m (2975 Toisen) übersteigen, wirkt die zum Ersteigen nötige Muskelbewegung und der Mangel des äußeren Luftdrucks so sehr auf die Häute der kleinsten Blutgefäße, daß das Blut aus den Lippen, aus dem Zahnfleisch und aus den Augen hervordringt. Alle diese Erscheinungen wechseln natürlich mit der Konstitution der Individuen. (HSA 1, 114 f.)

Obgleich diese Passage in Erläuterungen über Instrumente, Daten und Berechnungen eingebettet ist, erinnert sie doch daran, dass Humboldt letztlich den Menschen ins Zentrum seiner Wissenschaft stellt, einen Menschen allerdings, der sich an der Natur abarbeitet und nichts unversucht lässt, um sie zu vermessen, zu verstehen und

116 Ähnlich vorsichtig und zurückhaltend zeigt Humboldt sich in der Tafel nur bei Phänomenen über 5000 Meter. So schreibt er im Eintrag zur »*Abnahme der Feuchtigkeit*«: »Mangel an Beobachtungen. Die mittlere Trockenheit der nebellosen Luft ist wahrscheinlich unter 38°«. In gleicher Weise heißt es in der Spalte zur »*Luftwärme nach Höhe der Schichten*«: »Zu wenig besuchte Regionen, um ihre Temperatur genau zu kennen. Die mittlere Wärme scheint unter dem Eispunkte zu seyn.«

zu einem ihn umschließenden Ganzen zu formen. Neben dieser ebenso heroischen wie sentimentalischen Grundhaltung, die Humboldts Schriften mit denen seiner berühmten Zeitgenossen verbindet, verdeutlicht die zitierte Stelle auch erneut die maßgeblichen Unterschiede zwischen der Naturgemäldetafel und dem ihr zugeordneten Kapitel. Auch wenn beide ihren Bezug auf die Alte Welt nie aufgeben und bei aller Bewunderung des Chimborazo nie die Höhe des Montblanc vergessen, präsentieren sie die Neue Welt doch in unterschiedlichen Weisen. Mit ihrer ungewöhnlichen, sehr engen Verbindung von Text und Bild zielt die Naturgemäldetafel stärker auf die »Vergleichzeitigung sich über mehrere Jahre erstreckender Reiseverläufe und Forschungen«[117] und auf die Konstituierung und Visualisierung einer Wissenschaft, die die Natur als eine »allgemeine Verkettung« auffasst, wie es dann im *Kosmos* heißt, »nicht in einfacher linearer Richtung, sondern in netzartig verschlungenem Gewebe« (K I, 33).

Dagegen erscheint das weitgehend linear organisierte, nur durch Formeln, Tabellen und wenige Anmerkungen ergänzte Kapitel zum ›Naturgemälde der Tropenländer‹ zunächst zurückhaltender. Hier relativiert Humboldt die in der Tafel veranschaulichten Datenreihen, indem er ihre Herkunft offenlegt, die Umstände ihrer Erhebung expliziert und sie gegebenenfalls in die Geschichte seiner Reise einbettet. Gleichzeitig jedoch leistet das Kapitel mehr als die Naturgemäldetafel. Nicht nur entfaltet es in den aufsteigenden Bewegungen, die Humboldt hier beschreibt, eine ihr fehlende, allenfalls noch in den Skalen angedeutete Dynamik.[118] Indem es die beobachteten und gemessenen Phänomene erklärt, erstellt das Kapitel zudem Brücken zwischen den dargestellten Wissensbereichen, deren Zusammenhang sich in Anbetracht der stark fortschreitenden Aus- und Binnendifferenzierung des Wissenschaftssystems um 1800 längst nicht mehr von selbst versteht. Wo Humboldt die Ergebnisse seiner Forschungen in der Tafel somit meist nur nebeneinander- und zusammenstellt, verbindet er sie im Text stärker vor dem Hintergrund seiner eigenen Messungen, Erfahrungen, Lektüren und Er-

117 Ette: Weltbewußtsein, S. 160.

118 Bettina Hey'l erklärt, ohne dies jedoch weiter auszuführen, dass zumindest »die Daten der flankierenden Skalen auf die immense Dynamik physiologischer, chemischer, physikalischer Interdependenzen hin[deuten], die durchaus auch Prozessuales weit über die jahreszeitlichen Zyklen hinaus zulassen.« (Hey'l: Das Ganze der Natur, S. 260).

lebnisse. Damit verknüpft er sie hier auch zu einem Gewebe, in dessen Mitte sich schließlich der Mensch wiederfindet – ein Mensch, der der Natur aber nicht nur einfach gegenübersteht, sondern auch immer wieder als Teil von ihr erscheint.[119]

Die Betrachtung der *Ideen zu einer Geographie der Pflanzen* hat somit gezeigt, dass Humboldt die Pflanzengeographie im ersten Teil der Schrift als eine Wissenschaft entwirft, die die Grenzen von epistemischen und ästhetischen Praktiken wie auch von Natur und Kultur beständig relativiert und überschreitet. Diese »wechselseitigen Übertragungen«[120] zwischen der Naturforschung einerseits, der Landschaftsmalerei und der literarischen Naturbeschreibung andererseits werden im zweiten Teil der Schrift, und damit auch in der Naturgemäldetafel, nicht weiter thematisiert. Stattdessen, so konnte herausgearbeitet werden, erweitert Humboldt die Pflanzengeographie hier zu einer an allen Aspekten der Natur interessierten Wissenschaft, ohne dabei die Erkenntnisfortschritte aufgeben zu wollen, die ein sich ausdifferenzierendes Wissenschaftssystem ermöglicht. Die dadurch bezeichneten gegenläufigen Bestrebungen nach breit angelegter Zusammenfassung und möglichst genauer Entfaltung des Einzelnen versucht er in der engen Verschränkung von Text und Bild in der Naturgemäldetafel sowie vor allem im Wechselspiel der Tafel mit dem ihr zugeordneten Kapitel wiederzugeben und zu entschärfen. Damit entwickelt Humboldt bereits in den *Ideen zu einer Geographie der Pflanzen* jene inter- und transmediale Darstellungsform, die in kleinerer Form dann vor allem die 1810 bis 1813 veröffentlichten *Vues des Cordillères et Monumens des Peuples Indigènes de l'Amérique* kennzeichnet.[121] Doch sollen im Folgenden nicht die *Vues des Cordillères,* sondern die *Ansichten der Natur* betrachtet werden – die nicht nur das einzige Werk zur

119 In der Tafel erscheint der Mensch tatsächlich nur in Ausnahmefällen als jemand, der in der dargestellten Natur agiert. Neben den Eintragungen der Höhen, die Saussure und Gay-Lussac erreicht haben, fallen hier besonders die in der Spalte zur »*Cultur des Bodens*« enthaltenen Verweise auf »afrikanische Sklaven« auf, die »die civilisirten Völker Europens eingeführt« haben. Zu diesen Anmerkungen, die noch einmal die politische Dimension von Humboldts Naturforschung verdeutlichen, vgl. die deutliche Erläuterung in: A. v. Humboldt: Ideen zu einer Geographie der Pflanzen, HSA 1, 151.

120 Heyl: Das Ganze der Natur, S. 225.

121 Vgl. hierzu zuletzt Ette: Alexander von Humboldt und die Globalisierung, S. 213-258.

Amerikareise sind, das Humboldt allein auf Deutsch verfasst und veröffentlicht hat, sondern die die Natur auch allein im Text nachzubilden suchen.

Portraits sans cadre: Texte von wilder Natur

Erlebnis und Erkenntnis: *Ansichten der Natur, mit wissenschaftlichen Erläuterungen* (1808)

> Ich möchte gern noch ein wenig länger umherschweifen, um desto eher zum Ziele zu kommen.
>
> (Forster: Ansichten vom Niederrhein, in: Werke, Bd. 9, S. 38)

Nachdem Carus in seinen 1831 erstmals veröffentlichten *Briefen über Landschaftsmalerei* zunächst bei Goethe »die tieffsten poetischen Anschauungen gewisser Seiten des großen geheimnisvollen Lebens der Erde« vorgefunden und »die Aufgabe neuerer Zeit« gelöst gesehen hat, »durch Kunst zum Wissen geführt zu werden und aus dem Wissen höhere Kunstleistungen wieder sich entwickeln zu lassen«, ergänzt er sogleich, dass auch Humboldt »von den vielseitigsten unmittelbaren Anschauungen durchdrungen« gewesen sei, als er »die Steppengemälde und die Schilderungen der ungeheuern Wasserfälle mit Worten uns vor die Seele [ge]zeichnet« hat.[122] Mit diesem Lob »der trefflichen Ansichten von Humboldt«[123] – Carus bezieht sich hier auf die 1808 erschienene Erstausgabe der *Ansichten der Natur,* die neben den zentralen *Ideen zu einer Physiognomik der Gewächse* noch die beiden anderen Akademievorträge *Ueber die Steppen und Wüsten* und *Ueber die Wasserfälle des Orinoco, bei Atures und Maypures* umfasst[124] –, steht Carus zu seiner Zeit nicht

122 Carus: Briefe über Landschaftsmalerei, S. 116 f. Zu Carus siehe auch Müller-Tamm: Kunst als Gipfel der Wissenschaft; Graczyk: Das literarische Tableau, S. 387-410.

123 Carus: Briefe über Landschaftsmalerei, S. 153.

124 Den Vortrag *Ueber die Steppen und Wüsten* hatte Humboldt am 29. Januar 1807, fast genau ein Jahr nach den *Ideen zu einer Physiognomik der Gewächse,* in der Preußischen Akademie der Wissenschaften zu Berlin gehalten; am 6. August 1807 las er hier *Ueber die Wasserfälle des Orinoco, bei Atures und Maypures.* Zu den verschiedenen Ausgaben der

allein. In ähnlicher Weise würdigt auch Wilhelm Traugott Krug in dem ab 1827 herausgegebenen *Allgemeinen Handwörterbuch der philosophischen Wissenschaften* »*Alexander's von Humboldt* Ansichten der Natur«; hierzu setzt er ihnen »die neueste (durch *Schelling* vorzüglich begründete) Naturphilosophie« entgegen und erklärt: »Denn hier befindet man sich doch auf einem sichern Boden, während dort alles hin und her schwankt.«[125]

Wenn Krug also die wissenschaftliche Solidität der *Ansichten der Natur* betont, Carus hingegen ihre anschaulich vergegenwärtigende, ›mit Worten zeichnende‹ Darstellungskraft hervorhebt und sie als Vorschein dessen interpretiert, was ihm »als Ideal neuerer Landschaftskunst vorschwebt«,[126] dann verdeutlicht das bereits die Spannbreite der Perspektiven, die die Lektüre des Werkes in der ersten Hälfte des 19. Jahrhunderts bestimmten. Doch lässt der Erfolg der *Ansichten der Natur* sich nicht nur durch die verschiedenen Rezeptionseinstellungen erklären, die an das Buch herangetragen werden konnten. Dass sein »*Lieblings*werk«[127] zu einem »Klassiker nicht nur der deutschen Naturforschung, sondern der deutschen Literatur«[128] überhaupt werden konnte, liegt auch darin begründet, dass es, wie Humboldt später schrieb, »ein so rein auf deutsche Gefühlsweise berechnetes Buch« war.[129] Deutlich wird diese ›Berechnung‹ bereits im Titel des Werks, mit dem Humboldt abermals auf einen erfolgreichen Referenztext verweist, auf Georg Forsters *Ansichten vom Niederrhein, von Brabant, Flandern, Holland, England und Frankreich im April, Mai und Junius 1790*; Humboldt selbst hatte Forster auf dieser Reise begleitet. Zudem kündigt der Titel erneut eine bildkünstlerisch orientierte Darstellungsform an, wie sie auch das Konzept des Naturgemäldes kennzeichnet, eine Darstellungsform, die auf den Anschein eines erhöhten Beobach-

Ansichten der Natur siehe Fiedler, Leitner: Alexander von Humboldts Schriften, S. 38-45.

125 Krug: Art. »Naturwissenschaft«, in: Allgemeines Handwörterbuch der philosophischen Wissenschaften, Bd. 3, S. 34-37, hier S. 37.

126 Carus: Briefe über Landschaftsmalerei, S. 118.

127 A. v. Humboldt: An Varnhagen von Ense, 15. Oktober 1849, in: Assing (Hrsg.): Briefe von Alexander von Humboldt an Varnhagen von Ense, S. 244.

128 Ette: Weltbewußtsein, S. 107.

129 A. v. Humboldt: An Christian Carl Josias Bunsen, 2. November 1849, in: Schwarz (Hrsg.): Briefe von Alexander von Humboldt an Christian Carl Josias Bunsen, S. 118.

terstandpunkts sowie auf den visuellen Eindruck und die Vergegenwärtigung der präsentierten Gegenstände zielt.[130]

Dass Humboldt in den *Ansichten der Natur* versucht, wissenschaftliche und künstlerische Perspektiven in einer anschaulichen Schreibweise zu verschränken, zeigt schon die Vorrede zur Ausgabe von 1808. So verbürgt er die hier versammelten Texte zunächst, indem er versichert, sie »im Angesicht grosser Naturgegenstände« verfasst zu haben: »Einzelne Fragmente wurden an Ort und Stelle niedergeschrieben, und nachmals nur in ein Ganzes zusammengeschmolzen« (AN 1, v). Jedoch gesteht Humboldt, dass diese »ästhetische Behandlung naturhistorischer Gegenstände« (AN 1, vi),[131] die Umformung einzelner Eindrücke in ein »in sich geschlossenes Ganze«, ihn vor »grosse Schwierigkeiten der Composition« gestellt habe:

> Der Reichthum der Natur veranlasst Anhäufung einzelner Bilder. Diese Anhäufung aber stört die Ruhe und den Totaleindruck des Naturgemäldes. Das Gefühl und die Phantasie ansprechend, artet der Styl leicht in eine dichterische Prosa aus. Diese Ideen bedürfen hier keiner Entwickelung, da die nachstehenden Blätter leider! mannichfaltige Beispiele solcher Verirrungen, solchen Mangels an *Haltung* darbieten. (AN 1, vi f.)

Obgleich es Leser kaum ermutigt, wenn ein Autor schon im ersten Absatz seines Textes die ihm unterlaufenen »Verirrungen« beklagt und als Ausdruck seines »Mangels an *Haltung*« markiert, benennt Humboldt hiermit doch prägnant die Spannungen, die seine Naturauffassung und sein Schreiben charakterisieren. Um eine umfassende ›Ansicht‹ der Natur zu präsentieren, habe er versucht, »einzelne Bilder« zum »Totaleindruck des Naturgemäldes« zusammenzufassen und ein Ganzes der Natur, mit Carus' Worten, »vor die Seele zu zeichnen«. Damit scheint Humboldt zunächst auf die ›malenden Beschreibungen‹ zu zielen, die die Nachahmungslehren der frühen

130 Noch deutlicher wird der Bezug zum Naturgemälde im Titel der französischen Fassung des Werks, den ebenfalls 1808 in der Übersetzung von Jean-Baptiste Benoît Eyriès erstmals erschienenen *Tableaux de la nature*. Vgl. Fiedler, Leitner: Alexander von Humboldts Schriften, S. 51 f.

131 Ebenso hatte Humboldt schon im Brief an Cotta vom 14. Februar 1807 erklärt, die *Ansichten der Natur* sollten »bloß ästhetische Bearbeitungen der Naturgegenstände, Ueberblikke im Großen enthalten« (Leitner (Hrsg.): Alexander von Humboldt und Cotta, S. 79).

Aufklärung forderten. Allerdings überschreitet er deren Rahmen gleich wieder, wenn er im Fortgang der Vorrede auf die Unmöglichkeit reagiert, ein Ganzes der Natur allein durch Nachahmung und Zusammenstellung ihrer Teile zu erzeugen. Zum einen erklärt Humboldt, er habe die Natur nicht nur gleichsam objektiv beschreiben, sondern auch das einzelne, subjektive Naturerlebnis wahren und zumindest »einen Theil des Genusses« wiedergeben wollen, den »ein empfänglicher Sinn in der unmittelbaren Anschauung der Natur findet« (AN 1, vii). Er argumentiert damit ähnlich wie sein Bruder, der 1798 in *Ueber Göthes Hermann und Dorothea* erklärt hatte, dass es bei der Erzeugung eines Ganzen nicht darauf ankomme, »alles, was an sich unmöglich wäre, oder auch nur vieles [...] wirklich zu *zeigen*, sondern nur darauf, uns in die Stimmung zu versetzen, alles zu *sehen*«[132] – die Suggestion einer unmittelbaren Naturempfindung soll somit die Unmöglichkeit der erschöpfenden Beschreibung einzelner Phänomene aufheben. Zum anderen verdeutlicht der Fortgang der Vorrede, dass Humboldt ein Naturganzes nicht bloß durch Präsentation von ›Ansichten‹ der *natura naturata* als einer unmittelbar wahrnehmbaren Natur herzustellen beansprucht, sondern auch durch »Einsicht in den inneren Zusammenhang der Naturkräfte« (AN 1, vii), durch ›Einsicht‹ in die verborgenen Gesetze der *natura naturans* – die wiederum weniger durch ›malende Beschreibung‹ als vielmehr durch wissenschaftliche ›Erklärung‹ und veranschaulichende ›Darstellung‹ erfasst werden können.

Nachdem er also die Schwierigkeiten bekundet hat, die ihm die Vermittlung von ›Einsicht‹ und ›Genuss‹ sowie von Teil und Ganzem in einem zwischen wissenschaftlicher und »dichterischer Prosa« oszillierenden Text bereitet habe, zeigt Humboldt am Ende der Vorrede erneut, wie sehr er die *Ansichten der Natur* auf die »deutsche Gefühlsweise« zu »berechnen« verstand. In Erinnerung an »den ewigen Einfluss«, den »die physische Natur auf die moralische Stimmung der Menschheit und auf ihre Schicksale ausübt«, seien »diese Blätter vorzugsweise« den *»[b]edrängten Gemütern«* gewidmet

132 W. v. Humboldt: Ueber Göthes Hermann und Dorothea, in: Werke, Bd. 2, S. 148. Hierfür habe der Dichter, so fährt Wilhelm von Humboldt fort, den »Leser in einen Mittelpunkt zu stellen, von welchem nach allen Seiten hin Stralen ins Unendliche ausgehen« (ebd., S. 147 f.). Vgl. hierzu auch Albes: Getreues Abbild oder dichterische Komposition?, S. 221.

(AN 1, vii), so erklärt der weitgehend in Paris ansässige Weltbürger im Blick auf die politische Lage in Preußen nach der Niederlage in der Schlacht bei Jena und Auerstedt. Diesen Hinweis auf die konsolidierende Kraft sowohl der Naturbetrachtung als auch der *Ansichten der Natur* selbst unterstreicht Humboldt mit einer Referenz an Schiller, den Dichter der Freiheit, und einem Zitat aus der *Braut von Messina* – in zivilisationskritischem Gestus wird auch hier ein erhöhter Beobachterstandpunkt erklommen:

> Auf den Bergen ist Freyheit! Der Hauch der Grüfte
> Steigt nicht hinauf in die reinen Lüfte,
> Die Welt ist vollkommen überall
> Wo der Mensch nicht hinkommt mit seiner Qual.
>
> (AN 1, viii)[133]

Am Ende der Vorrede beschwört Humboldt somit einen Standpunkt, der einen möglichst freien, vollständigen Überblick über die Natur erlauben soll. Offen bleibt dennoch, wie er die kompositorischen Schwierigkeiten bewältigen will, die er in der Vorrede selbst benennt, wie er von der distanzierten ›Ansicht‹ der Natur zum scheinbar unmittelbaren ›Genuss‹ und zur tiefdringenden ›Einsicht‹ in ihre Zusammenhänge gelangen will.

Auch wenn Humboldt über diese kompositorischen Probleme nicht weiter reflektiert, ist aus dem ersten Essay der *Ansichten der Natur*, der Abhandlung *Ueber die Steppen und Wüsten*, doch leicht herauszulesen, wie er mit ihnen umgeht.[134] Schnell offenbart sich,

133 Vgl. Schiller: Die Braut von Messina, in: Sämtliche Werke, Bd. 2, S. 904, V. 2585-2588. Einen vergleichbaren Gipfelblick erzeugt Schiller in der Elegie *Der Spaziergang*. Vgl. ebd., Bd. 1, S. 228-234. Ähnlich hatte Humboldt schon in den *Ideen zu einer Geographie der Pflanzen* Naturforschung und Freiheit verbunden und erklärt, dass die »Einsicht in den Weltorganismus einen geistigen Genuß und eine innere Freiheit« verschaffe, »die mitten unter den Schlägen des Schicksals von keiner äußeren Macht zerstört werden kann« (HSA 1, 66). Zum Gipfelblick vgl. auch K I, 79; Graczyk: Das literarische Tableau, S. 284-287. Mit Blick auf die zeitgenössische Gartenliteratur siehe zudem Gamper: »Die Natur ist republikanisch«, S. 122-134.

134 Zu *Ueber die Steppen und Wüsten* siehe besonders H. Böhme: Ästhetische Wissenschaft, S. 23-28; Ette: Eine »Gemütsverfassung moralischer Unruhe«, S. 43-49; Graczyk: Das literarische Tableau, S. 336-349; und, wenn auch recht unpräzise, Th. Richter: Alexander von Humboldt: *Ansichten der Natur*, bes. S. 34-66.

wie weit er mit diesem »gewagten Versuch eines Naturgemäldes der Steppe« (AN 1, 40) ausgreift und wie wenig er sich dabei an der Form der zeitgenössischen Reiseberichte orientiert: Statt in einer itinerarischen Ordnung eigene Erfahrungen wiederzugeben, verzichtet Humboldt hier weitgehend auf Ausführungen zu den Umständen und Hintergründen seiner Reise in die spanischen Kolonien;[135] geprägt von einer rousseauistischen Literaturtradition,[136] erzeugt er vielmehr ein weltumgreifendes Bild einer wilden Natur im Zusammenhang mit der Kultur- und Zivilisationsgeschichte. So beginnt er den Text *Ueber die Steppen und Wüsten* zwar in der südamerikanischen Steppe, kehrt aber erst nach einem vergleichenden Blick auf die Heiden, Wüsten und Steppen von Europa, Afrika und Asien in sie zurück, um ihre klimatischen Verhältnisse in erneuter Absetzung von den afrikanischen Wüsten zu erläutern. In Anwendung des aus dem 18. Jahrhundert bekannten kulturgeschichtlichen Dreischritts von jagenden Nomadenstämmen über viehzüchtende Hirtengesellschaften zu sesshaften agrarischen Kulturen[137] erklärt der Erzähler der Abhandlung sodann das fehlende »Hirtenleben« und die »Menschenleere der südamerikanischen Steppe« (AN 1, 24). Hieran schließen sich Ausführungen über die zivilisationsgeschichtliche Bedeutung der Mauritia an, einer heimischen Palmengattung, bevor das Phänomen der Sandhosen, der Wechsel von Dürre und Regenzeit, der Überlebenskampf der Tiere untereinander und die Gymnoten, die ›elektrischen Fische‹, besprochen werden. Nach einem Lob der Elektrizität als der »ewige[n], allverbreitete[n] Kraft«, in der alle Lebenserscheinungen wie »aus einer Quelle« zusammenfließen, wagt der Erzähler zuletzt noch »einen flüchtigen Blick auf die Erdstriche, welche die Steppe begränzen« (AN 1, 40 f.).[138] Dabei erinnert er nun weniger an den Kampf der

135 Vgl. Pratt: Imperial Eyes, S. 120-128.

136 Siehe Hudde: Naturschilderung bei den Rousseau-Nachfolgern.

137 Vgl. H. Böhme: Ästhetische Wissenschaft, S. 25 f.

138 Ähnlich hatte schon Herder erklärt: »Nur Ein Principium des Lebens scheint in der Natur zu herrschen: dies ist der *ätherische* oder *elektrische Strom*« (Herder: Ideen, in: Werke, Bd. 6, S. 78). Vor den *Ansichten der Natur* hatte Humboldt sich bereits in der 1795 publizierten Erzählung *Die Lebenskraft oder der rhodische Genius* sowie in den 1797 und 1799 erschienenen *Versuchen über die gereizte Muskel- und Nervenfaser* mit der Erforschung und Deutung der Elektrizität beschäftigt. Allgemein zur Epistemologie und Poetologie der Elektrizität um 1800 siehe Gamper: Elektropoetologie.

Tiere untereinander, sondern sieht »ewig den Menschen gegen den Menschen gerüstet« (AN 1, 44). Im Ausgang von einer zunächst als undifferenziert und leer erscheinenden Steppe entdeckt Humboldt im Verlauf seines Textes somit eine Fülle an Leben, das in ihr enthalten ist und sie umgibt, um nach dem Verweis auf die Elektrizität als der vermeintlichen Quelle allen Lebens erneut das »einförmige, trostlose Bild des entzweiten Geschlechts« zu beschwören, das er bereits am Ende der Vorrede entworfen und als Argument für die konsolidierende Kraft der Naturbetrachtung gedeutet hatte. So erklärt er schließlich:

> Darum versenkt, wer im ungeschlichteten Zwist der Völker nach geistiger Ruhe strebt, gern den Blick in das stille Leben der Pflanzen, und in der heiligen Naturkraft inneres Wirken; oder hingegeben dem angestammten Triebe, der seit Jahrtausenden der Menschen Brust durchglüht, blickt er ahndungsvoll aufwärts zu den hohen Gestirnen, welche in ungestörtem Einklang die alte ewige Bahn vollenden. (AN 1, 45 f.)

Es muss nicht weiter ausgeführt werden, wie verschieden die Phänomene und Überlegungen sind, die Humboldt hier versammelt, welch unterschiedliche Wissensgebiete er dabei adressiert und wie wenig es ihm bei alldem gelingt, konsequente inhaltliche Verknüpfungen zu stiften, Verknüpfungen zwischen den Erscheinungen von Natur, Kultur und Gesellschaft, den Ausführungen sowohl zur Gegenwart als auch zur Erd- und Zivilisationsgeschichte, zwischen eigenen Beobachtungen und Angelesenem sowie dem Blick auf das Kleine und das große Ganze. Aufschlussreicher als diese Heterogenität ist daher die sorgfältige ästhetische Strukturierung, mit der Humboldt diesen Divergenzen entgegenzuwirken sucht.

So zeigt bereits der Anfang von *Ueber die Steppen und Wüsten*, was Humboldt in der Vorrede als »ästhetische Behandlung naturhistorischer Gegenstände« bezeichnet hat. Auffallend ist hier zunächst, dass der Text beginnt, wo er später auch enden wird – am Rand der Steppe: »Am Fuße des hohen Granitrückens, welcher im Jugendalter unseres Planeten, bei Bildung des antillischen Meerbusens, dem Einbruch der Wasser getrozt hat, beginnt eine weite unabsehbare Ebene« (AN 1, 1), so beginnt der erste Satz. Entsprechend der doppelten Absicht der Schrift, der Vermittlung sowohl von subjektivem Erlebnis als auch von objektiver Erkenntnis der Natur, kommt der exzentrischen Position, die der Erzähler hier einnimmt, durchaus Bedeutung zu: Ist er einerseits nahe genug dran, um an der Steppe noch teilzuhaben, so befindet er sich andererseits doch weit genug entfernt, um Wissen von ihr erlangen zu können.[139] Angedeutet wird das bereits dadurch, dass der Erzähler von seinem randständigen Standpunkt aus, vom »Fuße des hohen Granitrückens«, gleich auf das »Jugendalter unseres Planeten« schließt und mit der Unterscheidung von Gegenwart und erdgeschichtlicher Vergangenheit eine weit zurückgreifende historische Perspektive eröffnet. Diese Differenzierung ergänzt er sodann durch die Entgegensetzung von Land und Meer, die den Text im Fortgang mittels zahlreicher Spiegelungen strukturiert. Wird darauf im ersten Absatz nur angespielt, wenn die »Bergthäler von Caraccas« und der »inselreiche[] See Tacarigua«, der Valenciasee, erwähnt werden, »in dem die nahen Pisangstämme sich spiegeln« (AN 1, 1), so tritt diese »Überblendtechnik«[140] im zweiten Absatz schon deutlicher hervor. Nachdem der Erzähler beim ersten Blick über die Steppe noch »keine Klippe« erkannt hatte, die sich »inselförmig in dem unermeßlichen Raume« erhebt, bemerkt er hier bald höher liegende »gebrochene Flötzschichten«, die die »Eingebornen«, wie er hinzufügt, »Bänke« nennen; »gleichsam im Geist der Sprache« würden sie damit »den alten Zustand der Dinge« bezeichnen, »da jene Erhöhungen Untiefen, die Steppen selbst aber der Boden eines großen Mittelmeeres waren« (AN 1, 2). Ist bereits diese Passage komplex strukturiert, da sie in der Nennung des »Mittelmeeres« auch die Opposition von Amerika und Europa in die mithilfe der Eingeborenensprache hergestellte Überblendung von ge-

139 Den Zusammenhang zwischen Exzentrizität und Erkenntnis formuliert Georg Forster deutlich: »Wo wir aufhören zu unterscheiden, da sind die Gränzen unserer Erkenntniß; wo nichts Hervorstechendes ist, kann die Einbildungskraft keine Kennzeichen sammlen, um ihren Zusammensetzungen Größe, Erhabenheit und Mannichfaltigkeit zu geben. Excentricität ist daher eine Bedingung, ohne welche sich der höchste Punkt der Ausbildung gewisser Anlagen nicht erreichen läßt« (Forster: Ansichten vom Niederrhein, in: Werke, Bd. 9, S. 128). Vgl. zudem K I, 80 und 85; H. Böhme: Alexander von Humboldts Entwurf einer neuen Wissenschaft, S. 505-510; Seger: »... die wunderbar aneignende Kraft des menschlichen Gemüthes ...«, S. 69-71.

140 Ette: Eine »Gemütsverfassung moralischer Unruhe«, S. 44. Ette bemerkt hier auch, dass die Unterscheidung von Steppe und Meer zudem als Anspielung auf die Genesis verstanden werden kann.

genwärtiger Steppe und vergangenem Meer einspielt,[141] so gewinnt diese Technik im direkt anschließenden dritten Absatz von *Ueber die Steppen und Wüsten* weiter an Anschaulichkeit: »Noch gegenwärtig«, heißt es hier,

> ruft oft nächtliche Täuschung diese Bilder der Vorzeit zurück. Denn wenn im raschen Aufsteigen und Niedersinken die leitenden Gestirne den Saum der Ebene erleuchten; oder wenn sie zitternd ihr Bild verdoppeln, in der untern Schicht der wogenden Dünste, glaubt man den küstenlosen Ozean vor sich zu sehen. Wie dieser erfüllt die Steppe das Gemüth mit dem Gefühl der Unendlichkeit. Aber freundlich zugleich ist der Anblick des klaren Meeresspiegels, in dem sich die leichtbewegliche sanft aufschäumende Welle kräuselt. Todt und starr liegt die Steppe hingestreckt wie die nackte Felsrinde eines verödeten Planeten. (AN 1, 2 f.)

Im Zwielicht der Nacht, in der Erleuchtung des Steppenrandes sowie der Verdopplung der Sternenbilder zwischen Erde und Himmel, wird die »Täuschung« perfekt; die Steppe erscheint als »küstenloser Ozean« der »Vorzeit«.[142] Diese Entgrenzung des Sichtfeldes wird hier mit den Mitteln der zeitgenössischen Erhabenheitsästhetik gedeutet, mit denen die überwältigende Erfahrung der wilden amerikanischen Natur bei Humboldt immer wieder gebändigt und in eine Situation des distanzierten Überblicks überführt wird. Nachdem der Erzähler die »weite unabsehbare Ebene« und den »unermeßlichen Raum« der Steppe erwähnt hat, beschreibt er deshalb sogleich, wie der Betrachter sich dem dadurch hervorgerufenen »Gefühl der Unendlichkeit« zuwendet.[143] Diese Erfahrung des

141 Noch deutlicher wird das, wenn Humboldt das Karibische Meer in der *Relation historique* mit stärkerem Bezug auf Europa als »Amerikanische[s] Mittelmeer« beschreibt (A. v. Humboldt: Reise in die Äquinoktial-Gegenden des Neuen Kontinents, S. 502). Die oszillierende Bewegung, die entsteht, wenn Humboldt »einen bestimmten Ort stets mit anderen Orten in Verbindung bringt«, fasst Ottmar Ette in die an Rimbaud angelehnte Formulierung: »*Ici est un autre.*« (Ette: Alexander von Humboldt und die Globalisierung, S. 104 f.).

142 Eine weitere Auflösung des Horizonts evoziert die entsprechende Anmerkung. Siehe AN 1, 63, Anm. 3.

143 Noch prägnanter wird dieses Gefühl, wenn Humboldt in späteren Auflagen des Texts hinzufügt, dass das »Gemüth« des Betrachters sich hierdurch, »wie den sinnlichen Eindrücken des Raumes sich entwindend, mit

Erhabenen wird verstärkt durch eine Unterscheidung, die die Llanos noch erschreckender wirken lässt: Wo der »Anblick des klaren Meeresspiegels« stets »freundlich« erscheine, liege die Steppe »todt und starr hingestreckt wie die nackte Felsrinde eines verödeten Planeten«. Hiermit schlägt der Erzähler nicht nur einen Bogen zurück zum ersten Satz, der am »Fuße des hohen Granitrückens« begonnen hatte – obgleich der Fels, der zu Beginn als Index der Erdgeschichte eingeführt wurde, nun als Symptom einer trostlos verödeten Gegenwart erscheint. Zudem rekurriert der Text damit auf die zu Beginn des zweiten Absatzes etablierte Unterscheidung von Leben und Tod: »Aus der üppigen Fülle des organischen Lebens«, so hieß es dort, »tritt der Wanderer betroffen an den öden Rand einer pflanzenleeren Wüste« (AN 1, 2).[144] Wie dieses zunächst unendlich erscheinende Gebiet in der Eingangspassage von *Ueber die Steppen und Wüsten* anschaulich definiert und strukturiert wird, sollte deutlicher geworden sein. Mithilfe eines komplexen Gefüges an Entgegensetzungen, die wiederholt aufeinander projiziert werden, wird hier zugleich auf Gegenwart und Vergangenheit, Land und Meer, Tod und Leben sowie auf Sinnlich-Konkretes und Geistig-Unendliches geblickt. Vom Rand der Steppe aus wird somit ein Bild ihres Ganzen erschaffen, das mehr als nur die Summe seiner Teile bedeutet, wird die Steppe ›dargestellt‹ statt bloß ›beschrieben‹.

geistigen Anregungen höherer Ordnung« erfüllt (AN 3/1, 4). Ähnlich wird das Erhabene im Fortgang von *Ueber die Steppen und Wüsten* in den Wendungen vom »unermesslichen Raum« evoziert (AN 1, 6 und 28), der als »wundervoll groß« erfahren wird (AN 1, 12), wie auch von der Steppe, die in der Regenzeit als »unermeßliches Binnen-Wasser« erscheint (AN 1, 35). Zu Humboldts Faszination für das Erhabene siehe H. Böhme: Ästhetische Wissenschaft, bes. S. 28; Seger: »... die wunderbar aneignende Kraft des menschlichen Gemüthes ...«; Hey'l: Das Ganze der Natur, S. 226-238. Dass Humboldt sich mit den *Ansichten der Natur* auch »für eine neue Reizkultur des Exotischen und Gigantischen« öffnet, betont Graczyk: Das literarische Tableau, S. 335.

144 Ungleich optimistischer hatte sich da noch Georg Forster gezeigt. In dem Anfang der 1780er Jahre verfassten Aufsatz *Ein Blick in das Ganze der Natur* lässt er den mit einer »Wüsteney«, einer »Schauder« erregenden »tiefen Einöde« konfrontierten »Menschen« sogleich beginnen, die »scheußlich[e]« Natur zu kultivieren, und ausrufen: »[I]ch, nur ich allein, kann ihr Anmuth und Leben schenken.« (Forster: Werke, Bd. 8, S. 95).

Auch wenn der Text nach dieser Exposition beständig den Ton und die Perspektive wechselt – im Anschluss an die Eröffnungspassage weitet er etwa den Blick und wendet sich vergleichbaren Phänomenen anderer Kontinente zu –, werden diese Entgegensetzungen im Fortgang des Naturgemäldes doch wiederholt aufgenommen und überblendet. Eine tragende Rolle kommt dabei den Bildfeldern von Steppe und Meer zu. So werden sie nicht nur in den Charakterisierungen der Steppen und Wüsten als »Sandmeere« (AN 1, 6)[145] ineinander gespiegelt, als Sandmeere, die in Afrika, wie es heißt, nur mittels des Kamels, des »Schiffs der Wüste« (AN 1, 7), durchquert werden können, die nur selten Oasen, »Gruppen quellenreicher Inseln« (AN 1, 6), bergen und in denen den »Dürstenden, im Spiele des gebogenen Lichtstrahls, das Trugbild des wellenschlagenden Wasserspiegels« erscheine (AN 1, 30 f.). Zudem organisiert der Erzähler auch größere Textpassagen mithilfe solcher Projektionen. Deutlich wird das, wenn er das Aufeinandertreffen von Meer und Wüste an der afrikanischen Westküste durch die heiß aufsteigenden »senkrechten Winde« markiert, die den nahenden »Schiffer«, wenn »ihn plözlich der tropische Ostwind verläßt, die Nähe des weitverbreiteten wärmestrahlenden Sandes« erahnen lassen (AN 1, 5 f.).

Auf diese Differenzierung horizontal und vertikal wirkender Bewegungen bezieht sich auch das Phänomen der Sandhosen, das Humboldt später in erneuter Überblendung der Bildfelder von Steppe und Meer beschreibt.[146] Wenn »unter dem senkrechten Stral der nie bewölkten Sonne die verkohlte Grasdecke in Staub zerfallen ist«, der Boden »von entgegengesetzte[n] Luftströmen« berührt wird und sich »durch Gegenstoß die kreisende Bewegung« fortpflanzt, dann »gewährt die Steppe einen seltsamen Anblick«, so erläutert der Erzähler:

> Als trichterförmige Wolken, deren Spitzen an der Erde hingleiten, steigt der Sand dampfartig durch die luftdünne, vielleicht elektrisch-geladene, Mitte des Wirbels empor – gleich den rauschenden Wasserhosen, die der erfahrene Schiffer fürchtet. Ein trübes, strohfarbiges Halblicht wirft die nun scheinbarniedrigere Himmelsdecke auf die verödete Flur. Der Horizont tritt plötz-

145 Vgl. A. v. Humboldt: Ansichten der Natur, AN 1, 4, 13, 18 und 19; sowie die Anmerkung 19, AN 1, 101-104.

146 Vgl. Ette: Eine »Gemütsverfassung moralischer Unruhe«, S. 47 f.

lich näher. Er verengt die Steppe, wie das Gemüth des Wanderers. (AN 1, 29 f.)

Bemerkenswert ist hieran zunächst das Zusammenspiel verschiedener Bewegungen – dem senkrecht hinabfallenden Sonnenstrahl korrespondieren, nach dem Widerstreit horizontal »entgegengesetzter Luftströme«, die vertikal aufsteigenden »trichterförmigen Wolken« – sowie das dadurch hervorgerufene »Halblicht«, in dem Himmel und Erde erneut zu verschmelzen scheinen. Außerdem fallen an dieser Passage die Figuren des Wanderers und Schiffers auf, parallel entworfene Figuren, die beide einen Zwischenraum durchqueren, in dem sie der Natur ausgesetzt sind und der keinen längeren Aufenthalt erlaubt. Neben der ausgearbeiteten Bildlichkeit des Texts, durch die das Meer hier abermals in die Steppe projiziert wird, rückt damit auch die Erzählstruktur von *Ueber die Steppen und Wüsten* in den Blick.

Denn obgleich der Schiffer und der Wanderer im Text mehrfach erwähnt werden, organisieren sie die Narration doch ebenso wenig, wie ›Humboldt selbst‹ den Text erzählt.[147] Vielmehr agieren beide Figuren vor dem Hintergrund einer allwissenden Erzählinstanz, die über Humboldts Amerikaerfahrungen ebenso souverän verfügt wie über die Naturphänomene anderer Kontinente[148] und die nur selten, wie kurz vor Textende, im ›Ich‹ oder ›Wir‹ hervortritt: »Ich könnte hier diesen gewagten Versuch eines Naturgemäldes der Steppe schließen«; »so werfen auch wir […] einen flüchtigen Blick auf die Erdstriche, welche die Steppe begränzen« (AN 1, 40 f.); »so sehen wir […] in den Wildnissen der Guyana, ewig den Menschen gegen den Menschen gerüstet« (AN 1, 44), heißt es schließlich. Zu-

147 Diese komplexe narrative Struktur verkennt Thomas Richter, wenn er den Wanderer mit dem Erzähler gleichsetzt. Vgl. Th. Richter: Alexander von Humboldt: *Ansichten der Natur,* S. 36. Wie sehr Humboldt um die »Schaffung komplex ineinandergeschachtelter Erzählerfiguren« bemüht war, »die wir nicht leichtfertig mit dem textexternen Autor gleichsetzen sollten«, betont vor allem Ette: Weltbewußtsein, S. 161.

148 Wie Bettina Hey'l erläutert, kam es Humboldt weniger darauf an, alles Beschriebene auch wirklich gesehen zu haben; vor dem Hintergrund einer aufklärerischen Anthropologie und geschult insbesondere durch Forsters Reisebeschreibungen sei er vielmehr von der Universalisierbarkeit individuellen Wissens ausgegangen. Auf welchem Weg er dieses Wissen erlangt habe, sei dabei zweitrangig gewesen. Vgl. Hey'l: Das Ganze der Natur, S. 177-191.

vor wird der Text aber meist nicht durch ein ›Ich‹ oder ›Wir‹, sondern durch ein unpersönlich verallgemeinerndes ›Man‹ bestimmt, das die Leser vor allem auf sinnlich wahrnehmbare Phänomene verweist: So »glaubt man«, um nur einige Beispiele zu nennen, in der Steppe nachts »den küstenlosen Ozean vor sich zu sehen« (AN 1, 3); im »nördlichen Europa kann man die Heideländer [...] als wahre Steppen betrachten« (AN 1, 4); »oft sieht man Thiere«, so heißt es weiterhin, »welche von Cactus-Stacheln am Hufe gelähmt worden« sind (AN 1, 32); »[s]chlangenartig sieht man« die Gymnoten »auf dem Wasser schwimmen« (AN 1, 38).

Lädt bereits das verallgemeinernde ›Man‹ dazu ein, die Überlegungen des Erzählers nicht nur zu teilen, sondern sich auch mit ihm selbst zu identifizieren, so wird dieser Einbezug der Leser in den Text durch den Schiffer und vor allem den Wanderer – beides Figuren, die die Erzählung auch perspektivieren – weiter verstärkt. Ähnlich wie die einsamen Betrachter in den Gemälden Caspar David Friedrichs bieten sie es den Lesern an, sich in den Text ›hineinzuversetzen‹, ohne ihnen dabei die Möglichkeit zu nehmen, auch den Forschungsreisenden Alexander von Humboldt in ihnen sehen zu können. Somit wirken diese mobilen, dynamisierenden und stets allein auftretenden Figuren einerseits als Vermittler zwischen Autor und Leser.[149] Andererseits erscheinen sie in ihrer wiederholt beschriebenen Betroffenheit und Furcht sowie der erwähnten, die Erfahrung des Erhabenen provozierenden Beengtheit ihrer Seele[150] aber auch als Vermittler zwischen Einzelnem und Allgemeinem, zwischen Genuss und Erkenntnis der präsentierten Natur.[151] Sie fungieren gleichsam als Kristallisationskerne der besprochenen stärker

149 Siehe Graczyk: Das literarische Tableau, S. 338 f. Zur dynamisierenden Funktion dieser Figuren vgl. ebd., S. 272-274 und 336-339.

150 Vgl. A. v. Humboldt: Ansichten der Natur, AN 1, 2, 30 und 45.

151 Dementsprechend betont Jörg Robert: »Die Figur des Wanderers ist bei Humboldt gleich dreifach determiniert: biographisch, medial, epistemologisch. Der Wanderer ist eine mediale Integrationsfigur, ein Dispositiv der Beobachtung, das zwischen Wort und Bild, Sukzession und Simultaneität vermittelt.« (Robert: Weltgemälde und Totalansicht, S. 48). Für ähnlich eingesetzte Figuren von Wanderern, die – auch in ihren benachbarten Realisierungen als ›Schiffer‹ oder ›Reisende‹ – bis Mitte des 19. Jahrhunderts als zentrale Elemente naturphysiognomisch interessierter Schriften gelten können, siehe etwa Forster: Ansichten vom Niederrhein, in: Werke, Bd. 9, S. 278; Ritter: Montblanc, bes. S. 2, 3, 38 und 51; Martius: Die Physiognomie des Pflanzenreiches in Brasilien, S. 286,

literarisch gestalteten Passagen, mit denen Humboldt seine Darlegungen nicht nur zu strukturieren und zu einem Ganzen zu formen suchte, sondern mit denen er die unendliche Steppe auch in ihrem Einfluss auf das menschliche ›Gemüt‹ darstellte. Nicht umsonst hatte er in der Vorrede erklärt, »dem Leser doch einen Theil des Genusses gewähren« zu wollen, »den ein empfänglicher Sinn in der unmittelbaren Anschauung der Natur findet« (AN 1, vii).

Indem Humboldt in der Vorrede aber hinzufügte, dass »dieser Genuss mit der Einsicht in den inneren Zusammenhang der Naturkräfte« vermehrt werde und er »jedem Aufsatze« deshalb »*wissenschaftliche* Erläuterungen und Zusätze beigefügt« habe (AN 1, vii), verwies er dort auch darauf, dass seine Texte sich nicht in der anschaulich-lebendigen Darstellung erschöpfen, mit der er die »Schwierigkeiten der Composition« disparatester Gegenstände durch deren »ästhetische Behandlung« aufzulösen gesucht habe (AN 1, vi). Wie er am 14. Februar 1807 an Johann Friedrich Cotta schreibt, habe er die in den *Ansichten der Natur* publizierten Aufsätze »auf Göthes Rath« hin auch »mit einer Menge Erläuterungen begleitet, ohne welche bloßen Liebhabern der Natur das Ganze unverständlich« bleiben müsse.[152] Diese ›Erläuterungen und Zusätze‹, die Humboldt im Unterschied zum weitgehend gleich gebliebenen Haupttext für jede Ausgabe der *Ansichten* aktualisiert und erweitert hat, überraschen zuerst aufgrund ihres Umfangs: Sind die 50 Anmerkungen zu *Ueber die Steppen und Wüsten* in der Erstausgabe des Werks von 1808 bereits mehr als doppelt so lang wie der Haupttext, so übertreffen sie ihn in der dritten Ausgabe von 1849 fast um das Sechsfache;[153] bei den *Ideen zu einer Physiognomik der Gewächse* verhält es sich ähn-

288 und 291; und Schleiden: Die Pflanze und ihr Leben, S. 366, 387 und 391.

152 Leitner (Hrsg.): Alexander von Humboldt und Cotta, S. 78. In welche programmatisch klassische Tradition Humboldt sich mit den *Ansichten* einreihen wollte, zeigt nicht zuletzt der Zusatz: »Ich wünsche einen ähnlichen (nicht engeren) Druk u. Kalenderformat, etwa wie Herman u. Dorothea.« (Ebd., S. 79).

153 Während der gesamte Text von *Ueber die Steppen und Wüsten* sich in der Erstausgabe auf die Seiten 1-155 erstreckt, wobei die Anmerkungen die Seiten 46-155 umfassen, so befindet er sich in der zweiten Ausgabe auf den Seiten 1-180 mit den Anmerkungen auf den Seiten 46-180. In der größerformatigen dritten Ausgabe nimmt er dann die Seiten 1-248 ein; die Anmerkungen füllen hier die Seiten 39-248. Vgl. auch Fiedler, Leitner: Alexander von Humboldts Schriften, S. 38-42.

lich. Im Zuge dieser bemerkenswerten Ausarbeitung wird auch deutlich, dass die Anmerkungen nicht nur wissenschaftliche ›Einsichten‹ zu den im Haupttext präsentierten ›Ansichten‹ enthalten, wie Humboldt in der Vorrede und schon im Titel behauptet, der vollständig ja eigentlich *Ansichten der Natur, mit wissenschaftlichen Erläuterungen* lautet.[154] Zwar geben die ›Erläuterungen‹ auch Erklärungen, wenn sie die im Haupttext benannten Phänomene und Begebenheiten präzisieren und mit Blick auf Forschungen anderer Wissenschaftler und Reisender sowie auf Humboldts weitere Schriften neu kontextualisieren. Jedoch begnügen sie sich damit nicht. Im Ausgang von den entsprechenden Passagen des Haupttexts entwickeln sie oft eigene Erzählungen und Erzählformen, mit denen sie die Narration, der sie aufgepfropft sind,[155] teils kommentieren und ergänzen, teils aber auch wiederholen, durchkreuzen und destabilisieren.

Diese ›Verunsicherung‹ wird schon daran augenfällig, dass einzelne Anmerkungen den Haupttext von *Ueber die Steppen und Wüsten* in seiner Länge übersteigen; seine lineare Lektüre wird damit ebenso unmöglich wie überhaupt eine sinnvolle Differenzierung von ›Aufsatz‹ und ›Zusatz‹, von Haupt- und Nebentext.[156] Zudem zeigt sich diese Destabilisierung auf der Ebene der Erzählform. So spricht Humboldt hier gleichsam mit ›anderer Stimme‹, wenn er den

154 Auch in der Humboldt-Forschung ist wiederholt von solch einer einfachen Differenzierung zwischen Haupttext und Anmerkungen ausgegangen worden. Vgl. etwa Barck: »Umwandlung des Ohrs zum Auge«, S. 33; Eckstein: Fußnoten, S. 219-226; Graczyk: Das literarische Tableau, S. 333. Hiergegen betont Thomas Richter, dass die Differenzierung »in einen literarisch geprägten Haupt- und einen eher deskriptiven, sachlich-nüchternen Nebentext […] nicht sinnvoll« erscheint (Richter: Alexander von Humboldt: *Ansichten der Natur,* S. 58-66, hier S. 59). Ähnlich schon H. Böhme: Ästhetische Wissenschaft, S. 24 f. Für eine generelle Problematisierung der Unterscheidung von Haupt- und Nebentext, die hier vor allem aufgrund ihrer impliziten Hierarchisierung nur mit Vorsicht gebraucht werden soll, vgl. Danneberg, Niederhauser: »… daß die Papierersparnis gänzlich zurücktrete«, S. 38-40. Grundlegend dazu siehe Genette: Paratexte, bes. S. 304-327.

155 Siehe auch H. Böhme: Ästhetische Wissenschaft, S. 24; allgemein zur Aufpfropfung als Wissensfigur Wirth: Aufpfropfung als Figur des Wissens in der Kultur- und Mediengeschichte; ders.: Kultur als Pfropfung.

156 Für eine kurze, von Derrida angeregte Deutung der Anmerkungen als kantische »parerga« (KU B 43) vgl. Seger: »… die wunderbar aneignende Kraft des menschlichen Gemüthes …«, S. 72 f. Siehe auch Derrida: Die Wahrheit in der Malerei, bes. S. 56-176.

Text der ›Erläuterungen und Zusätze‹ nicht mehr nur durch das verallgemeinernde ›Man‹ vorantreibt, sondern vor allem in eigener Person, im ›Ich‹ des Forschungsreisenden, hervortritt: »Die Identität des Autors als Tropenreisender«, erklärt deshalb Thomas Richter, »wird oftmals eher in den Anmerkungen als im Haupttext deutlich.«[157] Offenkundig wird das bereits in der ersten Anmerkung zu *Ueber die Steppen und Wüsten,* in der Humboldt nach einer geographischen Beschreibung und Einordnung des Valenciasees auch von den scheinbar nebensächlichen Erlebnissen und Reflexionen berichtet, die er im Haupttext noch vermieden hatte:

> Er [der See] gehört zu den schönsten und freundlichsten Naturszenen, die ich auf dem ganzen Erdboden kenne. Beim Baden wurden wir, Bonpland und ich, oft durch den Anblick der Bava geschreckt, einer unbeschriebenen, etwa 3 bis 4 Fuß langen Crocodil-Gattung von scheußlichem Ansehen, aber dem Menschen unschädlich. (AN 1, 52 f.)

Dass die Anmerkungen aber nicht nur in Umfang und Erzählform dazu tendieren, zu eigenen Haupttexten ›auszuwachsen‹, sondern auch inhaltlich mehr als ›Erläuterungen und Zusätze‹ bieten, zeigt die fünfte Anmerkung von *Ueber die Steppen und Wüsten.* In dieser Anmerkung, die in der dritten Ausgabe der *Ansichten* kaum kürzer als der gesamte Haupttext des Essays ist, nimmt Humboldt die Erwähnung der »*Llanos und Pampas von Südamerika, und Grasfluren am Missouri*« (AN 3/1, 51) als Anlass, um seinen Ausführungen zur südamerikanischen Steppe »ein Naturbild von Nordamerika« (AN 3/1, 54) hinzuzufügen. Im Vergleich mit den südamerikanischen Kordilleren »berichtigt« er seine »physikalische und geognostische Ansicht des westlichen Gebirgslandes von Nordamerika« dabei durch »die vielumfassenden Beobachtungen« (AN 3/1 51 f.), die John Charles Frémont von 1842 bis 1844 im Auftrag der US-amerikanischen Regierung in den Rocky Mountains gemacht hat. Diese Korrekturen ergänzt er durch längere Ausführungen zu Frémonts Expedition – »Ich verweile geflissentlich bei diesen Betrachtungen« (AN 3/1, 61), so erklärt er –, bevor er nach Überlegungen zum Bison noch die im Haupttext erst viel später entfaltete Beobachtung bestätigt, dass »bei der Entdeckung von Amerika kein Hirtenleben, keine Hirtenvölker« gefunden worden seien: »Kein

157 Th. Richter: Alexander von Humboldt: *Ansichten der Natur,* S. 66.

Zeugniß der Geschichte redet dafür, daß je diese Zwischenstufe des Völkerlebens hier vorhanden gewesen« (AN 3/1, 72); danach schließt er die ›Erläuterung‹, die ständig auch auf andere wissenschaftliche Texte verweist, mit einem historischen Abriss verschiedener Höhenmessungen.

Schon diese Anmerkung zeigt, wie vielschichtig die ›Erläuterungen und Zusätze‹ in den *Ansichten der Natur* ausfallen: Als diskursive wie narrative, wissenschaftliche wie literarische Formen hängen sie dem Haupttext oft nicht einfach an, vielmehr parallelisieren sie ihn, wenn sie Humboldt stärker als Forschungsreisenden hervortreten lassen, vor allem aber interferieren sie mit ihm, indem sie ihn umschreiben und ausführen, berichtigen und umordnen, durchkreuzen und vollenden. Im Zusammenspiel von Haupt- und Anmerkungstext entsteht somit eine dynamische, offene Textur – gerade die *Ansichten der Natur* hat Ottmar Ette deshalb als »*work in progress*«[158] bezeichnet –, die in der Forschung wiederholt als ›Darstellung‹ von Natur beschrieben worden ist, als ›Darstellung‹ aber nicht einer maßvoll voranschreitenden Natur, wie bei Goethe, sondern einer wilden, netzförmig wuchernden Tropennatur. So etwa erklärt Hartmut Böhme die in den *Ansichten der Natur* erzeugte »*Textur*« als »*Mimesis der Vernetzungsformen von Natur selbst*«;[159] ähnlich bemerkt Ottmar Ette, im Versuch, »Natur zu simulieren«,[160] habe Humboldt hier eine »rhizomatisch[e]«, »auf Verfahren der Selbstähnlichkeit beruhende[] *fraktale*[] Schreibweise« entwickelt.[161]

Doch obgleich Humboldt diese wuchernde Textnatur mit jeder Ausgabe der *Ansichten* fortschreibt, verändert er ihre auf ›Darstellung‹ zielende Poetik dabei nicht; schon 1808, in der ersten Ausgabe des Werks, scheint diese vollends ausgeprägt. Wesentliche Charak-

158 Ette: Eine »Gemütsverfassung moralischer Unruhe«, S. 35; ders.: Weltbewußtsein, S. 20 und 123.

159 H. Böhme: Ästhetische Wissenschaft, S. 25. Zudem bemerkt Böhme, der ›Naturgenuss‹ werde hier »in der Form der Darstellung gründlich entfaltet« (ebd., S. 18, Anm.). Nach Annette Graczyk zeichnet gerade *Ueber die Steppen und Wüsten* »in seiner handlungsdrängenden Verbalität auch die Dynamik und Aktivität einer unablässig in Bewegung begriffenen, elementaren Natur« nach (Graczyk: Das literarische Tableau, S. 340).

160 Ette: Weltbewußtsein, S. 137 f.

161 Ette: Alexander von Humboldt und die Globalisierung, S. 215 und 227. Vgl. auch ebd., S. 22; sowie ders.: ÜberLebenswissen, S. 35. Den Begriff des ›Fraktalen‹ verwendet hierfür schon Storz: Naturbildungen.

teristika dieser Schreibweise hat die Betrachtung von *Ueber die Steppen und Wüsten* verdeutlicht. Um nicht bloß einzelne ›Ansichten‹ zu erzeugen, sondern auch wissenschaftliche ›Einsichten‹ sowie den ›Genuss‹ zu präsentieren, den ein Betrachter der dargestellten Natur empfindet, entwickelt Humboldt hier eine nur scheinbar einfache Schreibweise, die sich zunächst vor allem an visuellen Eindrücken orientiert. Anders als in den *Ideen zu einer Geographie der Pflanzen* kreist dieses Schreiben aber nicht um Bilder, die dem Text beigegeben sein sollten, sondern kann nun selbst als bildlich oder, mit Kant und Carus, als hypotypotisch, »vor die Seele zeichnend«, verstanden werden,[162] wenn es sich in einer auffallend attributreichen,[163] oft anthropomorphisierenden »dichterischen Prosa« einerseits um die Erzeugung einzelner Naturbilder bemüht, die einzelnen Szenen andererseits aber beständig auf das Ganze der lebendigen, bildenden Natur zu beziehen und zu einem nicht bloß oberflächlichen Naturgemälde zusammenzufassen sucht. Allerdings leistet Humboldt diese Integration nicht nur mithilfe einer sorgfältigen bildlichen Strukturierung des Texts, die immer auch das ›Gemüt‹ der Leser adressiert. Wie sich an den Figuren des Wanderers und Schiffers gezeigt hat, entwirft er in *Ueber die Steppen und Wüsten* zudem ein komplexes narratives Gefüge, das in der Vernetzung von Haupttext und Anmerkungen auch die Perspektive des Forschungsreisenden Alexander von Humboldt erfasst. Damit erschafft er einen für die Zeit um 1800 einzigartigen Text, der »gattungstheoretisch [...] beinahe vorbildlos« ist:[164] einen Text, der die Freiheiten des Essays aufnimmt, sie aber in eine ganz andere Form bringt; einen Text, der sich sowohl wissenschaftlicher als auch literarischer Elemente bedient, doch weder einen itinerarisch organisierten Reisebericht, noch eine wissenschaftliche Abhandlung vorstellt, die argumentativ fort-

162 »Die Hypotypose«, so erläutert Ottmar Ette, »bildet eine der wichtigsten Schreibtechniken Alexander von Humboldts [...]. So vertrauen etwa die *Ansichten der Natur* [...] ganz auf die Macht jener Bilder, die hypotypotisch durch Lektüre erzeugt werden.« (Ette: Weltbewußtsein, S. 204).

163 Vgl. den Versuch einer Stilanalyse von Lühr: »... denn eine riesenhafte Wasserschlange«. Wie Bettina Hey'l anhand der *Ideen zu einer Geographie der Pflanzen* gezeigt hat, kann diese Vielzahl an oft gräzisierenden Attributen gehobenen Stils als Orientierung am deutschen Publikum verstanden werden; so ist Humboldts französische Prosa deutlich nüchterner gestaltet. Vgl. Hey'l: Das Ganze der Natur, S. 313 f. und 319.

164 H. Böhme: Ästhetische Wissenschaft, S. 23.

schritte; einen Text für ein breites Publikum, der einzelne Naturerfahrungen ebenso entfaltet, wie er verschiedenste Wissensgebiete miteinander zu verknüpfen und auf ein einheitliches Fundament zu beziehen sucht; einen Text ohne »Haltung« und voller »Verirrungen«, der – wuchernd wie sonst nur sein Gegenstand – ständig aus der Form gerät, aber nicht davon ablässt, die Natur auch ›darstellen‹ und nicht bloß ›beschreiben‹ oder ›erklären‹ zu wollen.

Diese vielschichtige Darstellungsweise von Natur offenbart sich auch darin, dass Humboldt die in *Ueber die Steppen und Wüsten* entwickelte Textform nicht einfach auf die beiden anderen Abhandlungen der *Ansichten der Natur* überträgt, sondern stets auch neue Zugänge zu den präsentierten Phänomenen und Überlegungen zu gewinnen sucht. In einem Absatz der *Ideen zu einer Physiognomik der Gewächse* erwähnt er zwar die »Wüsten jenseits des Atlas« und die »unermeßlichen Ebenen oder Steppen von Süd-Amerika«, um erneut die »Sand-Meere« zu evozieren, in denen nur »einzeln stehende Fächerpalmen« den »Wanderer« an Leben erinnern und in deren Hitze der Horizont verschwimmt: »Im trügerischen Lichtspiele, das die strahlende Wärme erregt, sieht man bald den Fuß dieser Palmen frei in der Luft schweben, bald ihr umgekehrtes Bild in den wogenartig-zitternden Luftschichten wiederholt« (AN 1, 170 f.). Allerdings zitiert Humboldt damit nur die zentralen Motive des Eingangstexts. Insgesamt prägt er den *Ideen zu einer Physiognomik der Gewächse* eine andere Bild- und Formsprache auf. Holt er in der grandiosen Einleitung zunächst noch einmal weit aus und bezeichnet »die allverbreitete Fülle des Lebens« (AN 1, 157), die das »unbewaffnete« und vor allem das »bewaffnete Auge« in der Luft, dem »Luftmeer«, wie auch in Erde und Wasser entdecken können (AN 1, 159 f.),[165] so orientiert er den Text im Fortgang doch stärker als *Ueber die Steppen und Wüsten* am Modell der wissenschaftlichen Abhandlung. Deutlich ist das bereits an der einfacheren Erzählstruktur, die Humboldt schon im Haupttext und nicht erst in den erneut umfangreichen Anmerkungen als einen Erzähler auftreten lässt, der seine eigenen Reiseerfahrungen und Forschungen präsen-

165 Für diese Einleitung gilt somit auch das, was Humboldt später im Blick auf den *Kosmos* formuliert: »Die Naturansicht soll allgemein, sie soll groß und frei, nicht durch Motive der Nähe, des gemüthlicheren Antheils, der relativen Nützlichkeit beengt sein. Eine physische Weltbeschreibung, ein *Weltgemälde* beginnt daher nicht mit dem Tellurischen, sie beginnt mit dem, was die Himmelsräume erfüllt.« (K I, 85).

tiert und mit den Arbeiten anderer Wissenschaftler abgleicht. Zudem fällt auf, dass er sich in der Darlegung der Pflanzenphysiognomik, vor allem der Pflanzenformen, einer vergleichsweise reduzierten Bildsprache bedient. Zwar arbeitet Humboldt auch hier mit einer attributreichen, anthropomorphisierenden literarischen Sprache, wenn er den »Teppich« beschreibt, den »die blüthenreiche Flora über den nackten Erdkörper ausbreitet« (AN 1, 163), oder wenn er die Palmen als die »höchsten und edelsten aller Pflanzengestalten« (AN 1, 185), die Bananen dagegen als »eine der herrlichsten und edelsten Gestalten« charakterisiert (AN 1, 188 f.).[166] Anders als in *Ueber die Steppen und Wüsten* verzichtet er in den *Ideen zu einer Physiognomik der Gewächse* aber darauf, den Text durch ganze Bildfelder zu strukturieren und abzurunden. Nach dem bereits erwähnten Verweis auf die Beschreibungen von »Georg Forster in seinen Reisen und in seinen kleinen Schriften; Göthe in den Naturschilderungen, welche so manche seiner unsterblichen Werke enthalten; Herder, Büffon, Bernardin de St. Pierre, und selbst Chateaubriand« (AN 1, 175 f.)[167] reflektiert Humboldt vielmehr das Problem, einen Totaleindruck der Natur sprachlich wiederzugeben. Wiederholt bemerkt er, die Natur »mit Einem Blicke« (AN 1, 172, 180) erfasst zu haben, betont aber eben auch, dass es »ein schwieriges Unternehmen« sei, »mit Worten zu bezeichnen, was eigentlich nur der nachahmenden Kunst des Mahlers darzustellen geziemt« (AN 1, 185).

Während Humboldt in den *Ideen zu einer Physiognomik der Gewächse* damit erneut das Ungenügen der Sprache gegenüber der »nachahmenden Kunst des Mahlers« thematisiert – ohne aber zu reflektieren, dass seine ›Ansichten‹ längst über das aufklärerische Beschreibungsparadigma hinausweisen –, so orientiert er sich im Schlussaufsatz *Ueber die Wasserfälle des Orinoco, bei Atures und Maypures* an einer anderen Form von Medialität. Hier inszeniert er

166 An die physikotheologische Prägung solcher Beschreibungen erinnert Hey'l: Das Ganze der Natur, S. 228 f.

167 Den Verweis auf Herder streicht Humboldt dann in der dritten Ausgabe der *Ansichten der Natur,* AN 3/2, 18. Vgl. hierzu, ohne dass er dies erklären könnte, Hunger: Spurensuche einer Rezeptionsgeschichte. Zum Bezug auf Bernardin de Saint-Pierre vgl. auch den Brief an Cotta vom 14. Februar 1807, in dem Humboldt über die *Ansichten der Natur* bemerkt: »Ich wünsche den Deutschen etwas wie Bernardin de St. Pierre ein unnachahmliches Muster zu liefern.« (Leitner (Hrsg.): Alexander von Humboldt und Cotta, S. 79). Vgl. auch K II, 65-68 und 72-75.

die Mündlichkeit eines Vortrags, wenn er eingangs daran erinnert, dass er die Texte aus der Erstausgabe der *Ansichten der Natur* vor ihrer Veröffentlichung schon in der Preußischen Akademie der Wissenschaften vorgestellt habe.[168] Wie er im Verweis auf die politische Lage in Preußen ausführt, habe er es dabei in *Ueber die Steppen und Wüsten* gewagt, »große Massen in ein Naturgemälde zu vereinigen, und diese Versammlung mit Gegenständen zu unterhalten, deren Kolorit der trüben Stimmung unseres Gemüths entsprach«. Die Rede *Ueber die Wasserfälle des Orinoco, bei Atures und Maypures* sei dagegen ein Versuch gewesen, »auf einen engeren Kreis von Erscheinungen eingeschränkt, das freundlichere Bild eines üppigen Pflanzenwuchses und schäumender Flußthäler [zu] entwerfen« (AN 1, 282). Diesen mündlichen Charakter unterstreicht Humboldt nun nicht bloß dadurch, dass er dem Vortrag in den *Ansichten der Natur* einen eher knappen Anmerkungsapparat hinzufügt. War er in *Ueber die Steppen und Wüsten* noch hinter eine unpersönliche, verallgemeinernde Erzählinstanz zurückgetreten, exponiert er sich hier zusätzlich als Forschungsreisender, indem er wiederholt erklärt: »Als wir im Sommer 1800 den Ober-Orinoco beschifften« (AN 1, 293), oder aber: »Als wir, Hr. Bonpland und ich, von den Ufern des Rio Negro zurückkehrten« (AN 1, 319).

Allerdings wird Humboldt nicht bloß in der einfachen Erzählstruktur, sondern auch in der Schlussszene von *Ueber die Wasserfälle des Orinoco* als Forschungsreisender greifbar, wenn er nach einem »Ueberblick des Laufs des Orinoco und seiner allgemeinsten Verhältnisse« und einer »Beschreibung der Wasserfälle von Maypures und Atures« noch von der Erkundung der Höhle von Ataruipe berichtet (AN 1, 305). Gelegen in einer Umgebung, die »alles öde und eng« erscheinen lasse (AN 1, 324), diene die Höhle als »Gruft eines vertilgten Völkerstammes«, der Aturer; »ohngefähr 600 wohlerhaltene Skelette, in ebenso vielen Körben«, so heißt es, hätten er und Bonpland hier zählen können (AN 1, 325). Allerdings begnügt Humboldt sich in dem Text nicht mit der Beschreibung der Höhle

168 Auf solch eine Mündlichkeit bezieht sich auch der Eintrag aus ›Ottiliens Tagebuche‹ in Goethes *Wahlverwandtschaften:* »Nur der Naturforscher ist verehrungswert, der uns das Fremdeste, Seltsamste, mit seiner Lokalität, mit aller Nachbarschaft, jedesmal in dem eigensten Elemente zu schildern und darzustellen weiß. Wie gern möchte ich nur einmal Humboldten erzählen hören.« (FA 8, 452).

und der Bestattungskultur der Aturer. Wie er des Weiteren erklärt, hätten Bonpland und er die Höhle auch erst verlassen,

> nachdem wir mehrere Schädel und das vollständige Skelett eines bejahrten Mannes, zum größten Aergernis unserer indianischen Führer, gesammelt hatten. Einer dieser Schädel ist von Herrn Blumenbach in seinem vortrefflichen kraniologischen Werke abgebildet worden. Das Skelett aber ist, wie ein großer Teil unserer Sammlungen, in einem Schiffbruch untergegangen, der an der afrikanischen Küste unserm Freunde und ehemaligen Reisegefährten, dem jungen Franziskanermönch, Juan Gunzalez, das Leben kostete. (AN 1, 328 f.)

Bemerkenswert ist hieran, dass der Text die so offen eingestandene Plünderung der Grabstätte durch die Forschungsreisenden gleichsam über den Tod des schiffbrüchigen Mönches zu entschuldigen scheint, wenn er fortfährt: »Wie im Vorgefühl dieses schmerzhaften Verlustes, in ernster Stimmung, entfernten wir uns von der Gruft eines untergegangenen Völkerstammes« (AN 1, 329).[169] Auffallend ist zudem, wie wenig diese Szene sich zu der »freundlicheren« Stimmung fügt, die der Aufsatz *Ueber die Wasserfälle des Orinoco* gegenüber dem »trüben« Naturgemälde *Ueber die Steppen und Wüsten* verbreiten sollte. Zwar zeichnet Humboldt hier noch einmal das romantische Bild einer Nacht, in der Himmel und Erde im Mondlicht zusammenfinden: »Von lebendigem Feuer glühte der Boden, als habe die sternvolle Himmelsdecke sich auf die Grasflur niedergesenkt« (AN 1, 330). Dennoch beendet er den Text, und damit auch die erste Ausgabe der *Ansichten der Natur,* abermals mit einer zivilisationskritischen Erinnerung an die zwieträchtigen, frevelnden Menschen, einer Erinnerung, die nicht zuletzt die eigene plündernde Forschertätigkeit kritisiert, sie im Verweis auf die unablässig schaffende Natur aber zugleich auch relativiert:

169 Noch deutlicher wird dieser Zusammenhang in der *Relation historique.* Hier gesteht Humboldt nicht nur den Raub gleich mehrerer Skelette ein, sondern auch, dass die Indianer hiergegen so sehr protestiert hätten, dass er und Bonpland »die Autorität der Mönche in Anspruch nehmen« mussten, »um des Widerwillens der Eingeborenen Herr zu werden« (A. v. Humboldt: Reise in die Äquinoktial-Gegenden des Neuen Kontinents, S. 1255). Siehe hierzu auch Ette: Weltbewußtsein, S. 184-189; ders.: Alexander von Humboldt und die Globalisierung, S. 397-399.

So sterben dahin die Geschlechter der Menschen. Es verhallt die rühmliche Kunde der Völker. Denn wenn jede Blüthe des Geistes welkt, wenn im Sturm der Zeiten die Werke schaffender Kunst zerstieben, so entsprießt ewig neues Leben aus dem Schooße der Erde. Rastlos entfaltet ihre Knospen die zeugende Natur – unbekümmert ob der frevelnde Mensch (ein nie versöhntes Geschlecht) die reifende Frucht zertritt. (AN 1, 330)

(Nicht-)Wissen vom Leben: *Ansichten der Natur, mit wissenschaftlichen Erläuterungen* (1826 und 1849)

Nachdem Humboldt 1808 den ersten Band der *Ansichten der Natur* veröffentlicht hat, bearbeitet er die Erfahrungen und Ergebnisse der Amerikareise in einer Fülle weiterer Textformen und Werke. Neben dem *Essai politique sur le royaume de Nouvelle-Espagne,* dem sogenannten Mexiko-Werk, das 1808 bis 1811 erscheint, publiziert er – um nur einige Beispiele zu nennen – von 1810 bis 1813 die *Vues des Cordillères et Monumens des Peuples Indigènes de l'Amérique,* ein Werk, das durch komplexe Schrift-Bild-Beziehungen gekennzeichnet ist und gleichsam »die ›Ansichten der Kultur‹ innerhalb seines gewaltigen Œuvre« vorstellt.[170] Hierauf folgen ab 1814 die Bände der *Relation historique du Voyage aux regions équinoxiales du Nouveau Continent,* der eigentlichen, nie beendeten Reisebeschreibung, bevor er 1826 den *Essai politique sur l'île de Cuba* sowie die überarbeitete und erweiterte zweite Ausgabe der *Ansichten der Natur* veröffentlicht; die drei bereits bekannten Texte sind hier um einen Essay *Ueber den Bau und die Wirkungsart der Vulcane in den verschiedenen Erdstrichen* und die Erzählung *Die Lebenskraft oder der rhodische Genius* ergänzt. Nach der 1829 gemeinsam mit dem Mineralogen Gustav Rose und dem Zoologen Christian Gottfried Ehrenberg durchgeführten russisch-sibirischen Reise gibt Humboldt 1843 die *Asie Centrale,* das Hauptwerk zu dieser zweiten großen Forschungsreise, und ab 1845 auch den *Kosmos* heraus, bevor er 1849 die abermals erweiterte dritte Ausgabe der *Ansichten der Natur* publiziert; hinzugefügt sind hier noch die Texte über *Das nächtliche Thierleben im Urwalde* und über *Das Hochland von*

170 Ette: Alexander von Humboldt und die Globalisierung, S. 197.

Caxamarca, der alten Residenzstadt des Inca Atahuallpa, und erster Anblick der Südsee von dem Rücken der Andeskette.[171]

Entsprechend der Poetik fast aller seiner Schriften und ähnlich wie in der Vorrede zur ersten Ausgabe umreißt Humboldt auch in der 1849 ergänzten Vorrede zur zweiten und dritten Ausgabe der *Ansichten der Natur* eine »zwiefache Richtung« seines Werks. Diese erklärt er als »sorgsames Bestreben, durch lebendige Darstellungen den Naturgenuß zu erhöhen, zugleich aber nach dem dermaligen Stande der Wissenschaft die Einsicht in das harmonische Zusammenwirken der Kräfte zu vermehren« (AN 3/1, xi). Im Anschluss an das damit bestätigte Vorhaben, in der ›Ansicht‹ sowohl eine ›Einsicht‹ als auch den ›Genuss‹ dieser Natur vermitteln zu wollen, erinnert er erneut an die kompositorischen Probleme, die dieser »ästhetischen Behandlung großer Naturscenen entgegenstehen«:

> Die Verbindung eines litterarischen und eines rein scientifischen Zweckes, der Wunsch, gleichzeitig die Phantasie zu beschäftigen und durch Vermehrung des Wissens das Leben mit Ideen zu bereichern: machen die Anordnung der einzelnen Theile und das, was als Einheit der Composition gefordert wird, schwer zu erreichen. (AN 3/1, xi f.)[172]

Im Vergleich mit der über vierzig Jahre älteren ersten Vorrede fällt auf, dass einzelne Wendungen hier fast wörtlich wiederkehren, die »Grenzüberschreitung zwischen Kunst und Wissenschaft« nun aber stärker in den Mittelpunkt rückt; Bettina Hey'l sieht darin einen »Hinweis auf die inzwischen weiter fortgeschrittene Differenzierung der Systeme«.[173] Zudem zeigt sich im Fortgang der Vorrede, dass Humboldt der »zwiefachen Richtung« seines Texts ein weite-

171 Zu den Umständen und Daten der Publikationen siehe Fiedler, Leitner: Alexander von Humboldts Schriften.

172 Wie wichtig Humboldt die ›Komposition‹ ist, zeigt der Brief an Varnhagen von Ense vom 22. April 1846: »Die Hauptsache nach der ich strebe ist die der Komposition, das *Beherrschen* großer mit Sorgfalt und genauer Sachkenntniß zusammengetriebener *Massen.* Die Benutzung unserer herrlichen, schmiegsamen, harmonischen, darstellenden Sprache ist erst ein sekundaires Streben.« (Assing (Hrsg.): Briefe Alexander von Humboldts an Varnhagen von Ense, S. 215). Ähnlich äußert Humboldt sich im *Kosmos.* Vgl. vor allem K II, 74.

173 Hey'l: Das Ganze der Natur, S. 220.

res »Bestreben«, die Anregung zum Naturstudium, hinzufügt. So habe er die »wissenschaftliche[n] Erläuterungen« ergänzt und erweitert, weil er hoffte,

> den Trieb zum Studium der Natur dadurch zu beleben, daß in dem kleinsten Raume die mannigfaltigsten Resultate gründlicher Beobachtung zusammengedrängt, die Wichtigkeit genauer numerischer Angaben und ihrer sinnigen Vergleichung unter einander erkannt und dem dogmatischen Halbwissen wie der vornehmen Zweifelsucht gesteuert werde, welche in den sogenannten höheren Kreisen des geselligen Lebens einen langen Besitz haben. (AN 3/1, xiv f.)[174]

Bereits diese Ausführungen verdeutlichen, dass Humboldt das Programm der ersten *Ansichten der Natur* mit den Zielen der wissenschaftlich genauen sowie der anschaulich-lebendigen und belebenden Darstellung in den späteren Ausgaben des Werks beibehalten, aber auch ausgearbeitet und den Bedingungen einer fortgeschrittenen Ausdifferenzierung der Systeme der Wissenschaften und Künste anzupassen gesucht hat; wie schon erwähnt, scheint dieses ebenso konservative wie aktualisierende Programm besonders in den ausufernden Anmerkungen auf die Spitze getrieben. In ähnlicher Weise bezeugen die in die späteren Ausgaben neu aufgenommenen Texte dieses Vorhaben der Bestätigung und Ausarbeitung. Zwei von ihnen sollen hier deshalb noch besprochen werden: die 1826 hinzugefügte Erzählung *Die Lebenskraft oder der rhodische Genius* – »literarischer« und »szientifischer Zweck« sind hier schon im Titel verbunden – und der 1849 ergänzte Essay über *Das nächtliche Thierleben im Urwalde.*

Die 1795 zuerst in Schillers *Horen* publizierte Erzählung über den *Rhodischen Genius,*[175] die Humboldt als Schlussstück der zweiten Ausgabe der *Ansichten der Natur* wiederveröffentlicht, ist durch

174 Einen ähnlichen Zweck verfolgt Humboldt auch im 1847 veröffentlichten *Kosmos*-Kapitel über die ›Anregungsmittel zum Naturstudium‹. Vgl. K II, 3-134.

175 Zum *Rhodischen Genius* siehe van Dusen: The Literary Ambitions and Achievements of Alexander von Humboldt, S. 23-34; Ette: ÜberLebenswissen, S. 9-12; Graczyk: Das literarische Tableau, S. 350-352; Hey'l: Das Ganze der Natur, S. 140-158; Th. Richter: Alexander von Humboldt: *Ansichten der Natur,* S. 221-226; Geier: Die Brüder Humboldt, S. 184-190.

eine offen fiktionale Form gekennzeichnet. Im Zentrum der Erzählung, die in der sizilianischen Hafenstadt Syrakus um 400 v. Chr. spielt, steht ein rätselhaftes Gemälde. In Unkenntnis seiner genauen Bedeutung nennen die Syrakuser dieses Bild von jeher den ›Rhodischen Genius‹, da es von einem aus Rhodos kommenden »gestrandeten Schiffe gerettet« werden konnte (AN 2/2, 289) und eben einen »Genius« zeigt, »der von lichtem Schimmer umgeben« inmitten trübe blickender »Jünglinge und Mädchen« schwebt:

> Ein Schmetterling saß auf seiner Schulter, und in der Rechten hielt er eine lodernde Fackel empor. Sein Gliederbau war kindlich, rund, sein Blick himmlisch lebhaft. Gebieterisch sah er auf die Jünglinge und Mädchen zu seinen Füßen herab. Mehr charakteristisches war an dem Gemählde nicht zu unterscheiden. (AN 2/2, 190)

Näher kommen die Syrakuser der Bedeutung des alten und viel diskutierten Bildes erst, als nach langer Zeit ein weiteres Schiff aus Rhodos ein neueres Gemälde bringt,

> das man augenblicklich für ein Gegenstück zum rhodischen Genius erkannte. Es war von gleicher Größe und zeigte ein ähnliches Kolorit; nur waren die Farben besser erhalten. Der Genius stand ebenfalls in der Mitte, aber ohne Schmetterling, mit gesenktem Haupte, die erloschene Fackel zur Erde gekehrt, der Kreis der Jünglinge und Mädchen stürzte in mannigfachen Umarmungen, gleichsam über ihm zusammen. Ihr Blick war nicht mehr trübe und gehorchend, sondern kündigte den Zustand wilder Entfesselung, die Befriedigung lang genährter Sehnsucht an. (AN 2/2, 192 f.)

Um die Bilder endlich zu verstehen, befiehlt der Syrakuser Tyrann, sie zum Philosophen Epicharmus zu bringen. Der alte Pythagoreer, der zeit seines Lebens »mit der Natur der Dinge, und ihren Kräften« (AN 2/2, 194) befasst war, vergleicht die Gemälde im Kreis seiner Schüler. Schließlich deutet er sie als allegorische Darstellungen jener Lebenskraft, die die »Stoffe im Thier- und Pflanzenkörper« in ihre organische Form zwinge. »Tretet näher um mich her, meine Schüler«, verlangt er,

> und erkennet im Rhodischen Genius, in dem Ausdruck seiner jugendlichen Stärke, im Schmetterling auf seiner Schulter, im

> Herrscherblick seines Auges, das Symbol der *Lebenskraft,* wie sie jeden Keim der organischen Schöpfung beseelt. Die irrdischen Elemente, zu seinen Füßen, streben gleichsam, ihrer eignen Begierde zu folgen, und sich mit einander zu mischen. Befehlend droht ihnen der Genius mit aufgehobener, hochlodernder Fackel, und zwingt sie, ihrer alten Rechte uneingedenk, seinem Gesetze zu folgen.
> Betrachtet nun das neue Kunstwerk, welches der Tyrann mir zur Auslegung gesandt; richtet Eure Augen vom Bilde des Lebens ab, auf das Bild des Todes. Aufwärts weggeflohen ist der Schmetterling, ausgelodert die umgekehrte Fackel, gesenkt das Haupt des Jünglings. Der Geist ist in andere Sphären entwichen, die Lebenskraft erstorben. Nun reichen sich Jünglinge und Mädchen fröhlich die Hände. Nun treten die irrdischen Stoffe in ihre Rechte ein. Der Fesseln entbunden folgen sie wild, nach langer Entbehrung, ihrem geselligen Triebe, und der Tag des Todes wird ihnen ein bräutlicher Tag. (AN 2/2, 197-199)

Mit dieser Beschreibung und Deutung der Bilder erinnert Humboldt zunächst an verschiedene ästhetische Debatten seiner Zeit. So greift er hier nicht nur auf Lessings Abhandlung *Wie die Alten den Tod gebildet* von 1769 und Schillers Elegie *Die Götter Griechenlands* von 1788 zurück, in denen der Genius des Todes jeweils als fackelsenkender Jüngling behandelt worden war.[176] Mit der Darstellung des Todes als Zustand der »wilden Entfesselung«, und nicht der Erstarrung und Ruhe, scheint er auch auf Rubens' *Das Große Jüngste Gericht* zu verweisen,[177] das er 1790 gemeinsam mit Forster in Düsseldorf gesehen hat: »[S]chaudernd«, schreibt dieser in den *Ansichten vom Niederrhein,* habe er die dort gezeigten »traubenähnlichen Gruppen von Menschen« betrachtet, die nur mehr eine »verworrene Masse von Gliedern« und »einen kannibalischen Fleischmarkt vorstellen«.[178]

Allerdings ist neben diesen Bezügen auch die Deutung der Gemälde innerhalb der Erzählung aufschlussreich. Erscheint daran einerseits bezeichnend, dass die Bilder nicht von den »Syracusischen Alterthumsforscher[n]« (AN 2/2, 193), sondern von einem Natur-

176 Siehe Lessing: Werke, Bd. 6, S. 715-778; und Schiller: Sämtliche Werke, Bd. 1, S. 166, V. 105-112.
177 Vgl. Geier: Die Brüder Humboldt, S. 188 f.
178 Forster: Ansichten vom Niederrhein, in: Werke, Bd. 9, S. 44.

philosophen entschlüsselt werden, der sie in der vergleichenden Anschauung relationiert und dynamisiert,[179] so fällt andererseits auf, dass Epicharmus das Prinzip der Lebenskraft nicht in seinen Naturforschungen, sondern erst in der Betrachtung der Gemälde erkennt, nachdem er bereits sechzig Jahre »über die innern Triebräder der Natur, über den Unterschied der Stoffe gesonnen« hat (AN 2/2, 195). Die Erkenntnis der bildenden Natur scheint somit grundlegend an die Anschauung der Bilder gebunden zu sein und eine Lebensaufgabe vorzustellen – nach deren Bewältigung der alte Philosoph stirbt. Bemerkenswert ist neben dieser Verbindung von Naturforschung und künstlerischer Deutung schließlich, wie Humboldt das Wissen vom zentralen Prinzip der organischen Natur in seiner Erzählung medial vermittelt, wenn er es in einem literarischen Text entfaltet, der zwei Bilder beschreibt und behandelt, die wiederum die Lebenskraft allegorisch veranschaulichen sollen.

Diesen deutungsbedürftigen Vermittlungen, mit denen der *Rhodische Genius* sich jeweils auch einer eindeutigen wissenschaftlichen Erklärung der Lebenskraft entzieht, entsprechen die Rechtfertigungen und Relativierungen, mit denen Humboldt die Erzählung in den *Ansichten der Natur* umgibt. So erinnert er in der Vorrede zur zweiten und dritten Ausgabe an die Gespräche über »physiologische Gegenstände«, die er Mitte der 1790er Jahre mit Schiller in Jena geführt hat, und erklärt, dass erst Schillers vermeintliche »Vorliebe« für den *Rhodischen Genius* ihm »den Muth« gegeben habe, die Erzählung »wieder abdrucken zu lassen« (AN 3/1, xiii).[180] Sodann beruft er sich auf die Einschätzung seines Bruders Wilhelm, der die Erzählung als »Entwickelung einer physiologischen Idee« in einer damals populären Form, als »halbdichterische Einkleidung[] ernsthafter Wahrheiten« charakterisiert hatte (AN 3/1, xiv).[181]

Hierauf bezieht Humboldt sich auch zu Beginn der einzigen Anmerkung, die er dem *Rhodischen Genius* in der dritten Auflage der *Ansichten der Natur* beifügt und in der er die Erzählung als »Entwickelung einer physiologischen Idee in einem halb mythischen

179 Zur Kulturtechnik des vergleichenden Sehens vgl. den Sammelband von Bader, Gaier, Wolf (Hrsg.): Vergleichendes Sehen.

180 Vgl. hierzu auch die poetologischen Ausführungen bei Hey'l: Das Ganze der Natur, S. 146-153.

181 Alexander von Humboldt bezieht sich hier auf den Brief seines Bruders vom 30. September 1829 an Charlotte Diede. Vgl. W. v. Humboldt: Briefe an eine Freundin, Bd. 2, S. 39.

Gewande« beschreibt (AN 3/2, 309). Allerdings lässt er es bei diesen Ausführungen zur Form des Texts bewenden, um sich im Fortgang der Anmerkung vor allem um die Einordnung und Relativierung der Theorie der Lebenskraft zu bemühen.[182] Hierfür verweist Humboldt zuerst auf die Aphorismen der *Flora Fribergensis*, in denen er die Lebenskraft 1793 als »die unbekannte Ursach definirt« hatte, »welche die Elemente hindert ihren ursprünglichen Ziehkräften zu folgen« (AN 3/2, 309). Nach diesem Rekurs auf seine frühe Studie betont er, dass er der Theorie einer gesonderten Lebenskraft, die die einzelnen Teile eines Lebewesens ›gebieterisch‹ in eine organische Form zwinge, bereits seit den *Versuchen über die gereizte Muskel- und Nervenfaser* von 1797 und 1799 nicht mehr anhänge, da er »das Vorhandensein jener eigenen Lebenskräfte keinesweges für erwiesen halte« (AN 3/2, 311).[183] Wie er ausführt, erblicke er das Geheimnis des Lebens seitdem nicht mehr in einer die Materie organisierenden Kraft, sondern in der besonderen, mechanisch nicht ausreichend bestimmbaren Struktur der Organismen. Im Rückgriff auf Kants berühmte Feststellung, dass im Organismus »*alles Zweck und wechselseitig auch Mittel*« sei (KU B 296), bemerkt Humboldt deshalb: »So ist im Organismus alles wechselseitig Mittel und Zweck« (AN 3/2, 311). Des Weiteren erläutert er:

> Die Schwierigkeit, die *Lebenserscheinungen* des Organismus auf physikalische und chemische Gesetze befriedigend zurückzuführen liegt großenteils, und fast wie bei der Vorherverkündigung meteorologischer Processe im Luftmeer, in der Complication der Erscheinungen, in der Vielzahl gleichzeitig wirkender Kräfte, wie der Bedingungen ihrer Thätigkeit. (AN 3/2, 312 f.)

Bereits hiermit hat sich gezeigt, dass Humboldt mit dem *Rhodischen Genius* einen Text präsentiert, der sich in mehrerlei Hinsicht von

182 Zur ›Lebenskraft‹ siehe Rothschuh: Physiologie, S. 164-177; Lenoir: The Strategy of Life; Bierbrodt: Naturwissenschaft und Ästhetik 1750-1810, S. 202-214; und Metzger: Die Konjektur des Organismus, S. 48-63.

183 Auffällig ist, dass Humboldt in den *Ideen zu einer Physiognomik der Gewächse* dennoch mit dieser Theorie argumentiert, wenn er erklärt, »der Organismus« sei »unablässig bemüht, die durch den Tod entfesselten Elemente zu neuen Gestalten zu verbinden« (AN 1, 166 f.). Ähnlich wie in der Anmerkung erklärt er dann im *Kosmos:* »Die Mythen von imponderablen Stoffen und von eigenen Lebenskräften in jeglichem Organismus verwickeln und trüben die Ansicht der Natur.« (K I, 67).

den anderen Essays der *Ansichten der Natur* unterscheidet. Zwar kann die Erzählung als ein »zentrales theoretisches Stück«[184] des Werks gelesen werden, das nun das Leben selbst und nicht mehr nur die lebendige Natur in den Blick nimmt. Doch erstaunt neben dem Schauplatz in der antiken Alten Welt vor allem die Form, in der Humboldt dieses Leben verhandelt: Statt in einem Naturgemälde präsentiert er es in einer fiktionalen Erzählung. Auffallend erscheint außerdem die Unentschiedenheit, mit der er den Text – und damit auch die zweite Ausgabe der *Ansichten der Natur* – beendet, wenn er die Theorie der Lebenskraft in der Anmerkung sogleich wieder durch eine scheinbar avanciertere wissenschaftliche Erklärung überschreibt. Dass Humboldt den *Rhodischen Genius* trotzdem wiederveröffentlicht, ist daher bemerkenswert, zumal er im Anschluss an die Einschätzung seines Bruders ja in Vorrede und Anmerkung erklärt, dass die Erzählung die überholte »physiologische Idee« der Lebenskraft bloß literarisch verkleide. Unter Berücksichtigung der Form des Texts scheint es indes, als leiste sie mehr, als entfalte sie in ihrer fiktionalen, »halb mythischen« Form auch ein Wissen um die Defizite wissenschaftlicher Erklärungen des Lebens. Der Erzählung käme somit trotz ihres überholten Inhalts eine gewisse Aktualität zu, weil sie ein gleichsam ästhetisches Wissen vom Leben inszeniert, ein Wissen von seiner Deutungsbedürftigkeit und diskursiven Unfassbarkeit, das sich in der Dynamik der beschriebenen Verständnisprozesse wie auch im Widerspiel von eigentlicher Erzählung und Anmerkung äußert, im Verzicht auf die eindeutige Festschreibung dessen, was das Leben ist.[185] Ein solches Wissen von der Unfassbarkeit des Lebens bringt Humboldt auf der Ebene seines Gesamtwerks zudem in der Vielfalt der eher experimentellen Formen und Gattungen zum Ausdruck, in denen er die Theorie der Lebenskraft beständig neu entfaltet: in den ›Aphorismen‹ von 1793, der ›Erzählung‹ von 1795, den ›Versuchen‹ von 1797 und 1799 und

184 Graczyk: Das literarische Tableau, S. 351.

185 In diesem Sinne erklärt Ottmar Ette, »daß *Die Lebenskraft oder der rhodische Genius* ein Wissen vom Leben bereithält, das sich gerade nicht auf eine naturwissenschaftliche Theoriebildung vom Leben beschränken oder begrenzen läßt. Die ästhetische Dimension des Schreibens meint nichts Ornamentales, sondern ist gerade in der Unabschließbarkeit der von ihr in Gang gesetzten oder noch in Gang zu setzenden Bedeutungsprozesse selbst *Wissen vom Leben* in narrativer Form.« (Ette: ÜberLebenswissen, S. 12).

zuletzt in der wissenschaftlichen ›Erläuterung‹, die er der Erzählung vom *Rhodischen Genius* in der dritten Ausgabe der *Ansichten der Natur* anhängt.[186]

In nochmals anderer Weise bestätigt und ergänzt der 1849 hinzugefügte Essay über *Das nächtliche Thierleben im Urwalde* das Programm der *Ansichten der Natur.* Im Unterschied zu einem vorrangig visuell bestimmten Naturgemälde wie der Abhandlung *Ueber die Steppen und Wüsten* versucht Humboldt hier einen Text zu präsentieren, der auch akustische Eindrücke wiedergibt und dabei stets die Probleme mitreflektiert, die die Auffassung und Darstellung von Natur bereitet.[187] Hierfür beginnt er mit Überlegungen zur Bezeichnungskraft von Sprache und zu ihrem Verhältnis zu verschiedenen Lebensräumen: »Wenn die, stammweise so verschiedene Lebendigkeit des Naturgefühls«, heißt es zu Anfang des Texts,

> wenn die Beschaffenheit der Länder, welche die Völker gegenwärtig bewohnen oder auf früheren Wanderungen durchzogen haben, die Sprachen mehr oder minder mit scharf bezeichnenden Wörtern für Berggestaltung, Zustand der Vegetation, Anblick des Luftkreises, Umriß und Gruppirung der Wolken bereichern; so werden durch langen Gebrauch und durch litterarische Willkühr viele dieser Bezeichnungen von ihrem ursprünglichen Sinne abgewendet. Für gleichbedeutend wird allmählich gehalten, was getrennt bleiben sollte; und die Sprachen verlieren von der Anmuth und Kraft, mit der sie, naturbeschreibend, den physiognomischen Charakter der Landschaft darzustellen vermögen. (AN 3/1, 319)

Ähnlich wie Goethe in der *Farbenlehre* vor der zunehmenden Konventionalisierung und Verallgemeinerung von Begriffen gewarnt und gefordert hatte, ihr durch eine reflektierte, individualisierende und lebendige Sprachpraxis entgegenzuwirken,[188] so erklärt Humboldt

186 Zu literarischen Gattungen als experimentellen Formen der Wissenserzeugung vgl. Gamper, Weder: Gattungsexperimente.

187 Zu den folgenden Ausführungen vgl. vor allem den grundlegenden Aufsatz von Albes: Getreues Abbild oder dichterische Komposition?, S. 221-232. Zu *Das nächtliche Thierleben im Urwalde* vgl. außerdem, obgleich unpräzise und fehlerhaft, van Dusen: The Literary Ambitions and Achievements of Alexander von Humboldt, S. 36-40; sowie Ette: Weltbewußtsein, S. 106-114; ders.: Ein Ohr am Dschungel oder das hörbare Leben; Hey'l: Das Ganze der Natur, S. 270-272; Bies: Naturgeschichten vom Nicht-Wissen.

188 Vgl. Goethe: Zur Farbenlehre, bes. §§ 751-757, FA 23/1, 244-246.

hier im Einklang mit den Forschungsergebnissen seines Bruders, dass Sprachen keine neutralen, transparenten Zeichensysteme vorstellen, sondern untereinander verschieden und historisch wandelbar sind: dass sie durch fortschreitenden und übertragenden Gebrauch den »ursprünglichen Sinn« und die Schärfe der Bezeichnung verlieren. Um Naturbeschreibungen dennoch die nötige Präzision, Lebendigkeit und »*Naturwahrheit*« (AN 3/1, 321) zu verleihen, empfiehlt er den Forschern deshalb, die eigene Sprache am »linguistischen Reichthum« der vermeintlich noch unentfremdeten indigenen Sprachen zu orientieren, den »ein inniger Contact mit der Natur und die Bedürfnisse des mühevollen Nomadenlebens haben hervorrufen können« (AN 3/1, 319 f.). »Das unablässige Streben nach dieser Wahrheit«, so schreibt Humboldt weiter,

> ist im Auffassen der Erscheinungen wie in der Wahl des bezeichnenden Ausdruckes der Zweck aller Naturbeschreibung. Es wird derselbe am leichtesten erreicht durch Einfachheit der Erzählung von dem Selbstbeobachteten, dem Selbsterlebten, durch die beschränkende Individualisirung der Lage, an welche sich die Erzählung knüpft. (AN 3/1, 321)[189]

Dieses Vorhaben einer einfachen, differenzierten und naturwahren »Erzählung«, die auch die »Lebensfrische« (AN 3/1, 328) der eigenen Erfahrung bewahrt, sucht Humboldt im Fortgang des Essays umzusetzen. Hierfür bestimmt er zunächst den Begriff des Urwalds als einer ausgedehnten, durch »Undurchdringlichkeit« (AN 3/1, 322) gekennzeichneten Waldgegend, charakterisiert sodann den Schauplatz des Texts, das Gebiet »zwischen den Grassteppen von Venezuela (los Llanos de Caracas) und den Pampas von Buenos Aires« (AN 3/1, 324), bevor er das dort beobachtete Tierleben schließlich in drei Szenen umreißt. In einer scheinbar einfachen, doch sorgfäl-

189 Ebenso erklärt Humboldt im *Kosmos:* »Individualität des Beobachteten führt allein zur Naturwahrheit in der Darstellung« (K II, 58). Dass besonders die Frage nach der ›Naturwahrheit‹ die epistemologischen Unterschiede zwischen wissenschaftlicher und dichterischer Naturdarstellung verdeutlichen kann, zeigt Schillers klassische Theorie der Landschaftsdichtung, die gerade nicht das Individuelle betont, sondern den Menschen allein als Gattung adressiert: »[I]n einem Gedicht«, so heißt es in der Rezension *Über Matthissons Gedichte,* »darf aber nichts *wirkliche* (historische) *Natur* sein, denn alle Wirklichkeit ist mehr oder weniger Beschränkung jener allgemeinen Naturwahrheit.« (Schiller: Sämtliche Werke, Bd. 5, S. 996).

tig durchgearbeiteten Narration bemüht er sich dabei nicht nur um »die beschränkende Individualisirung der Lage«, um die genaue Verortung und Kontextualisierung des Erlebten. Auch den zeitlichen Abstand zwischen Erzählung und erzählter Erfahrung versucht er zu minimieren und möglichst verschwinden zu lassen. Hierzu verbürgt der Forschungsreisende Humboldt, als der der Erzähler sich ausgibt, mehrfach das »Selbstbeobachtete« und »Selbsterlebte« der folgenden Schilderungen und erklärt, sie den »deutschen Tagebüchern[n]« seiner Amerikareise entnommen und »in Gegenwart der Erscheinung, oder bald nach den empfangenen Eindrücken niedergeschrieben« zu haben (AN 3/1, 328). Dass er die Tagebucheinträge hierfür gründlich umgearbeitet hat und sich eigentlich vor allem auf die entsprechenden Schilderungen der *Relation historique* bezieht, das verschweigt er.

In der ersten Szene über das Tierleben im Urwald berichtet der Erzähler, wie er auf dem Orinoco gereist sei und jenseits »der Insel del Diamante« in die »große und wilde Natur« (AN 3/1, 329) geblickt habe. Dabei sei ihm aufgefallen, dass die »großen vierfüßigen Thiere des Waldes« (AN 3/1, 330), die sich am Ufer des Flusses bewegt haben, von den sich nahenden Menschen keineswegs beunruhigt gewesen seien. Habe der »Steuermann, ein alter Indianer«, sich das »mit frommer Miene« wie folgt erklärt: »›Hier geht es zu wie im Paradiese, es como en el Paraiso‹«, so zeigt der Erzähler sich skeptischer, wenn er bemerkt: »Aber der süße Friede goldener Urzeit herrscht nicht in dem Paradiese der amerikanischen Thierwelt. Die Geschöpfe sondern, beobachten und meiden sich.« Das Wasserschwein etwa werde »im Flusse vom Crocodil, auf der Trockne vom Tiger gefressen. Es läuft dazu so schlecht, daß wir mehrmals einzelne aus der zahlreichen Heerde haben einholen und erhaschen können.« (AN 3/1, 331 f.)[190]

190 In der entsprechenden Tagebuchstelle fehlt die Figur des Steuermanns. Stattdessen präsentiert Humboldt dort selbst dessen Deutung und erklärt: »Diese Ungeheuer leben unter sich sehr friedlich.« (A. v. Humboldt: Reise durch Venezuela, S. 241, Anm.). Dagegen weist die korrespondierende Schilderung in der *Relation historique* bereits die in *Das nächtliche Thierleben im Urwalde* verwendete Form auf. Vgl. A. v. Humboldt: Reise in die Äquinoktial-Gegenden des Neuen Kontinents, S. 778-780. Zur Theatralität dieser Szene vgl. Albes: Getreues Abbild oder dichterische Komposition?, S. 227 f.

In gleicher Weise wie die erste Szene baut Humboldt die zweite Szene auf, die sich nun auch dem nächtlichen Tierleben zuwendet: Auf die Schilderung einer Situation folgt erneut deren Deutung durch einen Indianer, die der Erzähler schließlich korrigiert. »Unterhalb der Mission von Santa Barbara de Arichuna«, heißt es hier, hätten die Reisenden »die Nacht wie gewöhnlich unter freiem Himmel, auf einer Sandfläche am Ufer des Apure« zubringen wollen (AN 3/1, 332). Dabei habe zunächst bloß das »Schnarchen der *Süßwasser-Delphine*« die »tiefe Ruhe« durchbrochen. »Nach 11 Uhr« jedoch sei »ein solcher Lärmen in nahen Walde« entstanden,

> daß man die übrige Nacht hindurch auf jeden Schlaf verzichten mußte. Wildes Thiergeschrei durchtobte die Forst. Unter den vielen Stimmen, die gleichzeitig ertönten, konnten die Indianer nur die erkennen, welche nach kurzer Pause einzeln gehört wurden. Es waren das einförmig jammernde Geheul der Aluaten (Brüllaffen), der winselnde, fein flötende Ton der kleinen Sapajous, das schnarrende Murren des gestreiften Nachtaffen (Nyctipithecus trivirgatus, den ich zuerst beschrieben habe), das abgesetzte Geschrei des großen Tigers, des Cuguars oder ungemähnten amerikanischen Löwen, des Pecari, des Faulthiers, und einer Schaar von Papageien, Parraquas (Ortaliden) und anderer fasanenartigen Vögel. Wenn die Tiger dem Rande des Waldes nahe kamen, suchte unser Hund, der vorher ununterbrochen bellte, heulend Schutz unter den Hangematten. Bisweilen kam das Geschrei des Tigers von der Höhe eines Baumes herab. Es war dann stets von den klagenden Pfeifentönen der Affen begleitet, die der ungewohnten Nachstellung zu entgehen suchten. (AN 3/1, 333 f.)

Neben der genauen und dennoch dramatischen Beschreibung sowie der lautmalerischen, eben ›darstellenden‹ Wiedergabe der Tierlaute, die im entsprechenden Eintrag von Humboldts Reisetagebuch fehlt,[191] fällt hier die Vielstimmigkeit der verwendeten Benennungen auf, der Wechsel des Erzählers »zwischen deutschen, lateinischen und exotischen Eigennamen«: Nach Claudia Albes erzählt die Passage deshalb nicht nur »von den durcheinander erklingenden Tierstimmen«, sie referiert auch »die vielfältigen Möglichkeiten, das

191 Vgl. A. v. Humboldt: Reise durch Venezuela, S. 245.

beschriebene Phänomen sprachlich zu erfassen«.[192] Aufschlussreich erscheint zudem die anschließende Deutung des nächtlichen Aufruhrs, die in Humboldts Orinoco-Tagebuch ebenfalls nicht angelegt ist, sondern sich erst in der *Relation historique* findet.[193] Hätten die Indianer »lächelnd« erklärt: »›[D]ie Thiere freuen sich der schönen Mondhelle, sie feiern den Vollmond‹«, so entgegnet der Erzähler:

> Mir schien die Scene ein zufällig entstandener, lang fortgesetzter, sich steigernd entwickelnder Thierkampf. Der Jaguar verfolgt die Nabelschweine und Tapirs, die dicht an einander gedrängt das baumartige Strauchwerk durchbrechen, welches ihre Flucht behindert. Davon erschreckt, mischen von dem Gipfel der Bäume herab die Affen ihr Geschrei in das der größeren Thiere. Sie erwecken die gesellig horstenden Vogelgeschlechter, und so kommt allmählich die ganze Thierwelt in Aufregung. Eine längere Erfahrung hat uns gelehrt, daß es keinesweges immer »die gefeierte Mondhelle« ist, welche die Ruhe der Wälder stört. (AN 3/1, 334 f.).

Auch wenn der Erzähler zu Anfang des Texts den Reichtum, die Differenziertheit und damit die Naturwahrheit der indigenen Sprachen gepriesen hatte, so widerspricht er hier dem Wissen der Indianer, indem er ihrer abermals eher ›poetischen‹ Deutung des nächtlichen Aufruhrs die Erklärung entgegensetzt, hier habe keine Feier des Vollmonds, sondern »ein zufällig entstandener, lang fortgesetzter, sich steigernd entwickelnder Thierkampf« stattgefunden. Diese Erklärung profiliert er zunächst in seiner kausal verknüpften Narration, um die Bemerkung der Indianer schließlich noch durch den auffälligen Verweis auf seine »längere Erfahrung« zu entkräften.

192 Albes: Getreues Abbild oder dichterische Komposition?, S. 229. Die zitierte Passage fügt sich damit zu Albes' These, »daß die Undurchsichtigkeit der Natur, auf die der Humboldtsche Erzähler allenthalben stößt, eine sprachliche Darstellung evoziert, die selber opak und vielstimmig ist, also eben das vorführt, worauf sie verweist.« (Ebd., S. 226).

193 Humboldt vergleicht das »Lermen« im Wald im Tagebuch bloß mit einem »Hochzeittanz im Wirtshause« und erklärt, die großen Tiere, diese »hohen Herrschaften«, seien »so verwüstenden Schritts im Dickicht« umhergezogen, »daß man schwere Artillerie im Anzuge glaubte« (A. v. Humboldt: Reise durch Venezuela, S. 245). Vgl. hierzu Ette: Weltbewußtsein, S. 108, Anm.; und, für die entsprechende Stelle in der *Relation historique,* A. v. Humboldt: Reise in die Äquinoktial-Gegenden des Neuen Kontinents, S. 789-792.

Ähnlich wie im *Rhodischen Genius* werden somit auch hier verschiedene Wissensordnungen in einen Text eingebracht, nun aber viel stärker verwoben, wenn sie nicht mehr im Zusammenspiel von Erzählung und Anmerkung, sondern in der Entkräftung der eher ›bildlichen‹ und ›poetischen‹ Deutungen der Indianer durch die vermeintlich ›rationalen‹ Erklärungen des europäischen Forschungsreisenden verhandelt werden.

Die damit errichtete Ordnung des Wissens wird in der dritten Szene über das Tierleben, die an der »Flußenge des Baraguan« spielt, jedoch wieder durchkreuzt. Im Unterschied zur vorangegangenen Szene steht hier nun »die Stille« im Mittelpunkt, die »unter den Tropen an einem ungewöhnlich heißen Tage in der Mittagsstunde herrscht« (AN 3/1, 335).[194] Wenn die Sonne sich im Zenit befindet, der Horizont abermals verschwimmt und alle »ferne[n] Gegenstände [...] wellenförmig wogende Umrisse« bekommen, dann scheine der Urwald, so erklärt der Erzähler, ruhig zu sein:

> Die größeren Thiere verbergen sich dann in das Dickicht der Wälder, die Vögel unter das Laub der Bäume oder in die Klüfte der Felsen; aber lauscht man bei dieser scheinbaren Stille der Natur auf die schwächsten Töne, die uns zukommen, so vernimmt man ein dumpfes Geräusch, ein Schwirren und Sumsen der Insecten, dem Boden nahe und in den unteren Schichten des Luftkreises. Alles verkündigt eine Welt thätiger, organischer Kräfte. In jedem Strauche, in der gespaltenen Rinde des Baumes, in der von Hymenoptern bewohnten, aufgelockerten Erde regt sich hörbar das Leben. Es ist wie eine der vielen Stimmen der Natur, vernehmbar dem frommen, empfänglichen Gemüthe des Menschen. (AN 3/1, 336 f.)

Im Vergleich mit den beiden vorangegangenen Szenen fällt zunächst die veränderte Struktur dieser Beschreibung auf. So verzichtet der

194 Gerade auf diese Szenen weist Humboldt Varnhagen von Ense hin, wenn er ihm am 15. Oktober 1849, nach der Zusendung der dritten Ausgabe der *Ansichten der Natur*, schreibt: »Vielleicht werfen Sie einen freundlichen Blick auf die kontrastirenden Bilder von der nächtlichen Unruhe im Walde und der Stille am hohen Mittag« (Assing (Hrsg.): Briefe von Alexander von Humboldt an Varnhagen von Ense, S. 244). Auch diese Szene von der Flußenge des Baraguan ist vorgeprägt in A. v. Humboldt: Reise in die Äquinoktial-Gegenden des Neuen Kontinents, S. 835-837; nur lose angedeutet ist sie in A. v. Humboldt: Reise durch Venezuela, S. 270 f.

Erzähler hier nicht nur auf die Präsentation verschiedener Deutungen des Geschehens, zudem erscheint dieses Geschehen selbst nun als weitaus ›innerlicher‹, erscheint die Wahrnehmung dieser »vielen Stimmen der Natur« als untrennbar mit ihrer Deutung verzahnt. Bemerkenswert ist auch die Art dieser Deutung. Denn während der Erzähler zuvor die »lächelnd« oder »mit frommer Miene« erklärenden Indianer durch empirisch fundierte und kausal strukturierte Bemerkungen zu widerlegen suchte, so greift er nun selbst zu einer eher ›bildlichen‹ und ›poetischen‹ Deutung und zeigt sich als ein »frommes, empfängliches Gemüth«, das zu hören meint, wie noch das leiseste »Schwirren und Sumsen« sich endlich zu einer Harmonie des Lebens und nicht mehr zum Kampf der Tiere untereinander verdichtet.

In der Abfolge der drei geschilderten Szenen versucht der Essay über *Das nächtliche Thierleben im Urwalde* somit nicht nur immer genauere, naturwahrere Darstellungen von immer undeutlicher werdenden Tierphänomenen zu erzeugen, bis die Erscheinungen der *natura naturata* am Ende vermeintlich die Stimme der bildenden Natur selbst, der *natura naturans,* wiedergeben.[195] Ebenso, wie er sich in einen die Tropennatur präsentierenden »Klangtext«[196] zu verwandeln scheint, bezeugt der Essay auch die fortschreitende, schon in der Vorrede zur zweiten und dritten Ausgabe angedeutete Ausdifferenzierung zum einen von strenger wissenschaftlichen, zum anderen von ›bildlichen‹, eher naturphilosophisch oder ästhetisch verfassten Ordnungen des Wissens. Wie in der Erzählung und Anmerkung vom *Rhodischen Genius* bleiben die Widersprüche zwischen diesen Ordnungen hier deshalb unaufgelöst: Sosehr der Forschungsreisende versucht, die beschriebenen Phänomene wissenschaftlich zu erklären, so wenig gelangt er dadurch zu einem die ganze Natur umfassenden Verständnis. Zum Leben der *natura naturans* vermag

195 Etwas zugespitzt erklärt Claudia Albes, »daß sich die Szenen durch eine kontinuierliche Abnahme an Transparenz auszeichnen. […] Diese stufenweise Abkehr vom Primat der Deutlichkeit legt es nahe, die Darstellung der Tierszenen als autoreflexive Textpassage zu lesen, welche die Ablösung der Humboldtschen Naturbeschreibung vom Repräsentationsparadigma und ihre gleichzeitige Hinwendung zum Prinzip der Darstellung allegorisch vorführt.« (Albes: Getreues Abbild oder dichterische Komposition?, S. 231).

196 Ette: Weltbewußtsein, S. 109; ders.: Ein Ohr am Dschungel, S. 47.

er nicht als empirisch forschendes und rational erklärendes, sondern nur als »frommes, empfängliches Gemüth« vorzudringen.

Die Betrachtung der *Ansichten der Natur* hat damit erwiesen, dass Humboldt in den dort versammelten Texten nicht bloß Naturgemälde im Sinne ›malerischer Beschreibungen‹ vorstellt, sondern sich in theoretischer wie praktischer Hinsicht auch beständig gezwungen sieht, das aufklärerische Repräsentationsparadigma zur ›Darstellung‹ hin zu überschreiten. Das zeigt sich einerseits in seiner wiederholten Reflexion auf die eigentliche Undarstellbarkeit seiner Gegenstände: darin, dass er die Mühe und Unmöglichkeit einer präzisen und zugleich lebendig-belebenden Repräsentation der Natur benennt und dabei die sprachlichen und kompositorischen Schwierigkeiten der Bezeichnung und Zusammenfassung natürlicher Phänomene enthüllt. Ähnlich wie bei Goethe wird diese Überschreitung der Repräsentation bei Humboldt andererseits aber auch daran deutlich, dass er die Form und Dynamik der lebendigen Natur nicht bloß beschreibt oder erklärt, sondern sie im Medium der Sprache immer wieder auch nach- und herauszubilden, das heißt: ›darzustellen‹ sucht. Wie gesehen, erschafft er hierfür komplexe, mehrdeutige, polyperspektivische Textkonstellationen, die verschiedenste Naturphänomene im Kleinen wie im Großen, in der lautlichen und syntaktischen Struktur wie auch im Zusammenspiel von Haupt- und Anmerkungstext zu erleben geben und die gleichzeitig ganz unterschiedliche Wissensformen präsentieren, verhandeln und zu einem ästhetischen Ganzen zu vereinen suchen – auch wenn das nicht immer als gelungen beurteilt worden ist.[197]

197 In diesem Sinne wird schon in einer Besprechung der *Allgemeinen Literatur-Zeitung* vom 18. Oktober 1808 eine gewisse Formlosigkeit und Überambitioniertheit der ersten Ausgabe der *Ansichten der Natur* kritisiert. So bemängelt der Rezensent dort, dass Humboldts Abhandlungen »einzelne Gruppen« bilden würden, »mit brennenden tropischen Farben gemahlt, die nur zu schnell dem Auge, gleich Traumbildern, vorbey schweben würden, wenn nicht der Vf. selbst durch ernstere, ruhige Anmerkungen sie aufhielte. Überall herrscht eine üppige Fülle, eine umfassende Gelehrsamkeit, welche Himmel und Erde kennt, welche die Geschichte aller Zeiten in Anspruch nimmt, und sogar die Philosophie zwingen möchte, ihr Schmuck zu leihen. Die Rede des Vf. gleicht einem angeschwollenen Strome, der aus reichen Bergen entsprungen, alles fortreisst, was dem Ufer sich nähert, der eines Dammes bedarf, um Gegenden zu wässern und zu befruchten.« ([Anonym:] Tübingen, b. Cotta: *Ansichten der Natur,* von *Alexander v. Humboldt.* 1808, Sp. 425). Dass das

Dass Humboldt sich im Bestreben nach einer möglichst naturwahren Beschreibung stets auch genötigt sah, über das Repräsentationsparadigma hinauszugehen,[198] bestätigen seine späteren Äußerungen zu den *Ansichten der Natur.* So etwa erklärt er 1845 im *Kosmos,* bereits in diesem frühen Werk habe er zu zeigen versucht, »daß eine gewisse Gründlichkeit in der Behandlung der einzelnen Thatsachen nicht unbedingt Farbenlosigkeit in der Darstellung erheischt« (K I, ix); begünstigt werde diese Vereinigung von genauer und anschaulich-lebendiger Präsentation, so schreibt er am 30. November desselben Jahres an Varnhagen von Ense, durch die »Bildsamkeit unserer deutschen Sprache, die es so leicht macht etwas anschaulich zu machen, durch Worte zu mahlen«.[199] Doch auch wenn Humboldt mit diesen Äußerungen auf die Nachahmungslehren der frühen Aufklärung zurückzugreifen scheint, genügte die so gelobte »Bildsamkeit unserer deutschen Sprache« nicht, um die Natur auf eine wissenschaftlich präzise und zugleich individualisierende, genussvolle Weise zu repräsentieren. Besonders deutlich wird das in dem bekannten Nachtrag des Briefs vom 24. Oktober 1834 an Varnhagen von Ense, in dem Humboldt erklärt:

> Die Hauptgebrechen meines Stils sind eine unglückliche Neigung zu allzu dichterischen Formen, eine lange Partizipial-Konstruktion und ein zu großes Konzentriren vielfacher Ansichten, Gefühle in Einen Periodenbau. Ich glaube, daß diese meiner Individualität anhangenden Radikal-Übel durch eine daneben bestehende ernste Einfachheit und Verallgemeinerung (ein Schweben über der Beobachtung, wenn ich eitel so sagen dürfte) gemindert werden. Ein Buch von der Natur muß denselben Eindruck wie die Natur selbst hervorbringen. Worauf ich aber besonders wie in meinen *Ansichten der Natur* geachtet, und worin meine Manier von Forster und Chateaubriand ganz verschieden

auch hier beklagte ›Scheitern‹ geradezu als ein Grundzug von Humboldts Wissenschaftskonzeption begriffen werden kann, betonte zuletzt Ette: Alexander von Humboldt und die Globalisierung, S. 387-408.

198 Nach Claudia Albes werden Humboldts Texte damit »zum entscheidenden Relais zwischen dem mimetischen Illusionismus in der ersten Hälfte des 18. Jahrhunderts und der Entmimetisierung der Beschreibungsliteratur im 19. Jahrhundert.« (Albes: Getreues Abbild oder dichterische Komposition?, S. 232).

199 Assing (Hrsg.): Briefe von Alexander von Humboldt an Varnhagen von Ense, S. 186.

> ist, ich habe gesucht, immer *wahr* beschreibend, bezeichnend, selbst scientifisch wahr zu sein, ohne in die dürre Region des Wissens zu gelangen.[200]

Präzise benennt Humboldt hier noch einmal die Spannungen, die seine Naturauffassung und sein Schreiben charakterisieren. So wolle er »scientifisch wahr« sein, dabei aber weder allein empirisch vorgehen und »in die dürre Region des Wissens gelangen«, noch auf einem allzu naturphilosophischen Wege »zu allzu dichterischen Formen« greifen.[201] Vielmehr erstrebt er als Naturforscher ein Oszillieren zwischen diesen Polen, ein »Schweben über der Beobachtung«, in dem die Anschauungen des Individuellen und des Allgemeinen, in dem Genauigkeit und Genuss sich vereinen. Wie er dieses »Schweben über der Beobachtung« in den *Ansichten der Natur* umsetzt, sollte deutlich geworden sein: Indem er ein »Buch von der Natur« schreibt, das gerade in seiner ausufernden Offenheit und Widersprüchlichkeit »denselben Eindruck wie die Natur selbst hervorzubringen« sucht.[202] Dass diese Darstellungen der wilden Tropennatur sich grundlegend auf Bildliches beziehen, indem sie sich an der Form des Naturgemäldes orientieren, gleichzeitig aber immer wieder darüber hinausgehen und sich an einem Grund der Natur und des Lebens abarbeiten, der bildlich gerade nicht repräsentiert werden kann, wurde ebenfalls gezeigt. Dominique François Arago brachte diese Spannung in berühmter und prägnanter Weise zum Ausdruck, als er mit Blick auf die *Relation historique* seines Freundes erklärte: »Humboldt, tu ne sais pas comment se compose un livre; tu écris sans fin; mais ce n'est pas là un livre, c'est un portrait sans cadre.«[203]

200 Ebd., S. 23.
201 Zu Humboldts Absetzung von der »abenteuerlich-symbolisirende[n] Sprache« der romantischen Naturphilosophen (K I, 68) vgl. auch die Parodie im Brief an Varnhagen von Ense vom 28. April 1841, in: Assing (Hrsg.): Briefe von Alexander von Humboldt an Varnhagen von Ense, S. 90 f.
202 Zur Quelle dieser Formel bei Plinius vgl. Blumenberg: Die Lesbarkeit der Welt, S. 283 f.
203 A. v. Humboldt: Correspondance scientifique et littéraire, S. xxxv.

V. Schluss: Die Grenzen der Darstellung

In seiner Rede *Ueber die Buchstabenschrift und ihren Zusammenhang mit dem Sprachbau,* die Wilhelm von Humboldt am 20. Mai 1824 in der Akademie der Wissenschaften zu Berlin hält, zieht er noch einmal »eine Art Bilanz der Semiologie der Aufklärungszeit«, wie Albrecht Koschorke erklärt.[1] Hierfür setzt Humboldt bei der Feststellung an, dass allein »das tönende Wort« als »eine Verkörperung des Gedanken«, »die Schrift« hingegen nur als eine »des Tons« begriffen werden könne,[2] um sich sodann dem vermeintlichen Vorrang der Alphabetschrift vor anderen Schriftformen zuzuwenden. Diesen Vorrang begründet Humboldt vor allem mit der von natürlichen Motivierungen freien Bezeichnungsweise, durch die die Alphabetschrift die Freiheit der Gedanken und Ideen unberührt lasse und sie nicht »durch die reale Macht der Erscheinung« einschränke. So befördere »die Buchstabenschrift die Idealität der Sprache schon insofern [...], als sie den Geist auf keine, von der Form der Sprache abweichende Weise anregt«. Dagegen müsse »jede Bilderschrift«, da sie gleichsam einen Kurzschluss zwischen Wahrnehmung und Geist herstelle, »durch Anregung der Anschauung des wirklichen Gegenstandes die Wirkung der Sprache stören [...], statt sie zu unterstützen«.[3] »An Lebendigkeit«, so schließt Humboldt, »kann die Sprache durch das Bild nicht gewinnen.«[4]

Mit diesen Erläuterungen zu den Vorzügen der Alphabetschrift und zur störenden Macht der Bilder beschreitet Humboldt einen anderen Weg als sein Freund Goethe und auch als sein Bruder Alexander. So affirmiert er mit seinen Ausführungen zur Schrift noch einmal das klassische Repräsentationsmodell, indem er eine Transparenz des Zeichens auf das von ihm Bezeichnete hin fordert und

1 Koschorke: Körperströme und Schriftverkehr, S. 316. Vgl. hierzu S. 311-321.
2 W. v. Humboldt: Ueber die Buchstabenschrift, in: Werke, Bd. 3, S. 84.
3 Ebd., S. 86.
4 Ebd., S. 87.

somit zu verhindern sucht, dass »Reste einer ›naturwüchsigen‹ Motivierung des Zeichens mit dessen ›freier‹ Motivierung durch die Einbildungskraft interferieren«.[5] Goethe dagegen verschrieb sich in seinen Ausführungen zum Verhältnis von Sprache, Schrift und Bild dem Paradigma der ›Darstellung‹. Wie im Blick auf die Texte und Zeichnungen zur Pflanzenmetamorphose dargelegt werden konnte, versucht er die Willkür der Bezeichnung zu reflektieren, zu vermindern und zu durchbrechen, versucht er die Materialität des Zeichens nicht bloß vergessen zu machen, sondern sie auch zu nutzen, um das Bezeichnete in der Form des jeweils verwendeten Mediums, in einer optisch, lautlich oder rhythmisch wahrnehmbaren Präsenz in einer ›naturgemäßen‹ Weise nachzubilden, also ›darzustellen‹. Ähnliches wurde bei Alexander von Humboldt deutlich. So hat die Betrachtung der *Ideen zu einer Geographie der Pflanzen* und der *Ansichten der Natur* erwiesen, dass er immer wieder das Problem einer ›naturwahren‹, einer ebenso exakten wie lebendigen Repräsentation von Natur umkreist. Herausgearbeitet wurde zudem, wie er die Form dieser wilden Natur, wie er ihre verworrene und in sich verschlungene ›Textur‹ vor allem in seinen Texten, und zwar auf ganz verschiedenen Strukturebenen, nachbildet.

In der vorliegenden Arbeit ist damit nicht nur verfolgt worden, wie in der Kunst- und Dichtungstheorie der 1770er Jahre der Begriff einer ›Darstellung‹ etabliert wurde, den Kant dann in seine kritische Philosophie aufnahm; hierbei akzentuierte er den Begriff in verschiedener, keineswegs eindeutiger Weise, verlieh ihm gleichzeitig aber auch eine gewisse terminologische Festigkeit. Darüber hinaus wurde gezeigt, wie Goethe und Alexander von Humboldt diese ästhetisch geprägte ›Darstellung‹ in das Gebiet der Naturforschung übertragen und zur Erzeugung und Präsentation eines Wissens von der lebendigen Natur genutzt haben. Allerdings darf die Reichweite dieser Entlehnung eines ästhetischen Konzepts in die Wissenschaften nicht überschätzt werden. So ist einerseits zu bemerken, dass

5 Koschorke: Körperströme und Schriftverkehr, S. 318. Da die Alphabetschrift, so erklärt Wilhelm von Humboldt weiter, »auf die prangenden Vorzüge des Bildes« verzichtet, stört sie »die reine Gedankennatur der Sprache nicht, sondern vermehrt vielmehr dieselbe durch den nüchternen Gebrauch an sich bedeutungsloser Züge« (W. v. Humboldt: Ueber die Buchstabenschrift, in: Werke, Bd. 3, S. 89). Siehe hierzu noch einmal die ganz ähnlich gelagerten Ausführungen bei Breitinger: Critische Dichtkunst, S. 19-21.

der Begriff der Darstellung sich in den Jahren nach 1800 wieder entdifferenziert und bald nur noch »als Synonym und Übersetzung von ›représentation‹ verwendet« wird.[6] Zu berücksichtigen bleibt andererseits, dass seine Entlehnung maßgeblich durch die epistemologischen Umbrüche begünstigt wurde, die schon die zweite Hälfte des 18. Jahrhunderts kennzeichnen. Zwar mag die mit einer massiven »Desintegration der Naturgeschichte«[7] einhergehende Hinwendung zu einem begrifflich nicht hinreichend repräsentierbaren Lebendigen es zunächst nahegelegt haben, ein Wissen vom Pflanzenleben durch ›Darstellung‹ zu erzeugen und wiederzugeben. Aufgrund der fortschreitenden Ausdifferenzierung der Künste und Wissenschaften konnte solch eine ästhetische Epistemologie die von wissenschaftlicher Seite gesetzten Erwartungen an begründete Erkenntnis indes kaum befriedigen. Im Zuge der tiefgreifenden Mathematisierung, die die wissenschaftliche Entwicklung im 19. Jahrhundert in großem Maße bestimmt, wurde dieses Wissen deshalb zunehmend von einem mathematisch begründeten wissenschaftlichen Wissen in den Hintergrund gedrängt oder aber in den Bereich populärer Wissenschaftsformen ausgelagert.[8]

Damit kann hier nun auch eine, wie man in Anlehnung an Foucault sagen könnte, ›Grenze der Darstellung‹ gezogen – und die vorliegende Arbeit beendet werden. Zwar haben so verschiedene Autoren wie Carl Ritter, Carl Gustav Carus, Carl Friedrich Philipp von Martius und Georg Ludwig Kriegk, um nur einige Namen zu nennen, sich im Anschluss an Goethe und vor allem an Alexander von Humboldt bis weit ins 19. Jahrhundert hinein um die Vermittlung von wissenschaftlichen und ästhetischen Naturauffassungen bemüht und, wie Carus, davor gewarnt, dass es neben dem intuitiven, ästhetischen oder bildlichen Wissen noch »ein todtes Wissen, ein Wissen des Buchstabens und nicht des Lebens«, gebe.[9] Allerdings schwindet nicht nur das Gehör, das sie für ihre dominant ästhetische Epistemologie finden. Sie realisieren diese nun zumeist auch

6 Menninghaus: »Darstellung«, S. 210.

7 Stichweh: Zur Entstehung des modernen Systems wissenschaftlicher Disziplinen, S. 45.

8 Zu dieser inzwischen breit geführten Diskussion siehe hier nur Daum: Wissenschaftspopularisierung im 19. Jahrhundert.

9 Carus: Briefe über Landschaftsmalerei, S. 145. Eine Fülle solcher Ansätze zu einer ›ästhetischen Wissenschaft‹ versammelt die Anthologie von Jutta Müller-Tamm (Hrsg.): Verstandenes Lebensbild.

durch eine ›Repräsentation‹ im Sinne einer möglichst anschaulichen Beschreibung und eher selten durch ›Darstellung‹. Insofern erstaunt es auch nicht weiter, dass Wilhelm von Humboldt sich 1824 so vehement für Buchstaben- und gegen Bilderschriften ausspricht.

Besonders deutlich wird diese Rückkehr zur Repräsentation aber bei Justus Liebig, einem der wichtigsten und einflussreichsten Wissenschaftler des 19. Jahrhunderts. Ähnlich wie Linné die Tätigkeit des Botanikers knapp hundert Jahre zuvor als Lektüre von »literæ vegetabilium« charakterisiert hatte,[10] erklärt er nun, dass auch der Chemiker im Grunde nur mit Buchstaben hantiere – davon, dass die Natur eigentlich bildlich verfasst sei und nur in analog nachbildenden Darstellungsformen erfasst werden könne, ist bei ihm nicht mehr die Rede. Stattdessen schreibt Liebig gleich im ersten seiner ab 1841 veröffentlichten *Chemischen Briefe*:

> Die Körper sind verschieden in ihrer Qualität; was ihre Eigenschaften uns sagen, ändert sich, je nachdem sie geordnet sind; wie in jeder andern, haben wir in der eigenthümlichen Sprache, mit der die Körper zu uns reden, Artikel, Fälle, alle Beugungen der Haupt- und Zeitwörter, wir haben jede Menge Synonymen. [...] Wir kennen die Bedeutung ihrer Eigenschaften, der Worte nämlich, in denen die Natur zu uns spricht, und benutzen das Alphabet, um zu lesen.[11]

Der Naturforscher Goethe hatte seine Sprache dagegen auf einem weitaus problematischeren, unsichereren, bildlichen Grund verortet. Wie eingangs zitiert, bemerkte er am 30. Juni 1809 zu Johannes Daniel Falk: »Wir sprechen überhaupt viel zu viel. Wir sollten weniger sprechen und mehr zeichnen. Ich meinerseits möchte mir das Reden ganz abgewöhnen und wie die bildende Natur in lauter Zeichnungen fortsprechen.« (FA 33, 470)

10 Linné: Genera plantarum, § 11, S. vii.

11 Liebig: Chemische Briefe, S. 7. Zur Einführung siehe hier Brock: Justus von Liebig, S. 273-290; und Kurz: Plädoyer für eine »höhere Geisteskultur«.

Dank

Die vorliegende Arbeit wurde im Sommer 2010 auf Antrag von Prof. Dr. Michael Gamper und Prof. Dr. Uwe Wirth am Departement Geistes-, Sozial- und Staatswissenschaften der ETH Zürich als Dissertation angenommen; für den Druck ist sie nochmals überarbeitet worden. Ermöglicht wurde ihre Ausarbeitung durch ein zweijähriges Stipendium des International Graduate Centre for the Study of Culture der Justus-Liebig-Universität Gießen und durch die ebenso angenehmen wie anregenden Arbeitsbedingungen, die Michael Gamper mir an der ETH Zürich gewährt hat; hierfür, wie auch für seine genaue Lektüre und unaufdringliche Unterstützung, sei ihm an dieser Stelle ganz herzlich gedankt. Dank gebührt außerdem Hartmut Böhme, Peter Uwe Hohendahl, Gerhard Kurz, Hartmut Stenzel und Uwe Wirth, die mich in verschiedenen Stadien meiner Arbeit in tatkräftiger und scharfsinniger Weise unterstützt haben, darüber hinaus dem Schweizerischen Nationalfonds, der die Publikation durch einen Druckkostenzuschuss sehr erleichtert hat, dem Wallstein Verlag, insbesondere Diane Coleman Brandt, für die sorgfältige Betreuung der Publikation, und auch den Institutionen, die mir den Abdruck der Abbildungen jeweils sehr freundlich genehmigt haben: dem Frankfurter Goethe-Haus – Freien Deutschen Hochstift, Frankfurt am Main, dem Goethe-Nationalmuseum, Weimar, dem Goethe- und Schiller-Archiv, Weimar, dem Museo Nacional de Colombia, Bogotá, und der Stiftung Stadtmuseum Berlin. Als hilfreich und fruchtbar haben sich schließlich die Anregungen, Lektüren und Hilfestellungen von Henryk Bies, Wendelin Brühwiler, Lutz Hengst, Martina Wernli und ganz besonders von Nadine erwiesen, durch deren Anwesenheit ich während der letzten Jahre nicht nur im Blick auf die vorliegende Arbeit gewonnen habe, sondern auch auf das, was darüber hinausreicht – das schöne Leben.

Anhang

Abbildungen

Pflanzen in den Tropen-Ländern. Kolorierter Kupferstich, 30,1 × 44,2 cm, Stiftung Stadtmuseum Berlin, Inv.-Nr. HU 99/1139 DR, Reproduktion: Hans-Joachim Bartsch, Berlin (S. 234 f.).

Abb. 10: Alexander von Humboldt: Géographie des plantes près de l'Equadeur (1803). Tinte und Aquarell auf Papier, Museo Nacional de Colombia, No. Registro 1204, Bogotá (S. 236 f.).

Abb. 11: Johann Wolfgang Goethe: Höhen der Alten und Neuen Welt (1807). Bleistift, Feder und Tusche auf Papier, aquarelliert, Frankfurter Goethe-Haus – Freies Deutsches Hochstift, Inv.-Nr. 2242, Frankfurt am Main (S. 238).

Literatur

a) Abkürzungen

AA: Kant, Immanuel: Gesammelte Schriften, hrsg. von der Königlich Preußischen/Deutschen/Göttinger Akademie der Wissenschaften, 2. Aufl., Berlin/Leipzig 1910 ff.

AN 1: Humboldt, Alexander von: Ansichten der Natur, mit wissenschaftlichen Erläuterungen, Tübingen 1808.

AN 2: Humboldt, Alexander von: Ansichten der Natur, mit wissenschaftlichen Erläuterungen. Zweite, verbesserte und vermehrte Ausgabe, Stuttgart/Tübingen 1826.

AN 3: Humboldt, Alexander von: Ansichten der Natur, mit wissenschaftlichen Erläuterungen. Dritte verbesserte und vermehrte Ausgabe, Stuttgart/Tübingen 1849.

FA: Goethe, Johann Wolfgang: Sämtliche Werke. Briefe, Tagebücher und Gespräche, hrsg. von Hendrik Birus u. a., Frankfurt a. M. 1985 ff.

HSA: Humboldt, Alexander von: Studienausgabe. Sieben Bände, hrsg. von Hanno Beck, Darmstadt 1987-1997.

K: Humboldt, Alexander von: Kosmos. Entwurf einer physischen Weltbeschreibung, hrsg. von Ottmar Ette und Oliver Lubrich, Frankfurt a. M. 2004. Zitate hieraus werden jeweils unter Angabe des Bandes und der originalen Paginierung nachgewiesen.

KrV: Kant, Immanuel: Kritik der reinen Vernunft, in: Werke in sechs Bänden, hrsg. von Wilhelm Weischedel, Darmstadt 1998, Bd. 2. Zitate hieraus werden, wie in der Kantforschung üblich, unter Angabe der Auflage und der originalen Paginierung nachgewiesen.

KU: Kant, Immanuel: Kritik der Urteilskraft, in: Werke in sechs Bänden, hrsg. von Wilhelm Weischedel, Darmstadt 1998, Bd. 5. Zitate hieraus werden ebenfalls unter Angabe der Auflage und der originalen Paginierung nachgewiesen.

LA: Goethe, Johann Wolfgang: Die Schriften zur Naturwissenschaft. Vollständige, mit Erläuterungen versehene Ausgabe, im Auftrage der Deutschen Akademie der Naturforscher (Leopoldina) zu Halle, begr. von Karl Lothar Wolf und Wilhelm Troll, hrsg. von Dorothea Kuhn, Wolf von Engelhardt und Irmgard Müller, Weimar 1947-2011.

WA: Goethe, Johann Wolfgang: Werke, hrsg. im Auftrage der Großherzogin Sophie von Sachsen, Weimar 1887-1919.

b) Quellen

Adanson, Michel: Familles des plantes, Paris 1763.

Adelung, Johann Christoph: Grammatisch-kritisches Wörterbuch der Hochdeutschen Mundart, mit beständiger Vergleichung der übrigen Mundarten, besonders aber der Oberdeutschen. Zweyte vermehrte und verbesserte Ausgabe, Leipzig 1793-1801.

–: Ueber den Deutschen Styl, Berlin 1785, Reprint: Hildesheim/New York 1974.

[Anonym:] Tübingen, b. Cotta: *Ansichten der Natur,* von *Alexander v. Humboldt.* 1808. 338 S. 12, in: Allgemeine Literatur-Zeitung, Halle/Leipzig 1808, Nr. 308, Bd. 3, Sp. 425-429.

[Anonym:] Modeworte und Moderedensarten der neuern Zeit, in Verbindung gebracht mit neuern Erscheinungen der Zeit, in: Blätter für literarische Unterhaltung, hrsg. von Heinrich Brockhaus, Leipzig 1837, Nr. 267-270, Bd. 2, S. 1081-1083, 1085-1087, 1089-1092 und 1093-1095.

Aristoteles: Metaphysica, hrsg. von Werner Jaeger, Oxford 1963.

–: Die Nikomachische Ethik. Griechisch-deutsch, übers. von Olof Gigon, hrsg. von Rainer Nickel, Düsseldorf/Zürich 2001.

–: Poetik. Griechisch/Deutsch, hrsg. und übers. von Manfred Fuhrmann, Stuttgart 1994.

[Arnauld, Antoine, Pierre Nicole:] L'art de penser. La logique de Port-Royal, hrsg. von Bruno Baron von Freytag Löringhoff und Herbert E. Brekle, Stuttgart-Bad Cannstadt 1965-1967.

Assing, Ludmilla (Hrsg.): Briefe von Alexander von Humboldt an Varnhagen von Ense aus den Jahren 1827-1858. Nebst Auszügen aus Varnhagen's Tagebüchern und Briefen von Varnhagen und Andern an Humboldt, 2. Aufl., Leipzig 1860.

Bacon, Francis: De dignitate et augmentis scientiarum, in: The Works of Francis Bacon, hrsg. von James Spedding, Robert Leslie Ellis und Douglas Denon Heath, London 1857-1874, Reprint: Stuttgart-Bad Cannstadt 1961-1963, Bd. 1, S. 423-837.

–: Neues Organon. Lateinisch-deutsch, hrsg. von Wolfgang Krohn, Hamburg 1990.

Baumgarten, Alexander Gottlieb: Ästhetik, hrsg. und übers. von Dagmar Mirbach, Hamburg 2007.

–: Metaphysica, in: Texte zur Grundlegung der Ästhetik, hrsg. und übers. von Hans Rudolf Schweizer, Hamburg 1983.

Beck, Hanno (Hrsg.): Alexander von Humboldts »Essay de Pasigraphie«, Mexiko 1803/04, in: Forschungen und Fortschritte. Nachrichtenblatt der deutschen Wissenschaft und Technik 32/2, 1958, S. 33-39.

Berghaus, Heinrich: Physikalischer Atlas oder Sammlung von Karten, auf denen die hauptsächlichsten Erscheinungen der anorganischen und organischen Natur nach ihrer geographischen Verbreitung und Vertheilung bildlich dargestellt sind, hrsg. von Ottmar Ette und Oliver Lubrich, Frankfurt a. M. 2004.

Bergk, Johann Adam: Die Kunst, Bücher zu lesen. Nebst Bemerkungen über Schriften und Schriftsteller, Jena 1799, Reprint: Leipzig 1967.

Biermann, Kurt-R. (Hrsg.): Goethe in vertraulichen Briefen Alexander von Humboldts, in: Goethe-Jahrbuch 102, 1985, S. 11-33.

Blumenbach, Johann Friedrich: Über den Bildungstrieb und das Zeugungsgeschäfte, Göttingen 1781, Reprint: Stuttgart 1971.

Breitinger, Johann Jacob: Critische Dichtkunst [...], Zürich/Leipzig 1740, Reprint: Stuttgart 1966.

Bürger, Gottfried August: Von der Popularität der Poesie, in: Bürgers Werke in einem Band, hrsg. von Lore Kaim-Kloock und Siegfried Streller, 4. Aufl., Berlin/Weimar 1973, S. 335-341.

Buffon, Georges-Louis Leclerc: Histoire naturelle, générale et particulière, avec la description du Cabinet du Roy, Paris 1749-1789.

Burke, Edmund: A Philosophical Enquiry into the Origin of our Ideas of the Sublime and Beautiful, in: *A Philosophical Enquiry into the Origin of our Ideas of the Sublime and Beautiful* and Other Pre-Revolutionary Writings, hrsg. von David Womersley, London 1998, S. 49-199 [= Penguin Classics].

Candolle, Augustin-Pyrame de: Théorie élémentaire de la botanique, ou Exposition des principes de la classification naturelle et de l'art de décrire et d'étudier les végétaux, 2. Aufl., Paris 1819.

Carus, Carl Gustav: Briefe über Landschaftsmalerei. Zuvor ein Brief von Goethe als Einleitung, hrsg. von Dorothea Kuhn, Heidelberg 1972.

Cicero, Marcus Tullius: Akademische Abhandlungen. Lucullus, übers. von Christoph Schäublin, hrsg. von Andreas Bächli und Andreas Graeser, Hamburg 1995.

–: De oratore. Über den Redner, hrsg. und übers. von Harald Merklin, Stuttgart 1976.

Darwin, Erasmus: The Botanic Garden. A Poem, in Two Parts, hrsg. von Martin Priestman, Bristol 2004.

Derham, William: Physico-Theologie oder Natur-Leitung zu Gott, durch aufmercksame Betrachtung der Erd-Kugel, und der darauf sich befindenden Creaturen, zum augenscheinlichen Beweiß daß ein GOTT, und derselbige ein Allergütigstes, Allweises, Allmächtiges Wesen sey, hrsg. von Johann Albert Fabricius, Hamburg 1750.

Descartes, René: Discours de la méthode pour bien conduire sa raison, et

chercher la verité dans les sciences. Französisch – deutsch, hrsg. und übers. von Lüder Gäbe, 2., verb. Aufl., Hamburg 1997.
Diderot, Denis, Jean Le Rond d'Alembert: Encyclopédie, ou Dictionnaire raisonné des sciences, des arts et des métiers, par une société de gens de lettres, Paris/Amsterdam 1751-1781.
Dubos, Jean Baptiste: Réflexions critiques sur la poësie et sur la peinture, 7. Aufl., Paris 1770, Reprint: Genf 1967.
Fabricius, Johann Andreas: Philosophische Oratorie. Das ist: Vernünftige Anleitung zur gelehrten und galanten Beredsamkeit, Leipzig 1724, Reprint: Kronberg/Ts. 1974.
Fichte, Johann Gottlieb: Über den Begriff der Wissenschaftslehre oder der sogenannten Philosophie, hrsg. von Edmund Braun, Stuttgart 1997.
Forster, Georg: Werke. Sämtliche Schriften, Tagebücher und Briefe, hrsg. von der Deutschen Akademie der Wissenschaften zu Berlin, Berlin 1958 ff.
Fries, Jakob Friedrich: Die mathematische Naturphilosophie, in: Sämtliche Schriften, hrsg. von Gert König und Lutz Geldsetzer, Bd. 13, Aalen 1979.
Fuchs, Leonhart: De historia stirpium [...], Basel 1542.
–: Die Kräuterbuchhandschrift des Leonhart Fuchs, hrsg. von Brigitte Baumann, Helmut Baumann und Susanne Baumann-Schleihauf, Stuttgart 2001.
Geiger, Ludwig (Hrsg.): Goethes Briefwechsel mit Wilhelm und Alexander von Humboldt, Berlin 1909.
Goethe, Johann Wolfgang: Gespräche. Eine Sammlung zeitgenössischer Berichte aus seinem Umgang, auf Grund der Ausgabe und des Nachlasses von Flodoard Freiherrn von Biedermann ergänzt und hrsg. von Wolfgang Herwig, Zürich/Stuttgart 1965-1987.
–: Sämtliche Werke. Briefe, Tagebücher und Gespräche. Vierzig Bände, hrsg. von Hendrik Birus u. a., Frankfurt a. M. 1985 ff.
–: Die Schriften zur Naturwissenschaft. Vollständige mit Erläuterungen versehene Ausgabe, im Auftrage der Deutschen Akademie der Naturforscher (Leopoldina) zu Halle, begr. von Karl Lothar Wolf und Wilhelm Troll, hrsg. von Dorothea Kuhn, Wolf von Engelhardt und Irmgard Müller, Weimar 1947-2011.
–: Werke, hrsg. im Auftrage der Großherzogin Sophie von Sachsen, Weimar 1887-1919.
Gottsched, Johann Christoph: Handlexicon oder Kurzgefaßtes Wörterbuch der schönen Wissenschafften und freyen Künste. Zum Gebrauche der Liebhaber derselben, Leipzig 1760, Reprint: Hildesheim/New York 1970.
–: Versuch einer Critischen Dichtkunst, durchgehends mit den Exempeln unserer besten Dichter erläutert, 4., verm. Aufl., Leipzig 1751, Reprint: Darmstadt 1982.
Grimm, Jacob und Wilhelm: Art. »Darstellen«, in: Deutsches Wörterbuch. Neubearbeitung, Bd. 6, hrsg. von der Akademie der Wissen-

schaften der DDR in Zusammenarbeit mit der Akademie der Wissenschaften zu Göttingen, Leipzig 1983, Sp. 328-332.

Haller, Albrecht von: Von den empfindlichen und reizbaren Teilen des menschlichen Körpers, hrsg. von Karl Sudhoff, Leipzig 1922, Reprint: Leipzig 1968.

–: Vorrede zur Geschichte der schweizerischen Pflanzen, in: Sammlung kleiner Hallerischer Schriften, 2. Aufl., Bern 1772, Bd. 3, S. 119-154.

Hamann, Johann Georg: Kritik der reinen Vernunft von Immanuel Kant, in: Sämtliche Werke, hrsg. von Josef Nadler, Bd. 3, Wien 1951, S. 275-280.

Hasselquist, Friedrich: Reise nach Palästina in den Jahren von 1749 bis 1752, hrsg. von Carl Linnaeus, Rostock 1762.

Hegel, Georg Wilhelm Friedrich: Jenaer Realphilosophie. Vorlesungsmanuskripte zur Philosophie der Natur und des Geistes von 1805-1806, hrsg. von Johannes Hoffmeister, Berlin 1969.

–: Werke, hrsg. von Eva Moldenhauer und Karl Markus Michel, Frankfurt a. M. 1986.

Helmholtz, Hermann von: Die Tatsachen der Wahrnehmung/Zählen und Messen, erkenntnistheoretisch betrachtet, Darmstadt 1959.

Herder, Johann Gottfried: Werke in zehn Bänden, hrsg. von Günter Arnold u. a., Frankfurt a. M. 1985-2000.

Hirschfeld, Christian Cay Lorenz: Theorie der Gartenkunst, Leipzig 1779-1785.

Horaz: Ars Poetica. Lateinisch/Deutsch, hrsg. und übers. von Eckart Schäfer, Stuttgart 1997.

Humboldt, Alexander von: Ansichten der Kordilleren und Monumente der eingeborenen Völker Amerikas, übers. von Claudia Kalscheuer, hrsg. von Oliver Lubrich und Ottmar Ette, Frankfurt a. M. 2004.

–: Ansichten der Natur, mit wissenschaftlichen Erläuterungen, Tübingen 1808.

–: Ansichten der Natur, mit wissenschaftlichen Erläuterungen. Zweite, verbesserte und vermehrte Ausgabe, Stuttgart/Tübingen 1826.

–: Ansichten der Natur, mit wissenschaftlichen Erläuterungen. Dritte verbesserte und vermehrte Ausgabe, Stuttgart/Tübingen 1849.

–: Briefe aus Amerika, 1799-1804, hrsg. von Ulrike Moheit, Berlin 1993.

–: Correspondance scientifique et littéraire, hrsg. von Jean-Bernard-Marie Alexandre Dezos de la Roquette, Paris 1865.

–: Essai sur la Géographie des Plantes, accompagné d'un tableau physique des régions équinoxiales, Paris 1807.

–: Ideen zu einer Physiognomik der Gewächse, Tübingen 1806.

–: Kosmos. Entwurf einer physischen Weltbeschreibung, hrsg. von Ottmar Ette und Oliver Lubrich, Frankfurt a. M. 2004.

–: Reise auf dem Río Magdalena, durch die Anden und Mexico. Teil I: Texte, hrsg. von Margot Faak, Berlin 1986.

–: Reise durch Venezuela. Auswahl aus den amerikanischen Reisetagebüchern, hrsg. von Margot Faak, Berlin 2000.

–: Reise in die Äquinoktial-Gegenden des Neuen Kontinents, hrsg. von Ottmar Ette, Frankfurt a. M./Leipzig 1991.
–: Studienausgabe. Sieben Bände, hrsg. von Hanno Beck, Darmstadt 1987-1997.
Humboldt, Wilhelm von: Briefe an eine Freundin, 5. Aufl., Leipzig 1853.
–: Werke in fünf Bänden, hrsg. von Andreas Flitner und Klaus Giel, Darmstadt 2002.
Jahn, Ilse, Fritz G. Lange (Hrsg.): Die Jugendbriefe Alexander von Humboldts, 1787-1799, Berlin 1973.
Jean Paul: Sämtliche Werke, hrsg. von Norbert Miller, Darmstadt 2000.
Kant, Immanuel: Gesammelte Schriften, hrsg. von der Königlich Preußischen/Deutschen/Göttinger Akademie der Wissenschaften, 2. Aufl., Berlin/Leipzig 1910 ff.
–: Schriften zur Ästhetik und Naturphilosophie. Text und Kommentar, hrsg. von Manfred Frank und Véronique Zanetti, Frankfurt a. M. 2001.
–: Werke in sechs Bänden, hrsg. von Wilhelm Weischedel, Darmstadt 1998.
Kielmeyer, Carl Friedrich: ›Über Kant und die deutsche Naturphilosophie 1807‹ (Schreiben Kielmeyers an Cuvier), in: Gesammelte Schriften, hrsg. von Fritz-Heinz Holler, Berlin 1938, S. 235-254.
Kleist, Heinrich von: Sämtliche Werke und Briefe, hrsg. von Helmut Sembdner, München 2001.
Klopstock, Friedrich Gottlieb: Ausgewählte Werke, hrsg. von Karl August Schleiden, Darmstadt 1962.
–: Oden, hrsg. von Franz Muncker und Jaro Pawel, Stuttgart 1889.
–: Vom deutschen Hexameter (1779). Ein Fragment, in: Sämmtliche Werke. Stereotyp-Ausgabe, Bd. 10, Leipzig 1844, S. 57-159.
Krug, Wilhelm Traugott: Allgemeines Handwörterbuch der philosophischen Wissenschaften, nebst ihrer Literatur und Geschichte, 2., verb. und verm. Aufl., Leipzig 1832-1838, Reprint: Stuttgart-Bad Cannstatt 1969.
Krünitz, Johann Georg: Oeconomische Encyclopädie oder allgemeines System der Land-, Haus- und Staats-Wirthschaft, Berlin 1773-1858.
Lagrange, Joseph-Louis: Méchanique analitique, Paris 1788.
La Mettrie, Julien Offray de: L'homme machine, in: Œuvres Philosophiques. Nouvelle Édition, Berlin 1774, Reprint: Hildesheim/New York 1970, Bd. 1.
Lavater, Johann Caspar: Physiognomische Fragmente, zur Beförderung der Menschenkenntniß und Menschenliebe, Leipzig/Winterthur 1775-1778.
Leibniz, Gottfried Wilhelm: Meditationes de cognitione, veritate et ideis/ Betrachtungen über die Erkenntnis, die Wahrheit und die Ideen, in: Philosophische Schriften, Bd. 1: Kleine Schriften zur Metaphysik, hrsg. und übers. von Hans Heinz Holz, Frankfurt a. M. 1996, S. 42-47.
Leitner, Ulrike (Hrsg.): Alexander von Humboldt und Cotta. Briefwechsel, Berlin 2009.

Lessing, Gotthold Ephraim: Werke und Briefe in zwölf Bänden, hrsg. von Wilfried Barner, Frankfurt a. M. 1985-2003.
Lichtenberg, Georg Christoph: Schriften und Briefe, hrsg. von Wolfgang Promies, München 1967-1992.
Liebig, Justus: Chemische Briefe, 6. Aufl., Leipzig/Heidelberg 1878.
Linné, Carl von: Genera plantarum [...]. Editio quinta, Stockholm 1754, Reprint: Weinheim 1960.
–: Philosophia botanica [...], Stockholm/Amsterdam 1751, Reprint: Lehre 1966.
Locke, John: An Essay Concerning Human Understanding, hrsg. von Roger Woolhouse, London 2004 [= Penguin Classics].
Martius, Carl Friedrich Philipp von: Denkrede auf Alexander von Humboldt. Gelesen in der öffentlichen Sitzung der K. Bayer. Akademie der Wissenschaften am 28. März 1860, München 1860.
–: Die Physiognomie des Pflanzenreiches in Brasilien, in: Verstandenes Lebensbild. Ästhetische Wissenschaft von Humboldt bis Vischer. Eine Anthologie, hrsg. von Jutta Müller-Tamm in Zusammenarbeit mit Thomas Beck, Johanna Bohley, Marcia Cyranka, Martin Hense und Christoph Sauer, Berlin 2010, S. 284-298.
Medicus, Friedrich Casimir: Ueber einige künstliche Geschlechter aus der Malven-Familie, denn der Klasse der Monadelphien [...], Mannheim 1787.
Mendelssohn, Moses: Ueber die Hauptgrundsätze der schönen Künste und Wissenschaften, in: Ästhetische Schriften in Auswahl, hrsg. von Otto F. Best, 2. Aufl., Darmstadt 1986, S. 173-197.
Moritz, Karl Philipp: Die Signatur des Schönen oder Inwiefern Kunstwerke beschrieben werden können?, in: Werke, hrsg. von Horst Günther, 2. Aufl., Frankfurt a. M. 1993, Bd. 2, S. 579-588.
Murhard, Friedrich: System der Elemente der allgemeinen Größenlehre nach ihrem Zustand am Ende des achtzehnten Jahrhundert nebst Literatur und Geschichte, Lemgo 1798.
Novalis: Schriften. Werke, Tagebücher und Briefe Friedrich von Hardenbergs, hrsg. von Hans-Joachim Mähl und Richard Samuel, München/ Wien 1978.
Platon: Werke in acht Bänden. Griechisch und deutsch, hrsg. von Gunther Eigler, übers. von Friedrich Schleiermacher, Darmstadt 1970-1983.
Plinius Secundus der Ältere, Caius: Naturkunde. Lateinisch – deutsch, hrsg. und übers. von Roderich König u. a., Düsseldorf/Zürich 1990-2004.
Quintilianus, Marcus Fabius: Ausbildung des Redners. Zwölf Bücher, hrsg. und übers. von Helmut Rahn, Darmstadt 1972-1975.
Ritter, Carl: Allgemeine Erdkunde. Vorlesungen an der Universität zu Berlin, hrsg. von Hermann Adalbert Daniel, Berlin 1862.
–: Montblanc. Geographisch-historisch-topographische Beschreibung zu K. W. Kummer's Stereorama oder Relief des Montblanc-Gebirges

und dessen nächster Umgebung, hrsg. von Andreas Mahler, Stühlingen 2008.
–: Ueber das historische Element in der geographischen Wissenschaft, in: Einleitung zur allgemeinen vergleichenden Geographie und Abhandlungen zur Begründung einer mehr wissenschaftlichen Behandlung der Erdkunde, Berlin 1852, S. 152-181.
Rousseau, Jean-Jacques: Julie ou la Nouvelle Héloïse, hrsg. von Michel Launay, Paris 1967.
–: Œuvres complètes: aves les notes des tous les commentateurs. Nouvelle édition, Paris 1826.
Saint-Pierre, Jacques-Henri Bernardin de: Paul et Virginie, hrsg. von Jean-Michel Racault, Paris 1999.
Schäffer, Jacob Christian: Entwurf einer allgemeinen Farbverein; oder Versuch und Muster einer gemeinnützlichen Bestimmung und Benennung der Farben, Nürnberg 1769.
Schelver, Franz Joseph: Lebens- und Formgeschichte der Pflanzenwelt. Handbuch seiner Vorlesungen über die physiologische Botanik für seine Zuhörer und gebildete Naturfreunde. Erster Band, Heidelberg 1822.
Schiller, Friedrich: Sämtliche Werke. Auf der Grundlage der Textedition von Herbert G. Göpfert hrsg. von Peter-André Alt, Albert Maier und Wolfgang Riedel, München 2004.
–: Werke. Nationalausgabe, begr. von Julius Petersen, fortgeführt von Liselotte Blumenthal, hrsg. im Auftrag der Stiftung Weimarer Klassik und des Schiller-Nationalmuseums in Marbach von Norbert Oellers, Weimar 1943 ff.
Schleiden, Matthias Jacob: Die Pflanze und ihr Leben. Populäre Vorträge, 2., verm. Aufl., Leipzig 1850.
Schlegel, August Wilhelm: Die Kunstlehre, hrsg. von Edgar Lohner, Stuttgart 1963.
Schlegel, Friedrich: Kritische Friedrich-Schlegel-Ausgabe, hrsg. von Ernst Behler unter Mitwirkung von Jean-Jacques Anstett und Hans Eichner, Paderborn/München/Wien/Zürich 1958 ff.
Schlegel, Johann Elias: Theoretische Texte, hrsg. von Rainer Baasner, Hannover 1999.
Schopenhauer, Arthur: Die Welt als Wille und Vorstellung, in: Werke in fünf Bänden, hrsg. von Ludger Lütkehaus, Zürich 1988, Bde. I und II.
Schrank, Franz von Paula: Allgemeine Anleitung, die Naturgeschichte zu studiren, München 1783.
Schwarz, Ingo (Hrsg.): Briefe von Alexander von Humboldt an Christian Carl Josias Bunsen, Berlin 2006.
Seume, Johann Gottfried: Spaziergang nach Syrakus im Jahre 1802, hrsg. von Jörg Drews, Frankfurt a. M./Leipzig 2001.
Spinoza, Baruch de: Ethik in geometrischer Ordnung dargestellt. Lateinisch – deutsch, hrsg. und übers. von Wolfgang Bartuschat, Hamburg 1999.

Stolberg, Friedrich Leopold: Vom Dichten und Darstellen, in: Gesammelte Werke der Brüder Christian und Friedrich Leopold Grafen zu Stolberg, Bd. 10, Hamburg 1822, S. 375-381.
Vico, Giovanni Battista: Prinzipien einer neuen Wissenschaft über die gemeinsame Natur der Völker, übers. von Vittorio Hösle und Christoph Jermann, Hamburg 1990.
Vitruvius Pollio, Marcus: Baukunst, übers. von August Rode, Leipzig 1796.
–: De architectura libri decem, übers. und hrsg. von Curt Fensterbusch, 3. Aufl., Darmstadt 1981.
Willdenow, Carl Ludwig: Grundriss der Kräuterkunde zu Vorlesungen entworfen, Berlin 1792.
Wolff, Christian: Gesammelte Werke, hrsg. von Jean École u. a., Hildesheim/Zürich/New York 1962 ff.
Zedler, Johann Heinrich: Grosses vollständiges Universal-Lexicon aller Wissenschafften und Künste, welche bißhero durch menschlichen Verstand und Witz erfunden und verbessert worden, Halle/Leipzig 1732-1754, Reprint: Graz 1961-1964.
Zelter, Carl Friedrich, Johann Wolfgang Goethe: Briefwechsel. Eine Auswahl, Leipzig 1987.

c) Andere Literatur

Achenbach, Sigrid: Kunst um Humboldt. Reisestudien aus Mittel- und Südamerika von Rugendas, Bellermann und Hildebrandt, München 2009.
Adler, Hans: Die Prägnanz des Dunklen. Gnoseologie, Ästhetik, Geschichtsphilosophie bei Johann Gottfried Herder, Hamburg 1990.
–, Rainer Godel (Hrsg.): Formen des Nichtwissens der Aufklärung, München 2010.
Agamben, Giorgio: Das Offene. Der Mensch und das Tier, übers. von Davide Giuriato, Frankfurt a. M. 2003.
Aira, César: Humboldts Schatten. Novelle, übers. von Matthias Strobel, München/Wien 2000.
Albes, Claudia: Getreues Abbild oder dichterische Komposition? Zur Darstellung der Natur bei Alexander von Humboldt, in: dies., Christiane Frey (Hrsg.): Darstellbarkeit. Zu einem ästhetisch-philosophischen Problem um 1800, Würzburg 2003, S. 209-233.
–, Christiane Frey (Hrsg.): Darstellbarkeit. Zu einem ästhetisch-philosophischen Problem um 1800, Würzburg 2003.
Allison, Henry E.: Kant's Theory of Taste. A Reading of the *Critique of Aesthetic Judgment,* Cambridge/New York 2001.
Apel, Friedmar: Der lebendige Blick. Goethes Kunstanschauung, in: Sabine Schulze (Hrsg.): Goethe und die Kunst, Ostfildern-Ruit 1994, S. 571-578.

Avanessian, Armen, Winfried Menninghaus, Jan Völker (Hrsg.): Vita aesthetica. Szenen ästhetischer Lebendigkeit, Berlin 2009.

Azzouni, Safia: Kunst als praktische Wissenschaft. Goethes *Wilhelm Meisters Wanderjahre* und die Hefte *Zur Morphologie,* Köln/Weimar/Wien 2005.

Bachelard, Gaston: Die Bildung des wissenschaftlichen Geistes. Beitrag zu einer Psychoanalyse der objektiven Erkenntnis, übers. von Michael Bischoff, Frankfurt a. M. 1978.

Bachmann-Medick, Doris: Cultural Turns. Neuorientierungen in den Kulturwissenschaften, 2. Aufl., Reinbek bei Hamburg 2007.

Badenberg, Nana: Ansichten des Tropenwaldes. Alexander von Humboldt und die Inszenierung exotischer Landschaft im 19. Jahrhundert, in: Michael Flitner (Hrsg.): Der deutsche Tropenwald. Bilder, Mythen, Politik, Frankfurt a. M./New York 2000, S. 148-173.

Bader, Lena, Martin Gaier, Falk Wolf (Hrsg.): Vergleichendes Sehen, München 2010.

Barck, Karlheinz (Hrsg.): Ästhetische Grundbegriffe. Historisches Wörterbuch in sieben Bänden, Stuttgart/Weimar 2000-2005.

–: »Umwandlung des Ohrs zum Auge«. Teleskopisches Sehen und ästhetische Beschreibung bei Alexander von Humboldt, in: Bernhard J. Dotzler, Ernst Müller (Hrsg.): Wahrnehmung und Geschichte. Markierungen zur Aisthesis materialis, Berlin 1995, S. 27-42.

Barner, Wilfried: Altertum, Überlieferung, Natur. Über Klassizität und autobiographische Konstruktion in Goethes *Italienischer Reise,* in: Goethe-Jahrbuch 105, 1988, S. 64-92.

Barsanti, Giulio: La scala, la mappa, l'albero. Immagini e classificazioni della natura fra Sei e Ottocento, Florenz 1992.

Beck, Hanno, Wolfgang-Hagen Hein: Humboldts Naturgemälde der Tropenländer und Goethes ideale Landschaft. Zur ersten Darstellung der *Ideen zu einer Geographie der Pflanzen.* Erläuterungen zu fünf Profil-Tafeln in natürlicher Größe, Stuttgart 1989.

Bell, David: Spinoza in Germany from 1670 to the Age of Goethe, London 1984.

Bierbrodt, Johannes: Naturwissenschaft und Ästhetik 1750-1810, Würzburg 2000.

Biermann, Kurt-R.: Alexander von Humboldt, Leipzig 1980.

Bies, Michael: Darstellung des Zwischenraums: Vier Passagen zwischen Anschauung und Begriff in Kants *Kritik der Urteilskraft,* in: Uwe Wirth (Hrsg.): Bewegen im Zwischenraum, Berlin 2012, S. 9-26 (im Erscheinen).

–: Geburten aus dem Geist der Pfropfung? Zu Kant und Goethe, in: Uwe Wirth (Hrsg.): Impfen, Pfropfen, Transplantieren, Berlin 2011, S. 101-119.

–: Naturgeschichten vom Nicht-Wissen. Alexander von Humboldts *Das nächtliche Thierleben im Urwalde*, in: ders., Michael Gamper (Hrsg.): Literatur und Nicht-Wissen. Historische Konstellationen 1730-1930, Zürich/Berlin 2012 (im Erscheinen).

–: Naturwissen, natürlich. Die ›Méthode naturelle‹ bei Buffon und Adanson, in: Silke Förschler, Nina Hahne (Hrsg.): Methoden der Aufklärung. Ordnungsmuster der Wissensvermittlung und Erkenntnisgenerierung in Literatur und Kunst, München 2012 (im Erscheinen).

–: Vom Wettstreit der Medien am ›Ende der Naturgeschichte‹: Linné, Buffon, Goethe, in: Mario Baumann, Yvonne Nowak (Hrsg.): Vom Wettstreit der Künste zum Kampf der Medien? Medialitätsdiskurse im Wandel der Zeiten, Marburg 2008, S. 93-112.

–, Michael Gamper (Hrsg.): Literatur und Nicht-Wissen. Historische Konstellationen 1730-1930, Zürich/Berlin 2012 (im Erscheinen).

Bloch, Ernst: Subjekt – Objekt. Erläuterungen zu Hegel, erw. Ausg., Frankfurt a. M. 1985.

Blumenberg, Hans: Das Fernrohr und die Ohnmacht der Wahrheit, in: Galileo Galilei: Sidereus nuncius. Nachricht von neuen Sternen, hrsg. von Hans Blumenberg, 2. Aufl., Frankfurt a. M. 2002, S. 7-75.

–: Die Lesbarkeit der Welt, 2. Aufl., Frankfurt a. M. 1983.

–: Paradigmen zu einer Metaphorologie, Frankfurt a. M. 1998.

–: Schiffbruch mit Zuschauer. Paradigma einer Daseinsmetapher, Frankfurt a. M. 1997.

Blunt, Wilfried, William T. Stearn: The Art of Botanical Illustration, überarb. Ausg., Woodbridge 1994.

Boehm, Gottfried: Repräsentation – Präsentation – Präsenz. Auf den Spuren des homo pictor, in: ders. (Hrsg.): Homo Pictor, München/Leipzig 2001, S. 3-13.

– (Hrsg.): Was ist ein Bild?, 4. Aufl., München 2006.

–: Die Wiederkehr der Bilder, in: ders. (Hrsg.): Was ist ein Bild?, 4. Aufl., München 2006, S. 11-38.

Böhme, Gernot: Kants *Kritik der Urteilskraft* in neuer Sicht, Frankfurt a. M. 1999.

–: Naturwissenschaft als Technik oder die Frage nach einem neuen Naturbegriff, in: Zeitschrift für Didaktik der Philosophie 3, 1981, S. 187-196.

–: Philosophieren mit Kant. Zur Rekonstruktion der Kantischen Erkenntnis- und Wissenschaftstheorie, Frankfurt a. M. 1986.

Böhme, Hartmut: Ästhetische Wissenschaft. Aporien der Forschung im Werk Alexander von Humboldts, in: Ottmar Ette, Ute Hermanns, Bernd M. Scherer, Christian Suckow (Hrsg.): Alexander von Humboldt – Aufbruch in die Moderne, Berlin 2001, S. 17-32.

–: Alexander von Humboldts Entwurf einer neuen Wissenschaft, in: Peter-André Alt, Alexander Košenina, Hartmut Reinhardt, Wolfgang Riedel (Hrsg.): Prägnanter Moment. Studien zur deutschen Literatur der Aufklärung und Klassik. Festschrift für Hans-Jürgen Schings, Würzburg 2002, S. 495-512.

–: Goethe und Alexander von Humboldt. Exoterik und Esoterik einer Beziehung, in: Ernst Osterkamp (Hrsg.): Wechselwirkungen. Kunst und Wissenschaft in Berlin und Weimar im Zeichen Goethes, Bern/Berlin/Brüssel 2002, S. 167-192.

–: Die Metaphysik der Erscheinungen. Teleskop und Mikroskop bei Goethe, Leeuwenhoek und Hooke, in: Helmar Schramm, Ludger Schwarte, Jan Lazardig (Hrsg.): Kunstkammer, Laboratorium, Bühne. Schauplätze des Wissens im 17. Jahrhundert, Berlin/New York 2003, S. 359-396.

–: Natur und Subjekt, Frankfurt a. M. 1988.

–: Das Steinerne. Anmerkungen zur Theorie des Erhabenen aus dem Blick des »Menschenfremdesten«, in: Christine Pries (Hrsg.): Das Erhabene. Zwischen Grenzerfahrung und Größenwahn, Weinheim 1989, S. 119-141.

–: Das Unsichtbare – Mediengeschichtliche Annäherungen an ein Problem neuzeitlicher Wissenschaft, in: Sybille Krämer (Hrsg.): Performativität und Medialität, München 2004, S. 215-245.

–, Gernot Böhme: Das Andere der Vernunft. Zur Entwicklung von Rationalitätsstrukturen am Beispiel Kants, Frankfurt a. M. 1983.

Bohn, Volker (Hrsg.): Bildlichkeit. Internationale Beiträge zur Poetik, Frankfurt a. M. 1990.

Bollacher, Martin: Der junge Goethe und Spinoza. Studien zur Geschichte des Spinozismus in der Epoche des Sturms und Drangs, Tübingen 1969.

Borgards, Roland, Harald Neumeyer: Der Ort der Literatur in einer Geschichte des Wissens. Plädoyer für eine entgrenzte Philologie, in: Walter Erhart (Hrsg.): Grenzen der Germanistik. Rephilologisierung oder Erweiterung?, Stuttgart/Weimar 2004, S. 210-222.

Bosse, Heinrich: Der Autor als abwesender Redner, in: Paul Goetsch (Hrsg.): Lesen und Schreiben im 17. und 18. Jahrhundert. Studien zu ihrer Bewertung in Deutschland, England, Frankreich, Tübingen 1994, S. 277-290.

Bredekamp, Horst: Antikensehnsucht und Maschinenglauben. Die Geschichte der Kunstkammer und die Zukunft der Kunstgeschichte, 3. Aufl., Berlin 2007.

–: Darwins Korallen. Die frühen Evolutionsdiagramme und die Tradition der Naturgeschichte, 2. Aufl., Berlin 2006.

Breidbach, Olaf: Goethes Metamorphosenlehre, München 2006.

Brenner, Peter J.: Der Reisebericht in der deutschen Literatur. Ein Forschungsüberblick als Vorstudie zu einer Gattungsgeschichte, Tübingen 1990 [= Internationales Archiv für Sozialgeschichte der deutschen Literatur, 2. Sonderheft].

Brock, William H.: Justus von Liebig. The Chemical Gatekeeper, Cambridge 2002.

Browne, Janet: The Secular Ark. Studies in the History of Biogeography, New Haven/London 1983.

Busch, Werner: Die »große, simple Linie« und die »allgemeine Harmonie« der Farben. Zum Konflikt zwischen Goethes Kunstbegriff, seiner Naturerfahrung und seiner künstlerischen Praxis auf der italienischen Reise, in: Goethe-Jahrbuch 105, 1988, S. 144-164.

Campe, Rüdiger: Vor Augen Stellen. Über den Rahmen rhetorischer

Bildgebung, in: Gerhard Neumann (Hrsg.): Poststrukturalismus. Herausforderung an die Literaturwissenschaft, Stuttgart/Weimar 1997, S. 208-225.

Cannon, Susan Faye: Science in Culture: The Early Victorian Period, New York 1978.

Cassirer, Ernst: Goethe und die Kantische Philosophie, in: ders.: Rousseau, Kant, Goethe, hrsg. von Rainer A. Bast, Hamburg 1991, S. 63-99.

–: Die Philosophie der Aufklärung, Tübingen 1932, Reprint: Hamburg 1998.

Certeau, Michel de: Kunst des Handelns, übers. von Ronald Vouillié, Berlin 1988.

Dagognet, François: Le catalogue de la vie. Étude méthodologique sur la taxonomie, Paris 2004.

Danneberg, Lutz: Darstellungsformen in Geistes- und Naturwissenschaften, in: Peter J. Brenner (Hrsg.): Geld, Geist und Wissenschaft. Arbeits- und Darstellungsformen von Literaturwissenschaft, Frankfurt a. M. 1993, S. 99-137.

–, Jürg Niederhauser: »... daß die Papierersparnis gänzlich zurücktrete gegenüber der schönen Form«. Darstellungsformen der Wissenschaften im Wandel der Zeit und im Zugriff verschiedener Disziplinen, in: dies. (Hrsg.): Darstellungsformen der Wissenschaften im Kontrast. Aspekte der Methodik, Theorie und Empirie, Tübingen 1998, S. 23-102.

Daston, Lorraine: Angst und Abscheu vor der Einbildungskraft in der Wissenschaft, in: dies.: Wunder, Beweise und Tatsachen. Zur Geschichte der Rationalität, übers. von Gerhard Herrgott, Christa Krüger und Susanne Scharnowski, Frankfurt a. M. 2001, S. 99-125.

–, Peter Galison: Objektivität, übers. von Christa Krüger, Frankfurt a. M. 2007.

Daum, Andreas: Wissenschaftspopularisierung im 19. Jahrhundert. Bürgerliche Kultur, naturwissenschaftliche Bildung und die deutsche Öffentlichkeit, 1848-1914, München 1998.

Derrida, Jacques: Die Wahrheit in der Malerei, übers. von Michael Wetzel, Wien 1992.

Diener, Pablo: Humboldt und die Kunst, in: Frank Holl (Hrsg.): Alexander von Humboldt. Netzwerke des Wissens, Ostfildern-Ruit 1999, S. 137-153.

Dobat, Klaus: Alexander von Humboldt als Botaniker, in: Wolfgang-Hagen Hein (Hrsg.): Alexander von Humboldt. Leben und Werk, Ingelheim am Rhein 1985, S. 167-193.

Dürbeck, Gabriele: Einbildungskraft und Aufklärung. Perspektiven der Philosophie, Anthropologie und Ästhetik um 1750, Tübingen 1998.

Driesch, Hans: Kant und das Ganze, in: Kant-Studien 29, 1925, S. 365-376.

Drouin, Jean-Marc: Von Linné zu Darwin: Die Forschungsreisen der Naturhistoriker, in: Michel Serres (Hrsg.): Elemente einer Geschichte

der Wissenschaften, übers. von Horst Brühmann, 2. Aufl., Frankfurt a. M. 2002, S. 569-595.
Dusen, Robert van: The Literary Ambitions and Achievements of Alexander von Humboldt, Bern/Frankfurt a. M. 1971.
Eckstein, Evelyn: Fußnoten: Anmerkungen zu Poesie und Wissenschaft, Münster 2001.
Engelhardt, Wolf von: »Der Versuch als Vermittler von Objekt und Subjekt«: Goethes Aufsatz im Lichte von Kants Vernunftkritik, in: Athenäum 10, 2000, S. 9-28.
Englert, Ludwig: Aus der Geschichte der Pharmakogeographie, in: Medizinische Mitteilungen [der Schering-Kahlbaum AG Berlin] 6, 1934, S. 82-87.
Escoubas, Eliane: Zur Archäologie des Bildes. Ästhetisches Urteil und Einbildungskraft bei Kant, in: Volker Bohn (Hrsg.): Bildlichkeit. Internationale Beiträge zur Poetik, Frankfurt a. M. 1990, S. 502-542.
Ette, Ottmar: Alexander von Humboldt und die Globalisierung. Das Mobile des Wissens, Frankfurt a. M. 2009.
–: Eine »Gemütsverfassung moralischer Unruhe« – *Humboldtian Writing:* Alexander von Humboldt und das Schreiben in der Moderne, in: ders., Ute Hermanns, Bernd M. Scherer, Christian Suckow (Hrsg.): Alexander von Humboldt – Aufbruch in die Moderne, Berlin 2001, S. 33-55.
–: Literaturwissenschaft als Lebenswissenschaft. Eine Programmschrift im Jahr der Geisteswissenschaften, in: Lendemains 32/125, 2007, S. 7-32.
–: Ein Ohr am Dschungel oder das hörbare Leben. Alexander von Humboldts *Das nächtliche Thierleben im Urwalde* und der Humboldt-Effekt, in: Romanistische Zeitschrift für Literaturgeschichte 33, 2009, S. 33-48.
–: ÜberLebenswissen. Die Aufgabe der Philologie, Berlin 2004.
–: Weltbewußtsein. Alexander von Humboldt und das unvollendete Projekt einer anderen Moderne, Weilerswist 2002.
–, Oliver Lubrich: Versuch über Humboldt, in: Alexander von Humboldt: Ueber einen Versuch den Gipfel des Chimborazo zu besteigen. Mit dem vollständigen Text des Tagebuches *Reise zum Chimborazo,* hrsg. von Oliver Lubrich und Ottmar Ette, Frankfurt a. M. 2006, S. 7-76.
Fehrenbach, Frank: »Das lebendige Ganze, das zu allen unsern geistigen und sinnlichen Kräften spricht«. Goethe und das Zeichnen, in: Peter Matussek (Hrsg.): Goethe und die Verzeitlichung der Natur, München 1998, S. 128-156.
Fiedler, Horst, Ulrike Leitner: Alexander von Humboldts Schriften. Bibliographie der selbständig erschienenen Werke, Berlin 2000.
Fink, Gonthier-Louis: Von Winckelmann bis Herder. Die deutsche Klimatheorie in europäischer Perspektive, in: Gerhard Sauder (Hrsg.): Johann Gottfried Herder, 1744-1803, Hamburg 1987, S. 156-176.
Fleck, Ludwik: Entstehung und Entwicklung einer wissenschaftlichen Tatsache. Einführung in die Lehre vom Denkstil und Denkkollektiv, hrsg. von Lothar Schäfer und Thomas Schnelle, Frankfurt a. M. 1980.

–: Das Problem einer Theorie des Erkennens, in: Erfahrung und Tatsache. Gesammelte Aufsätze, hrsg. von Lothar Schäfer und Thomas Schnelle, Frankfurt a. M. 1983, S. 84-127.
Förster, Eckart: Die Bedeutung von §§ 76, 77 der *Kritik der Urteilskraft* für die nachkantische Philosophie, in: Zeitschrift für philosophische Forschung 56, 2002, S. 169-190 und 321-345.
Foucault, Michel: Archäologie des Wissens, übers. von Ulrich Köppen, Frankfurt a. M. 1981.
–: Die Ordnung der Dinge. Eine Archäologie der Humanwissenschaften, übers. von Ulrich Köppen, Frankfurt a. M. 1974.
Frank, Manfred: Einführung in die frühromantische Ästhetik. Vorlesungen, Frankfurt a. M. 1989.
Friedman, Michael: Kant and the Exact Sciences, Cambridge/London 1992.
Frigo, Gian Franco: »Der stete und feste Gang der Natur zur Organisation«. Von der Naturgeschichte zur Naturphilosophie um 1800, in: Olaf Breidbach, Paul Ziche (Hrsg.): Naturwissenschaften um 1800. Wissenschaftskultur in Jena-Weimar, Weimar 2001, S. 27-45.
Frühwald, Wolfgang: »Denn wozu dient alle der Aufwand von Sonnen und Planeten und Monden [...]?«. Bild und Erfahrung der Natur bei Goethe, in: Goethe-Jahrbuch 124, 2007, S. 27-37.
Füssel, Marian: Die Kunst der Schwachen. Zum Begriff der Aneignung in der Geschichtswissenschaft, in: Sozial.Geschichte 21/3, 2006, S. 7-28.
Gadamer, Hans-Georg: Wahrheit und Methode. Grundzüge einer philosophischen Hermeneutik, 6., durchges. Aufl., Tübingen 1990.
Gamper, Michael: Elektropoetologie. Fiktionen der Elektrizität, 1740-1870, Göttingen 2009.
–: »Die Natur ist republikanisch«. Zu den ästhetischen, anthropologischen und politischen Konzepten der deutschen Gartenliteratur im 18. Jahrhundert, Würzburg 1998.
–: Nicht-Wissen und Literatur. Eine Poetik des Irrtums bei Bacon, Lichtenberg, Novalis, Goethe, in: Internationales Archiv für Sozialgeschichte der deutschen Literatur 34/2, 2009, S. 92-120.
–, Christine Weder: Gattungsexperimente. Explorative Wissenspoetik und literarische Form, in: Michael Gamper (Hrsg.): Experiment und Literatur. Themen, Methoden, Theorien, Göttingen 2010, S. 95-178.
Gasché, Rodolphe: Überlegungen zum Begriff der Hypotypose bei Kant, in: Christiaan L. Hart-Nibbrig (Hrsg.): Was heißt »Darstellen«?, Frankfurt a. M. 1994, S. 152-174.
Geier, Manfred: Die Brüder Humboldt. Eine Biographie, Reinbek bei Hamburg 2009.
Genette, Gérard: Paratexte. Das Buch vom Beiwerk des Buches, übers. von Dieter Hornig, Frankfurt a. M. 2001.
Gießmann, Sebastian: Netze und Netzwerke. Archäologie einer Kulturtechnik, 1740-1840, Bielefeld 2006.

Gloy, Karen: Die Kantische Theorie der Naturwissenschaft. Eine Strukturanalyse ihrer Möglichkeit, ihres Umfangs und ihrer Grenzen, Berlin/New York 1976.

Götze, Martin: Friedrich Schlegels »Apologie des Buchstabens«. Zum philosophischen Darstellungsproblem in der Frühromantik. Mit einer Anmerkung über Ironie und Allegorie, in: Claudia Albes, Christiane Frey (Hrsg.): Darstellbarkeit. Zu einem ästhetisch-philosophischen Problem um 1800, Würzburg 2003, S. 29-51.

Goodman, Nelson: Sprachen der Kunst. Entwurf einer Symboltheorie, übers. von Bernd Philippi, Frankfurt a. M. 1997.

Graczyk, Annette: Das literarische Tableau zwischen Kunst und Wissenschaft, München 2004.

Grave, Johannes: »Sehen lernen«. Über Goethes dilettantische Arbeit am Bild, in: Deutsche Vierteljahrsschrift für Literaturwissenschaft und Geistesgeschichte 80, 2006, S. 357-377.

Groh, Ruth, Dieter Groh: Von den schrecklichen zu den erhabenen Bergen. Zur Entstehung ästhetischer Naturerfahrung, in: Heinz-Dieter Weber (Hrsg.): Vom Wandel des neuzeitlichen Naturbegriffs, Konstanz 1989, S. 53-95.

Gumbrecht, Hans Ulrich: Diesseits der Hermeneutik. Die Produktion von Präsenz, übers. von Joachim Schulte, Frankfurt a. M. 2004.

Hacking, Ian: Einführung in die Philosophie der Naturwissenschaften, übers. von Joachim Schulte, Stuttgart 1996.

Hafner, Bernhard Jonas: Darstellung. Die Entwicklung des Darstellungsbegriffes von Leibniz bis Kant und sein Anfang in der antiken Mimesis und der mittelalterlichen Repraesentatio, Düsseldorf 1976.

Hagner, Michael: Ansichten der Wissenschaftsgeschichte, in: ders. (Hrsg.): Ansichten der Wissenschaftsgeschichte, Frankfurt a. M. 2001, S. 7-39.

–: Zur Physiognomik bei Alexander von Humboldt, in: Rüdiger Campe, Manfred Schneider (Hrsg.): Geschichten der Physiognomik: Text, Bild, Wissen, Freiburg i. Br. 1996, S. 431-452.

–: Zwei Anmerkungen zur Repräsentation in der Wissenschaftsgeschichte, in: ders., Hans-Jörg Rheinberger, Bettina Wahrig-Schmidt (Hrsg.): Räume des Wissens. Repräsentation, Codierung, Spur, Berlin 1997, S. 339-355.

Hampe, Michael: Eine kleine Geschichte des Naturgesetzbegriffs, Frankfurt a. M. 2007.

Hansen, Adolph: Goethes Metamorphose der Pflanzen. Geschichte einer botanischen Hypothese, Gießen 1907.

–: Goethes Morphologie (Metamorphose der Pflanzen und Osteologie). Ein Beitrag zum sachlichen und philosophischen Verständnis und zur Kritik der morphologischen Begriffsbildung, Gießen 1919.

Hard, Gerhard: ›Kosmos‹ und ›Landschaft‹. Kosmologische und landschaftsphysiognomische Denkmotive bei Alexander von Humboldt und in der geographischen Humboldt-Auslegung des 20. Jahrhun-

derts, in: Heinrich Pfeiffer (Hrsg.): Alexander von Humboldt. Werk und Werkgeltung, München 1969, S. 133-177.
–: Der ›Totalcharakter der Landschaft‹. Re-Interpretation einiger Textstellen bei Alexander von Humboldt, in: Geographische Zeitschrift. Beiheft 23, 1970, S. 49-73.
Hart-Nibbrig, Christiaan L. (Hrsg.): Was heißt »Darstellen«?, Frankfurt a. M. 1994.
Heidegger, Martin: Die Zeit des Weltbildes, in: ders.: Holzwege, 8. Aufl., Frankfurt a. M. 2003, S. 75-113.
Hein, Wolfgang-Hagen: Die ephesische Diana als Natursymbol bei Alexander von Humboldt, in: Peter Dilg (Hrsg.): Perspektiven der Pharmaziegeschichte. Festschrift für Rudolf Schmitz zum 65. Geburtstag, Graz 1983, S. 131-146.
Helbig, Holger: Der »Bezug auf sich selbst«. Zu den erkenntnistheoretischen Implikationen von Goethes Naturbegriff, in: Goethe-Jahrbuch 124, 2007, S. 48-59.
–: Naturgemäße Ordnung. Darstellung und Methode in Goethes Lehre von den Farben, Köln/Weimar/Wien 2004.
Helbig, Jörg (Hrsg.): Brasilianische Reise 1817-1820. Carl Friedrich Philipp von Martius zum 200. Geburtstag, München 1994.
Helfer, Martha B.: The Retreat of Representation. The Concept of *Darstellung* in German Critical Discourse, Albany, NY 1996.
Hellmuth, Hans-Heinrich: Metrische Erfindung und metrische Theorie bei Klopstock, München 1973.
Helmreich, Christian: Theorie und Geschichte der Naturwissenschaft bei Goethe und Alexander von Humboldt, in: Goethe-Jahrbuch 124, 2007, S. 167-177.
Herrmann, Hans Peter: Naturnachahmung und Einbildungskraft. Zur Entwicklung der deutschen Poetik von 1670 bis 1740, Bad Homburg/Berlin/Zürich 1970.
Hey'l, Bettina: Das Ganze der Natur und die Differenzierung des Wissens. Alexander von Humboldt als Schriftsteller, Berlin/New York 2007.
Hintikka, Jaakko: Kant on the Mathematical Method, in: Lewis W. Beck (Hrsg.): Kant Studies Today, La Salle, Ill. 1969, S. 117-140.
Höffe, Otfried (Hrsg.): Immanuel Kant: Kritik der Urteilskraft, Berlin 2008.
Hofmann, Peter: »Erkenne jedes Dings Gestalt«. Goethes Zeichnen als angewandte Erkenntnistheorie, in: Deutsche Vierteljahrsschrift für Literaturwissenschaft und Geistesgeschichte 77, 2003, S. 242-273.
–: Goethes Theologie, Paderborn/München/Wien 2001.
Hoppe, Brigitte: Physiognomik der Vegetation zur Zeit von Alexander von Humboldt, in: Uta Lindgren (Hrsg.): Alexander von Humboldt. Weltbild und Wirkung auf die Wissenschaften, Köln/Wien 1990, S. 77-102.
Horch, Rosemarie Erika, Hildegard Werle Fauser, Walter Magenschab

(Hrsg.): 200 Jahre Carl Friedrich Philipp von Martius, São Paulo 1994 [= Staden-Jahrbuch 42].
Hudde, Hinrich: Naturschilderung bei den Rousseau-Nachfolgern, in: Neues Handbuch der Literaturwissenschaft, hrsg. von Klaus vom See, Bd. 15, Wiesbaden 1982, S. 135-152.
Hunger, Bernhard: Spuren einer Rezeptionsgeschichte. Alexander von Humboldt und Johann Gottfried Herder, in: HiN X, 18, 2009, S. 45-52.
Jacob, François: Die Logik des Lebendigen. Eine Geschichte der Vererbung, übers. von Jutta und Klaus Scherrer, Frankfurt a. M. 2002.
Jahn, Ilse (Hrsg.): Geschichte der Biologie. Theorien, Modelle, Institutionen, Kurzbiographien, 3., neubearb. und erw. Aufl., Heidelberg/Berlin 2000.
–, Andreas Kleinert (Hrsg.): Das Allgemeine und das Einzelne – Johann Wolfgang von Goethe und Alexander von Humboldt im Gespräch, Stuttgart 2003 [= Acta Historica Leopoldina 38].
Käfer, Dieter: Methodenprobleme und ihre Behandlung in Goethes Schriften zur Naturwissenschaft, Köln/Wien 1982.
Kampmann, Wanda: Goethes Kunsttheorie nach der italienischen Reise, in: Jahrbuch der Goethe-Gesellschaft 15, 1929, S. 203-217.
Kayser, Wolfgang: Das sprachliche Kunstwerk. Eine Einführung in die Literaturwissenschaft, 7. Aufl., Bern/München 1961.
Keller, Werner: Goethes dichterische Bildlichkeit. Eine Grundlegung, München 1972.
Kemmann, Ansgar: Art. »Evidentia, Evidenz«, in: Historisches Wörterbuch der Rhetorik, hrsg. von Gert Ueding, Bd. 3, Tübingen 1996, Sp. 33-47.
Kestenholz, Claudia: Emphase des Stils. Begriffsgeschichtliche Erläuterungen zu Goethes Aufsatz über *Einfache Nachahmung der Natur, Manier, Stil,* in: Comparatio 2, 1990, S. 36-56.
Kinzel, Ulrich: Von der Naturbeschreibung zur ›literarischen Biologie‹. Transformationen im literarischen Diskurs an der Wende zum 19. Jahrhundert, in: Internationales Archiv für Sozialgeschichte der deutschen Literatur 20/2, 1995, S. 75-115.
Kittler, Friedrich A.: Aufschreibesysteme 1800/1900, 4., vollständig überarb. Neuauflage, München 2003.
Klausnitzer, Ralf: Literatur und Wissen. Zugänge – Modelle – Analysen, Berlin/New York 2008.
Kleinschnieder, Manfred: Goethes Naturstudien. Wissenschaftstheoretische und geschichtliche Untersuchungen, Bonn 1971.
Knoll, Ilona: Der Mannheimer Botaniker Friedrich Casimir Medicus (1736-1808). Leben und Werk, Heidelberg 2003.
Köppe, Tilmann: Literatur und Erkenntnis. Studien zur kognitiven Signifikanz fiktionaler literarischer Werke, Paderborn 2008.
–: Vom Wissen *in* Literatur, in: Zeitschrift für Germanistik. Neue Folge 12, 2002, S. 398-410.
Koerner, Lisbet: Carl Linnaeus in his Time and Place, in: Nicolas Jardine,

James A. Secord, Emma C. Spary (Hrsg.): Cultures of Natural History, Cambridge 1996, S. 145-162.
Koschorke, Albrecht: Körperströme und Schriftverkehr. Mediologie des 18. Jahrhunderts, München 1999.
Koselleck, Reinhart: Historia Magistra Vitae. Über die Auflösung des Topos im Horizont neuzeitlich bewegter Geschichte, in: ders.: Vergangene Zukunft. Zur Semantik geschichtlicher Zeiten, Frankfurt a. M. 1989, S. 38-66.
Krämer, Sybille: ›Schriftbildlichkeit‹ oder: Über eine (fast) vergessene Dimension der Schrift, in: Sybille Krämer, Horst Bredekamp (Hrsg.): Bild – Schrift – Zahl, München 2003, S. 157-176.
–: Sprache – Stimme – Schrift: Sieben Gedanken über Performativität als Medialität, in: Uwe Wirth (Hrsg.): Performanz. Zwischen Sprachphilosophie und Kulturwissenschaften, Frankfurt a. M. 2002, S. 323-346.
–, Werner Kogge, Gernot Grube (Hrsg.): Spur. Spurenlesen als Orientierungstechnik und Wissenskunst, Frankfurt a. M. 2007.
Krummacher, Hans-Henrik: Friedrich Gottlieb Klopstock, in: Benno von Wiese (Hrsg.): Deutsche Dichter des 18. Jahrhunderts. Ihr Leben und Werk, Berlin 1977, S. 190-209.
Kuhn, Dorothea: Typus und Metamorphose. Goethe-Studien, hrsg. von Renate Grumach, Marbach am Neckar 1988.
Kuhn, Thomas: Mathematische versus experimentelle Traditionen in der Entwicklung der physikalischen Wissenschaften, in: ders.: Die Entstehung des Neuen. Studien zur Struktur der Wissenschaftsgeschichte, hrsg. von Lorenz Krüger, übers. von Hermann Vetter, Frankfurt a. M. 1978, S. 84-124.
Kurz, Gerhard: Plädoyer für eine »höhere Geisteskultur«. Zu Justus Liebigs *Chemischen Briefen,* in: Justus Liebig (1803-1873): Die Chemischen Briefe. Zur Popularisierung von Wissenschaft im 19. Jahrhundert, hrsg. vom Präsidenten der Justus-Liebig-Universität Gießen, Gießen 2003, S. 11-29.
Kusukawa, Sachiko: Leonhart Fuchs on the Importance of Pictures, in: Journal of the History of Ideas 58, 1997, S. 403-427.
Lack, Hans Walter: Alexander von Humboldt und die botanische Erforschung Amerikas, München/Berlin/London/New York 2009.
–: Ein Garten Eden. Meisterwerke der botanischen Illustration, Hongkong/Köln/London 2008.
Larson, James L.: Goethe and Linnaeus, in: Journal of the History of Ideas 28, 1967, S. 590-596.
Lausberg, Heinrich: Handbuch der literarischen Rhetorik. Eine Grundlegung der Literaturwissenschaft, 2., verm. Aufl., München 1973.
Leitner, Ulrike: Alexander von Humboldts Schriften – Anregungen und Reflexionen Goethes, in: Ilse Jahn, Andreas Kleinert (Hrsg.): Das Allgemeine und das Einzelne – Johann Wolfgang von Goethe und Alexander von Humboldt im Gespräch, Stuttgart 2003, S. 127-149.

Lenhard, Johannes: Kants Philosophie der Mathematik und die umstrittene Rolle der Anschauung, in: Kant-Studien 97, 2006, S. 301-317.
Lenoir, Timothy: Kant, Blumenbach, and Vital Materialism in German Biology, in: Isis 71, 1980, S. 77-108.
–: The Strategy of Life. Teleology and Mechanics in Nineteenth-Century German Biology, Chicago/London 1989.
Lepenies, Wolf: Das Ende der Naturgeschichte. Wandel kultureller Selbstverständlichkeiten in den Wissenschaften des 18. und 19. Jahrhunderts, Frankfurt a. M. 1978.
–: Die Speicherung wissenschaftlicher Traditionen in der Literatur: Buffons Nachruhm, in: ders.: Autoren und Wissenschaftler im 18. Jahrhundert. Linné – Buffon – Winckelmann – Georg Forster – Erasmus Darwin, München/Wien 1988, S. 61-89.
Leroy, Jean François: Tournefort et la classification végétale, in: Georges Becker (Hrsg.): Tournefort, Paris 1957 [= Les Grands Naturalistes Français 2], S. 187-206.
Lévi-Strauss, Claude: Traurige Tropen, übers. von Eva Moldenhauer, Frankfurt a. M. 1978.
Lieber, Hans-Joachim: Kants Philosophie des Organischen und die Biologie seiner Zeit, in: Philosophia naturalis 1, 1950, S. 553-570.
Lind, Gunter: Physik im Lehrbuch 1700-1850. Zur Geschichte der Physik und ihrer Didaktik in Deutschland, Berlin/Heidelberg/New York 1992.
Löw, Reinhard: Philosophie des Lebendigen. Der Begriff des Organischen bei Kant, sein Grund und seine Aktualität, Frankfurt a. M. 1980.
Lovejoy, Arthur O.: The Great Chain of Being. A Study of the History of an Idea, 22. Aufl., Cambridge/London 2001.
Lühr, Rosemarie: »... denn eine riesenhafte Wasserschlange oder ein gepanzertes Krokodil steigen aus der Gruft hervor« – Stil und Beobachtung bei Alexander von Humboldt, in: Xenja von Ertzdorff (Hrsg.): Beschreibung der Welt. Zur Poetik der Reise- und Länderberichte, Amsterdam 2000 [= Chloe. Beihefte zum Daphnis 31], S. 447-478.
Luhmann, Niklas: Die Wissenschaft der Gesellschaft, Frankfurt a. M. 1992.
Lyotard, Jean-François: Vorstellung, Darstellung, Undarstellbarkeit, in: ders.: Immaterialität und Postmoderne, übers. von Marianne Karbe, Berlin 1985, S. 91-102.
Maar, Christa, Hubert Burda (Hrsg.): Iconic Turn. Die neue Macht der Bilder, Köln 2004.
Mägdefrau, Karl: Geschichte der Botanik. Leben und Leistung großer Forscher, 2. Aufl., Stuttgart/Jena/New York 1992.
Maisak, Petra: Der Zeichner Goethe oder »Die practische Liebhaberey in den Künsten«, in: Sabine Schulze (Hrsg.): Goethe und die Kunst, Ostfildern-Ruit 1994, S. 104-112.
Mandelkow, Karl Robert: Goethes Naturauffassung im Urteil der Rezeptionsgeschichte (1987), in: ders.: Gesammelte Aufsätze und Vor-

träge zur Klassik- und Romantikrezeption in Deutschland, Frankfurt a. M./Berlin/Bern 2001, S. 77-96.
Marcucci, Silvestro: Naturbeschreibung und Naturgeschichte bei Kant. Einige Überlegungen zum Verhältnis von Popper und Kant, in: Archiv für Geschichte der Philosophie 68, 1986, S. 174-188.
Mazzari, Marcus Vinisius: Brasilien-Reisende in Goethes Rezeption. Die Reise von Carl F. P. von Martius, in: Ibero-amerikanisches Jahrbuch für Germanistik 4, 2010, S. 37-52.
McLaughlin, Peter: Kants Kritik der teleologischen Urteilskraft, Bonn 1989.
–: Kants Organismusbegriff in der *Kritik der Urteilskraft,* in: Kai Torsten Kanz (Hrsg.): Philosophie des Organischen in der Goethezeit. Studien zu Werk und Wirkung des Naturforschers Carl Friedrich Kielmeyer (1765-1844), Stuttgart 1994, S. 100-110.
Menninghaus, Winfried: »Darstellung«. Friedrich Gottlieb Klopstocks Eröffnung eines neuen Paradigmas, in: Christiaan L. Hart-Nibbrig (Hrsg.): Was heißt »Darstellen«?, Frankfurt a. M. 1994, S. 205-226.
–: Dichtung als Tanz – Zu Klopstocks Poetik der Wortbewegung, in: Comparatio 2/3, 1991, S. 129-150.
Metzger, Stefan: Die Konjektur des Organismus. Wahrscheinlichkeitsdenken und Performanz im späten 18. Jahrhundert, München 2002.
Meyer-Abich, Adolf: Die Vollendung der Morphologie Goethes durch Alexander von Humboldt. Ein Beitrag zur Naturwissenschaft der Goethezeit, Göttingen 1970.
Mitchell, W. J. T.: Was ist ein Bild?, in: Volker Bohn (Hrsg.): Bildlichkeit. Internationale Beiträge zur Poetik, Frankfurt a. M. 1990, S. 17-68.
Molnár, Géza von: Goethes Kantstudien. Eine Zusammenstellung nach Eintragungen in seinen Handexemplaren der *Kritik der reinen Vernunft* und der *Kritik der Urteilskraft,* Weimar 1994.
Morton, Alan G.: History of Botanical Science: an account of the development of botany from ancient times to the present day, London 1981.
Mülder-Bach, Inka: Im Zeichen Pygmalions. Das Modell der Statue und die Entdeckung der »Darstellung« im 18. Jahrhundert, München 1998.
Müller, Günther: Goethes Elegie »Die Metamorphose der Pflanzen«. Versuch einer morphologischen Interpretation, in: Deutsche Vierteljahrsschrift für Literaturwissenschaft und Geistesgeschichte 21, 1943, S. 67-98.
–: Kleine Goethebiographie, 3., überarb. Aufl., Bonn 1955.
Müller-Seidel, Walter: Naturforschung und deutsche Klassik. Die Jenaer Gespräche im Juli 1794, in: Vincent J. Günther, Helmut Koopmann, Peter Pütz, Joachim Schrimpf (Hrsg.): Untersuchungen zur Literatur als Geschichte. Festschrift für Benno von Wiese, Berlin 1973, S. 61-78.
Müller-Sievers, Helmut: Über Zeugungskraft. Biologische, philosophische und sprachliche Generativität, in: Hans-Jörg Rheinberger, Michael Hagner, Bettina Wahrig-Schmidt (Hrsg.): Räume des Wissens. Repräsentation, Codierung, Spur, Berlin 1997, S. 145-164.

Müller-Tamm, Jutta: Kunst als Gipfel der Wissenschaft. Ästhetische und wissenschaftliche Weltaneignung bei Carl Gustav Carus, Berlin/New York 1995.

– (Hrsg.) in Zusammenarbeit mit Thomas Beck, Johanna Bohley, Marcia Cyranka, Martin Hense und Christoph Sauer: Verstandenes Lebensbild. Ästhetische Wissenschaft von Humboldt bis Vischer. Eine Anthologie, Berlin 2010.

Müller-Wille, Staffan: Botanik und weltweiter Handel. Zur Begründung eines natürlichen Systems der Pflanzen durch Carl von Linné (1707-78), Berlin 1999.

–: Text, Bild und Diagramm in der klassischen Naturgeschichte, in: kunsttexte.de 4, 2002, 14 S.

Muthmann, Friedrich: Alexander von Humboldt und sein Naturbild im Spiegel der Goethezeit, Zürich/Stuttgart 1955.

Neumann, Gerhard: Ideenparadiese. Untersuchungen zur Aphoristik von Lichtenberg, Novalis, Friedrich Schlegel und Goethe, München 1976.

Nickel, Gisela: »Höhen der alten und neuen Welt bildlich verglichen«. Eine Publikation Goethes in Bertuchs Verlag, in: Gerhard R. Kaiser, Siegfried Seifert (Hrsg.): Friedrich Justin Bertuch (1747-1822). Verleger, Schriftsteller und Unternehmer im klassischen Weimar, Tübingen 2000, S. 673-689.

Nickelsen, Kärin: The Challenge of Colour: Eighteenth-Century Botanists and the Hand-Colouring of Illustrations, in: Annals of Science 63, 2006, S. 3-23.

–: Wissenschaftliche Pflanzenzeichnungen – Spiegelbilder der Natur? Botanische Abbildungen aus dem 18. und frühen 19. Jahrhundert, Bern 2000.

Nicolson, Malcolm: Alexander von Humboldt, Humboldtian Science and the Origins of the Study of Vegetation, in: History of Science 25, 1987, S. 167-194.

Noack, Hermann: Naturgemälde und Naturerkenntnis. Alexander von Humboldts *Kosmos* in problemgeschichtlicher Rückschau, in: Klaus Hammacher (Hrsg.): Universalismus und Wissenschaft im Werk und Wirken der Brüder Humboldt, Frankfurt a. M. 1976, S. 46-70.

Oettinger, Klaus: Unschuldige Hochzeit. Zu Goethes Elegie »Die Metamorphose der Pflanzen«, in: Der Deutschunterricht 38/1, 1986, S. 69-78.

Parsons, Charles: Kant's Philosophy of Arithmetic, in: Sidney Morgenbesser, Patrick Suppes, Morton White (Hrsg.): Philosophy, Science, and Method. Essays in Honor of Ernest Nagel, New York 1969, S. 568-594.

Peirce, Charles Sanders: Collected Papers, Bd. 1-6, hrsg. von Charles Hartshorne und Paul Weiss, Cambridge 1931-1935; Bd. 7 und 8, hrsg. von Arthur W. Burks, Cambridge 1958.

Peters, Günter: Die Kunst der Natur. Ästhetische Reflexion in Blumengedichten von Brockes, Goethe und Gautier, München 1993.

Pethes, Nicolas: Poetik/Wissen. Konzeptionen eines problematischen Transfers, in: Gabriele Brandstetter, Gerhard Neumann (Hrsg.): Romantische Wissenspoetik. Die Künste und die Wissenschaften um 1800, Würzburg 2004, S. 341-372.

Piper, Andrew: Dreaming in Books. The Making of the Bibliographic Imagination in the Romantic Age, Chicago/London 2009.

Plaass, Peter: Kants Theorie der Naturwissenschaft. Eine Untersuchung zur Vorrede der *Metaphysischen Anfangsgründe der Naturwissenschaft*, Göttingen 1965.

Plessner, Helmuth: Ein Newton des Grashalms?, in: ders.: Gesammelte Schriften, hrsg. von Günter Dux, Odo Marquard und Elisabeth Ströker, Frankfurt a. M. 1980-1985, Bd. 8, S. 247-266.

Pörksen, Uwe: »Alles ist Blatt«. Über Reichweite und Grenzen der naturwissenschaftlichen Sprache und Darstellungsmodelle Goethes, in: Berichte zur Wissenschaftsgeschichte 11, 1988, S. 133-148.

–: Raumzeit. Goethes Zeitbegriff aufgrund seiner sprachlichen Darstellung geologischer Ideen und ihrer Visualisierung, in: Peter Matussek (Hrsg.): Goethe und die Verzeitlichung der Natur, München 1998, S. 101-127.

–: Wissenschaftssprache und Sprachauffassung bei Linné und Goethe, in: ders.: Deutsche Naturwissenschaftssprachen. Historische und kritische Studien, Tübingen 1986, S. 72-96.

Polianski, Igor J.: Die Kunst, die Natur vorzustellen. Die Ästhetisierung der Pflanzenkunde um 1800, Köln 2004.

Pollok, Konstantin: Kants *Metaphysische Anfangsgründe der Naturwissenschaft.* Ein Kritischer Kommentar, Hamburg 2001.

Prange, Klaus: Das anthropologisch-pädagogische Motiv der Naturauffassung Goethes in dem Lehrgedicht »Metamorphose der Pflanzen«, in: Literatur in Wissenschaft und Unterricht 3, 1975, S. 123-133.

Pratt, Mary Louise: Imperial Eyes. Travel Writing and Transculturation, London/New York 1992.

Preisendanz, Wolfgang: Die Auseinandersetzung mit dem Nachahmungsprinzip in Deutschland und die besondere Rolle der Romane Wielands (*Don Sylvio, Agathon*), in: Hans Robert Jauß (Hrsg.): Nachahmung und Illusion, 2. Aufl., München 1969, S. 72-95.

–: Mimesis und Poiesis in der deutschen Dichtungstheorie des 18. Jahrhunderts, in: Wolfdietrich Rasch, Hans Geulen, Klaus Haberkamm (Hrsg.): Rezeption und Produktion zwischen 1570 und 1730. Festschrift für Günther Weydt zum 65. Geburtstag, Bern/München 1972, S. 537-552.

Rehbock, Theda: Goethe und die ›Rettung der Phänomene‹. Philosophische Kritik des naturwissenschaftlichen Weltbilds am Beispiel der Farbenlehre, Konstanz 1995.

Rheinberger, Hans-Jörg: Experimentalsysteme und epistemische Dinge. Eine Geschichte der Proteinsynthese im Reagenzglas, Frankfurt a. M. 2006.

Richter, Karl: Wissenschaft und Poesie »auf höherer Stelle« vereint. Goethes Elegie *Die Metamorphose der Pflanzen*, in: Wulf Segebrecht (Hrsg.): Gedichte und Interpretationen, Bd. 3: Klassik und Romantik, Stuttgart 1987, S. 156-168.

Richter, Thomas: Alexander von Humboldt: *Ansichten der Natur*. Naturforschung zwischen Poetik und Wissenschaft, Tübingen 2009.

Ritter, Joachim, Karlfried Gründer, Gottfried Gabriel (Hrsg.): Historisches Wörterbuch der Philosophie, Basel/Stuttgart 1971-2007.

Robert, Jörg: Weltgemälde und Totalansicht. Ästhetische Naturerkenntnis und Poetik der Landschaft bei Schiller und Alexander von Humboldt, in: Hans Feger, Hans Richard Brittnacher (Hrsg.): Die Realität der Idealisten. Friedrich Schiller – Wilhelm von Humboldt – Alexander von Humboldt, Köln/Weimar/Wien 2008, S. 35-52.

Rojas-Mix, Miguel: Die Bedeutung Alexander von Humboldts für die künstlerische Darstellung Lateinamerikas, in: Heinrich Pfeiffer (Hrsg.): Alexander von Humboldt. Werk und Werkgeltung, München 1969, S. 97-130.

Rothschuh, Karl E.: Physiologie. Der Wandel ihrer Konzepte, Probleme und Methoden vom 16. bis 19. Jahrhundert, Freiburg i. Br./München 1968.

Sarasin, Philipp: Reizbare Maschinen. Eine Geschichte des Körpers 1765-1914, Frankfurt a. M. 2001.

Saunders, Gill: Picturing Plants. An analytical history of botanical illustration, Berkeley/Los Angeles 1995.

Schäffner, Wolfgang: Topographie der Zeichen. Alexander von Humboldts Datenverarbeitung, in: Inge Baxmann, Michael Franz, Wolfgang Schäffner (Hrsg.): Das Laokoon-Paradigma. Zeichenregime im 18. Jahrhundert, Berlin 2000, S. 359-382.

Schaper, Eva: Taste, Sublimity, and Genius: The Aesthetics of Nature and Art, in: Paul Guyer (Hrsg.): The Cambridge Companion to Kant, Cambridge 1992, S. 367-393.

Schaub, Mirjam: Das Singuläre und das Exemplarische. Zu Logik und Praxis der Beispiele in Philosophie und Ästhetik, Zürich 2010.

Schiebinger, Londa: Das private Leben der Pflanzen: Geschlechterpolitik bei Carl von Linné und Erasmus Darwin, in: Michael Hagner (Hrsg.): Ansichten der Wissenschaftsgeschichte, Frankfurt a. M. 2001, S. 107-133.

Schieren, Jost: Anschauende Urteilskraft: Methodische und philosophische Grundlagen von Goethes naturwissenschaftlichem Erkennen, Düsseldorf/Bonn 1998.

Schings, Hans-Jürgen: Natalie und die Lehre des †††. Zur Rezeption Spinozas in *Wilhelm Meisters Lehrjahren*, in: Jahrbuch des Wiener Goethe-Vereins 89/90/91, 1985/86/87, S. 37-88.

Schmidt, Alfred: Goethes herrlich leuchtende Natur. Philosophische Studie zur deutschen Spätaufklärung, München/Wien 1984.

Schmitz, Hermann: Goethes Altersdenken im problemgeschichtlichen Zusammenhang, Bonn 1959.
Schneider, Sylk: Goethes Reise nach Brasilien. Gedankenreise eines Genies, Weimar 2008.
Schönrich, Gerhard: Zeichenhandeln. Untersuchungen zum Begriff einer semiotischen Vernunft im Ausgang von Ch. S. Peirce, Frankfurt a. M. 1990.
Scholz, Heinrich (Hrsg.): Die Hauptschriften zum Pantheismusstreit zwischen Jacobi und Mendelssohn, Berlin 1916.
Schulze, Sabine (Hrsg.): Goethe und die Kunst, Ostfildern-Ruit 1994.
Seeberger, Max: »Die besten Instrumente meiner Zeit«. Humboldts Liste seiner in Lateinamerika mitgeführten wissenschaftlichen Instrumente, in: Frank Holl (Hrsg.): Alexander von Humboldt. Netzwerke des Wissens, Ostfildern-Ruit 1999, S. 58-61.
Seger, Daniel Tobias: »... die wunderbar aneignende Kraft des menschlichen Gemüthes ...«. Alexander von Humboldt und das Erhabene, in: Scientia Poetica 6, 2002, S. 59-76.
Sloan, Phillip R.: Kant on the History of Nature: The ambiguous heritage of the critical philosophy for natural history, in: Studies in History and Philosophy of Biological and Biomedical Sciences 37, 2006, S. 627-648.
Snow, Charles Percy: The Two Cultures, hrsg. von Stefan Collini, Cambridge 1998.
Sprengel, Peter: Sizilien als Mythos. Das Sizilienbild in Goethes *Italienischer Reise,* in: Albert Meier (Hrsg.): Ein unsäglich schönes Land. Goethes Italienische Reise und der Mythos Siziliens, Palermo 1987, S. 158-178.
–: Die »Urpflanze«. Zur Entwicklung von Goethes Morphologie in Italien, in: Albert Meier (Hrsg.): Ein unsäglich schönes Land. Goethes *Italienische Reise* und der Mythos Siziliens, Palermo 1987, S. 122-134.
Stahl, Ernst Ludwig: Darstellung, in: Richard Alewyn, Hans-Egon Hass, Clemens Heselhaus (Hrsg.): Gestaltprobleme der Dichtung. Günther Müller zu seinem 65. Geburtstag, Bonn 1957, S. 283-298.
Staiger, Emil: Goethe, Zürich/Freiburg i. Br. 1952-1959.
Stafleu, Frans A.: Linnaeus and the Linnaeans. The spreading of their ideas in systematic botany, 1735-1789, Utrecht 1971.
Stengers, Isabelle: Die doppelsinnige Affinität: Der newtonsche Traum der Chemie im achtzehnten Jahrhundert, in: Michel Serres (Hrsg.): Elemente einer Geschichte der Wissenschaften, übers. von Horst Brühmann, 2. Aufl., Frankfurt a. M. 2002, S. 527-567.
Stephenson, Roger H.: Goethe's Conception of Knowledge and Science, Edinburgh 1995.
–: »Ein künstlicher Vortrag«: Die symbolische Form von Goethes naturwissenschaftlichen Schriften, in: Barbara Naumann, Birgit Recki (Hrsg.): Cassirer und Goethe, Berlin 2002, S. 25-42.

Stichweh, Rudolf: Zur Entstehung des modernen Systems wissenschaftlicher Disziplinen. Physik in Deutschland 1740-1890, Frankfurt a. M. 1984.

Stierle, Karlheinz: Das bequeme Verhältnis. Lessings *Laokoon* und die Entdeckung des ästhetischen Mediums, in: Gunter Gebauer (Hrsg.): Das Laokoon-Projekt. Pläne einer semiotischen Ästhetik, Stuttgart 1984, S. 23-58.

Storz, Philipp: Naturbildungen. Die Morphologie Goethes und Alexander von Humboldts und die »Fraktale Geometrie der Natur«, in: Welfengarten 6, 1996, S. 83-102.

Thums, Barbara: Die »Stimmung des Krystallisirens«: Novalis' naturphilosophisch-ästhetische Theorie der Darstellung, in: Claudia Albes, Christiane Frey (Hrsg.): Darstellbarkeit. Zu einem ästhetisch-philosophischen Problem um 1800, Würzburg 2003, S. 71-96.

Timm, Hermann: Gott und die Freiheit. Studien zur Religionsphilosophie der Goethezeit, Bd. 1: Die Spinozarenaissance, Frankfurt a. M. 1974.

Todorov, Tzvetan: Théories du symbole, Paris 1977.

Toepfer, Georg: Zweckbegriff und Organismus. Über die teleologische Beurteilung biologischer Systeme, Würzburg 2004.

Tonelli, Giorgio: Von den verschiedenen Bedeutungen des Wortes Zweckmäßigkeit in der *Kritik der Urteilskraft,* in: Kant-Studien 49, 1957/58, S. 154-166.

Trabant, Jürgen: Le style est l'homme même. Quel homme?, in: Comparatio 2, 1990, S. 57-72.

Vaget, Hans Rudolf: Dilettantismus und Meisterschaft. Zum Problem des Dilettantismus bei Goethe: Praxis, Theorie, Zeitkritik, München 1971.

Vogl, Joseph: Einleitung, in: ders. (Hrsg.): Poetologien des Wissens um 1800, München 1999, S. 7-16.

–: Für eine Poetologie des Wissens, in: Karl Richter, Jörg Schönert, Michael Titzmann (Hrsg.): Die Literatur und die Wissenschaften 1770-1930, Stuttgart 1997, S. 107-127.

–: Homogenese. Zur Naturgeschichte des Menschen bei Buffon, in: Hans-Jürgen Schings (Hrsg.): Der ganze Mensch. Anthropologie und Literatur im 18. Jahrhundert, Stuttgart/Weimar 1994, S. 80-95.

Wachsmuth, Andreas B.: Geeinte Zwienatur. Aufsätze zu Goethes naturwissenschaftlichem Denken, Berlin/Weimar 1966.

Wagenitz, Gerhard: Die *Scala naturae* in der Naturgeschichte des 18. Jahrhunderts und ihre Kritiker, in: Jahrbuch für Geschichte und Theorie der Biologie 4, 1997, S. 179-195.

Waschkies, Hans-Joachim: Physik und Physikotheologie des jungen Kant. Die Vorgeschichte seiner *Allgemeinen Naturgeschichte und Theorie des Himmels,* Amsterdam 1987.

Weigel, Sigrid: Das Gedankenexperiment: Nagelprobe auf die *facultas fingendi* in Wissenschaft und Literatur, in: Thomas Macho, Annette Wunschel (Hrsg.): Science & Fiction. Über Gedankenexperimente in Wissenschaft, Philosophie und Literatur, Frankfurt a. M. 2004, S. 183-205.

Weimar, Klaus: Das Wandeln des Wortlosen in der Sprache des Gedichts, in: Kevin Hilliard, Katrin Kohl (Hrsg.): Klopstock an der Grenze der Epochen, Berlin/New York 1995, S. 33-45.
Wellbery, David E.: Das Gesetz der Schönheit. Lessings Ästhetik der Repräsentation, in: Christiaan L. Hart-Nibbrig (Hrsg.): Was heißt »Darstellen«?, Frankfurt a. M. 1994, S. 175-204.
Wellmann, Janina: Wie das Formlose Formen schafft. Bilder in der Haller-Wolff-Debatte und die Anfänge der Embryologie um 1800, in: Bildwelten des Wissens I/2, 2003, S. 105-115.
White, Hayden: Metahistory. Die historische Einbildungskraft im 19. Jahrhundert in Europa, übers. von Peter Kohlhaas, Frankfurt a. M. 2008.
Willer, Stefan: Vom Nicht-Wissen der Zukunft. Prognostik und Literatur um 1800 und um 1900, in: Michael Bies, Michael Gamper (Hrsg.): Literatur und Nicht-Wissen. Historische Konstellationen 1730-1930, Zürich/Berlin 2012 (im Erscheinen).
Wirth, Uwe: Aufpfropfung als Figur des Wissens in der Kultur- und Mediengeschichte, in: Lorenz Engell, Bernhard Siegert, Joseph Vogl (Hrsg.): Kulturgeschichte als Mediengeschichte (oder vice versa?), Weimar 2006 [= Archiv für Mediengeschichte 6], S. 111-121.
–: Die Konjektur als blinder Fleck einer Geschichte bedingten Wissens, in: Caroline Welsh, Stefan Willer (Hrsg.): »Interesse für bedingtes Wissen«. Wechselbeziehungen zwischen den Wissenskulturen, München 2008, S. 269-294.
–: Kultur als Pfropfung. Pfropfung als Kulturmodell. Prolegomena zu einer *Allgemeinen Greffologie* (2.0), in: ders. (Hrsg.): Impfen, Pfropfen, Transplantieren, Berlin 2011, S. 9-27.
–: Die Phantasie des Neuen als Abduktion, in: Deutsche Vierteljahrsschrift für Literaturwissenschaft und Geistesgeschichte 77, 2003, S. 591-618.
–: Vorüberlegungen zu einer Logik der Kulturforschung, in: ders. (Hrsg.): Kulturwissenschaft. Eine Auswahl grundlegender Texte, Frankfurt a. M. 2008, S. 9-67.
Witte, Bernd u. a. (Hrsg.): Goethe-Handbuch in vier Bänden, Stuttgart/Weimar 1996-1998.
Wolf, Norbert Christian: Streitbare Ästhetik. Goethes kunst- und literaturtheoretische Schriften 1771-1789, Tübingen 2001.
Wyder, Margrit: Goethes Naturmodell. Die Scala naturae und ihre Transformationen, Köln/Weimar/Wien 1998.
Zelle, Carsten: Darstellung – zur Historisierung des Mimesis-Begriffs bei Schiller (eine Skizze), in: Georg Bollenbeck, Lothar Ehrlich (Hrsg.): Friedrich Schiller. Der unterschätzte Theoretiker, Köln/Weimar/Wien 2007, S. 73-86.
Zimmermann, Rolf Christian: Goethes Polaritätsdenken im geistigen Kontext des 18. Jahrhunderts, in: Jahrbuch der Deutschen Schiller-Gesellschaft 18, 1974, S. 304-347.

Register

Bibliografische Information der Deutschen Nationalbibliothek
Die Deutsche Nationalbibliothek verzeichnet diese Publikation in der Deutschen Nationalbibliografie; detaillierte bibliografische Daten sind im Internet über http://dnb.d-nb.de abrufbar.

www.wallstein-verlag.de
vom Verlag gesetzt aus der Stempel Garamond
Umschlaggestaltung: Susanne Gerhards, Düsseldorf, unter Verwendung von Johann Wolfgang Goethe: Spiraltendenz der Vegetation, Goethe- und Schiller-Archiv, GSA 26-LXI, 7, Foto: Klassik Stiftung Weimar.
Druck: Friedrich Pustet, Regensburg

ISBN: 978-3-8353-1053-7